现代永磁同步电机控制原理及 MATLAB 仿真

袁 雷 胡冰新 魏克银 陈 姝 编著

北京航空航天大学出版社

内容简介

本书着眼于现代永磁同步电机控制原理分析及MATLAB仿真应用，系统地介绍了永磁同步电机控制系统的基本理论、基本方法和应用技术。全书分为3部分共10章，主要内容包括三相永磁同步电机的数学建模及矢量控制技术、三相电压源逆变器PWM技术、三相永磁同步电机的直接转矩控制、三相永磁同步电机的无传感器控制技术、六相永磁同步电机的数学建模及矢量控制技术、六相电压源逆变器PWM技术和五相永磁同步电机的数学建模及矢量控制技术等。每种控制技术都通过了MATLAB仿真建模并进行了仿真分析。本书各部分既有联系又相互独立，读者可根据自己的需要选择学习。

本书可作为从事电气传动自动化、永磁同步电机控制、电力电子技术的工程技术人员的参考书，也可作为大专院校相关专业的教师、研究生和高年级本科生的参考书。

图书在版编目(CIP)数据

现代永磁同步电机控制原理及MATLAB仿真 / 袁雷等编著. -- 北京 : 北京航空航天大学出版社, 2016.3
ISBN 978-7-5124-2057-1

Ⅰ. ①现… Ⅱ. ①袁… Ⅲ. ①永磁同步电机－控制系统－系统仿真－Matlab软件 Ⅳ. ①TM351.012

中国版本图书馆CIP数据核字(2016)第040492号

现代永磁同步电机控制原理及MATLAB仿真
袁 雷 胡冰新 魏克银 陈 姝 编著
责任编辑 孙兴芳
*
北京航空航天大学出版社出版发行
北京市海淀区学院路37号(邮编100191) http://www.buaapress.com.cn
发行部电话:(010)82317024 传真:(010)82328026
读者信箱:emsbook@buaacm.com.cn 邮购电话:(010)82316936
艺堂印刷（天津）有限公司印装 各地书店经销
*
开本:710×1 000 1/16 印张:17.5 字数:373千字
2016年4月第1版 2024年7月第19次印刷 印数:17 801～19 800册
ISBN 978-7-5124-2057-1 定价:45.00元

前　言

与传统的电励磁同步电机相比，永磁同步电机(Permanent Magnet Synchronous Motor，PMSM)具有结构简单、运行可靠、体积小、质量轻、损耗小、效率高，以及电机的形状和尺寸可以灵活多样等显著优点。近年来，随着材料技术的不断发展，永磁材料性能的不断提高，以及永磁电机控制技术的不断成熟，PMSM 已经在民用、航天和军事等领域得到了广泛应用。然而，PMSM 是一个多变量、强耦合、非线性和变参数的复杂对象，为了获得较好的控制性能，需要对其采用一定的控制算法。随着现代控制理论的不断发展，近年来有关 PMSM 控制算法的研究已经成为研究热点，并已有大量文献发表在国内外学术期刊和专著上。因此，为了使广大工程技术人员能够充分了解、掌握和应用这一领域的最新技术，学会用 MATLAB 仿真软件进行相关 PMSM 控制算法的设计，作者编写了本书，以抛砖引玉，供广大读者学习参考。

本书是在总结作者多年研究成果的基础上，进一步理论化、系统化和实用化而形成的；是基于目前较为先进的 MATLAB 2014b 仿真软件，在总体上按照由浅入深、由易到难的原则进行编写的。本书具有如下特点：

① 对三相和多相 PMSM 控制算法进行详细的剖析，将传统控制算法与改进控制算法相结合，并介绍一些近年来相关文献提出的有价值的新思想、新方法和新技术，取材新颖，内容先进。

② 针对每一种 PMSM 控制算法都给出了完整的 MATLAB 仿真建模方法，同时给出了程序的说明和仿真结果，为读者提供了有益的借鉴。

③ 所给出的各种 PMSM 控制算法描述完整，出处明了，并且仿真模型设计结构采用模块化方法，便于读者自学和二次开发。

④ 章节内容相对独立，便于读者根据自身的研究方向进行深入的研究。

本书分为 3 部分共 10 章。第 1 部分为基础篇，包括第 1～4 章，第 1 章介绍三相 PMSM 的数学建模方法，第 2 章介绍三相电压源逆变器 PWM 技术，第 3 章介绍几种常用的三相 PMSM 矢量控制 MATLAB 仿真建模方法，第 4 章介绍三相 PMSM 的直接转矩控制 MATLAB 仿真建模方法。第 2 部分为进阶篇，包括第 5 章和第 6 章，第 5 章介绍基于基波数学模型的三相 PMSM 无传感器控制 MATLAB 仿真建模方法，第 6 章介绍基于高频信号注入的三相 PMSM 无传感器控制 MATLAB 仿真建模方法。第 3 部分为高级篇，包括第 7～10 章，第 7 章介绍六相 PMSM 的数学建模方法，第 8 章介绍六相电压源逆变器 PWM 技术 MATLAB 仿真建模方法，第 9 章介绍六相 PMSM 矢量控制 MATLAB 仿真建模方法，第 10 章介绍五相 PMSM 的数学建模及矢量控制 MATLAB 仿真建模方法。

本书可作为从事电气传动自动化、永磁同步电机控制、电力电子技术的工程技术人员的参考书，也可作为大专院校相关专业的教师、研究生和高年级本科生的参考书。

在本书出版之际，感谢北京航空航天大学出版社的编辑老师为本书付出的辛勤劳动，感谢身边朋友们的关心和帮助，感谢家人的理解和支持。

由于作者水平有限，书中难免存在一些不足和错误之处，欢迎广大读者批评指正。假如您对控制算法和仿真模型有疑问，请通过 E-mial 与作者联系，E-mail 地址为 lei. yuan. v@qq. com。

袁 雷

2015 年 10 月于南京

目 录

第1部分 基础篇

第 2 部分 进阶篇

第3部分　高级篇

第 1 部分　基础篇

第 1 章

三相永磁同步电机的数学建模

三相永磁同步电机(PMSM)是一个强耦合、复杂的非线性系统,为了能够更好地设计先进的 PMSM 控制算法,建立合适的数学模型就显得尤为重要。本章主要介绍三相 PMSM 的基本数学模型和各个坐标变换之间的关系,指出两种常用坐标系变换之间的区别与联系;同时分别建立同步旋转坐标系和静止坐标系下的三相 PMSM 数学模型;最后给出几种常用的同步旋转坐标系下数学模型的 MATLAB 仿真建模方法,以及静止坐标系下数学模型的仿真建模方法。

1.1 三相 PMSM 的基本数学模型

当三相 PMSM 转子磁路的结构不同时,电机的运行性能、控制方法、制造工艺和适用场合也会不同。目前,根据永磁体转子上的位置不同,三相 PMSM 的转子结构可以分为表贴式和内置式两种结构,具体如图 1-1 所示。

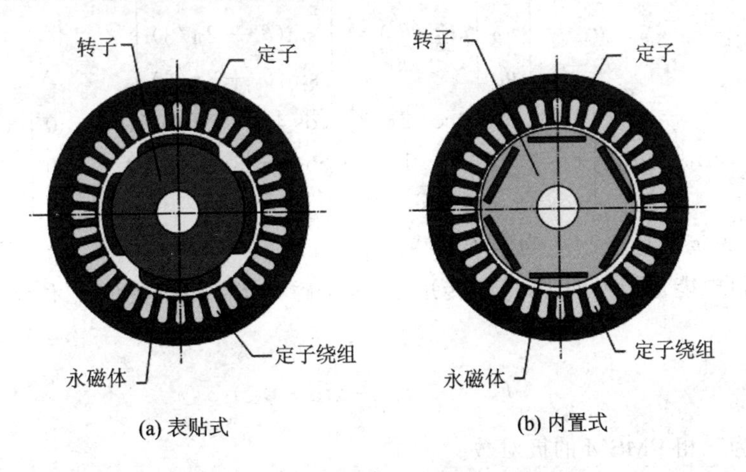

图 1-1 三相 PMSM 的转子结构

对于表贴式转子结构而言,由于其具有结构简单、制造成本低和转动惯量小等优点,在恒功率运行范围不宽的三相 PMSM 和永磁无刷直流电机中得到广泛应用。表贴式转子结构中的永磁磁极易于实现最优设计,能使电机的气隙磁密波形趋于正弦波分布,进而提高电机的运行性能。内置式转子结构可以充分利用转子磁路不对称所产生的磁阻转矩,提高电机的功率密度,使得电机的动态性能较表贴式转子结构有所改善,制造工艺也较简单,但漏磁系数和制造成本都较表贴式转子结构大。对于采用稀土永磁材料的电机来说,由于永磁材料的磁导率接近1,所以表贴式转子结构在电磁性能上属于隐极转子结构;而内置式转子结构相邻永磁磁极间有着磁导率很大的铁磁材料,在电磁性能上属于凸极转子结构。为了简化分析,假设三相PMSM为理想电机,且满足下列条件:

① 忽略电机铁芯的饱和;

② 不计电机中的涡流和磁滞损耗;

③ 电机中的电流为对称的三相正弦波电流。

这样,自然坐标系下PMSM的三相电压方程为[1-2]

$$\boldsymbol{u}_{3s} = \boldsymbol{R}\boldsymbol{i}_{3s} + \frac{d}{dt}\boldsymbol{\psi}_{3s} \tag{1-1}$$

磁链方程为

$$\boldsymbol{\psi}_{3s} = \boldsymbol{L}_{3s}\boldsymbol{i}_{3s} + \psi_f \cdot \boldsymbol{F}_{3s}(\theta_e) \tag{1-2}$$

其中:$\boldsymbol{\psi}_{3s}$ 为三相绕组的磁链;$\boldsymbol{u}_{3s}$、$\boldsymbol{R}$、$\boldsymbol{i}_{3s}$ 分别为三相绕组的相电压、电阻和电流;$\boldsymbol{L}_{3s}$ 为三相绕组的电感;$\boldsymbol{F}_{3s}(\theta_e)$ 为三相绕组的磁链,且满足

$$\boldsymbol{i}_{3s} = \begin{bmatrix} i_A \\ i_B \\ i_C \end{bmatrix}, \boldsymbol{R}_{3s} = \begin{bmatrix} R & 0 & 0 \\ 0 & R & 0 \\ 0 & 0 & R \end{bmatrix}, \boldsymbol{\psi}_{3s} = \begin{bmatrix} \psi_A \\ \psi_B \\ \psi_C \end{bmatrix}$$

$$\boldsymbol{u}_{3s} = \begin{bmatrix} u_A \\ u_B \\ u_C \end{bmatrix}, \boldsymbol{F}_{3s}(\theta_e) = \begin{bmatrix} \sin\theta_e \\ \sin(\theta_e - 2\pi/3) \\ \sin(\theta_e + 2\pi/3) \end{bmatrix}$$

$$\boldsymbol{L}_{3s} = L_{m3}\begin{bmatrix} 1 & \cos 2\pi/3 & \cos 4\pi/3 \\ \cos 2\pi/3 & 1 & \cos 2\pi/3 \\ \cos 4\pi/3 & \cos 2\pi/3 & 1 \end{bmatrix} + L_{l3}\begin{bmatrix} 1 & 0 & 0 \\ 0 & 1 & 0 \\ 0 & 0 & 1 \end{bmatrix}$$

其中:L_{m3} 为定子互感;L_{l3} 为定子漏感。

根据机电能量转换原理,电磁转矩 T_e 等于磁场储能对机械角 θ_m 位移的偏导,因此有

$$T_e = \frac{1}{2}p_n \frac{\partial}{\partial \theta_m}(\boldsymbol{i}_{3s}^{T} \cdot \boldsymbol{\psi}_{3s}) \tag{1-3}$$

其中:p_n 为三相PMSM的极对数。

另外,电机的机械运动方程为

$$J\frac{d\omega_m}{dt} = T_e - T_L - B\omega_m \tag{1-4}$$

其中:ω_m 为电机的机械角速度;J 为转动惯量;B 为阻尼系数;T_L 为负载转矩。

从上面的推导可以看出,式(1-1)~式(1-4)构成了三相PMSM在自然坐标系

下的基本数学模型。由磁链方程可以看出，定子磁链是转子位置角 θ_e 的函数；另外，电磁转矩的表达式也过于复杂。因此，三相 PMSM 的数学模型是一个比较复杂且强耦合的多变量系统。为了便于后期控制器的设计，必须选择合适的坐标变换对数学模型进行降阶和解耦变换。

1.2　三相 PMSM 的坐标变换

为了简化自然坐标系下三相 PMSM 的数学模型，采用的坐标变换通常包括静止坐标变换（Clark 变换）和同步旋转坐标变换（Park 变换）。它们之间的坐标关系如图 1-2 所示，其中 ABC 为自然坐标系，α-β 为静止坐标系，d-q 为同步旋转坐标系[3]。下文将详细介绍各坐标变换之间的关系。值得说明的是，若没有特殊说明，本书所采用的三相 PMSM 的建模方法都是基于图 1-2 所示的坐标系。

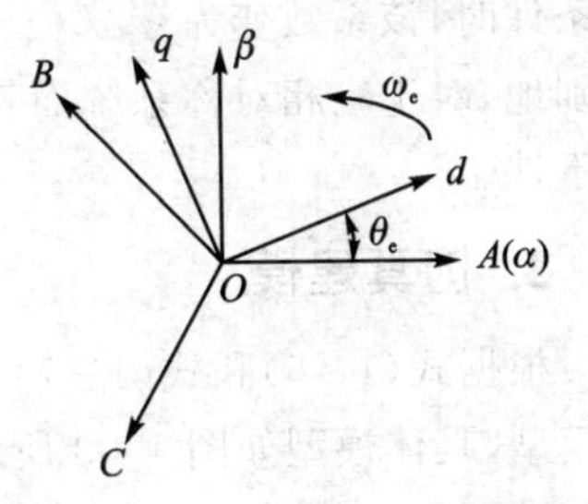

图 1-2　各坐标系之间的关系

1.2.1　Clark 变换与仿真建模

1. Clark 变换

将自然坐标系 ABC 变换到静止坐标系 $\alpha-\beta$ 的坐标变换为 Clark 变换，根据图 1-2所示各坐标系之间的关系，可以得出如式(1-5)所示的坐标变换公式：

$$[f_\alpha \quad f_\beta \quad f_0]^{\mathrm{T}} = \boldsymbol{T}_{3s/2s}\,[f_A \quad f_B \quad f_C]^{\mathrm{T}} \tag{1-5}$$

其中：f 代表电机的电压、电流或磁链等变量；$\boldsymbol{T}_{3s/2s}$ 为坐标变换矩阵，可表示为

$$\boldsymbol{T}_{3s/2s} = \frac{2}{3}\begin{bmatrix} 1 & -\frac{1}{2} & -\frac{1}{2} \\ 0 & \frac{\sqrt{3}}{2} & -\frac{\sqrt{3}}{2} \\ \frac{\sqrt{2}}{2} & \frac{\sqrt{2}}{2} & \frac{\sqrt{2}}{2} \end{bmatrix} \tag{1-6}$$

将静止坐标系 α-β 变换到自然坐标系 ABC 的坐标变换称为反 Clark 变换，可以表示为

$$[f_A \quad f_B \quad f_C]^{\mathrm{T}} = \boldsymbol{T}_{2s/3s}\,[f_\alpha \quad f_\beta \quad f_0]^{\mathrm{T}} \tag{1-7}$$

其中：$\boldsymbol{T}_{2s/3s}$ 为坐标变换矩阵，可表示为

$$T_{2s/3s}=T_{3s/2s}^{-1}=\begin{bmatrix}1 & 0 & \frac{\sqrt{2}}{2}\\ -\frac{1}{2} & \frac{\sqrt{3}}{2} & \frac{\sqrt{2}}{2}\\ -\frac{1}{2} & -\frac{\sqrt{3}}{2} & \frac{\sqrt{2}}{2}\end{bmatrix} \tag{1-8}$$

以上简单分析了自然坐标系中的变量与静止坐标系中的变量之间的关系，变换矩阵前的系数为2/3，是根据幅值不变作为约束条件得到的；当采用功率不变作为约束条件时，该系数变为$\sqrt{2/3}$。若没有特殊说明，本书均采用幅值不变作为约束条件。特别地，对于三相对称系统而言，在计算静止坐标系下的变量时，零序分量f_0可以忽略不计。

2. 仿真建模

根据式(1-5)和式(1-7)，可以使用MATLAB/Simulink中的Fcn模块搭建仿真模型，具体模型如图1-3所示。另外，公式中的变量α、β分别用图中的Alpha和Beta表示。

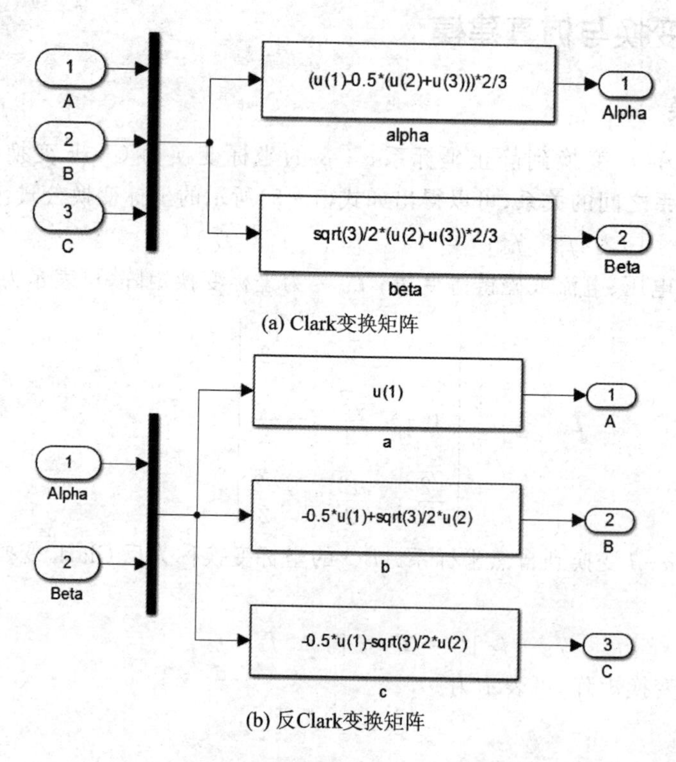

(a) Clark变换矩阵

(b) 反Clark变换矩阵

图1-3 自然坐标系与静止坐标系之间的变换关系

1.2.2 Park 变换与仿真建模

1. Park 变换

将静止坐标系 $\alpha-\beta$ 变换到同步旋转坐标系 $d-q$ 的坐标变换称为 Park 变换，根据图 1-2 所示各坐标系之间的关系，可以得出如式(1-9)所示的坐标变换公式：

$$[f_d \quad f_q]^{\mathrm{T}} = \boldsymbol{T}_{2s/2r}[f_\alpha \quad f_\beta]^{\mathrm{T}} \tag{1-9}$$

其中：$\boldsymbol{T}_{2s/2r}$ 为坐标变换矩阵，可表示为

$$\boldsymbol{T}_{2s/2r} = \begin{bmatrix} \cos\theta_e & \sin\theta_e \\ -\sin\theta_e & \cos\theta_e \end{bmatrix} \tag{1-10}$$

将同步旋转坐标系 $d-q$ 变换到静止坐标系 $\alpha-\beta$ 的坐标变换称为反 Park 变换，可表示为

$$[f_\alpha \quad f_\beta]^{\mathrm{T}} = \boldsymbol{T}_{2r/2s}[f_d \quad f_q]^{\mathrm{T}} \tag{1-11}$$

其中：$\boldsymbol{T}_{2r/2s}$ 为坐标变换矩阵，可表示为

$$\boldsymbol{T}_{2r/2s} = \boldsymbol{T}_{2s/2r}^{-1} = \begin{bmatrix} \cos\theta_e & -\sin\theta_e \\ \sin\theta_e & \cos\theta_e \end{bmatrix} \tag{1-12}$$

将自然坐标系 ABC 变换到同步旋转坐标系 $d-q$，各变量具有如下关系：

$$[f_d \quad f_q \quad f_0]^{\mathrm{T}} = \boldsymbol{T}_{3s/2r}[f_A \quad f_B \quad f_C]^{\mathrm{T}} \tag{1-13}$$

其中：$\boldsymbol{T}_{3s/2r}$ 为坐标变换矩阵，可表示为

$$\boldsymbol{T}_{3s/2r} = \boldsymbol{T}_{3s/2s} \cdot \boldsymbol{T}_{2s/2r} = \frac{2}{3}\begin{bmatrix} \cos\theta_e & \cos(\theta_e - 2\pi/3) & \cos(\theta_e + 2\pi/3) \\ -\sin\theta_e & -\sin(\theta_e - 2\pi/3) & -\sin(\theta_e + 2\pi/3) \\ 1/2 & 1/2 & 1/2 \end{bmatrix} \tag{1-14}$$

将同步旋转坐标系 $d-q$ 变换到自然坐标系 ABC，各变量具有如下关系：

$$[f_A \quad f_B \quad f_C]^{\mathrm{T}} = \boldsymbol{T}_{2r/3s}[f_d \quad f_q \quad f_0]^{\mathrm{T}} \tag{1-15}$$

其中：$\boldsymbol{T}_{2r/3s}$ 为坐标变换矩阵，可表示为

$$\boldsymbol{T}_{2r/3s} = \boldsymbol{T}_{3s/2r}^{-1} = \begin{bmatrix} \cos\theta_e & -\sin\theta_e & 1/2 \\ \cos(\theta_e - 2\pi/3) & -\sin(\theta_e - 2\pi/3) & 1/2 \\ \cos(\theta_e + 2\pi/3) & -\sin(\theta_e + 2\pi/3) & 1/2 \end{bmatrix} \tag{1-16}$$

以上简单分析了同步旋转坐标系与静止坐标系中各变量之间的关系，变换矩阵前的系数为 2/3，是根据幅值不变作为约束条件得到的；当采用功率不变作为约束条件时，该系数变为 $\sqrt{2/3}$。特别地，对于三相对称系统而言，在计算时零序分量 f_0 可以忽略不计。

2. 仿真建模

根据式(1-9)、式(1-11)，以及式(1-13)和式(1-15)，使用 MATLAB/Simulink 中的 Fcn 模块分别搭建静止坐标系与同步旋转坐标系之间坐标变换关系的仿真模型，以及

自然坐标系与同步旋转坐标系之间坐标变换关系的仿真模型，具体如图 1－4 和图 1－5 所示。另外，公式中的变量 α、β 和 θ_e 分别用图中的 Alpha、Beta 和 The 表示。

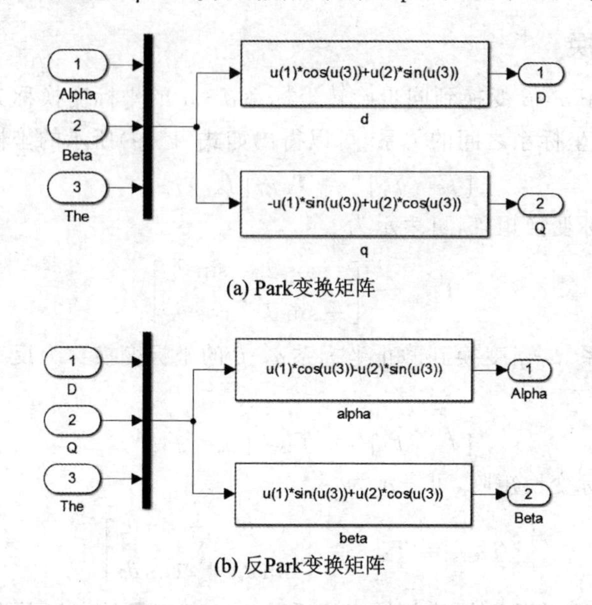

图 1－4　静止坐标系与同步旋转坐标系之间的变换关系

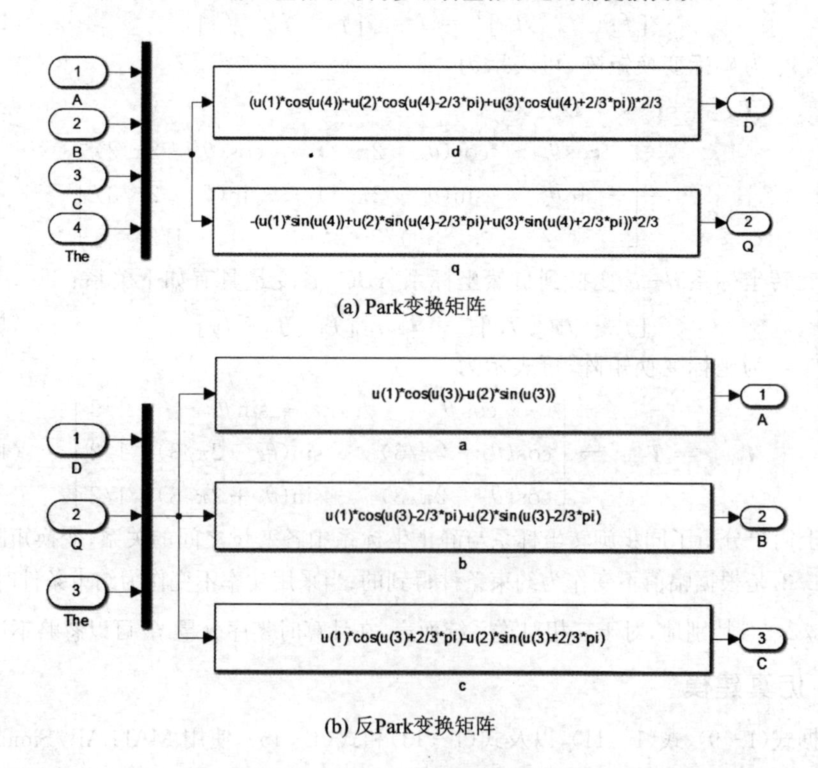

图 1－5　同步旋转坐标系与自然坐标系之间的变换关系

1.2.3　两种常用坐标系之间的关系

以上介绍了常见的各坐标系之间的坐标变换矩阵，但是初学者在使用 MATLAB 对电机进行数学建模或者控制算法设计时，往往会忽略一个问题——MATLAB 自身使用的坐标变换矩阵与书本上介绍的变换矩阵并不相同，实际上两者之间相差 90°电角度，MATLAB 自身使用的坐标系如图 1－6 所示。因此，在建立数学模型或控制算法设计时，必须使用同一个坐标系——使用书本上的坐标系或者 MATLAB 自身的坐标系。使用两种坐标系进行混合建模时，务必要注意两者之间的电角度差。下面将简要介绍 MATLAB 自身使用的坐标变换矩阵。

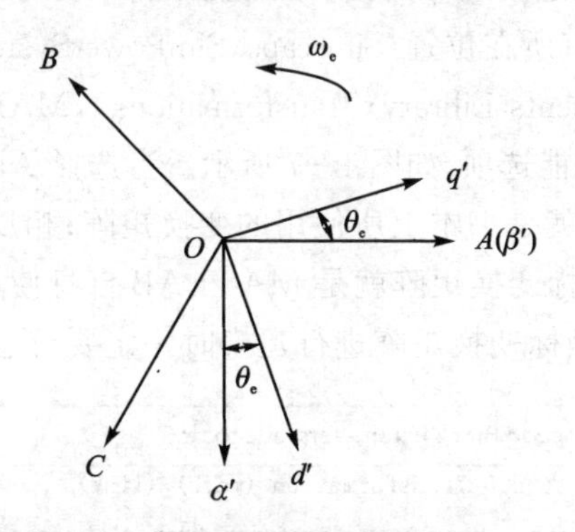

图 1－6　MATLAB 自身使用的各个坐标系之间的关系

通过比较图 1－2 和图 1－6，可以发现两者具有如下关系：

$$\begin{cases} f_{\alpha'} = -f_{\beta} \\ f_{\beta'} = f_{\alpha} \end{cases} \tag{1-17}$$

$$\begin{cases} f_{d'} = -f_{q} \\ f_{q'} = f_{d} \end{cases} \tag{1-18}$$

忽略零序分量的影响，将自然坐标系 ABC 下的变量变换到静止坐标系 $\alpha'-\beta'$ 的坐标变换矩阵为

$$[f_{\alpha'}\quad f_{\beta'}]^{\mathrm{T}} = \boldsymbol{T}'_{3s/2s}\,[f_A\quad f_B\quad f_C]^{\mathrm{T}} \tag{1-19}$$

其中：$\boldsymbol{T}'_{3s/2s}$ 为坐标变换矩阵，可表示为

$$\boldsymbol{T}'_{3s/2s} = \frac{2}{3}\begin{bmatrix} 0 & -\frac{\sqrt{3}}{2} & \frac{\sqrt{3}}{2} \\ 1 & -\frac{1}{2} & -\frac{1}{2} \end{bmatrix} \tag{1-20}$$

将静止坐标系 $\alpha'-\beta'$ 下的变量变换到同步旋转坐标系 $d'-q'$ 的坐标变换矩阵为

$$[f_{d'}\quad f_{q'}]^{\mathrm{T}} = \boldsymbol{T}'_{2s/2r}\,[f_{\alpha'}\quad f_{\beta'}]^{\mathrm{T}} \tag{1-21}$$

其中：$\boldsymbol{T}'_{2s/2r}$ 为坐标变换矩阵，可表示为

$$T'_{2s/2r} = \begin{bmatrix} \cos\theta_e & \sin\theta_e \\ -\sin\theta_e & \cos\theta_e \end{bmatrix} \tag{1-22}$$

将自然坐标系 ABC 下的变量变换到同步旋转坐标系 $d'-q'$ 的坐标变换矩阵为

$$[f_{d'} \quad f_{q'}]^T = T'_{3s/2r}\,[f_A \quad f_B \quad f_C]^T \tag{1-23}$$

其中：$T'_{3s/2r}$ 为坐标变换矩阵，可表示为

$$T'_{3s/2r} = \frac{2}{3}\begin{bmatrix} \sin\theta_e & \sin(\theta_e - 2\pi/3) & \sin(\theta_e + 2\pi/3) \\ \cos\theta_e & \cos(\theta_e - 2\pi/3) & \cos(\theta_e + 2\pi/3) \end{bmatrix} \tag{1-24}$$

当采用 MATLAB 自身使用的坐标变换矩阵进行建模时，同样可以参考 1.2.2 节所介绍的建模方法进行搭建。细心的读者可能已经发现，与以往版本的 MATLAB 软件相比，以 Park 变换为例（所在位置：Simscape\SimPowerSystems\Specialized Technology\Control and Measurements Library\Transformations），MATLAB 2014b 版本自带的坐标变换矩阵多了一个功能选项，如图 1-7 所示。当选择 Aligned with phase A axis 时，此时的坐标变换矩阵就是书本上所使用的变换矩阵；相反，当选择 90 degrees behind phase A axis 时，坐标变换矩阵就是 MATLAB 自身使用的矩阵。因此，读者在使用 MATLAB 自带的坐标变换矩阵进行建模时一定要注意区分。

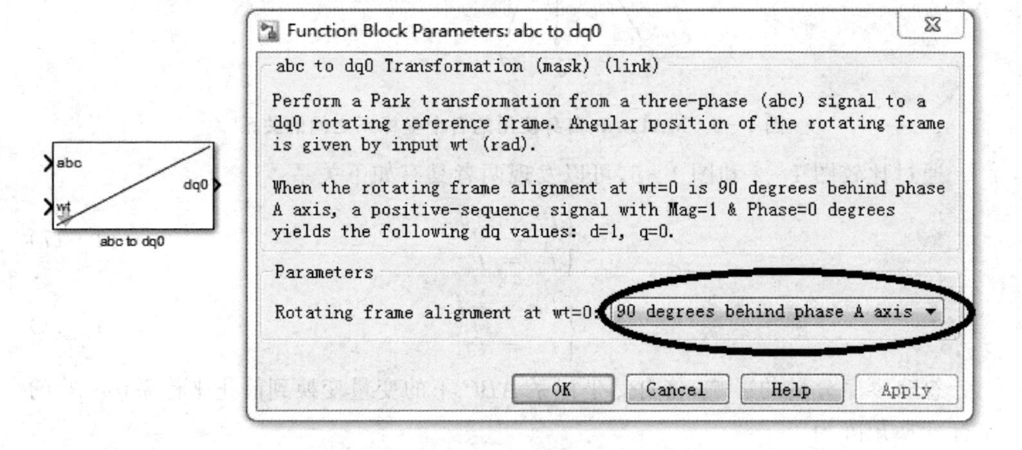

图 1-7　MATLAB 2014b 版本自带的 Park 变换矩阵

1.3　同步旋转坐标系下的数学建模

1.3.1　数学建模

为了便于后期控制器的设计，通常选择同步旋转坐标系 $d-q$ 下的数学模型，其定子电压方程可以表示为[4-5]

$$\begin{cases} u_d = Ri_d + \dfrac{\mathrm{d}}{\mathrm{d}t}\psi_d - \omega_e\psi_q \\ u_q = Ri_q + \dfrac{\mathrm{d}}{\mathrm{d}t}\psi_q + \omega_e\psi_d \end{cases} \tag{1-25}$$

定子磁链方程为

$$\begin{cases} \psi_d = L_d i_d + \psi_f \\ \psi_q = L_q i_q \end{cases} \tag{1-26}$$

将式(1-26)代入式(1-25)，可得定子电压方程为

$$\begin{cases} u_d = Ri_d + L_d\dfrac{\mathrm{d}}{\mathrm{d}t}i_d - \omega_e L_q i_q \\ u_q = Ri_q + L_q\dfrac{\mathrm{d}}{\mathrm{d}t}i_q + \omega_e(L_d i_d + \psi_f) \end{cases} \tag{1-27}$$

其中：u_d、u_q 分别是定子电压的 $d-q$ 轴分量；i_d、i_q 分别是定子电流的 $d-q$ 轴分量；R 是定子的电阻；ψ_d、ψ_q 为定子磁链的 $d-q$ 轴分量；ω_e 是电角速度；L_d、L_q 分别是 $d-q$ 轴电感分量；ψ_f 代表永磁体磁链。

根据式(1-27)可以得出如图 1-8 所示的电压等效电路。从图 1-8 中可以看出，三相 PMSM 的数学模型实现了完全的解耦。

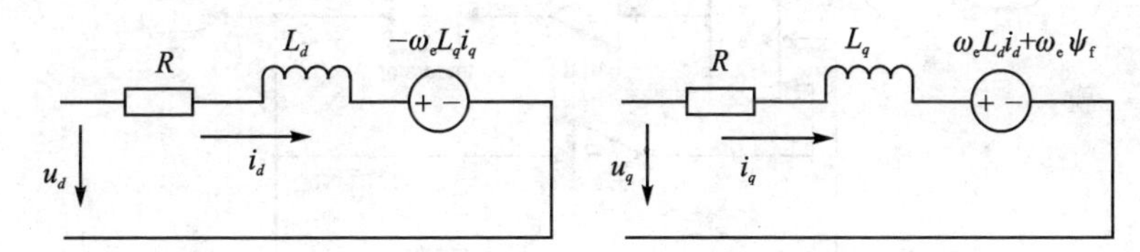

图 1-8　三相 PMSM 的电压等效电路

此时电磁转矩方程可写为

$$T_e = \frac{3}{2}p_n i_q\left[i_d(L_d - L_q) + \psi_f\right] \tag{1-28}$$

式(1-25)～式(1-28)是针对内置式三相 PMSM 建立的数学模型；对于表贴式三相 PMSM，定子电感满足 $L_d = L_q = L_s$。因此，表贴式三相 PMSM 的数学模型相对简单一些。

另外，在仿真建模时也要注意以下几个重要的关系式：

$$\begin{cases} \omega_e = n_p\omega_m \\ N_r = \dfrac{30}{\pi}\omega_m \\ \theta_e = \displaystyle\int \omega_e \mathrm{d}t \end{cases} \tag{1-29}$$

其中：ω_m 为电机的机械角速度，rad/s；N_r 为电机的转速，r/min。

1.3.2　仿真建模

1. 基于 Simulink 的仿真建模

为了加深对三相 PMSM 数学模型的理解，根据式(1-25)～式(1-28)在 MATLAB/Simulink 环境下进行数学模型的搭建，具体仿真模型如图 1-9 所示。其中，仿真模型的电机参数没有具体给定，读者可以根据实际情况进行设置。

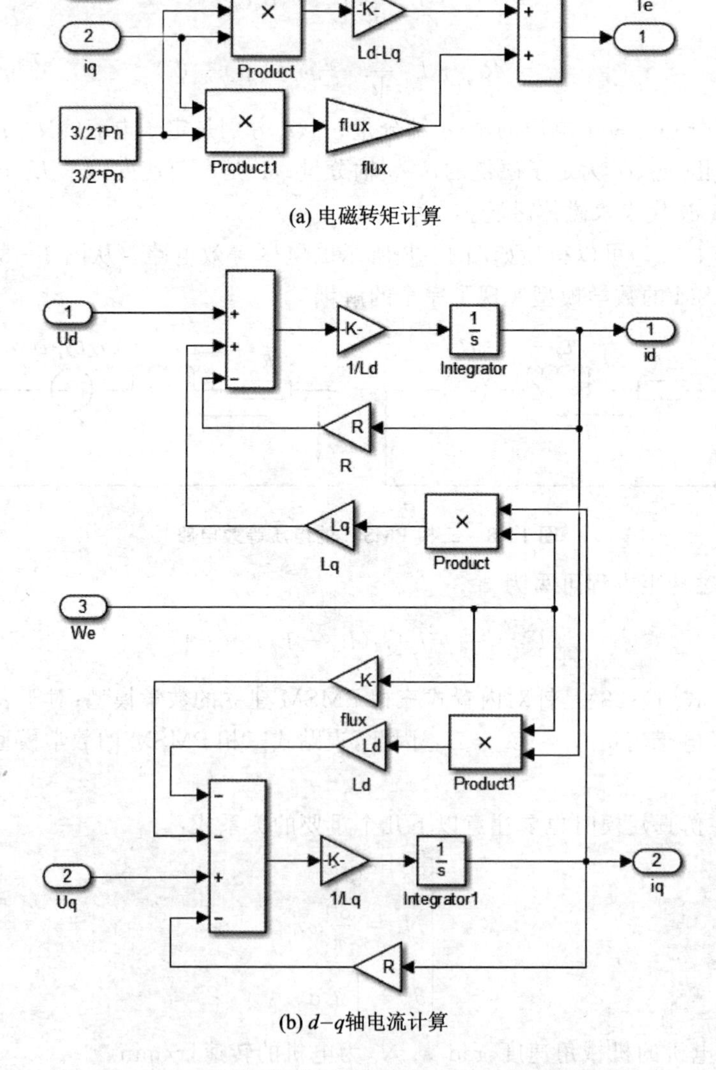

图 1-9　同步旋转坐标系下三相 PMSM 的仿真模型

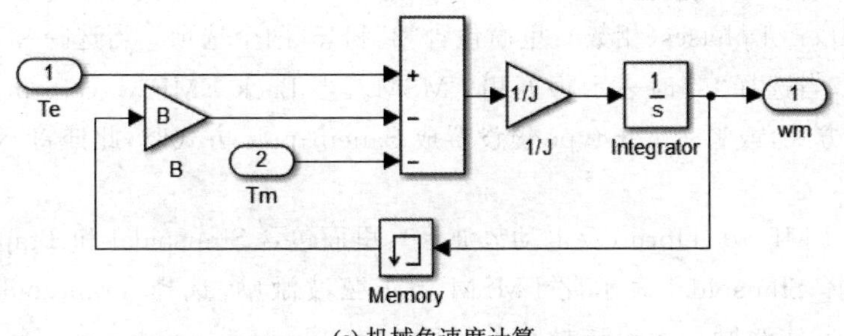

(c) 机械角速度计算

图1-9　同步旋转坐标系下三相PMSM的仿真模型(续)

另外,由于MATLAB/Simulink中已经自带了三相PMSM的仿真模块(所在位置:Simscape\SimPowerSystems\Specialized Technology\Machines),本小节将重点讲解如何对三相PMSM模块进行设置,具体如图1-10所示。从图1-10可以看出,针对三相PMSM模块的设置包括3个部分:Configuration(配置)、Parameters(参数设置)和Advanced(高级设置)。下面将对每个部分进行详细介绍。

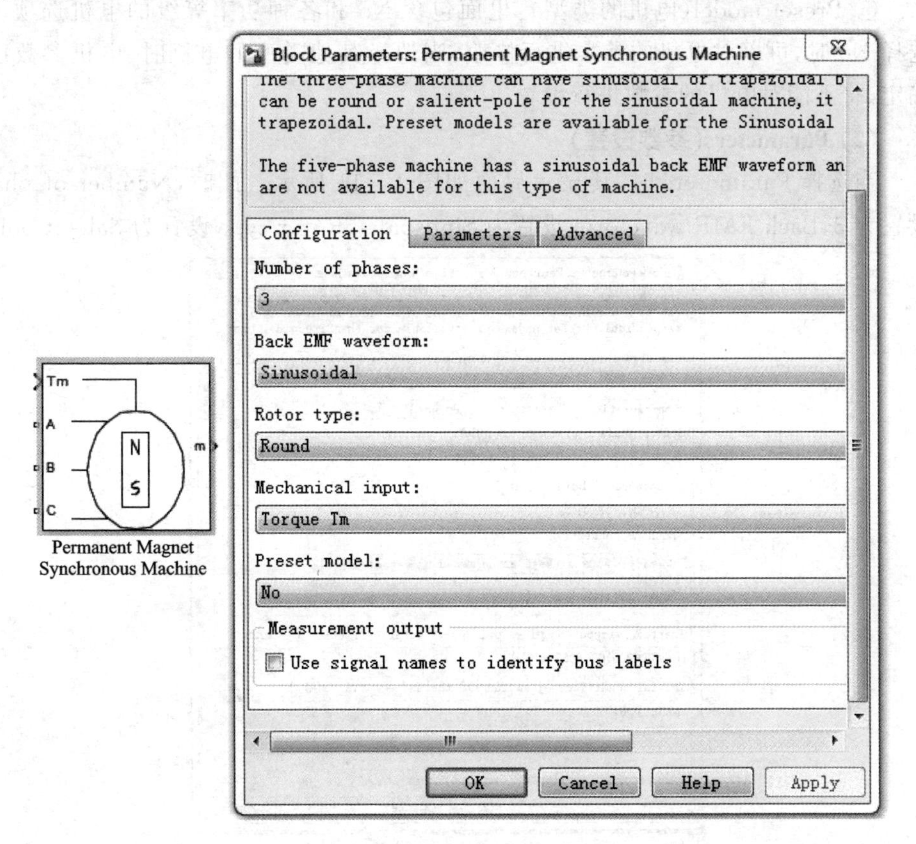

图1-10　三相PMSM模块的Configuration选项卡

(1) Configuration(配置)

① Number of phases(相数):里面包含“3”和“5”两个选项。当选择“3”时表示为三相PMSM,当选择“5”时表示为五相PMSM。当Back EMF waveform被设置成Trapezoidal方式,或者Rotor type被设置成Salient-pole方式时,此处将不能进行功能选择。

② Back EMF waveform(反电动势波形):里面包含Sinusoidal和Trapezoidal两个选项。选择Sinusoidal表示此PMSM为正弦波激励,选择Trapezoidal表示此PMSM为梯形波激励。无论选择哪种激励方式,Number of phases都将不能设置为5。

③ Rotor type(转子类型):里面包含Round和Salient-pole两个选项。选择Salient-pole表示电机转子为凸极型,选择Round表示电机转子为圆柱形。

④ Mechanical input(机械输入方式):里面包含Torque Tm、Speed和Mechanical rotational三个选项。其中,较为常用的是前两个,Torque Tm表示负载转矩,Speed表示机械角速度。

⑤ Preset model(电机的类型):里面包含No和各种功率等级的电机选项。当选择No时,可以对电机的参数进行修改;当选择其他类型的电机时,电机参数已经确定,将不能对电机的参数进行设置。

(2) Parameters(参数设置)

当选择Parameters时,其显示界面如图1-11所示。此时,Number of phases设置为3,Back EMF waveform设置为Sinusoidal,Rotor type设置为Salient-pole。

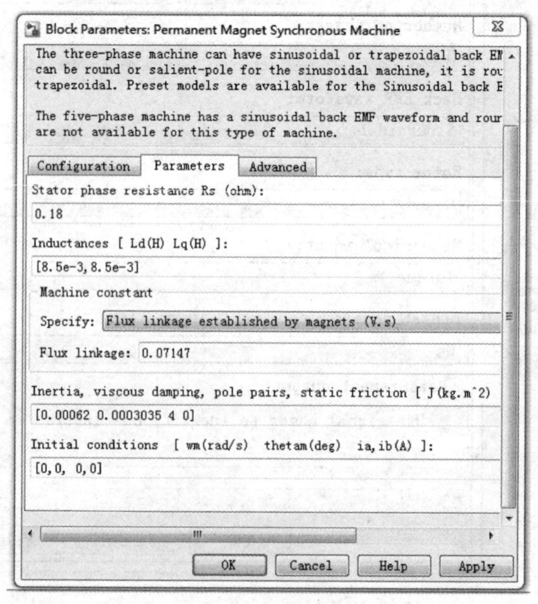

图1-11 三相PMSM模块的Parameters选项卡

① Stator phase resistance Rs (ohm)(定子电阻):设置电机定子电阻的大小,单位为Ω。

② Inductances [Ld(H) Lq(H)](定子电感):设置电机定子电感的大小,单位为H。

③ Machine constant(电机常量值):当Specify选择Flux linkage established by magnets (V.s)时,可以对Flux linkage(永磁体磁链)进行设置大小,单位为Wb;当Specify选择Voltage Constant时,可以对Voltage Constant进行设置大小,单位为V/krpm;当Specify选择Torque Constant时,可以对Torque Constant进行设置大小,单位为N·m。

④ Inertia, viscous damping, pole pairs, static friction[J(kg·m^2)]:可以分别设置电机的转动惯量、阻尼系数和极对数,viscous damping通常设置为0。

⑤ Initial conditions [wm(rad/s) thetam(deg) ia,ib(A)](电机的初始状态):可以设置包括机械角速度、转子位置、相电流ia和ib在内的数值大小。

(3) Advanced(高级设置)

当选择Advanced时,其显示界面如图1-12所示。

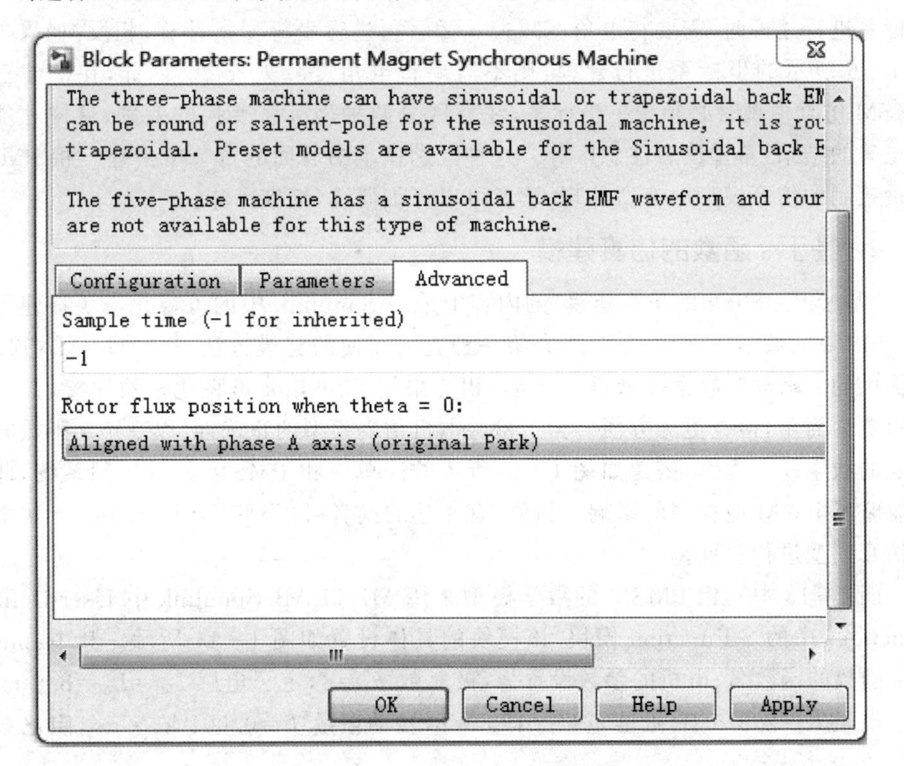

图1-12 三相PMSM模块的Advanced选项卡

① Sample time (-1 for inherited):可以对采样时间进行设置,当powergui设

置为 continues 时，默认为－1，表示采用内部的采样时间；当 powergui 设置为 discrete 时，可以对采样时间进行设置。

② Rotor flux position when theta＝0：此处用来设置同步旋转坐标系的选择。当选择 Aligned with phase A axis(original Park)时，表示同步旋转坐标系采用的是前面所讲的书本上常用坐标系(见图 1－2)；当选择 90 degrees behind phase A axis (modified Park)时，表示同步旋转坐标系采用的是 MATLAB 自身所采用的坐标系(见图 1－6)。

值得说明的是，有些文献资料搭建的仿真模型中电机输出的角度通常乘以一个常数再减去 $\pi/2$，这是为什么呢？其实原因很简单，从前面建立的三相 PMSM 数学模型可以看出，整个计算过程使用的都是电角速度量或电角度量，而从电机输出的角度却是机械角度 θ_m，需要将机械角度 θ_m 转换为电角度 θ_e，两者关系式为 $\theta_e = p_n\theta_m$，其中，p_n 为电机的极对数，且为常数。另外，当选择 Aligned with phase A axis(original Park)，且采用图 1－2 所示的坐标系时，搭建三相 PMSM 的矢量控制系统仿真模型，可以直接使用电机的转子位置角度进行坐标变换计算，而不需要将电角度减去 $\pi/2$。当选择 90 degrees behind phase A axis (modified Park)，且仍然采用图 1－2 所示的坐标系进行建模时，需要将电角度减去 $\pi/2$ 后再进行坐标变换计算；相反，如果采用图 1－6 所示的坐标系进行建模，则不需要将电角度减去 $\pi/2$。因此，在搭建三相 PMSM 仿真模型时必须统一坐标系，注意区分两种坐标系变换的差别，这样才能得出正确的结果，希望读者注意区分。这种区别在本书后面的章节中搭建三相 PMSM 矢量控制的仿真模型时有所体现，读者可以仔细研读，细细品味。

2. 基于 s 函数的仿真建模

“基于 Simulink 的仿真建模”的内容中采用 Simulink 中的可视化模块搭建了三相 PMSM 的数学模型，本小节将介绍一种更为简便的建模方法——使用 MATLAB 中提供的 s 函数对数学模型进行建模，相比采用 Simulink 可视化模块建模，该方法相对更为简单，检查更为方便。为了检验电机仿真模型的正确性，以基于 s 函数方法搭建的数学模型为例，搭建如图 1－13 所示的简单三相 PMSM 矢量控制系统，此模型忽略了 PWM 逆变器的影响。另外，有兴趣的读者可以对基于 Simulink 方法搭建的仿真模型进行验证。

图 1－13 中三相 PMSM 的数学模型采用 MATLAB/Simulink 中 User-Defined Functions 中的 S-Function 模块，该模块的具体设置如图 1－14 所示。其中：pmsm 为 s 函数的函数名；电机的参数设置为：极对数 $p_n=4$，定子电感 $L_d=L_q=8.5$ mH，定子电阻 $R=2.875\ \Omega$，磁链 $\psi_f=0.175$ Wb，转动惯量 $J=0.001\ \text{kg}\cdot\text{m}^2$，阻尼系数 $B=0.008\ \text{N}\cdot\text{m}\cdot\text{s}$。

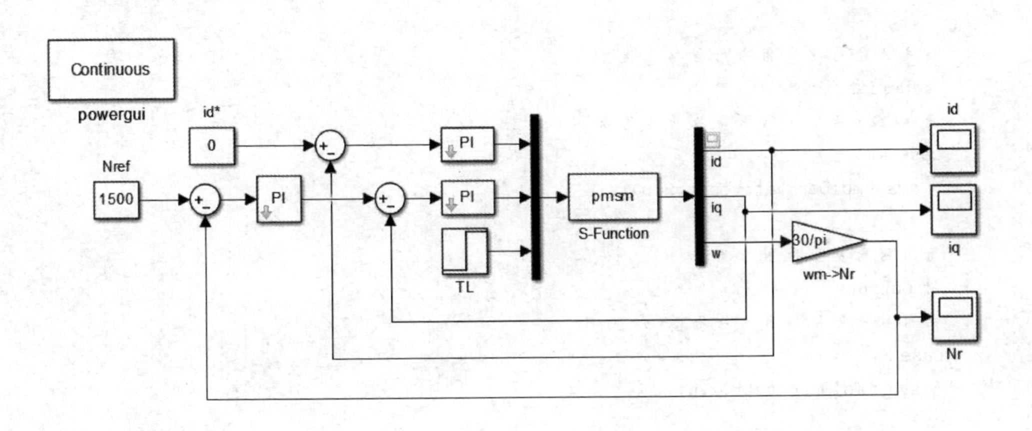

图 1-13 三相 PMSM 的矢量控制仿真模型

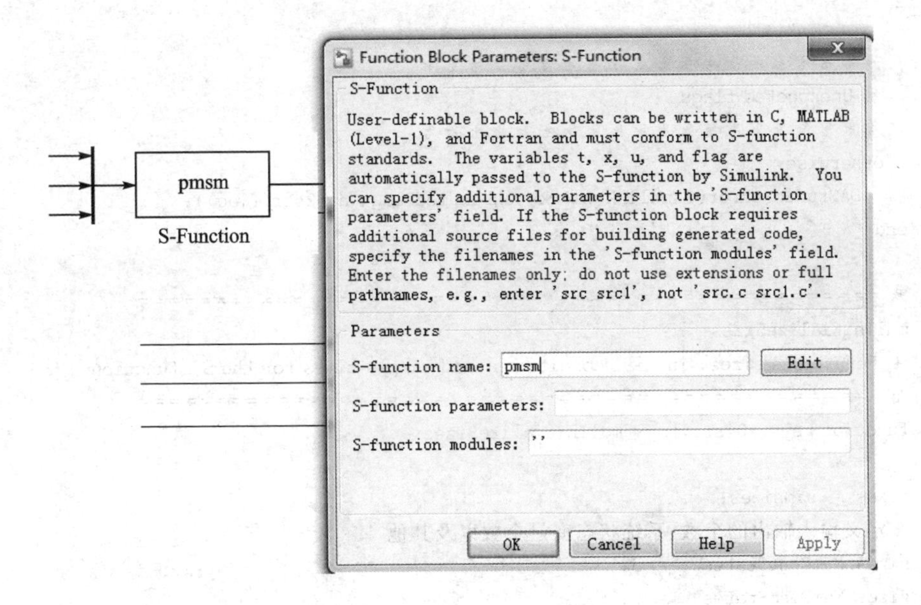

图 1-14 S-Function 参数设置

采用 s 函数方法的三相 PMSM 数学模型的程序编写和函数说明如下：

```
function [sys,x0,str,ts] = pmsm(t,x,u,flag)

switch flag,

  %%%%%%%%%%%%%%%%%%
  % Initialization                %
  %%%%%%%%%%%%%%%%%%
  case 0,
    [sys,x0,str,ts] = mdlInitializeSizes;
```

```
    %%%%%%%%%%%%%%%
    % Derivatives              %
    %%%%%%%%%%%%%%%
   case 1,
     sys = mdlDerivatives(t,x,u);

    %%%%%%%%%%%
    % Outputs          %
    %%%%%%%%%%%
   case 3,
     sys = mdlOutputs(t,x,u);

   case {2,4,9}
     sys = [];

    %%%%%%%%%%%%%%%%%%%%
    % Unexpected flags                    %
    %%%%%%%%%%%%%%%%%%%%
   otherwise
     DAStudio.error('Simulink:blocks:unhandledFlag', num2str(flag));
end

% ==============================================================
mdlInitializeSizes
% Return the sizes, initial conditions, and sample times for the S-function
% ==============================================================
function [sys,x0,str,ts] = mdlInitializeSizes

sizes = simsizes;
%定义输入输出的个数、系统状态变量个数以及其他
sizes.NumContStates   = 3;
sizes.NumDiscStates   = 0;
sizes.NumOutputs      = 3;
sizes.NumInputs       = 3;
sizes.DirFeedthrough  = 0;
sizes.NumSampleTimes  = 1;    % at least one sample time is needed

sys = simsizes(sizes);

x0  = [0;0;0]; %系统的初始状态
% str is always an empty matrix
str = []; %str总是被定义为空矩阵
% initialize the array of sample times
ts  = [0 0];
```

```
simStateCompliance = 'UnknownSimState';
% end mdlInitializeSizes

% ==============================================================
% mdlDerivatives
% Return the derivatives for the continuous states
% ==============================================================
function sys = mdlDerivatives(t,x,u) % 连续时间系统的微分方程

% % % 电机参数设置
R = 2.875;
Ld = 8.5e-3;
Lq = 8.5e-3;
Pn = 4;
Phi = 0.175;
J = 0.001;
B = 0.008;

% x(1)、x(2)、x(3)分别对应系统的3个状态变量 id、iq 和 wm
% u(1)、u(2)、u(3)分别对应 ud、uq 和 TL

sys(1) = (1/Ld) * u(1) - (R/Ld) * x(1) + (Lq/Ld) * Pn * x(2) * x(3);
                                   % 对应微分方程(1-27)
sys(2) = (1/Lq) * u(2) - (R/Lq) * x(2) - (Ld/Lq) * Pn * x(3) * x(2) - (Phi * Pn/Lq) * x(3);
                                   % 对应微分方程(1-27)
sys(3) = (1/J) * (1.5 * Pn * (Phi * x(2) + (Ld - Lq) * x(2) * x(3)) - B * x(3) - u(3));
                                   % 对应方程(1-28)

% end mdlDerivatives
% ==============================================================
% mdlOutputs
% Return the block outputs
% ==============================================================
function sys = mdlOutputs(t,x,u)  % 设定系统的输出变量

sys(1) = x(1);
sys(2) = x(2);
sys(3) = x(3);
% end mdlOutputs
```

采用如图1-13所示的矢量控制策略，仿真模型中转速环PI调节器和电流环PI调节器的参数设置如图1-15所示。其中，PI调节器采用离散型调节器，由于下一章节将重点介绍矢量控制系统中参数的设计方法，所以此小节仅给出PI调节器的具体参数。

另外，值得指出的是图 1－15 中 Sample time 设置为 Ts，打开 File→Model Properties→Model Properties，具体参数值的设置详见图 1－16。从图 1－16 中可以看出，采用模型属性(Model Properties)中的初始化函数，特别是当控制器的参数较多时，该方法便于后期控制器参数的整定，读者在以后搭建模型时可以采用此种方法进行参数设置。

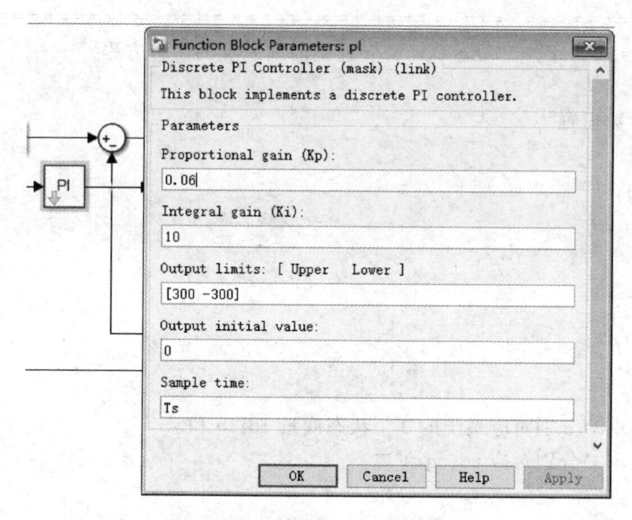

(a) 转速环PI调节器的参数设置

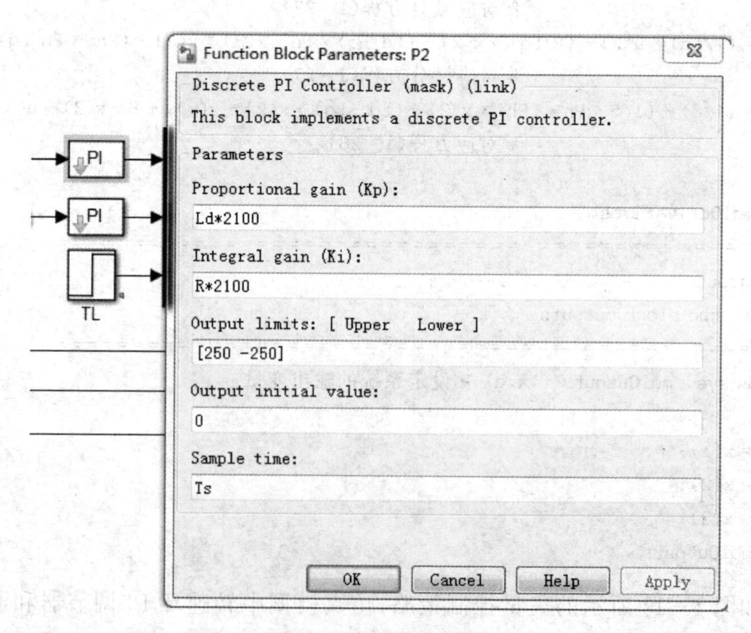

(b) 电流环PI调节器的参数设置

图 1－15　三相 PMSM 矢量控制系统 PI 调节器的参数设置

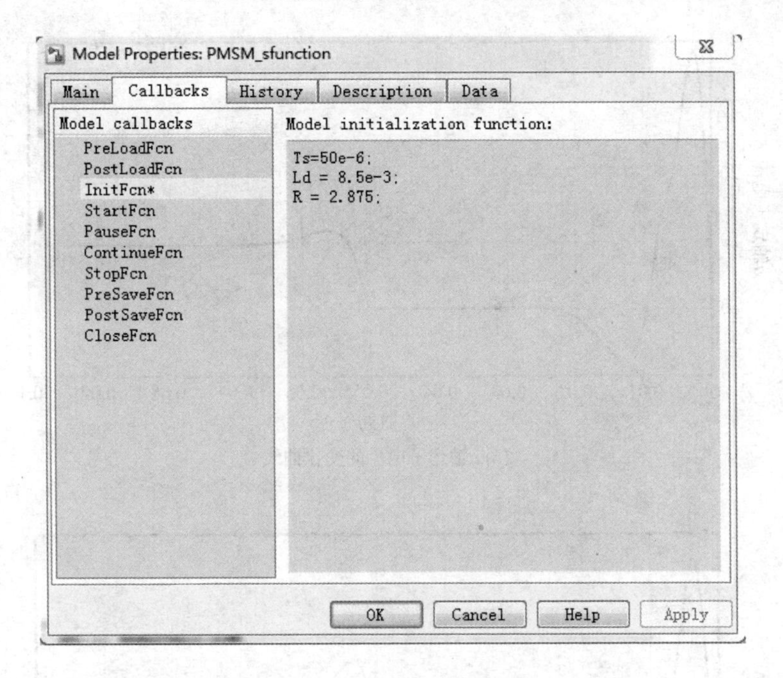

图 1-16　参数初始化设置

为了验证仿真模型的正确性，图 1-17 给出了采用图 1-13 所示仿真模型的仿真结果。仿真条件设置为：参考转速 $N_{\mathrm{ref}}=1\ 500$ r/min，负载转矩 T_{L} 初始值设置为 0，当 $t=0.05$ s 时 $T_{\mathrm{L}}=10$ N·m。从图 1-17 所示的仿真结果可以看出，电机实际转速能够快速跟踪参考转速，$d-q$ 轴定子电流也有较为快速的动态响应速度，从而验证了仿真模型的正确性。

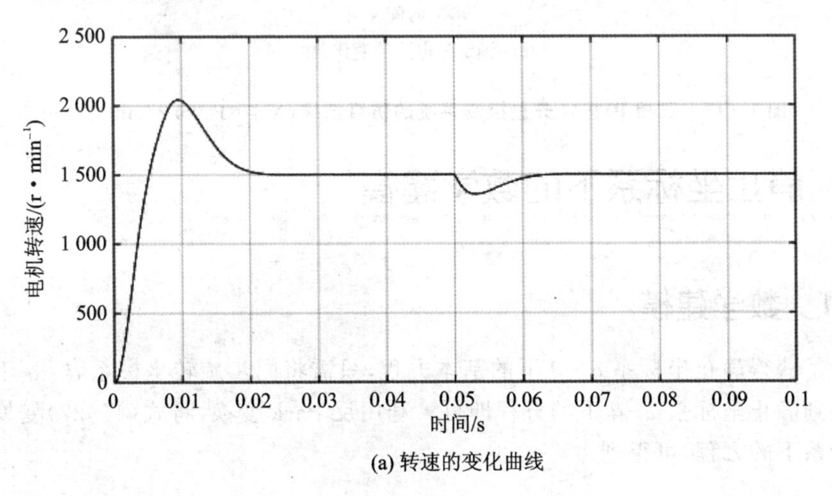

(a) 转速的变化曲线

图 1-17　三相 PMSM 矢量控制系统的仿真结果($N_{\mathrm{ref}}=1\ 500$ r/min)

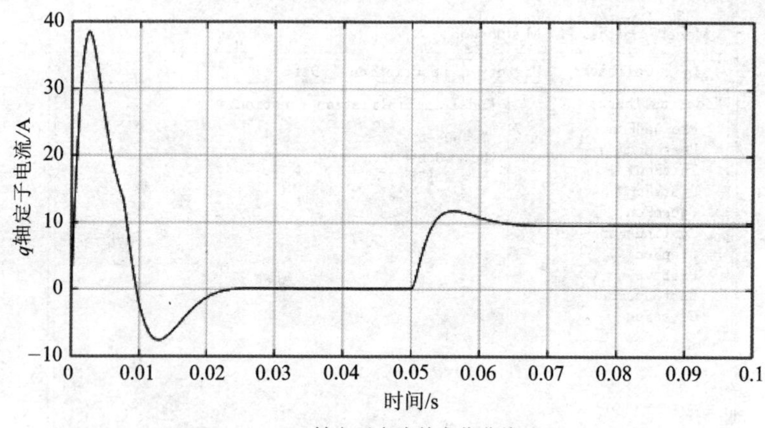

(b) q轴定子电流的变化曲线

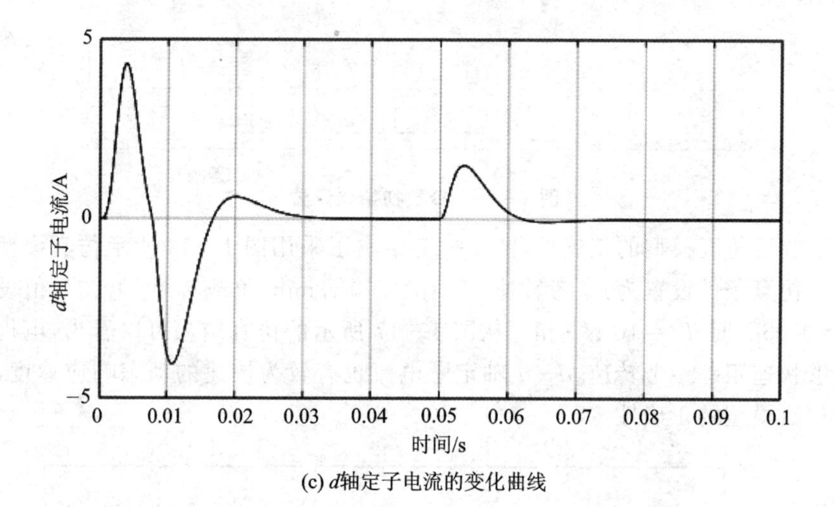

(c) d轴定子电流的变化曲线

图 1-17 三相 PMSM 矢量控制系统的仿真结果(N_{ref}=1 500 r/min)(续)

1.4 静止坐标系下的数学建模

1.4.1 数学建模

为了获得静止坐标系 $\alpha-\beta$ 下的基本方程，只需将同步旋转坐标系 $d-q$ 下的方程变换到静止坐标系 $\alpha-\beta$ 下的方程即可。利用反 Park 变换，将式(1-27)变换到静止坐标系下的方程，可得到[6-7]

$$\begin{bmatrix} u_\alpha \\ u_\beta \end{bmatrix} = \begin{bmatrix} R + \frac{\mathrm{d}}{\mathrm{d}t}L_\alpha & \frac{\mathrm{d}}{\mathrm{d}t}L_{\alpha\beta} \\ \frac{\mathrm{d}}{\mathrm{d}t}L_{\alpha\beta} & R + \frac{\mathrm{d}}{\mathrm{d}t}L_\alpha \end{bmatrix} \begin{bmatrix} i_\alpha \\ i_\beta \end{bmatrix} + \omega_\mathrm{e}\psi_\mathrm{f} \begin{bmatrix} -\sin\theta_\mathrm{e} \\ \cos\theta_\mathrm{e} \end{bmatrix} \tag{1-30}$$

其中：$[u_\alpha \quad u_\beta]^\mathrm{T}$、$[i_\alpha \quad i_\beta]^\mathrm{T}$ 分别为静止坐标系 $\alpha-\beta$ 下的定子电压和定子电流，且满足下式：

$$\begin{cases} L_\alpha = L_0 + L_1\cos 2\theta_\mathrm{e} \\ L_\beta = L_0 - L_1\cos 2\theta_\mathrm{e} \\ L_{\alpha\beta} = L_1\sin 2\theta_\mathrm{e} \\ L_0 = (L_d + L_q)/2 \\ L_1 = (L_d - L_q)/2 \end{cases} \tag{1-31}$$

对于式(1－30)，有两项包含转子的位置信息，第一项为由转子凸极效应导致的 $2\theta_\mathrm{e}$ 项，第二项为由永磁体导致的 θ_e 项。对于传统的位置估计算法，通常使用第一项或第二项进行计算，然而式(1－30)中同时包含两项，特别是第一项中包含的 $2\theta_\mathrm{e}$ 项，增加了转子位置信息估计的难度。为了便于计算，可通过适当的变换将 $2\theta_\mathrm{e}$ 项消除。

重写式(1－30)，有

$$\begin{bmatrix} u_\alpha \\ u_\beta \end{bmatrix} = R\begin{bmatrix} i_\alpha \\ i_\beta \end{bmatrix} + \frac{\mathrm{d}}{\mathrm{d}t}L_0\begin{bmatrix} i_\alpha \\ i_\beta \end{bmatrix} + \frac{\mathrm{d}}{\mathrm{d}t}L_1\begin{bmatrix} \cos 2\theta_\mathrm{e} & \sin 2\theta_\mathrm{e} \\ \sin 2\theta_\mathrm{e} & -\cos 2\theta_\mathrm{e} \end{bmatrix}\begin{bmatrix} i_\alpha \\ i_\beta \end{bmatrix} + \omega_\mathrm{e}\psi_\mathrm{f}\begin{bmatrix} -\sin\theta_\mathrm{e} \\ \cos\theta_\mathrm{e} \end{bmatrix} \tag{1-32}$$

从式(1－32)可以看出，$2\theta_\mathrm{e}$ 的出现是因为电感矩阵不对称所致。因而，将 $d-q$ 轴下的电压方程重写为

$$\begin{bmatrix} u_d \\ u_q \end{bmatrix} = \begin{bmatrix} R + \frac{\mathrm{d}}{\mathrm{d}t}L_d & -\omega_\mathrm{e}L_q \\ \omega_\mathrm{e}L_q & R + \frac{\mathrm{d}}{\mathrm{d}t}L_d \end{bmatrix}\begin{bmatrix} i_d \\ i_q \end{bmatrix} + \begin{bmatrix} 0 \\ (L_d - L_q)(\omega_\mathrm{e}i_d - pi_q) + \omega_\mathrm{e}\psi_\mathrm{f} \end{bmatrix} \tag{1-33}$$

并变换到静止坐标系 $\alpha-\beta$ 下，可得

$$\begin{bmatrix} u_\alpha \\ u_\beta \end{bmatrix} = \begin{bmatrix} R + \frac{\mathrm{d}}{\mathrm{d}t}L_d & \omega_\mathrm{e}(L_d - L_q) \\ -\omega_\mathrm{e}(L_d - L_q) & R + \frac{\mathrm{d}}{\mathrm{d}t}L_d \end{bmatrix}\begin{bmatrix} i_\alpha \\ i_\beta \end{bmatrix} + \left[(L_d - L_q)\left(\omega_\mathrm{e}i_d - \frac{\mathrm{d}}{\mathrm{d}t}i_q\right)\omega_\mathrm{e}\psi_\mathrm{f}\right]\begin{bmatrix} -\sin\theta_\mathrm{e} \\ \cos\theta_\mathrm{e} \end{bmatrix} \tag{1-34}$$

式(1－34)是电励磁同步电机通用的数学模型。当 $L_d = L_q = L_\mathrm{s}$ 时，为表贴式 PMSM 的数学模型；当 $\psi_\mathrm{f} = 0$ 时，则为同步磁阻电机的数学模型。另外，相比式(1－30)中有两项包含转子的位置信息，式(1－34)更易于后期无传感器控制算法的设计。

另外，静止坐标系下的电磁转矩方程可表示为

$$T_e = \frac{3}{2} p_n (\psi_\alpha i_\beta - \psi_\beta i_\alpha) \tag{1-35}$$

式(1-35)中的定子磁链方程为

$$\begin{cases} \dfrac{d}{dt}\psi_\alpha = u_\alpha - Ri_\alpha \\ \dfrac{d}{dt}\psi_\beta = u_\beta - Ri_\beta \end{cases} \tag{1-36}$$

其中：ψ_α 和 ψ_β 分别为静止坐标系的磁链方程。

磁链的幅值为

$$\psi = \sqrt{\psi_\alpha^2 + \psi_\beta^2} \tag{1-37}$$

目前比较常用的三相 PMSM 的建模方法大多是基于同步旋转坐标系下的数学方程，主要是由于该数学模型实现了 $d-q$ 变量的完全解耦，并且数学表达式简单。此处给出静止坐标系下详细的表达式及计算过程，是为后面章节设计无传感器控制算法提供理论基础。另外，对于静止坐标系下的电流方程也可以表示为

$$\begin{aligned} \frac{di_\alpha}{dt} =& \frac{1}{L_d}\omega_m \psi_\beta + (u_\alpha - Ri_\alpha)\left(\frac{1}{L_d}\cos^2\theta_m + \frac{1}{L_q}\sin^2\theta_m\right) + \\ & \frac{1}{2}(u_\beta - Ri_\beta)\sin 2\theta_m \left(\frac{1}{L_d} - \frac{1}{L_q}\right) \end{aligned} \tag{1-38}$$

$$\begin{aligned} \frac{di_\beta}{dt} =& \frac{1}{L_d}\omega_m \psi_\alpha + (u_\beta - Ri_\beta)\left(\frac{1}{L_d}\sin^2\theta_m + \frac{1}{L_q}\cos^2\theta_m\right) + \\ & \frac{1}{2}(u_\alpha - Ri_\alpha)\sin 2\theta_m \left(\frac{1}{L_d} - \frac{1}{L_q}\right) \end{aligned} \tag{1-39}$$

其中：

$$\psi_\alpha = \frac{L_d}{L_q}\psi_f \cos\theta_m - \left(1 - \frac{L_d}{L_q}\right)L_0(i_\alpha \cos 2\theta_m + i_\beta \sin 2\theta_m) + L_2 i_\alpha \tag{1-40}$$

$$\psi_\beta = \frac{L_d}{L_q}\psi_f \sin\theta_m - \left(1 - \frac{L_d}{L_q}\right)L_0(i_\beta \cos 2\theta_m + i_\alpha \sin 2\theta_m) + L_2 i_\beta \tag{1-41}$$

静止坐标系下电机的机械运动方程为

$$J\frac{d}{dt}\omega_m = (\psi_\alpha i_\beta - \psi_\beta i_\alpha - T_L) \tag{1-42}$$

$$\frac{d}{dt}\theta_m = \omega_m \tag{1-43}$$

1.4.2　仿真建模

根据式(1-38)～式(1-43)在 MATLAB/Simulink 环境下进行数学模型的搭建，具体仿真模型如图1-18所示。

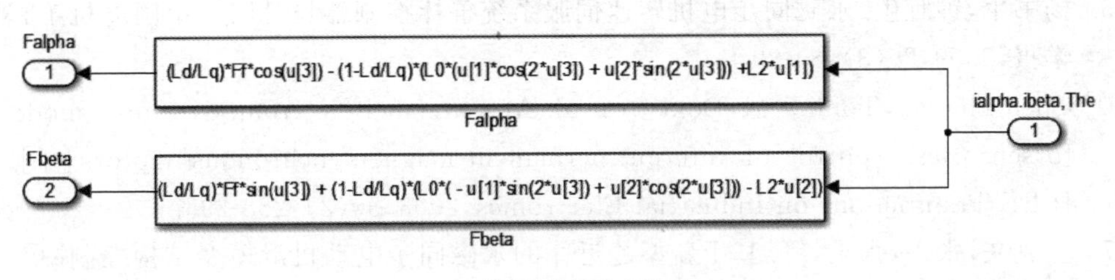

(a) 磁链计算的仿真模型

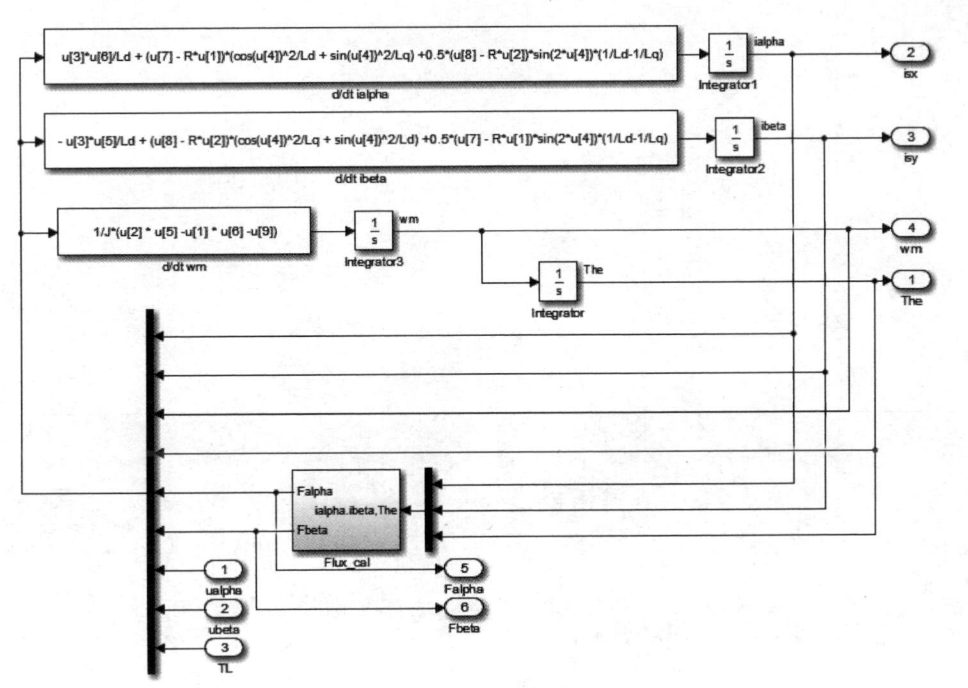

(b) 三相PMSM的数学模型

图 1-18　静止坐标系下三相 PMSM 的仿真模型

参考文献

[1] 王成元,夏加宽,孙宜标. 现代电机控制技术[M]. 北京:机械工业出版社,2010.

[2] 周扬忠,胡育文. 交流电动机直接转矩控制[M]. 北京:机械工业出版社,2011.

[3] 赵贺,林海雪. 论电工领域中对 alpha-beta 变换的误用[J]. 电网技术,2013,37(11):2997-3000.

[4] Ghafari-Kashani A R,Faiz J,Yazdanpanah M J. Integration of non-linear H_∞ and sliding mode control techniques for motion control of a permanent magnet synchronous motor [J]. IET Electric Power Applications,2010,4(4):267-280.

[5] 杨书生,钟宜生.永磁同步电机转速伺服系统鲁棒控制器设计[J].中国电机工程学报,2009,29(3):84-89.

[6] Chen Zhiqian, Tomita M, Doki S, et al. An extended electromotive force model forsensorless control of interior permanent-magnetsynchronous motors [J]. IEEE Transactions on Industrial Electronics, 2003, 50(2):288-295.

[7] 童克文,张兴,张昱,等.基于新型趋近律的永磁同步电动机滑模变结构控制[J].中国电机工程学报,2008,28(21):102-106.

第2章

三相电压源逆变器 PWM 技术

本章主要介绍三相电压源逆变器 PWM 技术的基本原理和仿真建模，首先，介绍两电平空间矢量调制(Space Vector Pulse Width Modulation，SVPWM)算法在线性调制区内的基本工作原理和实现方法，同时给出采用 Simulink 模块和 s 函数方法搭建的仿真模型，并给出仿真结果；其次，介绍几种常用的正弦脉宽调制(Sinusoidal Pulse Width Modulation，SPWM)算法的基本工作原理和 MATLAB 建模方法，并给出了仿真结果。

2.1 三相电量的空间矢量表示

SVPWM 控制策略是依据变流器空间电压(电流)矢量切换来控制变流器的一种新颖思路和控制策略，其主要思想在于抛弃原有的 SPWM 算法，采用逆变器空间电压矢量的切换以获得准圆形旋转磁场，从而在不高的开关频率条件下，使得交流电机获得较 SPWM 算法更好的控制性能。

SVPWM 算法实际上是对应于交流电机中的三相电压源逆变器功率器件的一种特殊的开关触发顺序和脉宽大小的组合，这种开关触发顺序和组合将在定子线圈中产生三相互差 120°电角度、失真较小的正弦波电流波形。实践和理论证明，与直接的 SPWM 技术相比，SVPWM 算法的优点主要有：

① SVPWM 优化谐波程度比较高，消除谐波效果要比 SPWM 好，实现容易，并且可以提高电压利用率；

② SVPWM 算法提高了电压源逆变器的直流电压利用率和电机的动态响应速度，同时减小了电机的转矩脉动等缺点；

③ SVPWM 比较适合于数字化控制系统。

目前以微控器为核心的数字化控制系统是其发展的一种趋势，所以逆变器中采用 SVPWM 应是优先的选择。另外，随着科学技术的不断发展，SVPWM 控制仍然是现在逆变器控制的研究热点，并且相应的新方案不断涌现。

在三相 DC/AC 逆变器和 AC/DC 变流器控制中，通常三相变量要分别描述。若能将三相 3 个标量用一个合成量表示，并保持信息的完整性，则三相的问题将简化为单相的问题。假设三相 3 个标量为 x_a、x_b、x_c，且满足 $x_a+x_b+x_c=0$，那么可引入变换

$$\boldsymbol{X}_{\text{out}} = x_a + a x_b + a^2 x_c \tag{2-1}$$

其中：$a = \mathrm{e}^{\mathrm{j}\frac{2}{3}\pi}$；$a^2 = \mathrm{e}^{-\mathrm{j}\frac{2}{3}\pi}$。

式(2-1)的变换将 3 个标量用一个复数 $\boldsymbol{X}_{\text{out}}$ 表示，复数 $\boldsymbol{X}_{\text{out}}$ 在复平面上为一个向量，如图 2-1 所示，其实部和虚部分别表示为[1]

$$\mathrm{Re}\,\boldsymbol{X}_{\text{out}} = x_a + x_b \cos\frac{2}{3}\pi + x_c \cos\left(-\frac{2}{3}\pi\right) \tag{2-2}$$

$$\mathrm{Im}\,\boldsymbol{X}_{\text{out}} = x_b \sin\frac{2}{3}\pi + x_c \sin\left(-\frac{2}{3}\pi\right) \tag{2-3}$$

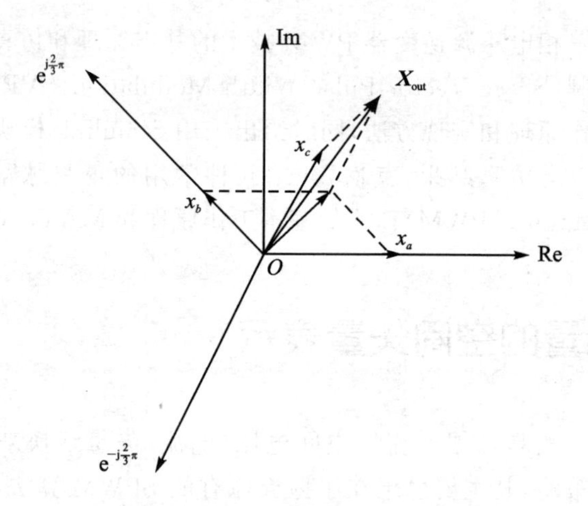

图 2-1　3 个标量到空间矢量的变换

将式(2-2)和式(2-3)与 $x_a + x_b + x_c = 0$ 并联，可得

$$\begin{bmatrix} \mathrm{Re}\,\boldsymbol{X}_{\text{out}} \\ \mathrm{Im}\,\boldsymbol{X}_{\text{out}} \\ 0 \end{bmatrix} = \begin{bmatrix} 1 & -\frac{1}{2} & -\frac{1}{2} \\ 0 & \frac{\sqrt{3}}{2} & -\frac{\sqrt{3}}{2} \\ \frac{1}{2} & \frac{1}{2} & \frac{1}{2} \end{bmatrix} \begin{bmatrix} x_a \\ x_b \\ x_c \end{bmatrix} \tag{2-4}$$

如果复数矢量 $\boldsymbol{X}_{\text{out}}$ 已知，则可唯一解出 x_a、x_b、x_c，即

$$\begin{bmatrix} x_a \\ x_b \\ x_c \end{bmatrix} = \begin{bmatrix} 1 & 0 & 1 \\ -\frac{1}{2} & \frac{\sqrt{3}}{2} & 1 \\ -\frac{1}{2} & -\frac{\sqrt{3}}{2} & 1 \end{bmatrix} \begin{bmatrix} \mathrm{Re}\,\boldsymbol{X}_{\text{out}} \\ \mathrm{Im}\,\boldsymbol{X}_{\text{out}} \\ 0 \end{bmatrix} \tag{2-5}$$

这样，就将 3 个标量 x_a、x_b、x_c 用一个复数矢量 $\boldsymbol{X}_{\text{out}}$ 表示。

假设三相对称正弦相电压的瞬时值表示为

$$\begin{cases} u_a = U_m \sin \omega t \\ u_b = U_m \sin\left(\omega t - \dfrac{2}{3}\pi\right) \\ u_c = U_m \sin\left(\omega t + \dfrac{2}{3}\pi\right) \end{cases} \tag{2-6}$$

其中：U_m 为相电压的幅值；$\omega = 2\pi f$ 为相电压的角频率。三相相电压 u_a、u_b、u_c 对应的空间电压矢量为

$$\boldsymbol{U}_{out} = u_a + a u_b + a^2 u_c \tag{2-7}$$

根据式(2-2)和式(2-3)可以求出电压矢量 $\boldsymbol{U}_{out}$ 的实部和虚部为

$$\begin{cases} \mathrm{Re}\,\boldsymbol{U}_{out} = u_a + u_b \cos\dfrac{2}{3}\pi + u_c \cos\left(-\dfrac{2}{3}\pi\right) = \dfrac{3}{2}U_m \sin\omega t \\ \mathrm{Im}\,\boldsymbol{U}_{out} = u_b \sin\dfrac{2}{3}\pi + u_c \sin\left(-\dfrac{2}{3}\pi\right) = -\dfrac{3}{2}U_m \cos\omega t \end{cases} \tag{2-8}$$

电压空间矢量 $\boldsymbol{U}_{out}$ 为

$$\boldsymbol{U}_{out} = \mathrm{Re}\,\boldsymbol{U}_{out} + \mathrm{j}\,\mathrm{Im}\,\boldsymbol{U}_{out} = \frac{3}{2}U_m \mathrm{e}^{\mathrm{j}\left(\omega t - \frac{\pi}{2}\right)} \tag{2-9}$$

因此，三相对称正弦电压对应的空间电压矢量运动轨迹如图2-2所示。从图2-2中可以看出，电压空间矢量 $\boldsymbol{U}_{out}$ 顶点的运动轨迹为一个圆，且以角速度 ω 逆时针旋转。根据空间矢量变换的可逆性，可以想象若空间电压矢量 $\boldsymbol{U}_{out}$ 的顶点运动轨迹为一个圆，则原三相电压越趋近于三相对称正弦波。三相对称正弦电压供电是理想的供电方式，也是逆变器交流输出电压控制的追求目标。实际上，通过空间矢量变换，可以将逆变器三相输出的3个标量的控制问题转化为一个矢量的控制问题。

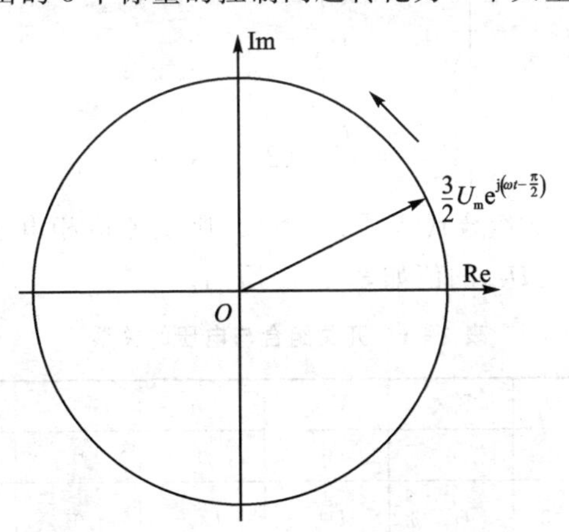

图2-2 电压空间矢量 $\boldsymbol{U}_{out}$ 的运动轨迹

对于典型的两电平三相电压源逆变器电路，其原理图如图2-3所示。定义开关量 s_a、s_b、s_c、s'_a、s'_b、s'_c 表示6个功率开关器件的开关状态。当 s_a、s_b 或 s_c 为1时，逆变器电路上桥臂的开关器件开通，其下桥臂的开关器件关断(即 s'_a、s'_b 或 s'_c 为0)；反之，

当 s_a、s_b 或 s_c 为 0 时，上桥臂的开关器件关断而下桥臂的开关器件开通(即 s'_a、s'_b 或 s'_c 为 1)。由于同一桥臂上下开关器件不能同时导通，则上述的逆变器三路逆变桥的开关组态一共有 8 种。对于不同的开关状态组合(s_{abc})，可以得到 8 个基本电压空间矢量，这样逆变器的 8 种开关模式就对应 8 个电压空间矢量，各矢量为

$$\boldsymbol{U}_{\text{out}} = \frac{2U_{\text{dc}}}{3}\left(s_a + s_b \mathrm{e}^{\mathrm{j}\frac{2}{3}\pi} + s_c \mathrm{e}^{-\mathrm{j}\frac{2}{3}\pi}\right) \tag{2-10}$$

其中：U_{dc} 为直流母线电压。

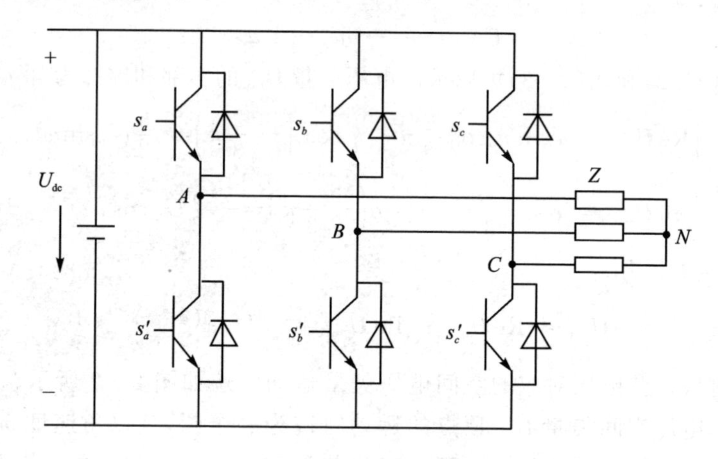

图 2-3　两电平三相电压源逆变器的原理图

另外，交流侧相电压 V_{AN}、V_{BN} 和 V_{CN} 与开关函数之间的关系为[2]

$$\begin{cases} V_{AN} = \dfrac{U_{\text{dc}}}{3}(2s_a - s_b - s_c) \\ V_{BN} = \dfrac{U_{\text{dc}}}{3}(2s_b - s_a - s_c) \\ V_{CN} = \dfrac{U_{\text{dc}}}{3}(2s_c - s_a - s_b) \end{cases} \tag{2-11}$$

将 8 种开关状态函数组合代入式(2-11)，则交流侧相电压 V_{AN}、V_{BN} 和 V_{CN}，线电压 V_{ab}、V_{bc} 和 V_{ca}，以及 $\boldsymbol{U}_{\text{out}}$ 的值如表 2-1 所列。

表 2-1　开关组合与电压的关系

s_a	s_b	s_c	V_{AN}	V_{BN}	V_{CN}	V_{ab}	V_{bc}	V_{ca}	$\boldsymbol{U}_{\text{out}}$
0	0	0	0	0	0	0	0	0	0
1	0	0	$2U_{\text{dc}}/3$	$-U_{\text{dc}}/3$	$-U_{\text{dc}}/3$	U_{dc}	0	$-U_{\text{dc}}$	$\frac{2}{3}U_{\text{dc}}$
0	1	0	$-U_{\text{dc}}/3$	$2U_{\text{dc}}/3$	$-U_{\text{dc}}/3$	$-U_{\text{dc}}$	U_{dc}	0	$\frac{2}{3}U_{\text{dc}}\mathrm{e}^{\mathrm{j}\frac{2\pi}{3}}$
1	1	0	$U_{\text{dc}}/3$	$U_{\text{dc}}/3$	$-2U_{\text{dc}}/3$	0	U_{dc}	$-U_{\text{dc}}$	$\frac{2}{3}U_{\text{dc}}\mathrm{e}^{\mathrm{j}\frac{\pi}{3}}$

续表 2-1

s_a	s_b	s_c	V_{AN}	V_{BN}	V_{CN}	V_{ab}	V_{bc}	V_{ca}	U_{out}
0	0	1	$-U_{dc}/3$	$-U_{dc}/3$	$2U_{dc}/3$	0	$-U_{dc}$	U_{dc}	$\frac{2}{3}U_{dc}e^{j\frac{4\pi}{3}}$
1	0	1	$U_{dc}/3$	$-2U_{dc}/3$	$U_{dc}/3$	U_{dc}	$-U_{dc}$	0	$\frac{2}{3}U_{dc}e^{j\frac{5\pi}{3}}$
0	1	1	$-2U_{dc}/3$	$U_{dc}/3$	$U_{dc}/3$	$-U_{dc}$	0	U_{dc}	$\frac{2}{3}U_{dc}e^{j\pi}$
1	1	1	0	0	0	0	0	0	0

由表 2-1 可以看出，在 8 种组合电压空间矢量中，包括 6 个非零矢量 $\boldsymbol{U}_1(001)$、$\boldsymbol{U}_2(010)$、$\boldsymbol{U}_3(011)$、$\boldsymbol{U}_4(100)$、$\boldsymbol{U}_5(101)$、$\boldsymbol{U}_6(110)$，以及两个零矢量 $\boldsymbol{U}_0(000)$、$\boldsymbol{U}_7(111)$，将 8 种组合的基本空间电压矢量映射至如图 2-4 所示的复平面中，即可得到该图所示的电压空间矢量图。它们将复平面分成了 6 个区，称之为扇区。

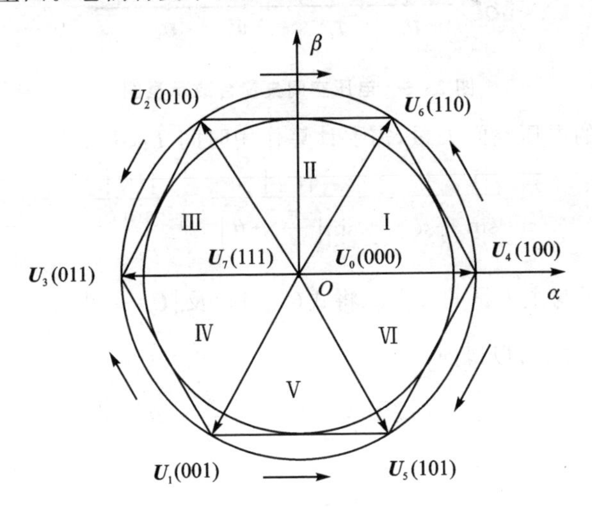

图 2-4　电压空间矢量图

2.2　SVPWM 算法的合成原理

SVPWM 算法的理论基础是平均值等效原理，即在一个开关周期 T_s 内通过对基本电压矢量加以组合，使其平均值与给定电压矢量相等。如图 2-4 所示，在某个时刻，电压空间矢量 $\boldsymbol{U}_{out}$ 旋转到某个区域中，可由组成该区域的两个相邻的非零矢量和零矢量在时间上的不同组合得到。以扇区 I 为例，空间矢量合成示意图如图 2-5 所示。根据平衡等效原则可以得到下式[2-3]：

$$T_s\boldsymbol{U}_{out} = T_4\boldsymbol{U}_4 + T_6\boldsymbol{U}_6 + T_0(\boldsymbol{U}_0 \text{ 或 } \boldsymbol{U}_7) \tag{2-12}$$

$$T_4 + T_6 + T_0 = T_s \tag{2-13}$$

$$\begin{cases} \boldsymbol{U}_1 = \dfrac{T_4}{T_s}\boldsymbol{U}_4 \\ \boldsymbol{U}_2 = \dfrac{T_6}{T_s}\boldsymbol{U}_6 \end{cases} \tag{2-14}$$

其中：T_4、T_6、T_0 分别为 $\boldsymbol{U}_4$、$\boldsymbol{U}_6$ 和零矢量 $\boldsymbol{U}_0(\boldsymbol{U}_7)$ 的作用时间。

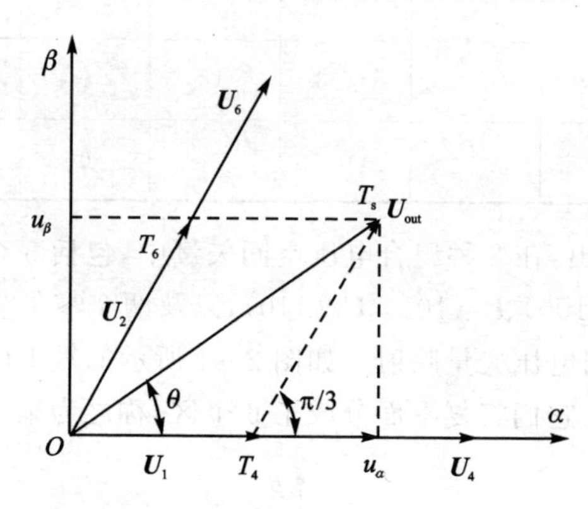

图 2-5 电压空间矢量合成示意图

要合成所需的电压空间矢量，需要计算作用时间 T_4、T_6、T_0，由图 2-5 可以得到

$$\frac{|\boldsymbol{U}_{out}|}{\sin\dfrac{2}{3}\pi} = \frac{|\boldsymbol{U}_1|}{\sin\left(\dfrac{\pi}{3}-\theta\right)} = \frac{|\boldsymbol{U}_2|}{\sin\theta} \tag{2-15}$$

其中：θ 为合成矢量与主矢量的夹角。将式(2-14)及 $|\boldsymbol{U}_4| = |\boldsymbol{U}_6| = \dfrac{2}{3}U_{dc}$ 和 $|\boldsymbol{U}_{out}| = U_m$ 代入式(2-15)中，可以得到

$$\begin{cases} T_4 = \sqrt{3}\,\dfrac{U_m}{U_{dc}}T_s\sin\left(\dfrac{\pi}{3}-\theta\right) \\ T_6 = \sqrt{3}\,\dfrac{U_m}{U_{dc}}T_s\sin\theta \\ T_0 = T_7 = \dfrac{1}{2}(T_s - T_4 - T_6) \end{cases} \tag{2-16}$$

定义 SVPWM 的调制比为

$$M = \frac{\sqrt{3}U_m}{U_{dc}} \tag{2-17}$$

在 SVPWM 调制中，要使得合成矢量在线性区域内调制，则要满足 $|\boldsymbol{U}_{out}| = U_m \leqslant 2U_{dc}/3$，即 $M_{max} = 2/\sqrt{3} = 1.1547$。由此可知，在 SVPWM 调制中，调制深度最大值可以达到 1.154 7，比 SPWM 调制最高所能达到的调制比 1 高出 0.154 7，这使其直流母线电压利用率更高，也是 SVPWM 控制算法的一个主要优点。

2.2.1　基于软件模式的合成

正如上文所述，通过计算得到以 $\boldsymbol{U}_4$、$\boldsymbol{U}_6$ 及 $\boldsymbol{U}_0$ 合成的 $\boldsymbol{U}_{\mathrm{out}}$ 的时间后，接下来就是如何产生实际的脉宽调制波形。目前，SVPWM 算法的合成方式中主要包括两种：基于软件模式的合成（七段式 SVPWM 算法）和基于硬件模式的合成（五段式 SVPWM 算法）[4]。在 SVPWM 方案中，零矢量的选择是最具灵活性的，适当选择零矢量，可最大限度地减少开关次数，尽可能避免开关器件在负载电流较大时的开关动作，最大限度地减少开关损耗。对于七段式 SVPWM 算法而言，将基本矢量作用顺序的分配原则选定为：在每次开关状态转换时，只改变其中一相的开关状态，并且对零矢量在时间上进行平均分配，以使产生的 PWM 对称，从而有效地降低 PWM 的谐波分量。$\boldsymbol{U}_{\mathrm{out}}$ 所在的位置开关切换顺序如表 2-2 所列。

表 2-2　$\boldsymbol{U}_{\mathrm{out}}$ 所在的位置和开关切换顺序对照（基于软件模式）

$\boldsymbol{U}_{\mathrm{out}}$ 所在的位置	开关切换顺序	三相波形图
Ⅰ区（0°≤θ≤60°）	0→4→6→7→7→6→4→0	T_s 0 1 1 1 1 1 1 0 0 0 1 1 1 1 0 0 0 0 0 1 1 0 0 0 $T_0/4$ $T_4/2$ $T_6/2$ $T_7/4$ $T_7/4$ $T_6/2$ $T_4/2$ $T_0/4$
Ⅱ区（60°≤θ≤120°）	0→2→6→7→7→6→2→0	T_s 0 0 1 1 1 1 0 0 0 1 1 1 1 1 1 0 0 0 0 1 1 0 0 0 $T_0/4$ $T_2/2$ $T_6/2$ $T_7/4$ $T_7/4$ $T_6/2$ $T_2/2$ $T_0/4$
Ⅲ区（120°≤θ≤180°）	0→2→3→7→7→3→2→0	T_s 0 0 0 1 1 0 0 0 0 1 1 1 1 1 1 0 0 0 1 1 1 1 0 0 $T_0/4$ $T_2/2$ $T_3/2$ $T_7/4$ $T_7/4$ $T_3/2$ $T_2/2$ $T_0/4$

续表 2-2

U_{out}所在的位置	开关切换顺序	三相波形图
Ⅳ区(180°≤θ≤240°)	0→1→3→7→7→3→1→0	T_s 0 0 0 1 1 0 0 0 0 0 1 1 1 1 0 0 0 1 1 1 1 1 1 0 $T_0/4$ $T_1/2$ $T_3/2$ $T_7/4$ $T_7/4$ $T_3/2$ $T_1/2$ $T_0/4$
Ⅴ区(240°≤θ≤300°)	0→1→5→7→7→5→1→0	T_s 0 0 1 1 1 1 0 0 0 0 0 1 1 0 0 0 0 1 1 1 1 1 1 0 $T_0/4$ $T_1/2$ $T_5/2$ $T_7/4$ $T_7/4$ $T_5/2$ $T_1/2$ $T_0/4$
Ⅵ区(300°≤θ≤360°)	0→4→5→7→7→5→4→0	T_s 0 1 1 1 1 1 1 0 0 0 0 1 1 0 0 0 0 0 1 1 1 1 0 0 $T_0/4$ $T_4/2$ $T_5/2$ $T_7/4$ $T_7/4$ $T_5/2$ $T_4/2$ $T_0/4$

以第Ⅰ扇区为例，其所产生的三相波调制波形在时间 T_s 时段中如表 2-2 中的图所示，图中电压向量出现的先后顺序为 0→4→6→7→7→6→4→0($\boldsymbol{U}_0$、$\boldsymbol{U}_4$、$\boldsymbol{U}_6$、$\boldsymbol{U}_7$、$\boldsymbol{U}_7$、$\boldsymbol{U}_6$、$\boldsymbol{U}_4$ 和 $\boldsymbol{U}_0$)，各电压向量的三相波形则与表 2-2 中的开关切换顺序相对应。

2.2.2　基于硬件模式的合成

对于七段式 SVPWM 算法而言，PWM 波形对称，且谐波含量较小，但是每个开关周期有 6 次开关切换。为了进一步减少开关次数，可以采用基于硬件模式的合成方式(五段式 SVPWM 算法)，该方法采用每相开关器件在每个扇区状态维持不变的序列安排下，使得每个开关周期只有 3 次开关切换，但是会增大电流的谐波含量。$\boldsymbol{U}_{out}$所在的位置和开关切换顺序如表 2-3 所列。

表 2-3　U_{out}所在的位置和开关切换顺序(基于硬件模式)

U_{out}所在的位置	开关切换顺序	三相波形图
Ⅰ区(0°≤θ≤60°)	4→6→7→7→6→4	T_s 1 1 1 1 1 1 0 1 1 1 1 0 0 0 1 1 0 0 $T_4/2$ $T_6/2$ $T_7/2$ $T_7/2$ $T_6/2$ $T_4/2$
Ⅱ区(60°≤θ≤120°)	2→6→7→7→6→2	T_s 0 1 1 1 1 0 1 1 1 1 1 1 0 0 1 1 0 0 $T_2/2$ $T_6/2$ $T_7/2$ $T_7/2$ $T_6/2$ $T_2/2$
Ⅲ区(120°≤θ≤180°)	2→3→7→7→3→2	T_s 0 0 1 1 0 0 1 1 1 1 1 1 0 1 1 1 1 0 $T_2/2$ $T_3/2$ $T_7/2$ $T_7/2$ $T_3/2$ $T_2/2$
Ⅳ区(180°≤θ≤240°)	1→3→7→7→3→1	T_s 0 0 1 1 0 0 0 1 1 1 1 0 1 1 1 1 1 1 $T_1/2$ $T_3/2$ $T_7/2$ $T_7/2$ $T_3/2$ $T_1/2$

续表 2-3

$\boldsymbol{U}_{\text{out}}$所在的位置	开关切换顺序	三相波形图
Ⅴ区（240°≤θ≤300°）	1→5→7→7→5→1	T_s 0 1 1 1 1 0 0 0 1 1 0 0 1 1 1 1 1 1 $T_1/2$ $T_5/2$ $T_7/2$ $T_7/2$ $T_5/2$ $T_1/2$
Ⅵ区（300°≤θ≤360°）	4→5→7→7→5→4	T_s 0 1 1 1 1 0 0 0 1 1 0 0 0 1 1 1 1 0 $T_4/2$ $T_5/2$ $T_7/2$ $T_7/2$ $T_5/2$ $T_4/2$

以第Ⅳ扇区为例，其所产生的三相波调制波形在时间 T_s 时段中如表 2-3 中的图所示，图中电压向量出现的先后顺序为 1→3→7→7→3→1（$\boldsymbol{U}_1$、$\boldsymbol{U}_3$、$\boldsymbol{U}_7$、$\boldsymbol{U}_7$、$\boldsymbol{U}_3$ 和 $\boldsymbol{U}_1$），各电压向量的三相波形则与表 2-3 中的开关切换顺序相对应。

2.3　SVPWM 算法的实现

正如前文分析可知，要实现 SVPWM 信号的实时调制，首先需要知道参考电压矢量 $\boldsymbol{U}_{\text{out}}$所在的区间位置，然后利用所在扇区的相邻两电压矢量和适当的零矢量来合成参考电压矢量，下文将详细介绍 SVPWM 算法的实现方式。

2.3.1　参考电压矢量的扇区判断

判断电压空间矢量 $\boldsymbol{U}_{\text{out}}$ 所在扇区的目的是确定本开关周期所使用的基本电压空间矢量。用 u_α 和 u_β 表示参考电压矢量 $\boldsymbol{U}_{\text{out}}$ 在 α、β 轴上的分量，定义 U_{ref1}、U_{ref2} 和 U_{ref3} 三个变量，令

$$\begin{cases} U_{\mathrm{ref1}} = u_\beta \\ U_{\mathrm{ref2}} = \dfrac{\sqrt{3}}{2}u_\alpha - \dfrac{1}{2}u_\beta \\ U_{\mathrm{ref3}} = -\dfrac{\sqrt{3}}{2}u_\alpha - \dfrac{1}{2}u_\beta \end{cases} \tag{2-18}$$

再定义 3 个变量 A、B、C，通过分析可以得出：

若 $U_{\mathrm{ref1}}>0$，则 $A=1$，否则 $A=0$；

若 $U_{\mathrm{ref2}}>0$，则 $B=1$，否则 $B=0$；

若 $U_{\mathrm{ref3}}>0$，则 $C=1$，否则 $C=0$。

令 $N=4C+2B+A$，则可以得到与扇区的关系（见表 2-4），通过表 2-4 可得出 $\boldsymbol{U}_{\mathrm{out}}$ 所在的扇区。

表 2-4　N 与扇区的对应关系

N	3	1	5	4	6	2
扇区	Ⅰ	Ⅱ	Ⅲ	Ⅳ	Ⅴ	Ⅵ

另外，关于扇区的划分同样可以采用图 2-6 所示的方法。当参考电压矢量 $\boldsymbol{U}_{\mathrm{out}}$ 的角度确定时，便可根据图 2-6 所示的关系进行扇区划分。

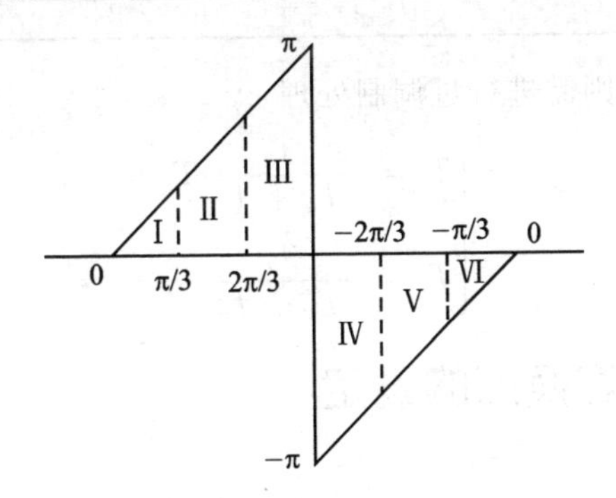

图 2-6　扇区与参考电压矢量之间的关系

2.3.2　非零矢量和零矢量作用时间的计算

由图 2-5 可以得出：

$$\begin{cases} u_\alpha = \dfrac{T_4}{T_s}|\boldsymbol{U}_4| + \dfrac{T_6}{T_s}|\boldsymbol{U}_6|\cos\dfrac{\pi}{3} \\ u_\beta = \dfrac{T_6}{T_s}|\boldsymbol{U}_6|\sin\dfrac{\pi}{3} \end{cases} \tag{2-19}$$

通过简单计算，式(2-19)可变为

$$\begin{cases} T_4 = \dfrac{\sqrt{3}T_s}{2U_{dc}}(\sqrt{3}u_\alpha - u_\beta) \\ T_6 = \dfrac{\sqrt{3}T_s}{2U_{dc}}u_\beta \end{cases} \tag{2-20}$$

同理，可以得出其他扇区各矢量的作用时间。令

$$\begin{cases} X = \dfrac{\sqrt{3}T_s u_\beta}{U_{dc}} \\ Y = \dfrac{\sqrt{3}T_s}{U_{dc}}\left(\dfrac{\sqrt{3}}{2}u_\alpha + \dfrac{1}{2}u_\beta\right) \\ Z = \dfrac{\sqrt{3}T_s}{U_{dc}}\left(-\dfrac{\sqrt{3}}{2}u_\alpha + \dfrac{1}{2}u_\beta\right) \end{cases} \tag{2-21}$$

可以得到各个扇区 $T_0(T_7)$、T_4 和 T_6 作用的时间，如表2-5所列。

表2-5 各扇区作用时间 $T_0(T_7)$、T_4 和 T_6

N	1	2	3	4	5	6
T_4	Z	Y	$-Z$	$-X$	X	$-Y$
T_6	Y	$-X$	X	Z	$-Y$	$-Z$
T_0	$T_0(T_7)=(T_s-T_4-T_6)/2$					

如果 $T_4+T_6>T_s$，则需进行过调制处理，令

$$\begin{cases} T_4 = \dfrac{T_4}{T_4+T_6}T_s \\ T_6 = \dfrac{T_6}{T_4+T_6}T_s \end{cases} \tag{2-22}$$

2.3.3 扇区矢量切换点的确定

首先定义

$$\begin{cases} T_a = (T_s - T_4 - T_6)/4 \\ T_b = T_a + T_4/2 \\ T_c = T_b + T_6/2 \end{cases} \tag{2-23}$$

则三相电压开关时间切换点 T_{cm1}、T_{cm2} 和 T_{cm3} 与各扇区的关系如表2-6所列。

表2-6 各扇区时间切换点 T_{cm1}、T_{cm2} 和 T_{cm3}

N	1	2	3	4	5	6
T_{cm1}	T_b	T_a	T_a	T_c	T_c	T_b
T_{cm2}	T_a	T_c	T_b	T_b	T_a	T_c
T_{cm3}	T_c	T_b	T_c	T_a	T_b	T_a

综上所述,SVPWM 算法的实现方式主要包括参考电压矢量的扇区判断、各个扇区非零矢量和零矢量作用时间的计算以及各个扇区矢量切换点的确定,最后使用一定频率的三角载波信号与各个扇区矢量切换点进行比较,从而可以产生变换器所需的 PWM 脉冲信号。

2.4　SVPWM 算法的建模与仿真

2.4.1　基于 Simulink 的仿真建模

根据以上分析过程,同时为了验证 SVPWM 算法的正确性,建立七段式 SVPWM 算法的仿真模块图,如图 2-7 所示。具体参数设置为:$u_\alpha=200\cos 100\pi t$,$u_\beta=200\sin 100\pi t$,PWM 开关周期 T_{pwm}($T_{\text{pwm}}=0.000\,2$ s),直流侧电压 $U_{\text{dc}}=700$ V,仿真算法采用变步长 ode23tb 算法,且最大仿真步长(Max Step Size)设置为 0.000 01,其余变量保持初始值不变。根据 2.3 节的理论分析,各个模块的仿真模型如图 2-8 所示,其中图 2-8(a)~(d)分别给出了扇区 N 的计算,中间变量 X、Y 和 Z 的计算,$T_4(T_1)$ 和 $T_6(T_2)$的计算,以及切换时间 T_{cm1}、T_{cm2} 和 T_{cm3} 的计算等仿真模块。

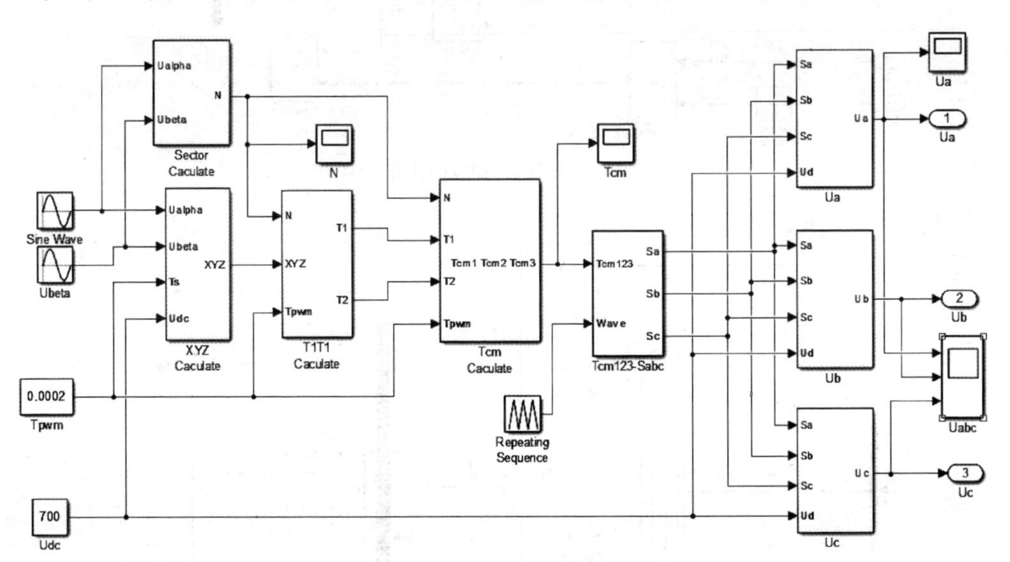

图 2-7　SVPWM 算法的仿真模型

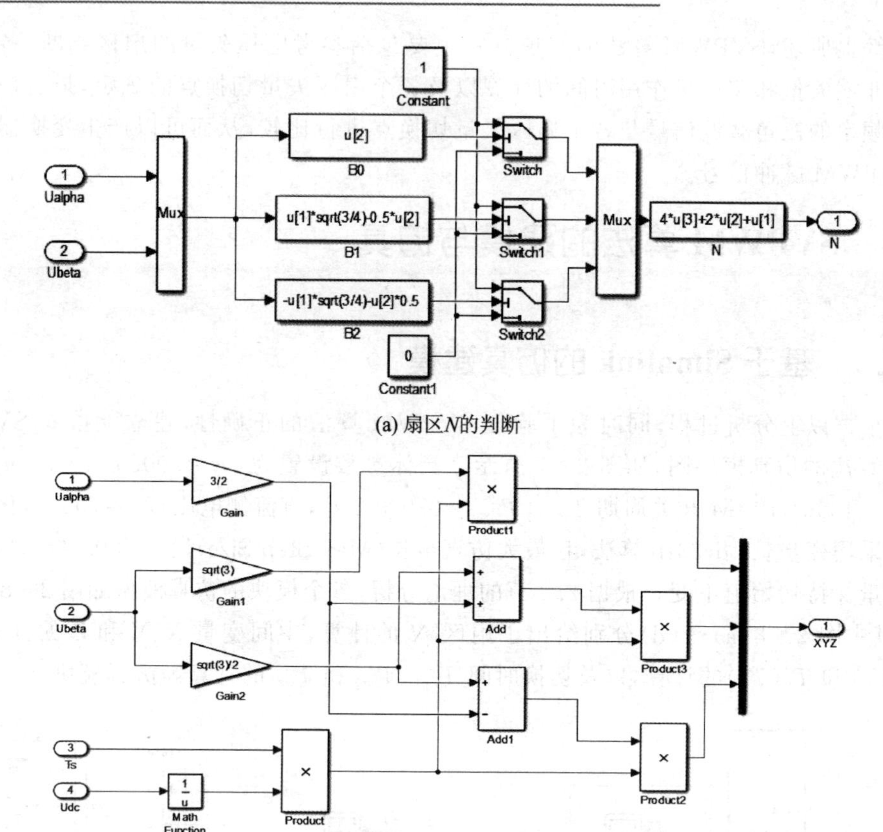

(a) 扇区N的判断

(b) 中间变量X、Y和Z的计算

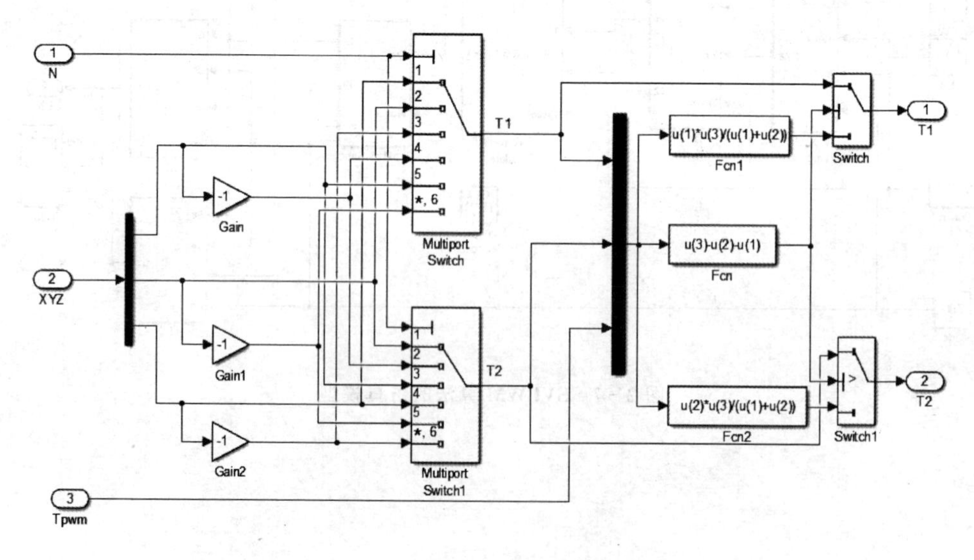

(c) T_4（T_1）和T_6（T_2）的计算

图 2-8 SVPWM 算法中各个模块的仿真模型

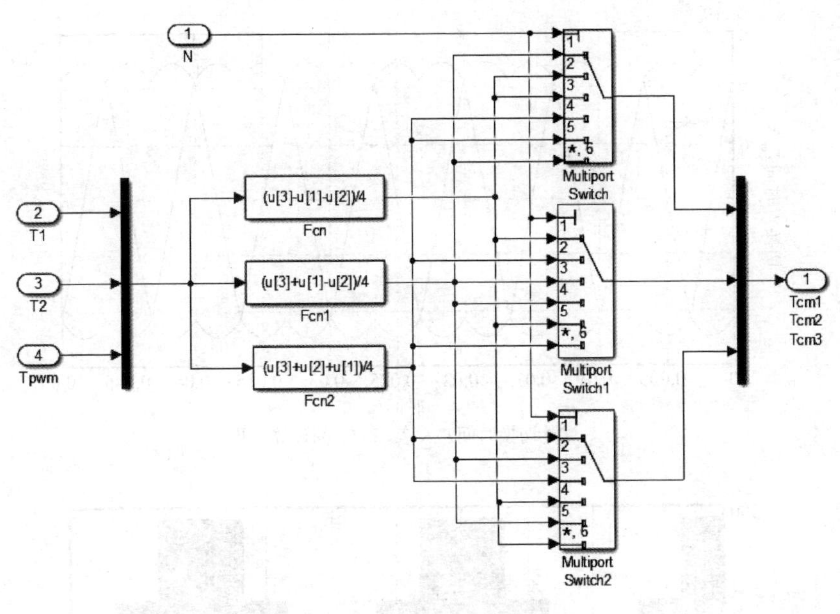

(d) 切换时间T_{cm1}、T_{cm2}和T_{cm3}的计算

图2-8 SVPWM算法中各个模块的仿真模型(续)

另外,为了验证算法的正确性,图2-9给出了SVPWM算法的仿真结果。由图2-9(a)可知,扇区N值为3→1→5→4→6→2且交替变换,与表2-3所示的结果相同;由图2-9(b)可知,由SVPWM算法得到的调制波呈马鞍形,这样有利于提高直流电压的利用率,有效抑制谐波;由图2-9(c)可以看出,得到的相电压U_a为6拍阶梯波,与实际理论值相符;由图2-9(d)可以看出,通过FFT分析可知相电压U_a的基波幅值为199.5 V,与实际值(200 V)基本相符。因此,以上仿真结果验证了模型的正确性和可行性。

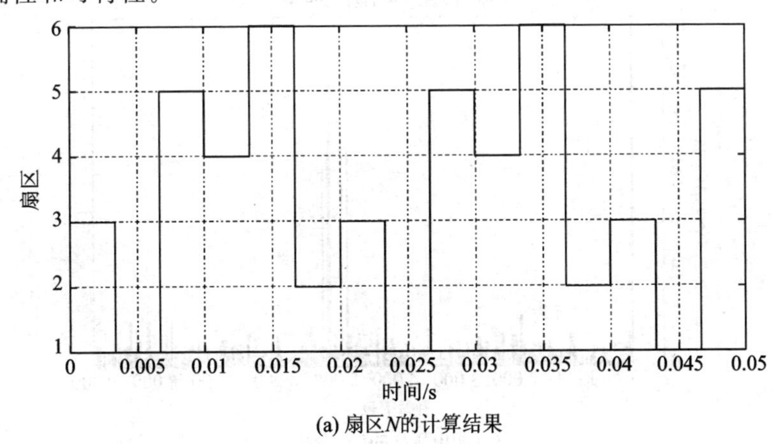

(a) 扇区N的计算结果

图2-9 基于Simulink建模方法的仿真结果

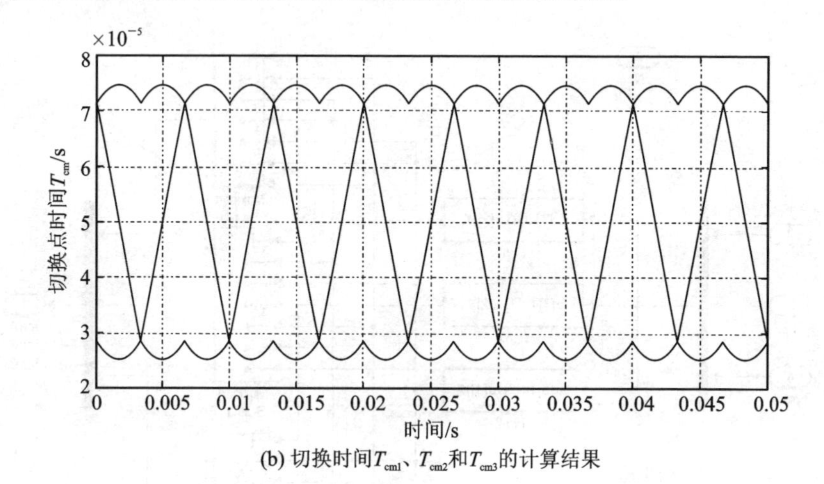

(b) 切换时间T_{cm1}、T_{cm2}和T_{cm3}的计算结果

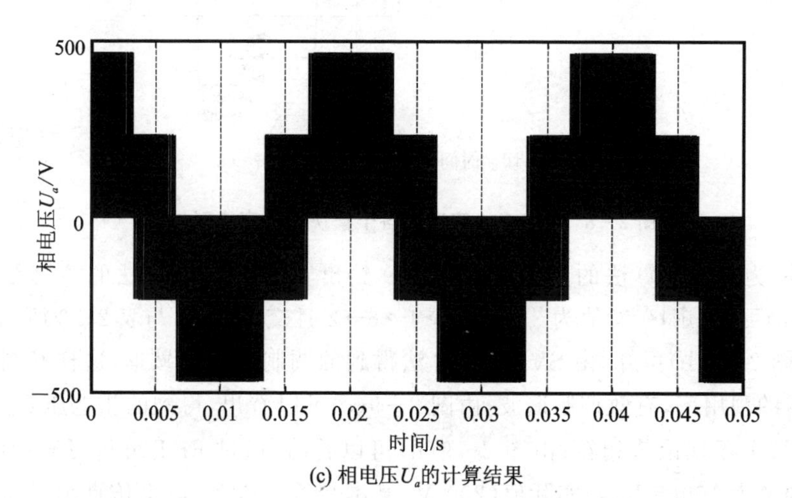

(c) 相电压U_a的计算结果

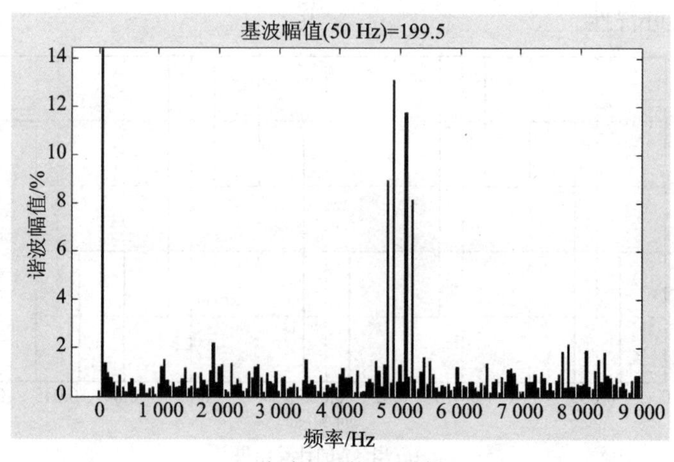

(d) 相电压U_a的FFT分析

图 2-9　基于 Simulink 建模方法的仿真结果(续)

2.4.2 基于s函数的仿真建模

虽然基于Simulink方法可以搭建出正确的SVPWM仿真模型，但如图2-8所示的搭建过程非常烦琐，并且也不利于检查模型的正确性。为此，本小节将介绍一种基于s函数的SVPWM算法建模方法，其中s函数使用的是MATLAB/Simulink中User-Defined Functions中的MATLAB Function模块，具体仿真模型如图2-10所示，仿真参数设置与基于Simulink方法完全相同。

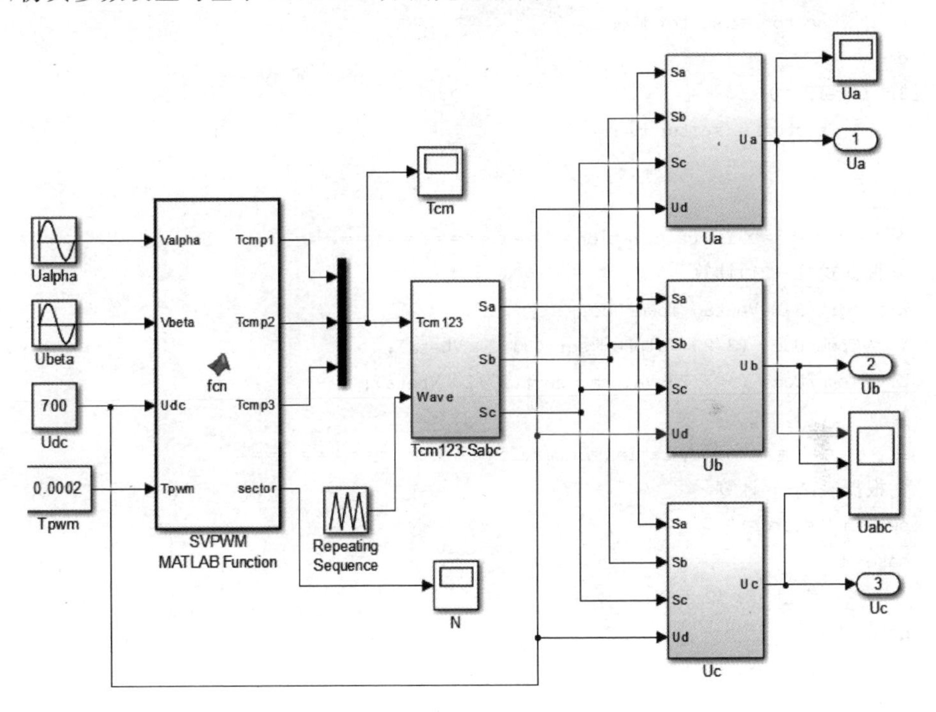

图2-10 基于s函数方法的仿真模型(1)

基于s函数方法的程序编写如下：

```
function [Tcm1,Tcm2,Tcm3,sector] = fcn(Valpha,Vbeta,Udc,Tpwm)
% #codegen
%变量初始化
sector = 0;
Tcm1 = 0;
Tcm2 = 0;
Tcm3 = 0;

% ======== Parameters statement ================
%根据式(2-18)计算
Vref1 = Vbeta;
```

```
Vref2 = (sqrt(3) * Valpha - Vbeta)/2;
Vref3 = ( - sqrt(3) * Valpha - Vbeta)/2;

% ======== Sector calculation =================
if (Vref1>0)
    sector = 1;
end
if (Vref2>0)
    sector = sector + 2;
end
if (Vref3>0)
    sector = sector + 4;
end

% ======== X Y Z calculation ===================
%根据式(2-21)计算
X = sqrt(3) * Vbeta * Tpwm/Udc;
Y = Tpwm/Udc * (3/2 * Valpha + sqrt(3)/2 * Vbeta);
Z = Tpwm/Udc * ( - 3/2 * Valpha + sqrt(3)/2 * Vbeta);

% ========== Duty ratio calculation =================
%根据表 2-5 计算
switch (sector)
case 1
        T1 = Z; T2 = Y;
case 2
        T1 = Y; T2 = - X;
case 3
        T1 = - Z; T2 = X;
case 4
        T1 = - X; T2 = Z;
case 5
        T1 = X; T2 = - Y;
otherwise
        T1 = - Y; T2 = - Z;
end
%过调制处理
if T1 + T2 > Tpwm
    T1 = T1/(T1 + T2);
    T2 = T2/(T1 + T2);
else
    T1 = T1;
```

```
    T2 = T2;
end
ta = (Tpwm - (T1 + T2))/4.0;
tb = ta + T1/2;
tc = tb + T2/2;

% ==========Duty ratio calculation================
%根据表 2-6 计算
switch (sector)
case 1
        Tcm1 = tb;
        Tcm2 = ta;
        Tcm3 = tc;

case 2
        Tcm1 = ta;
        Tcm2 = tc;
        Tcm3 = tb;

case 3
        Tcm1 = ta;
        Tcm2 = tb;
        Tcm3 = tc;

case 4
        Tcm1 = tc;
        Tcm2 = tb;
        Tcm3 = ta;

case 5
        Tcm1 = tc;
        Tcm2 = ta;
        Tcm3 = tb;

case 6
        Tcm1 = tb;
        Tcm2 = tc;
        Tcm3 = ta;
end
end
```

另外,同样可以利用 s 函数的仿真建模方法搭建如图 2-11 所示的仿真模型,该模型的突出特点是直接输出PWM信号。其中，s函数使用的是MATLAB/Simulink中User-Defined Functions中的Interpreted MATLAB Function模块，定义该模块中函数名为svpwm，且仿真参数设置与基于Simulink方法完全相同。

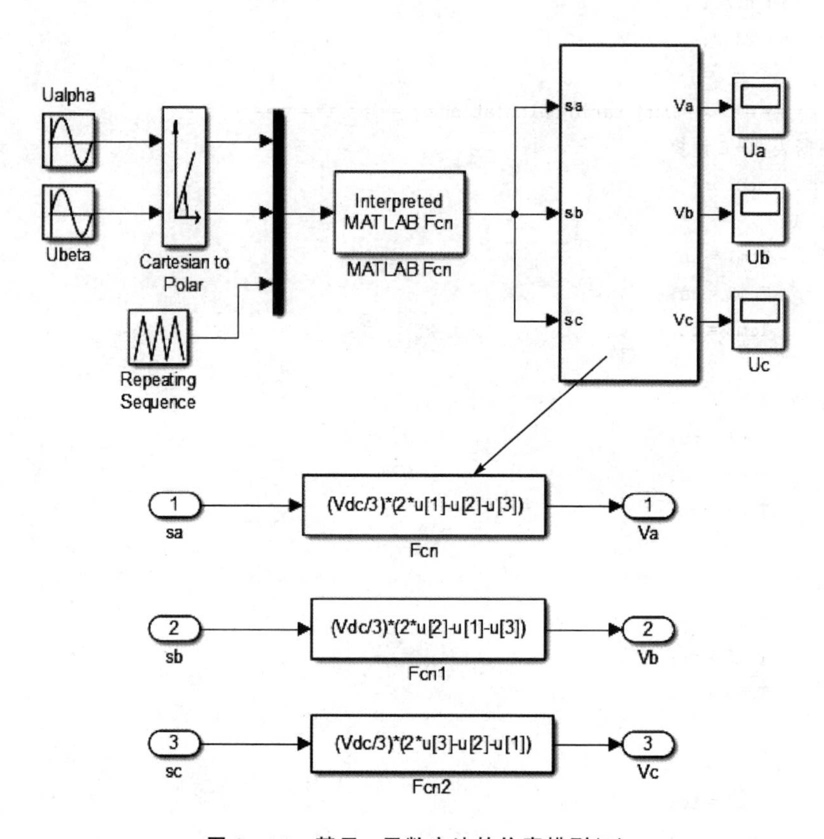

图2-11 基于s函数方法的仿真模型(2)

以函数名svpwm命名，基于MATLAB函数编写的程序如下：

```
% u(1)为参考电压的幅值;u(2)为参考电压的角度;u(3)为PWM的采样周期
% Ta相当于文中的T4,Tb相当于文中的T6

function [sf] = svpwm(u)
% === 初始化 ====

    sa = 0;
    sb = 0;
    sc = 0;
    ts = 0.0002;
    vdc = 700;
    peak_phase_max = vdc/sqrt(3);
```

```
    x = u(2);
    y = u(3);
    mag = (u(1)/peak_phase_max) * ts;

% ===扇区 I====

if  (x>=0) && (x<pi/3)
        ta = mag * sin(pi/3 - x);
        tb = mag * sin(x);
        t0 = (ts - ta - tb);
        t1 = [t0/4 ta/2 tb/2 t0/2 tb/2 ta/2 t0/4];
        t1 = cumsum(t1);
        v1 = [0 1 1 1 1 1 0];
        v2 = [0 0 1 1 1 0 0];
        v3 = [0 0 0 1 0 0 0];
for j = 1:7
if(y<t1(j))
break
end
end
        sa = v1(j);
        sb = v2(j);
        sc = v3(j);
end

% ===扇区 II====

if  (x>=pi/3) && (x<2 * pi/3)
        adv =  x - pi/3;
        tb = mag * sin(pi/3 - adv);
        ta = mag * sin(adv);
        t0 = (ts - ta - tb);
        t1 = [t0/4 ta/2 tb/2 t0/2 tb/2 ta/2 t0/4];
        t1 = cumsum(t1);
        v1 = [0 0 1 1 1 0 0];
        v2 = [0 1 1 1 1 1 0];
        v3 = [0 0 0 1 0 0 0];
for j = 1:7
if(y<t1(j))
break
end
end
```

```
    sa = v1(j);
    sb = v2(j);
    sc = v3(j);
end

 % ===扇区 III====

if  (x>=2 * pi/3) && (x<pi)
        adv = x - 2 * pi/3;
        ta  =  mag  *  sin(pi/3 - adv);
        tb  =  mag  *  sin(adv);
        t0  = (ts - ta - tb);
        t1 = [t0/4 ta/2 tb/2 t0/2 tb/2 ta/2 t0/4];
        t1 = cumsum(t1);
        v1 = [0 0 0 1 0 0 0];
        v2 = [0 1 1 1 1 1 0];
        v3 = [0 0 1 1 1 0 0];
for j = 1:7
if(y<t1(j))
break
end
end
    sa = v1(j);
    sb = v2(j);
    sc = v3(j);
end

 % % ===扇区 IV====

if  (x>= - pi) && (x< - 2 * pi/3)
        adv  =  x    + pi;
        tb =  mag  *  sin(pi/3  -  adv);
        ta  =  mag  *  sin(adv);
        t0  = (ts - ta - tb);
        t1 = [t0/4 ta/2 tb/2 t0/2 tb/2 ta/2 t0/4];
        t1 = cumsum(t1);
    v1 = [0 0 0 1 0 0 0];
    v2 = [0 0 1 1 1 0 0];
    v3 = [0 1 1 1 1 1 0];
for j = 1:7
if(y<t1(j))
break
```

```
end
end
    sa = v1(j);
    sb = v2(j);
    sc = v3(j);
end

% ===扇区 V====

if (x>= -2*pi/3) && (x<-pi/3)
        adv = x+2*pi/3;
        ta = mag * sin(pi/3-adv);
        tb = mag * sin(adv);
        t0 =(ts-ta-tb);
        t1 =[t0/4 ta/2 tb/2 t0/2 tb/2 ta/2 t0/4];
        t1 = cumsum(t1);
        v1 =[0 0 1 1 1 0 0];
        v2 =[0 0 0 1 0 0 0];
        v3 =[0 1 1 1 1 1 0];
for j = 1:7
if(y<t1(j))
break
end
end
    sa = v1(j);
    sb = v2(j);
    sc = v3(j);
end

% ===扇区 VI====

if (x>= -pi/3) && (x<0)
        adv = x+pi/3;
        tb = mag * sin(pi/3-adv);
        ta = mag * sin(adv);
        t0 =(ts-ta-tb);
        t1 =[t0/4 ta/2 tb/2 t0/2 tb/2 ta/2 t0/4];
        t1 = cumsum(t1);
        v1 =[0 1 1 1 1 1 0];
        v2 =[0 0 0 1 0 0 0];
        v3 =[0 0 1 1 1 0 0];
for j = 1:7
```

```
if(y<t1(j))
break
end
end
    sa = v1(j);
    sb = v2(j);
    sc = v3(j);
end
    sf = [sa, sb, sc];
end
```

最后，图 2-12 给出了基于图 2-10 和图 2-11 所示仿真模型的仿真结果。通过比较图 2-9 和图 2-12 可知，基于两种方法下的仿真结果完全相同，从而说明了两种建模方法的正确性和可行性。另外，基于 s 函数的方法更简单，检查更方便，说明该方法更好。因此，在搭建复杂的控制算法时，读者可以优先考虑使用 s 函数进行搭建。

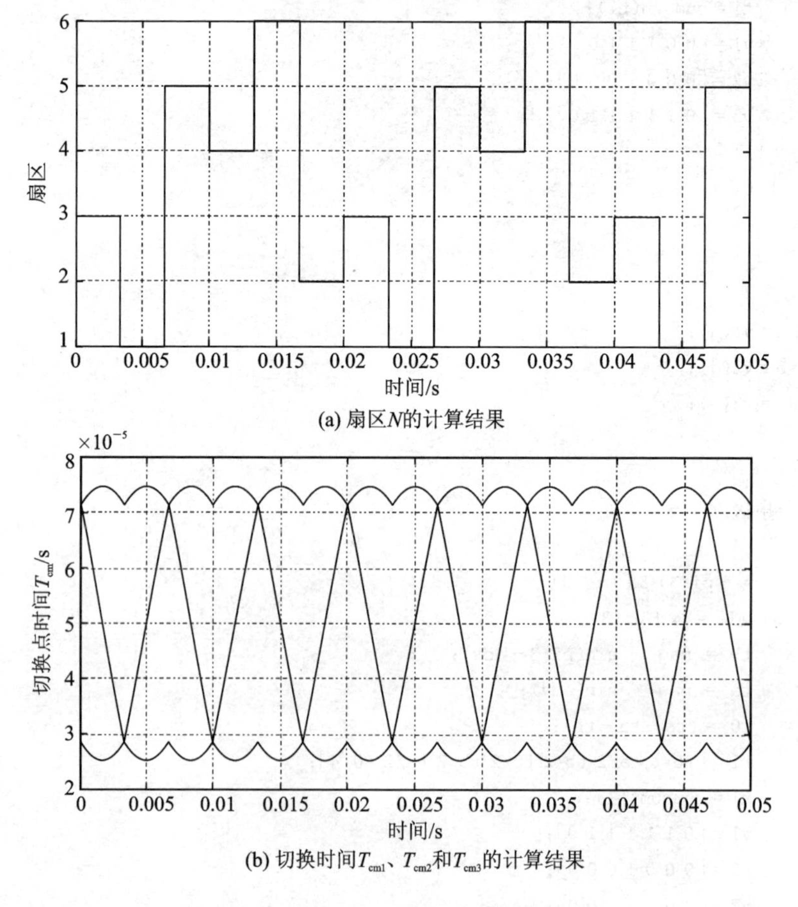

(a) 扇区N的计算结果

(b) 切换时间T_{cm1}、T_{cm2}和T_{cm3}的计算结果

图 2-12　基于 s 函数建模方法的仿真结果

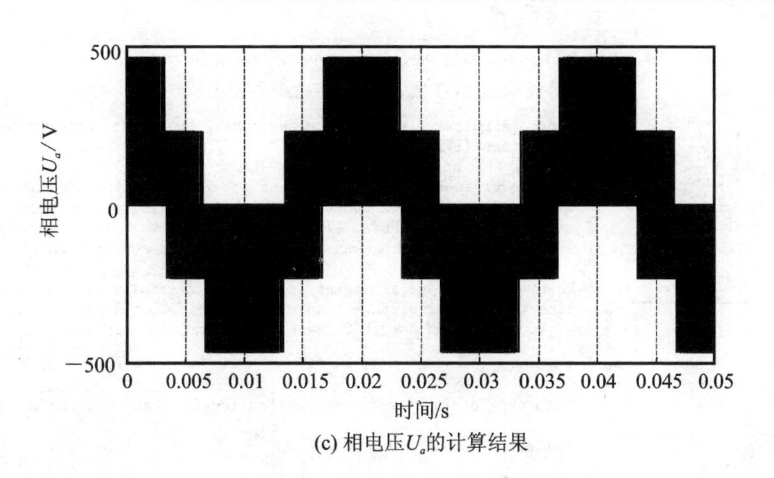

(c) 相电压U_a的计算结果

图2-12 基于s函数建模方法的仿真结果(续)

2.4.3 基于SVPWM模块的仿真建模

以上是根据SVPWM算法的基本工作原理搭建的SVPWM模块，可使读者更加深入地了解SVPWM算法的工作原理和实现方法。实际上，MATLAB/Simulink自带了SVPWM模块(所在位置：Simscape\SimPowerSystems\Specialized Technology\Control and Measurements Library\Pulse & Signal Generators)。本小节将首先讲解如何对SVPWM模块进行设置，具体如图2-13所示。由图2-13可以看出，针对SVPWM模块的设置包括4个部分：Data type of input reference vector (Uref)(参考电压矢量输入的类型)、Switching pattern(开关模式)、PWM frequency(Hz)(PWM开关频率)和Sample time(采样时间)。下面将对每个部分进行详细介绍。

1. Data type of input reference vector (Uref)(参考电压矢量输入的类型)

由SVPWM模块可以发现，Data type of input reference vector (Uref)(参考电压矢量输入的类型)的下拉列表中包括3种类型：Magnitude-Angle (rad)(电压的幅值和相角)、alpha-beta components(静止坐标系下的$\alpha-\beta$分量)和Internally generated(内部模式)，下面就各个类型进行说明。

① Magnitude-Angle (rad)(电压的幅值和相角)：当选择Magnitude-Angle (rad)时，SVPWM模块显示如图2-13(a)所示。值得说明的是，电压的幅值$|u|$采用的是标幺值($0<|u|<1$)而非实际值，电压的相角$\angle u$的单位为弧度(rad)。

② alpha-beta components(静止坐标系下的$\alpha-\beta$分量)：当选择alpha-beta components时，SVPWM模块显示如图2-14所示。值得说明的是，静止坐标系下的$\alpha-\beta$分量U_α、U_β采用的同样是标幺值而非实际值。另外，此时坐标系采用的是MATLAB自带的坐标系，在1.2.3节已进行详细的论述，一定要区别对待两种坐标系之间的关系。

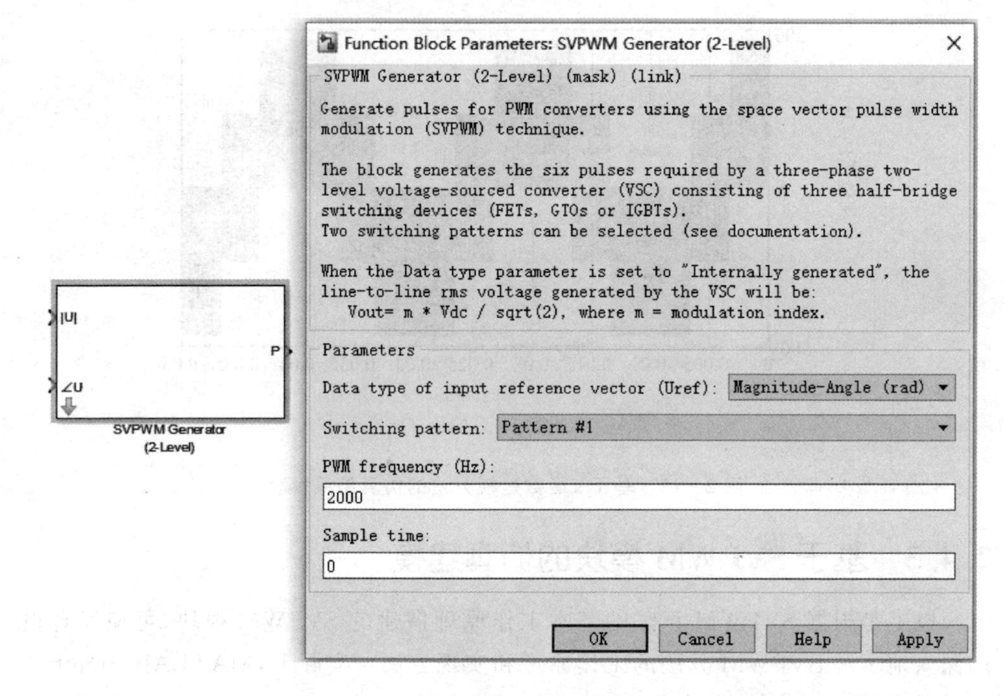

(a) SVPWM模块

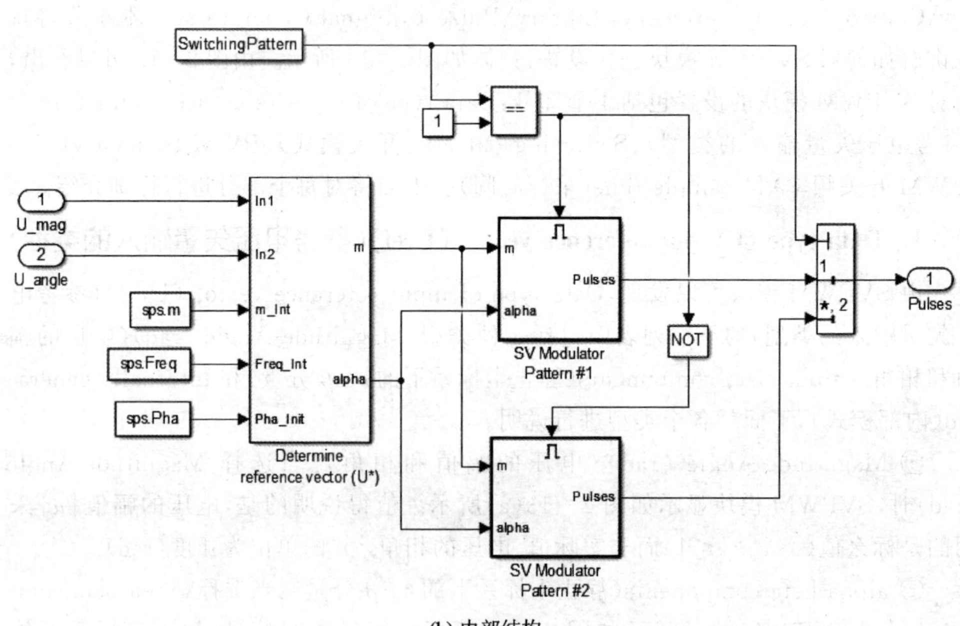

(b) 内部结构

图 2-13　MATLAB 自带的 SVPWM 模块

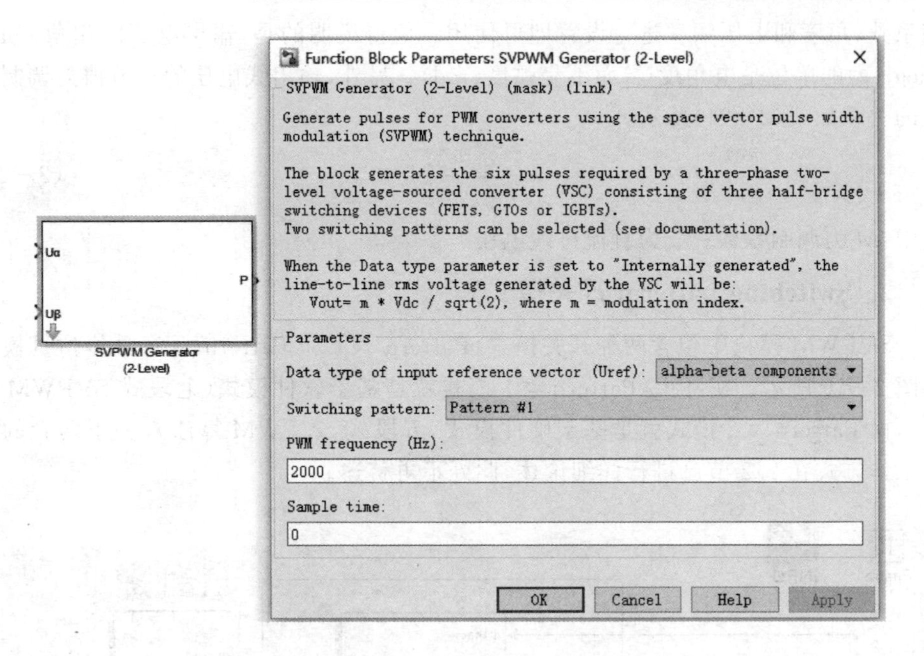

图 2-14　选择 alpha-beta components 时的 SVPWM 模块

③ Internally generated(内部模式):当选择 Internally generated 时,SVPWM 模块显示如图 2-15 所示。采用该类型时不需要外部变量的输入,只须在该界面对调

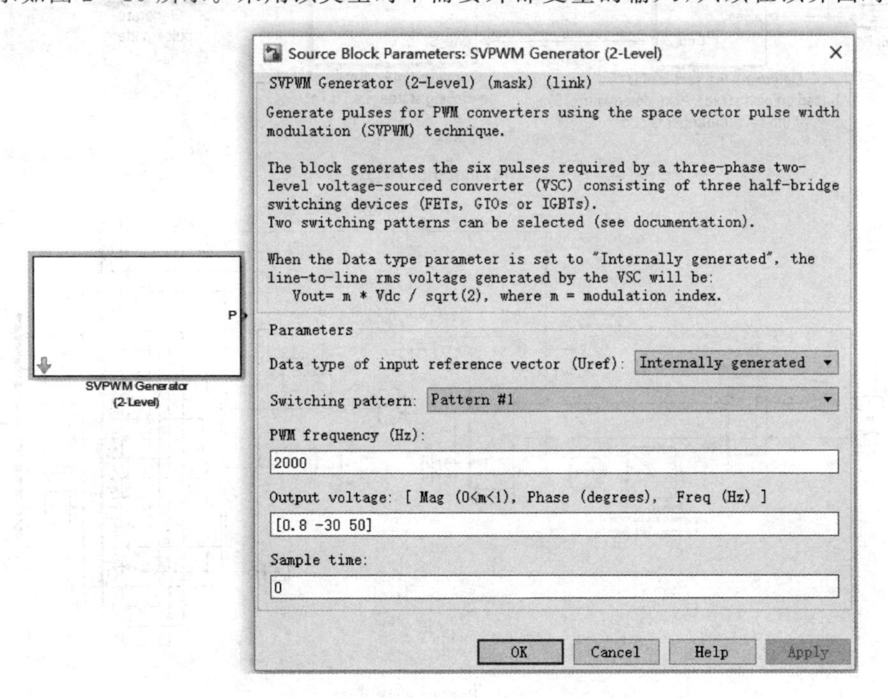

图 2-15　选择 Internally generated 时的 SVPWM 模块

制系数、角度和电压频率进行设置即可使用。值得说明的是，输出电压的相角 phase(degree)的单位是电角度(°)而不是弧度(rad)。另外，输出线电压的有效值与调制系数的关系如式(2-24)所示：

$$V_{\text{out}} = \frac{M}{\sqrt{2}} U_{\text{dc}} \tag{2-24}$$

其中：M 为调制系数；U_{dc} 为直流母线电压。

2. Switching pattern(开关模式)

SVPWM 模块中包含两种开关模式：Pattern ＃1 和 Pattern ＃2，具体仿真模型如图 2-16 所示。实际上，Pattern ＃1 模式就是基于软件模式(七段式 SVPWM 算法)，而 Pattern ＃2 模式就是基于硬件模式(五段式 SVPWM 算法)，关于两者的基本工作方式在 2.2 节已进行详细论述，此处不再赘述。

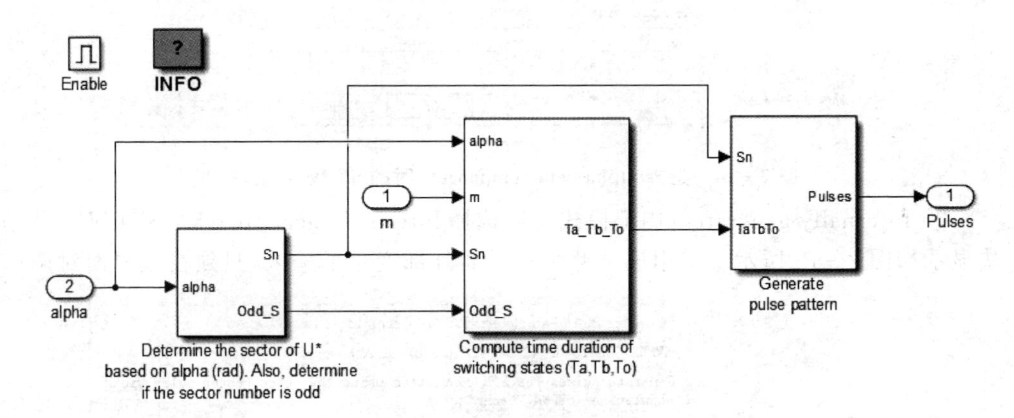

(a) Pattern #1模式

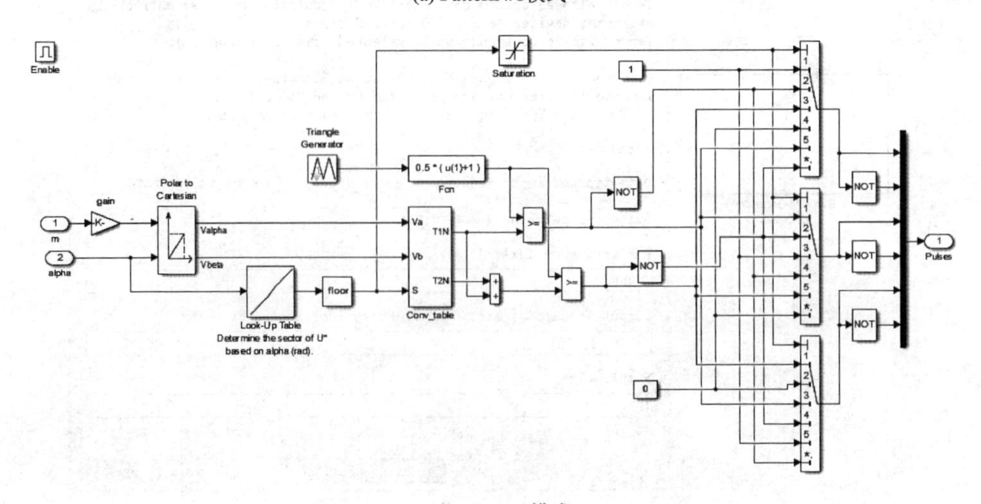

(b) Pattern #2模式

图 2-16 SVPWM 模块的开关模式

3. PWM frequency(Hz)(PWM 开关频率)

此处用来设置 PWM 开关频率(三角载波)f_{pwm},它与开关周期 T_{pwm} 的关系为

$$f_{\mathrm{pwm}} = \frac{1}{T_{\mathrm{pwm}}} \tag{2-25}$$

4. Sample time(采样时间)

此处用来设置 SVPWM 模块的采样时间,单位为秒(s)。

最后,使用 MATLAB/Simulink 自带的 SVPWM 模块搭建仿真模型,如图 2-17 所示。其中,仿真参数的设置与前两节相同,并且使用 $U_{\mathrm{dc}}/\sqrt{3}$ 对静止坐标系 $\alpha-\beta$ 下的分量 u_α、u_β 进行标幺化。值得说明的是,此时坐标系采用的是 MATLAB 自带的坐标系,而本书采用的是目前书中常用的坐标系,1.2 节已经详细分析了两者之间的关系。注意,在使用时一定要区别对待两种坐标系之间的关系。基于 SVPWM 模块建模方法的仿真结果如图 2-18 所示。

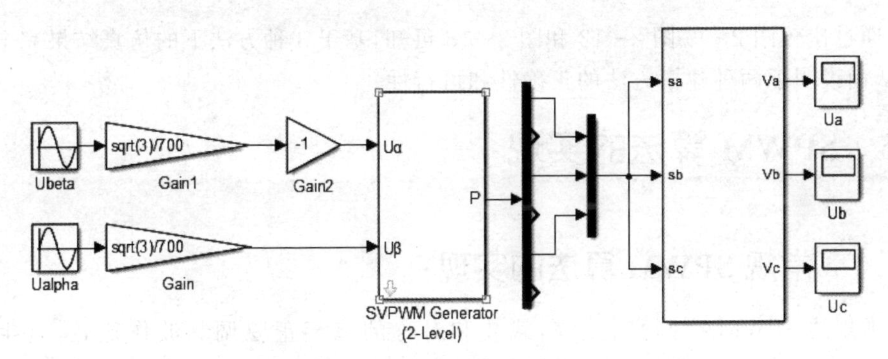

图 2-17　基于 SVPWM 模块的仿真模型

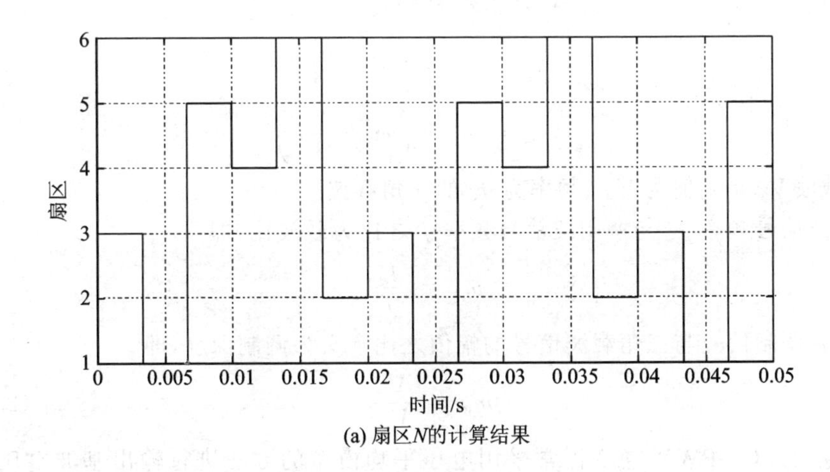

(a) 扇区N的计算结果

图 2-18　基于 SVPWM 模块建模方法的仿真结果

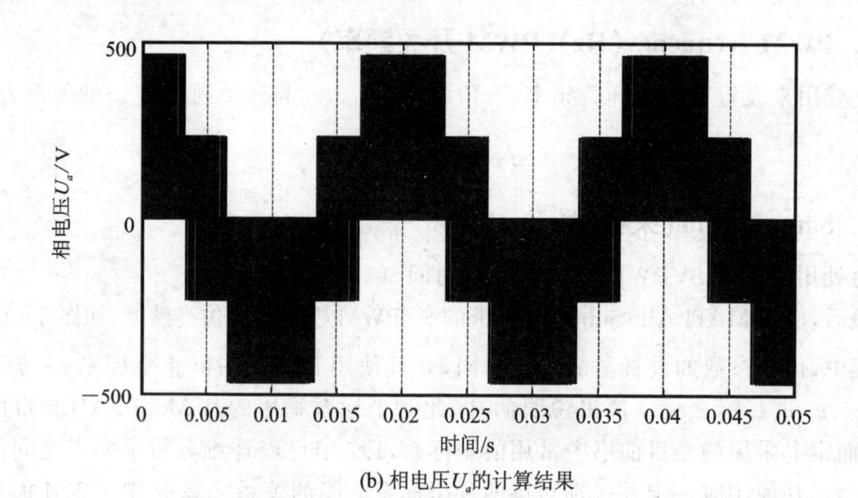

(b) 相电压U_a的计算结果

图 2-18 基于 SVPWM 模块建模方法的仿真结果(续)

通过比较图 2-9、图 2-12 和图 2-18 可知，基于 3 种方法下的仿真结果完全相同，从而说明了两种建模方法的正确性和可行性。

2.5 SPWM 算法的实现

2.5.1 常规 SPWM 算法的实现

常规的 SPWM 控制是将三角载波和对称的三相正弦调制波作比较，且生成 PWM 波形，这实际上是一种相电压控制方式。定义三相正弦相电压的表达式为

$$\begin{cases} V_{\mathrm{am}} = V_{\mathrm{m}} \sin \omega t \\ V_{\mathrm{bm}} = V_{\mathrm{m}} \sin\left(\omega t - \dfrac{2}{3}\pi\right) \\ V_{\mathrm{cm}} = V_{\mathrm{m}} \sin\left(\omega t + \dfrac{2}{3}\pi\right) \end{cases} \tag{2-26}$$

另外，载波 V_{s} 是幅值为 V_{sm}、频率为 f_{c} 的三角载波。

载波信号频率 f_{c} 与调制波信号频率 f 之比为载波比，即

$$m_f = \frac{f_{\mathrm{c}}}{f} \tag{2-27}$$

正弦调制信号与三角载波信号的幅值之比定义为调制深度，即

$$m_{\mathrm{m}} = \frac{V_{\mathrm{m}}}{V_{\mathrm{sm}}} \tag{2-28}$$

工程上，对 SPWM 逆变器常采用电压平均模型的方法进行输出基波电压的计算。当载波频率远大于输出电压基波频率且调制深度 $m_{\mathrm{m}} \leqslant 1$ 时，可知三相 SPWM 逆变器相电压的基波幅值 V_{m} 满足如下关系式[5]：

$$V_m = \frac{1}{2} m_m U_{dc} \tag{2-29}$$

它表明在 $m_m \leqslant 1$ 和 $f_c \gg f$ 的条件下，SPWM 逆变器输出电压的基波幅值随着调制深度线性变化。

对于三相电压源逆变器（见图 2-3），以 A 相桥臂为例，当 $V_m > V_{sm}$ 时，$s_a = 1$、$s_a' = 0$，即上桥臂的开关器件导通，下桥臂的开关器件断开；当 $V_m < V_{sm}$ 时，$s_a = 0$、$s_a' = 1$，即下桥臂的开关器件导通，上桥臂的开关器件断开。图 2-19 给出了 $m_f = 9$ 时的三相逆变器 SPWM 示意图。

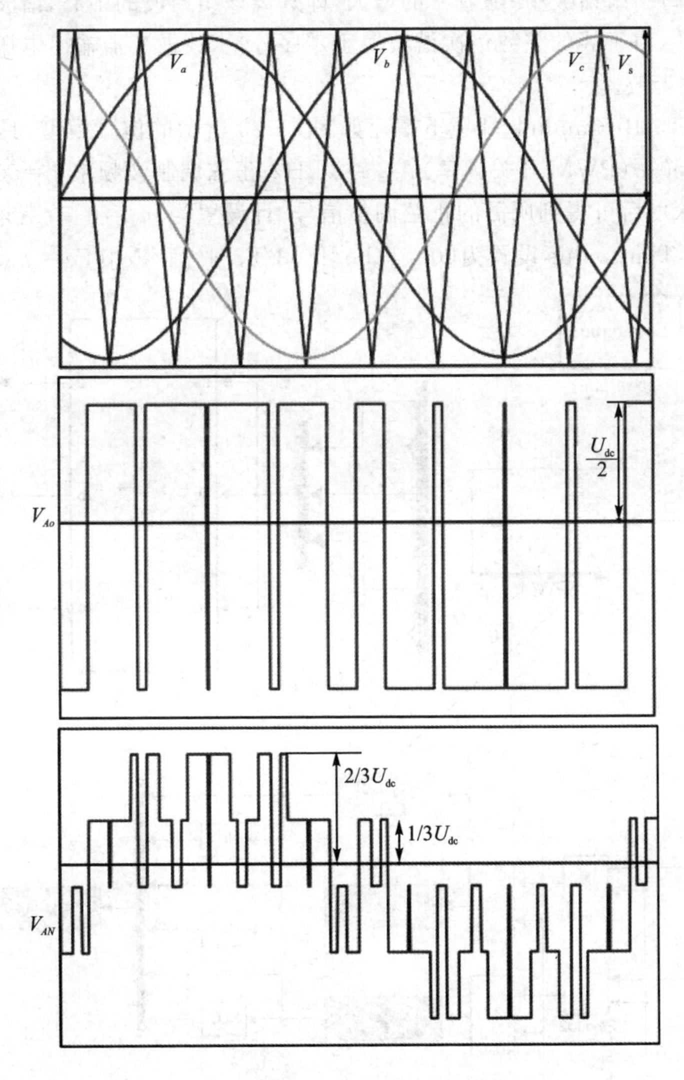

图 2-19 $m_f = 9$ 时的三相逆变器 SPWM 示意图

PWM 逆变电路可以使输出电压和电流波形更接近正弦波，但由于使用了载波对正弦信号进行调制，故必然产生和载波有关的谐波分量。另外，输出电压的谐波频率 f_h 集中分布在如下式所示的频率处[6]：

$$f_h = (n \cdot m_f \pm k) f \tag{2-30}$$

其中：当 $n=1,3,5,\cdots$ 时，$k=3(2m-1)\pm 1$，$m=1,2,3,\cdots$；当 $n=2,4,6,\cdots$ 时，$k=6m+1$，$m=0,1,2,\cdots$ 或 $k=6m-1$，$m=1,2,3,\cdots$。

由式(2-30)可知，在载波频率整数倍处的高次谐波不再存在。SPWM 的谐波分布带有明显的“集簇”特性，也就是一组一组地集中分布于载波频率的整数倍频率两侧；而且在每一组谐波中，随着 k 的增大，即远离该组谐波的中心，谐波幅值通常逐渐减小。另外，由于 3 的整数倍次谐波属于零序分量，故逆变器输出电压中不再存在 3 的整数倍次谐波。

在 MATLAB/Simulink 环境下搭建如图 2-20 所示的仿真模型，具体参数设置为：三角载波频率(PWM 开关频率) $f_{pwm}=5$ kHz；正弦调制波频率 $f=50$ Hz，幅值为 1，乘以调制深度后可得到所需的正弦调整信号，且设置为 $m_f=0.7$；三角载波 Carrier wave 中的 Time value 设置为[0 1/Fc/4 3/Fc/4 1/Fc]($Fc=f_{pwm}=5$ kHz)，

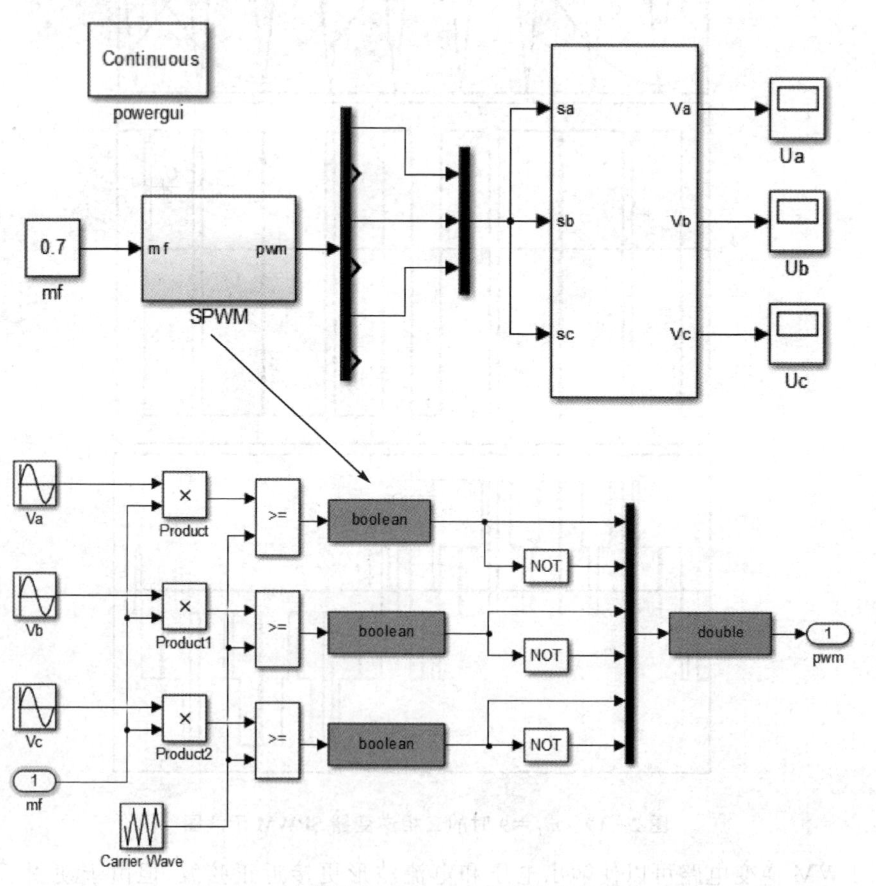

图 2-20 基于常规 SPWM 算法的仿真模型

Output values 设置为[0　−1　1　0]；直流侧电压 $U_{dc}=700$ V。另外，仿真算法采用变步长 ode23tb 算法，且最大仿真步长(Max Step Size)设置为 0.000 01，其余变量保持初始值不变。仿真结果如图 2-21 所示。

由图 2-21 可知，得到的相电压 U_a 为 6 拍阶梯波，并且通过 FFT 分析可知相电压 U_a 的基波幅值为 246 V，这些结果都与采用式(2-29)所得到的实际理论值(245 V)基本相符。因此，仿真结果验证了该模型的正确性和可行性。

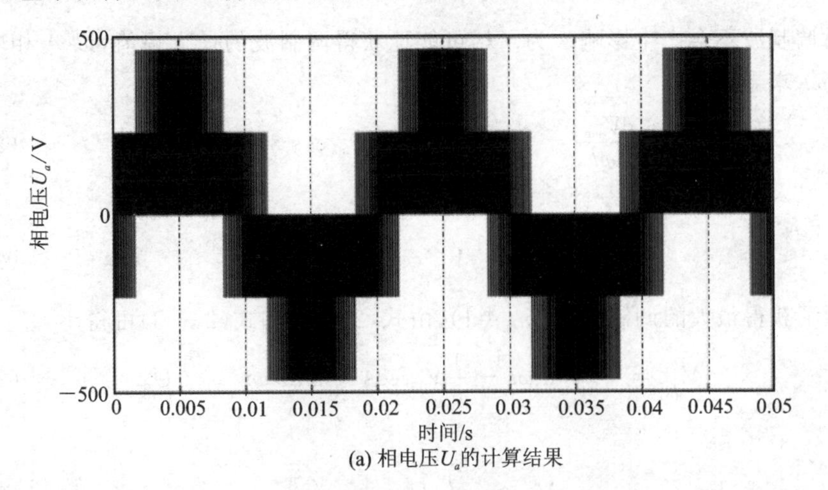

(a) 相电压U_a的计算结果

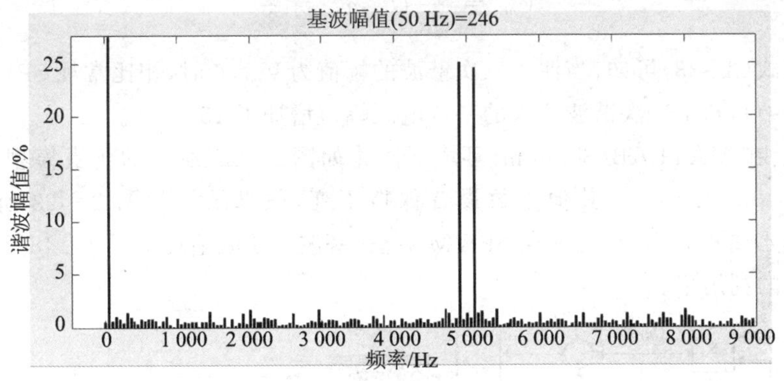

(b) 相电压U_a的FFT分析

图 2-21　基于常规 SPWM 算法的仿真结果

2.5.2　基于三次谐波注入的 SPWM 算法的实现

对于三相 SPWM 逆变电路，在线性调制区内，输出线电压的基波有效值为 $\frac{\sqrt{6}}{4}m_fU_{dc}$，幅值为$\frac{\sqrt{3}}{2}m_fU_{dc}$，其直流电压的利用率为 0.866。为了提高直流电压的利用率，可以考虑在调制波信号中注入三次谐波分量，其调制波表达式为[7]

$$\begin{cases} V_{\mathrm{am}} = V_{\mathrm{m1}} \sin \omega t + V_{\mathrm{m3}} \sin 3\omega t \\ V_{\mathrm{bm}} = V_{\mathrm{m1}} \sin\left(\omega t - \dfrac{2}{3}\pi\right) + V_{\mathrm{m3}} \sin 3\omega t \\ V_{\mathrm{cm}} = V_{\mathrm{m1}} \sin\left(\omega t + \dfrac{2}{3}\pi\right) + V_{\mathrm{m3}} \sin 3\omega t \end{cases} \tag{2-31}$$

由式(2-31)可知，当 $\omega t = \dfrac{(2k+1)}{3}\pi, k=1,3,5,\cdots$ 时，$\sin 3\omega t = 0$，即三次谐波分量对调制波不会产生影响。为了尽可能地获得调制波的最大幅值，以 A 相电压为例，对 ωt 求导可得

$$\frac{\mathrm{d}V_{\mathrm{am}}}{\mathrm{d}\omega t} = V_{\mathrm{m1}} \cos \omega t + 3V_{\mathrm{m3}} \cos 3\omega t = 0 \tag{2-32}$$

即

$$V_{\mathrm{m3}} = -\frac{1}{3} V_{\mathrm{m1}} \cos \frac{\pi}{3}, \omega t = \frac{\pi}{3} \tag{2-33}$$

为了获得最大的调制深度($m_{\mathrm{m}}=1$)，由式(2-32)和式(2-33)可得

$$V_{\mathrm{am}} = V_{\mathrm{m1}} \sin \omega t - \frac{1}{3} V_{\mathrm{m1}} \cos \frac{\pi}{3} \sin 3\omega t = \frac{1}{2} U_{\mathrm{dc}} \tag{2-34}$$

即

$$V_{\mathrm{m1}} = \frac{1}{\sqrt{3}} U_{\mathrm{dc}}, \omega t = \frac{\pi}{3} \tag{2-35}$$

根据式(2-33)可知，当注入三次谐波的幅值为 $V_{\mathrm{m1}}/6$ 时，相比常规 SPWM 算法(式(2-29))，基于三次谐波注入的基波电压幅值增加了 15.48%。

另外，在 MATLAB/Simulink 环境下搭建如图 2-22 所示的仿真模型，调制深度 $m_{\mathrm{m}}=0.7\times1.154\ 8$，其他参数设置保持不变，仿真结果如图 2-23 所示。由图 2-23(c)可以看出，相比常规 SPWM 算法，基波电压幅值增加了 15.48%，提高了直流电压的利用率。

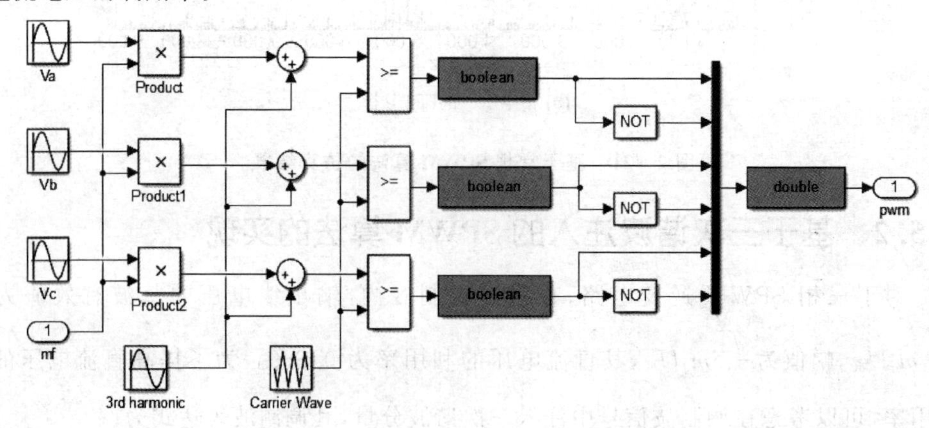

图 2-22　基于三次谐波注入的 SPWM 算法

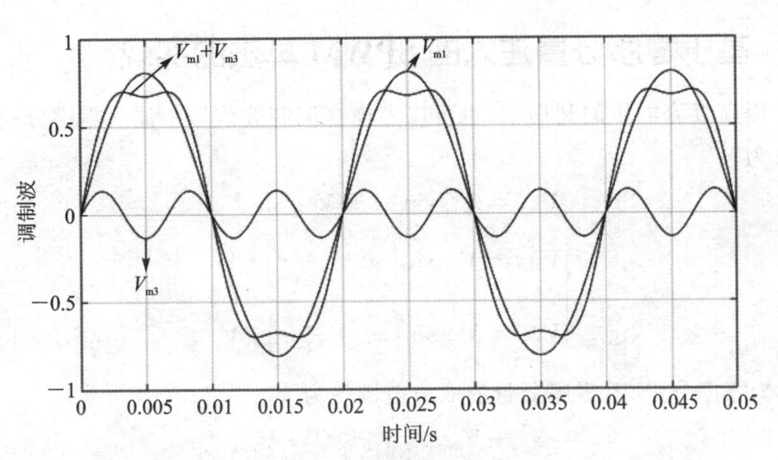

(a) A相电压调制波的计算结果

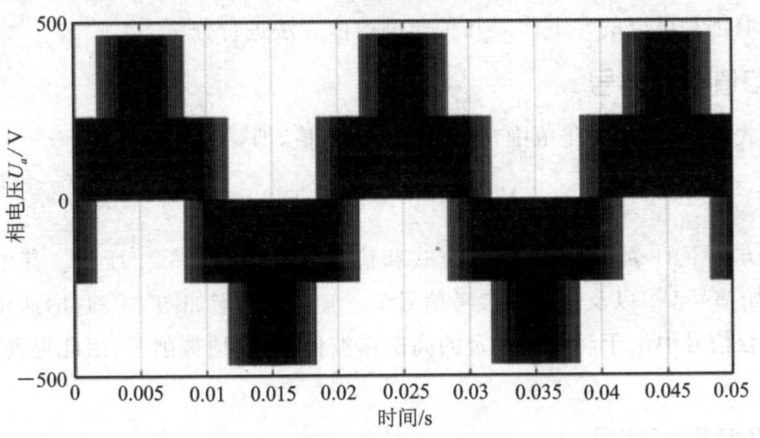

(b) 相电压U_a的计算结果

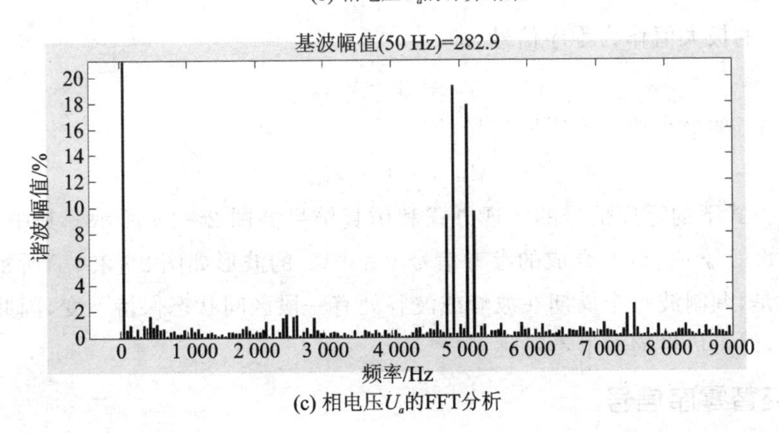

(c) 相电压U_a的FFT分析

图 2－23　基于三次谐波注入的 SPWM 算法的仿真结果

2.5.3 基于零序分量注入的SPWM算法的实现

为了提高直流电压的利用率，也可以考虑在调制波信号中注入零序分量，其调制波表达式为

$$\begin{cases} V_{am} = V_{m1}\sin\omega t + V_0 \\ V_{bm} = V_{m1}\sin\left(\omega t - \frac{2}{3}\pi\right) + V_0 \\ V_{cm} = V_{m1}\sin\left(\omega t + \frac{2}{3}\pi\right) + V_0 \end{cases} \tag{2-36}$$

其中：V_0 为零序分量，且零序分量的取值范围[8]为

$$-1 - V_{min} \leqslant V_0 \leqslant 1 - V_{max} \tag{2-37}$$

其中：$V_{max} = \max\{V_{am}, V_{bm}, V_{cm}\}$，$V_{min} = \min\{V_{am}, V_{bm}, V_{cm}\}$。故零序信号在此区间内任意选取都是可以的。下面对几种典型取值方法进行分析[8]。

1. 均值零序信号

根据式(2-37)的变化范围，V_0 取极值的均值，即

$$V_0 = -\frac{1}{2}(V_{max} + V_{min}) \tag{2-38}$$

这种方式下的零序信号的实现方式和仿真结果如图2-24所示。其中，零序信号 V_0、原始信号 V_{m1} 以及合成的参考信号 $V_{m1}+V_0$ 的波形如图2-24(b)所示。可见，原来的正弦信号中由于注入了一定的高次谐波信号，波顶被削平，因此提高了线性调节范围。

2. 极值零序信号

取 V_0 的极大值作为零序信号，即

$$V_0 = 1 - V_{max} \tag{2-39}$$

也可以取 V_0 的极小值作为零序信号，即

$$V_0 = -1 - V_{min} \tag{2-40}$$

这种方式下的零序信号的实现方式和仿真结果如图2-25所示。其中，零序信号 V_0、原始信号 V_{m1} 以及合成的参考信号 $V_{m1}+V_0$ 的波形如图2-25(b)所示。该方法的特点是，调制波每个周期在波峰或波谷处有一段区间状态保持不变，因此可减小开关损耗，但正负半周波形不对称。

3. 交替零序信号

如果某一瞬间 V_0 的极大值的幅值大于极小值的幅值，则取极大值作为零序信号，否则取极小值作为零序电压。也就是说，零序信号由3个给定的正弦信号瞬时值幅值最大的那个确定，即

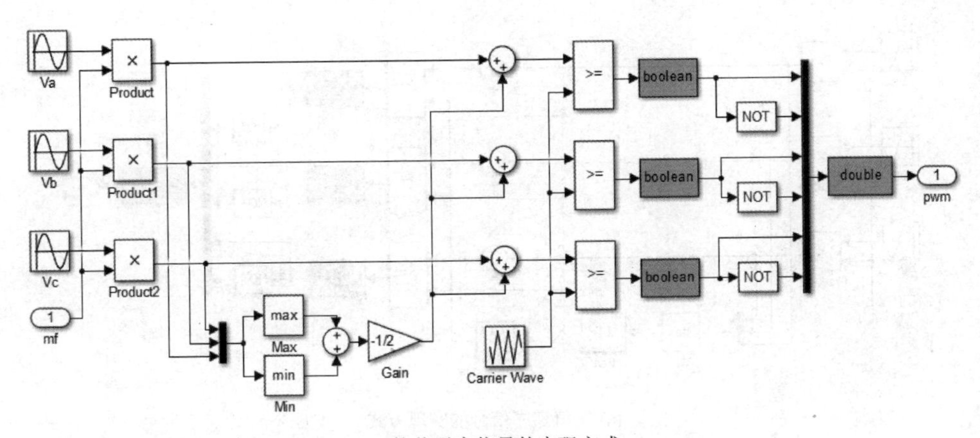

(a) 均值零序信号的实现方式

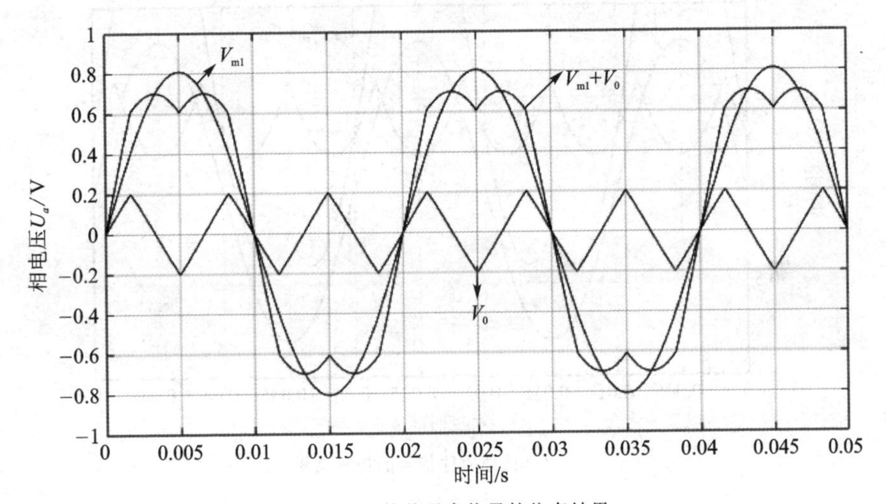

(b) 均值零序信号的仿真结果

图 2-24　基于均值零序信号的 SPWM 算法

$$V_0 = \begin{cases} 1 - V_{max}, |V_{max}| \geqslant |V_{min}| \\ -1 - V_{min}, |V_{max}| \leqslant |V_{min}| \end{cases} \tag{2-41}$$

这种方式下的零序信号的实现方式和仿真结果如图 2-26 所示。其中，零序信号 V_0、原始信号 V_{m1} 以及合成的参考信号 $V_{m1}+V_0$ 的波形如图 2-26(b)所示。调制波每个周期在波峰和波谷处各有 π/10 状态保持不变，因此不连续区间同基于极值零序信号的方法一样，但正、负半周波形保持对称，同时它也保留了基于均值信号方法所具有的调制范围大的优点。

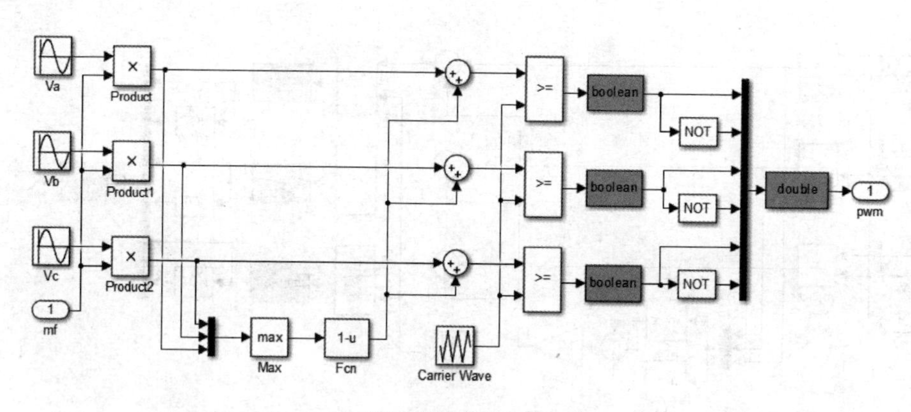

(a) 极值零序信号的实现方式

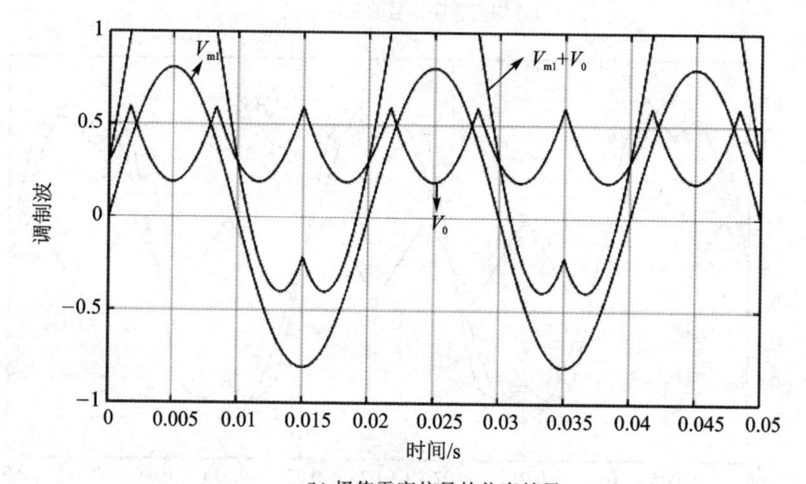

(b) 极值零序信号的仿真结果

图 2-25　基于极值零序信号的 SPWM 算法

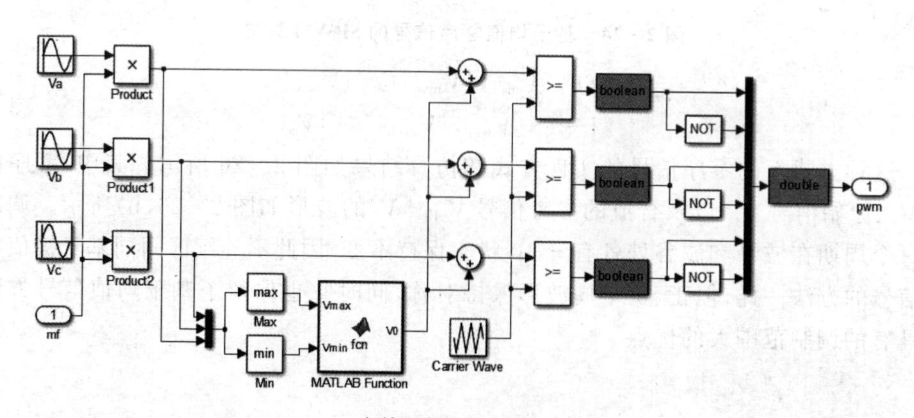

(a) 交替零序信号的实现方式

图 2-26　基于交替零序信号的 SPWM 算法

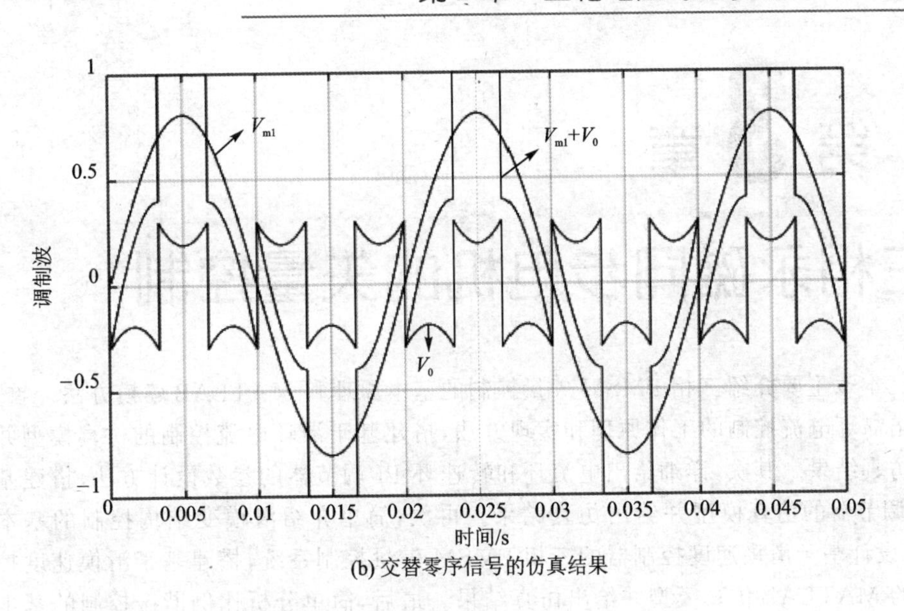

(b) 交替零序信号的仿真结果

图2-26 基于交替零序信号的SPWM算法(续)

参考文献

[1] 徐德鸿.电力电子系统建模及控制[M].北京:机械工业出版社,2011.

[2] 张兴,张崇巍.PWM整流器及其控制[M].北京:机械工业出版社,2012.

[3] 周卫平,吴正国,唐劲松,等.SVPWM的等效算法及SVPWM与SPWM的本质联系[J].中国电机工程学报,2006,26(2):133-137.

[4] Texas Instruments. Space-Vector PWM with TMS320C24x Using H/W & S/W Determined Switching Patterns. 1999.

[5] 袁登科,徐延东,李秀涛.永磁同步电机变频调速系统及其控制[M].北京:机械工业出版社,2015.

[6] 林飞,杜欣.电力电子应用技术的MATLAB仿真[M].北京:中国电力出版社,2009.

[7] 谢峰,关振宏,吴桢生,等.基于三次谐波注入的级联多电平逆变器[J].电源技术应用,2009,12(2):7-9.

[8] 于飞,张晓锋,乔鸣忠.基于零序信号注入的载波型多相PWM控制技术[J].电工技术学报,2009,24(2):128-131.

第3章

三相永磁同步电机的矢量控制

本章主要介绍三相PMSM矢量控制的基本原理和MATLAB建模方法。首先，给出滞环电流控制的工作原理和实现方法，搭建基于滞环电流控制的仿真模型并给出仿真结果。其次，详细给出电流环和转速环PI调节器的参数设计方法，搭建基于PI调节器的仿真模型并给出仿真结果。再次，简单介绍滑模变结构控制的基本原理，设计基于滑模速度控制器的三相PMSM矢量控制系统，搭建基于滑模速度控制器的MATLAB仿真模型并给出仿真结果。最后，简单分析比例谐振控制的基本原理，设计基于比例谐振控制的静止坐标系下三相PMSM矢量控制策略，搭建系统仿真模型并给出了仿真结果。

3.1 PMSM的滞环电流控制

矢量控制技术是借鉴直流电机电枢电流和励磁电流相互垂直、没有耦合以及可以独立控制的思路，以坐标变换理论为基础，通过对电机定子电流在同步旋转坐标系中大小和方向的控制，达到对直轴和交轴分量的解耦目的，从而实现磁场和转矩的解耦控制，使交流电机具有类似直流电机的控制性能。矢量控制的出现对电机控制有重大的研究意义，使得电机控制技术迈进了一个新的发展时代。后来研究人员把矢量控制引入三相PMSM中，并发现由于没有异步电机转差率的问题，三相PMSM的矢量控制实现起来更加方便。对于三相PMSM矢量控制技术而言，通常包括转速控制环、电流控制环和PWM控制算法3个主要部分。其中，转速控制环的作用是控制电机的转速，使其能够达到既能调速又能稳速的目的；而电流控制环的作用在于加快系统的动态调节过程，使得电机定子电流更好地接近给定的电流矢量。对于电压源逆变器供电的控制系统，电流环的控制可以简单地分为静止坐标系下的电流控制以及同步旋转坐标系下的电流控制。对于旋转坐标系下的电流控制，目前常用的是滞环电流控制和PI电流控制等。本节将简要介绍滞环电流控制的基本工作原理和仿真建模方法。

3.1.1 滞环电流控制的基本原理

在电压源逆变器中，滞环电流控制提供了一种控制瞬态电流输出的方法。其基本思想是将电流给定信号与检测到的逆变器实际输出电流信号相比较，若实际电流值大于给定值，则通过改变逆变器的开关状态使之减小，反之增大。这样，实际电流围绕给定电流波形作锯齿状变化，并将偏差限制在一定范围内。因此，采用滞环电流控制的逆变器系统包括转速控制环和一个采用 Bang-Bang 控制（滞环控制）的电流闭环，这将加快动态调节和抑制环内扰动，而且这种电流控制方法简单，且不依赖于电机参数，鲁棒性好。

其缺点在于：逆变器的开关频率随着电机运行状况的不同而发生变化，其变化范围非常大，运行不规则，输出电流波形脉动较大，并且这些变化都会带来噪声。虽然可以利用引入频率锁定环节或改用同步开关型的数字实现方法来克服上述缺点，但是实现起来比较复杂。实际上，因为三相之间的相互联系，电流的纹波值可以达到两倍的滞环大小。

在实际实现中采用如图 3-1 所示的控制结构。以其中 A 相为例说明其工作原理：当反馈电流 i_a 的瞬时值与给定电流 i_a^* 之差达到滞环的上限值时，即 $i_{abc}^*-i_{abc}\geqslant$ HB/2（HB 为滞环宽度）时，逆变器 A 相上桥臂的开关器件关断，下桥臂的开关器件导通，电动机接电压 $-u_a$，i_a 下降；相反，当 $i_{abc}^*-i_{abc}\leqslant$HB/2 时，$A$ 相上桥臂开关器件导通，下桥臂开关器件关断，电动机接电压 $+u_a$，i_a 上升。这样，通过控制上下桥臂开关器件的交替通断，使得 $i_{abc}^*-i_{abc}\leqslant$HB/2，达到 i_a 跟踪 i_a^* 的目的，理论上可以将偏差值控制在滞环范围之内。

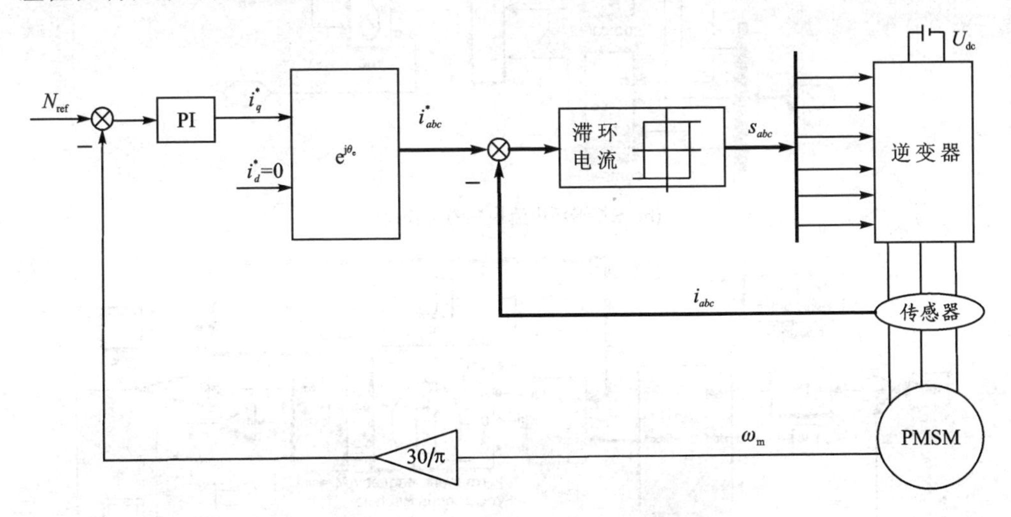

图 3-1　三相 PMSM 的滞环电流控制框图

3.1.2　仿真建模与结果分析

本小节以表贴式三相 PMSM 为例，根据图 3-1 所示的控制框图搭建三相 PMSM 的滞环电流控制仿真模型，如图 3-2 所示。仿真中电机参数为：极对数 $p_n=4$，

定子电感 $L_d=L_q=8.5$ mH，定子电阻 $R=2.875\ \Omega$，磁链 $\psi_f=0.175$ Wb，转动惯量 $J=0.0008\ \mathrm{kg\cdot m^2}$，阻尼系数 $B=0$。仿真条件设置为：采用变步长 ode23tb 算法，相对误差(Relative Tolerance)设置为 0.000 1，仿真时间设置为 0.1 s。另外，滞环电流控制(Relay)的开关切换点为[0.05　−0.05]，输出为[150　−150]。转速环 PI 调节器的参数设置为 $K_p=0.06$，$K_i=1$。

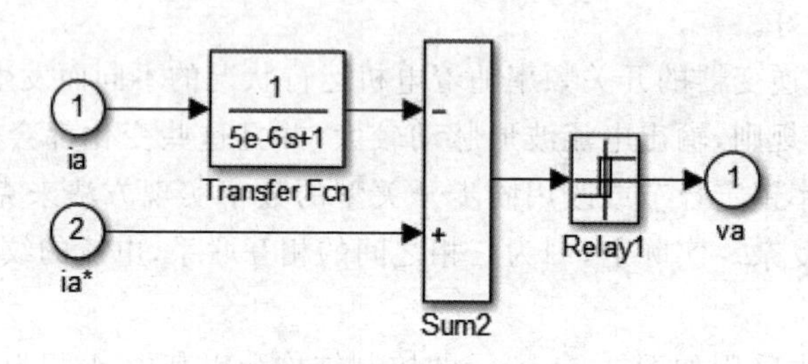

(a) A相滞环电流控制的仿真模型

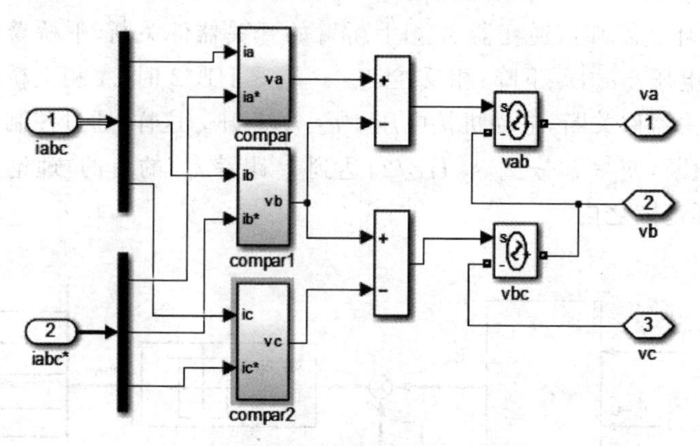

(b) 三相滞环电流控制的仿真模型

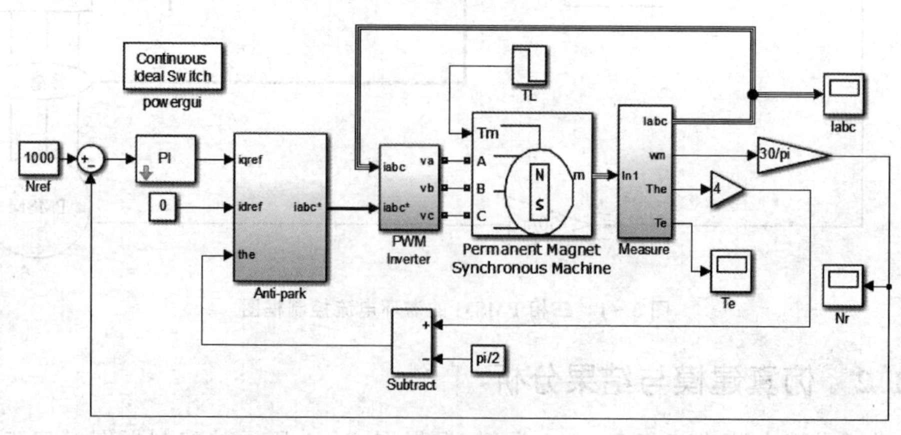

(c) 系统仿真模型

图 3-2　三相 PMSM 的滞环电流控制仿真模型

为了验证所搭建仿真模型的正确性，仿真条件设置为：参考转速设定为 $N_{ref}=$ 1 000 r/min，初始时刻负载转矩 $T_L=3$ N·m，在 $t=0.05$ s 时负载转矩 $T_L=1$ N·m，仿真结果如图 3-3 所示。另外，读者也可以根据自己的实际需要观察其他变量的变化情况，本小节仅列出电机转速 N_r、电磁转矩 T_e 和三相电流 i_{abc} 的变化情况。

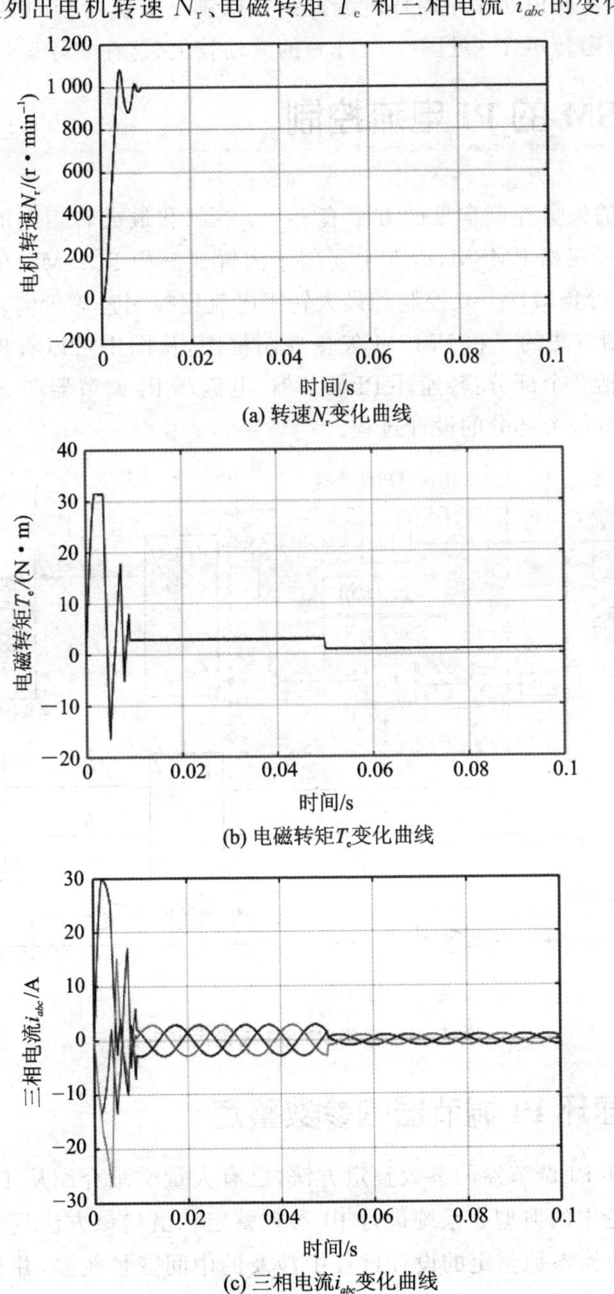

图 3-3 三相 PMSM 矢量控制系统的仿真结果（$N_{ref}=1\ 000$ r/min）

从以上仿真结果可以看出，当电机带载 $T_L=3$ N·m启动，转速从零速上升到参考转速1 000 r/min时，虽然开始时电机转速有一些超调量，但仍然具有较快的动态响应速度；并且在 $t=0.05$ s，负载转矩变为 $T_L=1$ N·m时，电机也能快速恢复到给定参考转速值，从而说明采用滞环电流控制可以满足电机运行的要求。然而在整个启动过程中，电磁转矩 T_e（见图3-3(b)）的波动较大，这在实际运行中应当避免。

3.2 PMSM的PI电流控制

目前传统的矢量控制常见的方法有 $i_d=0$ 控制和最大转矩电流比控制，前者主要适用于表贴式三相PMSM，后者主要用于内置式三相PMSM。值得说明的是，对于表贴式三相PMSM，$i_d=0$ 控制和最大转矩电流比控制是等价的。图3-4给出了采用 $i_d=0$ 控制方法的三相PMSM矢量控制框图，从图中可以看出三相PMSM矢量控制主要包括3个部分：转速环PI调节器、电流环PI调节器和SVPWM算法等。下文将详细分析每个部分的设计过程。

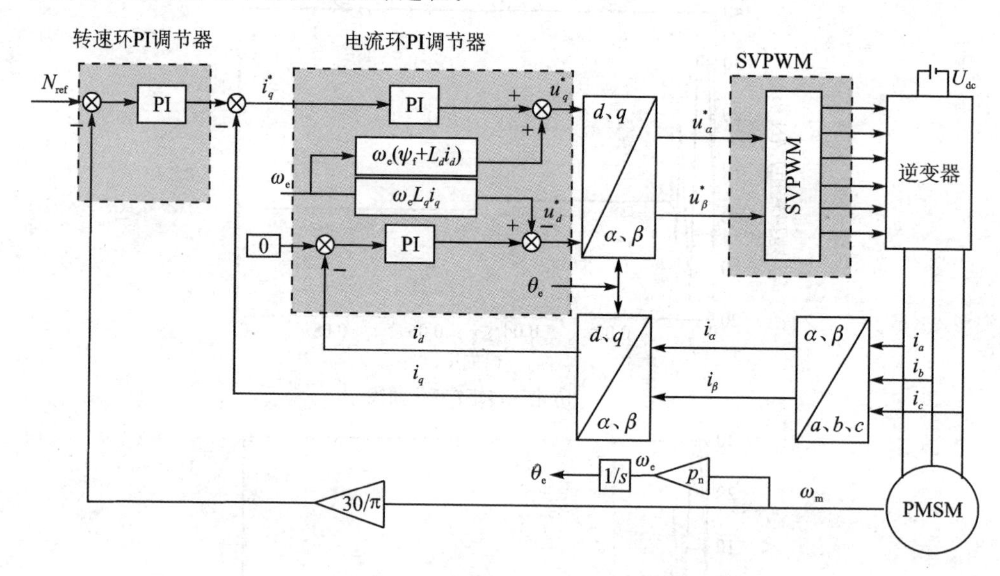

图3-4 三相PMSM矢量控制框图

3.2.1 转速环PI调节器的参数整定

对于转速环PI调节器的参数整定方法，已有大量文献介绍从工程实际出发，采用自动控制理论中的典型Ⅱ系统进行PI参数整定。虽然该方法具有一定的实际价值，但是PI调节器参数整定的设计过程中涉及的中间变量较多，并且很多情况下是基于特定假设条件得到的近似结果。为了便于转速环PI调节器的参数整定，重写三相PMSM的电机运动方程为[1-2]

$$J\frac{\mathrm{d}\omega_{\mathrm{m}}}{\mathrm{d}t}=T_{\mathrm{e}}-T_{\mathrm{L}}-B\omega_{\mathrm{m}} \tag{3-1}$$

$$T_{\mathrm{e}}=\frac{3}{2}p_{\mathrm{n}}i_q[i_d(L_d-L_q)+\psi_{\mathrm{f}}] \tag{3-2}$$

其中：ω_{m} 为电机的机械角速度；J 为转动惯量；B 为阻尼系数；T_{L} 为负载转矩。

采用文献[3]提出的“有功阻尼”的概念对转速环PI调节器的参数进行设计，定义有功阻尼为

$$i_q=i'_q-B_{\mathrm{a}}\omega_{\mathrm{m}} \tag{3-3}$$

当采用 $i_d^*=0$ 的控制策略，并假定电机在空载（$T_{\mathrm{L}}=0$）情况下启动时，由式(3-1)～式(3-3)可得到

$$\frac{\mathrm{d}\omega_{\mathrm{m}}}{\mathrm{d}t}=\frac{1.5p_{\mathrm{n}}\psi_{\mathrm{f}}}{J}(i'_q-B_{\mathrm{a}}\omega_{\mathrm{m}})-\frac{B}{J}\omega_{\mathrm{m}} \tag{3-4}$$

将式(3-4)的极点配置到期望的闭环带宽 β，可以得到转速相对于 q 轴电流的传递函数为

$$\omega_{\mathrm{m}}(s)=\frac{1.5p_{\mathrm{n}}\psi_{\mathrm{f}}/J}{s+\beta}i'_q(s) \tag{3-5}$$

比较式(3-4)、式(3-5)可得到，有功阻尼的系数 B_{a}：

$$B_{\mathrm{a}}=\frac{\beta J-B}{1.5p_{\mathrm{n}}\psi_{\mathrm{f}}} \tag{3-6}$$

若采用传统的PI调节器，则转速环控制器的表达式为

$$i_q^*=\left(K_{\mathrm{p}\omega}+\frac{K_{\mathrm{i}\omega}}{s}\right)(\omega_{\mathrm{m}}^*-\omega_{\mathrm{m}})-B_{\mathrm{a}}\omega_{\mathrm{m}} \tag{3-7}$$

因此，PI调节器的参数 $K_{\mathrm{p}\omega}$、$K_{\mathrm{i}\omega}$ 可由下式整定[4]：

$$\begin{cases}K_{\mathrm{p}\omega}=\dfrac{\beta J}{1.5p_{\mathrm{n}}\psi_{\mathrm{f}}}\\K_{\mathrm{i}\omega}=\beta K_{\mathrm{p}\omega}\end{cases} \tag{3-8}$$

其中：β 是转速环期望的频带带宽。相对于采用典型Ⅱ系统进行PI调节器参数整定的方法，此种参数整定简单，并且参数调整与系统的动态品质关系明确。

根据式(3-7)搭建的仿真模型如图3-5所示。图3-5中是采用离散型PI调

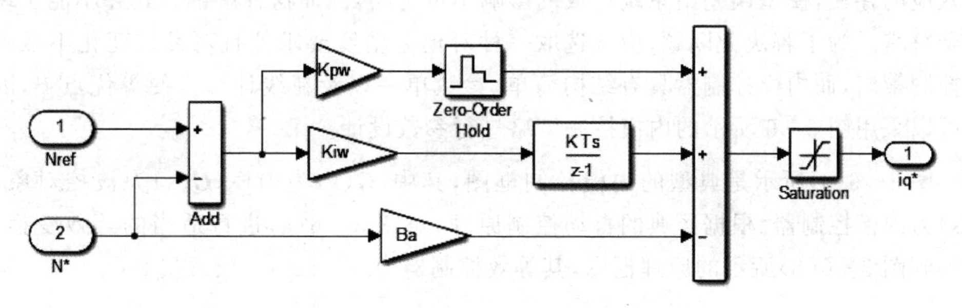

图3-5 速度环PI调节器的仿真模型

节器进行的仿真建模，如果采用连续型PI调节器，只须对图中的积分器和零阶保持器进行相应修改。

3.2.2 电流环PI调节器的参数整定

为了便于控制器的设计，重写 $d-q$ 坐标系下的电流方程为

$$\begin{cases} \frac{\mathrm{d}}{\mathrm{d}t}i_d = -\frac{R}{L_d}i_d + \frac{L_q}{L_d}\omega_e i_q + \frac{1}{L_d}u_d \\ \frac{\mathrm{d}}{\mathrm{d}t}i_q = -\frac{R}{L_d}i_d - \frac{1}{L_q}\omega_e(L_d i_d + \psi_f) + \frac{1}{L_q}u_q \end{cases} \tag{3-9}$$

从式(3-9)可以看出，定子电流 i_d、i_q 分别在 q 轴和 d 轴方向产生交叉耦合电动势。

若 i_d、i_q 完全解耦，式(3-9)可变为

$$\begin{cases} u_{d0} = u_d + \omega_e L_q i_q = R i_d + L_d \frac{\mathrm{d}}{\mathrm{d}t} i_d \\ u_{q0} = u_q - \omega_e(L_d i_d + \psi_f) = R i_q + L_q \frac{\mathrm{d}}{\mathrm{d}t} i_q \end{cases} \tag{3-10}$$

其中：u_{d0} 和 u_{q0} 分别为电流解耦后的 d 轴和 q 轴电压。

对式(3-10)进行拉普拉斯变换后，可得

$$\boldsymbol{Y}(s) = \boldsymbol{G}(s)\boldsymbol{U}(s) \tag{3-11}$$

其中：$\boldsymbol{U}(s)=\begin{bmatrix} u_{d0}(s) \\ u_{q0}(s) \end{bmatrix}$，$\boldsymbol{Y}(s)=\begin{bmatrix} i_d(s) \\ i_q(s) \end{bmatrix}$，$\boldsymbol{G}(s)=\begin{bmatrix} R+sL_d & 0 \\ 0 & R+sL_q \end{bmatrix}^{-1}$。

采用常规的PI调节器并结合前馈解耦控制策略，可得到 $d-q$ 轴的电压为

$$\begin{cases} v_d^* = \left(K_{\mathrm{p}d} + \frac{K_{\mathrm{i}d}}{s}\right)(i_d^* - i_d) - \omega_e L_q i_q \\ v_q^* = \left(K_{\mathrm{p}q} + \frac{K_{\mathrm{i}q}}{s}\right)(i_q^* - i_q) + \omega_e(L_d i_d + \psi_f) \end{cases} \tag{3-12}$$

其中：$K_{\mathrm{p}d}$ 和 $K_{\mathrm{p}q}$ 为PI控制器的比例增益，$K_{\mathrm{i}d}$ 和 $K_{\mathrm{i}q}$ 为PI控制器的积分增益。

正如式(3-12)所示，当采用前馈解耦控制策略时，虽然PI控制器的参数可以按照自动控制理论中的典型Ⅰ系统进行设计，但该方法却仅当电机的实际参数与模型参数匹配时，交叉耦合电动势才能得到完全解耦。然而，由于内置式三相PMSM凸极效应的存在，模型误差给系统造成的影响不可忽略，因而这种解耦方式并不能实现完全解耦。为了解决此问题，应该选取一种对模型精度要求低且对参数变化不敏感的控制策略，而内模控制器具有结构简单、参数单一以及在线计算方便等优点[5]，因此可以采用图3-6所示的内模控制策略进行参数设计。

图3-6(a)所示是典型的内模控制框图，其中，$\hat{\boldsymbol{G}}(s)$ 为内模，$\boldsymbol{G}(s)$ 为被控对象，$\boldsymbol{C}(s)$ 为内模控制器。根据经典的自动控制原理，对图3-6(a)进行适当的等效变换，可得到图3-6(b)所示的原理框图，其等效控制器为

$$\boldsymbol{F}(s) = [\boldsymbol{I} - \boldsymbol{C}(s)\hat{\boldsymbol{G}}(s)]^{-1}\boldsymbol{C}(s) \tag{3-13}$$

其中：$\boldsymbol{I}$ 为单位矩阵。

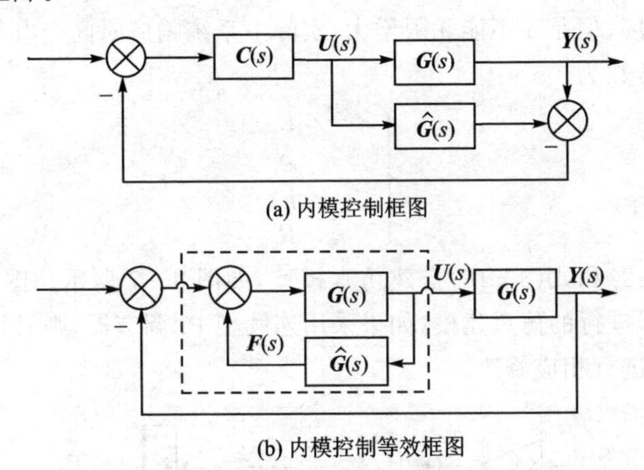

图 3-6　内模控制策略结构图

如果内模建模精确，即 $\hat{\boldsymbol{G}}(s)=\boldsymbol{G}(s)$，则系统不存在反馈环节，此时系统传递函数为

$$\boldsymbol{G}_{\mathrm{c}}(s)=\boldsymbol{G}(s)\boldsymbol{C}(s) \tag{3-14}$$

因此要保证系统稳定，只有当且仅当 $\boldsymbol{G}(s)$ 和 $\boldsymbol{C}(s)$ 稳定。

由于电机的电磁时间常数比机械时间常数小很多，控制系统的电流环可近似看作一阶系统，根据 $\hat{\boldsymbol{G}}(s)=\boldsymbol{G}(s)$，定义

$$\boldsymbol{C}(s)=\hat{\boldsymbol{G}}^{-1}(s)\boldsymbol{L}(s)=\boldsymbol{G}^{-1}(s)\boldsymbol{L}(s) \tag{3-15}$$

其中：$\boldsymbol{L}(s)=\alpha\boldsymbol{I}/(s+\alpha)$，$\alpha$ 为设计参数。

将式(3-15)代入式(3-13)，可得到内模控制器为

$$\boldsymbol{F}(s)=\alpha\begin{bmatrix} L_d+\dfrac{R}{s} & 0 \\ 0 & L_q+\dfrac{R}{s}\end{bmatrix} \tag{3-16}$$

将式(3-16)代入式(3-14)，可得

$$\boldsymbol{G}_{\mathrm{c}}(s)=\frac{\alpha}{s+\alpha}\boldsymbol{I} \tag{3-17}$$

将式(3-17)和式(3-12)比较可知，控制器的调节参数从 2 个缩减为 1 个，减小了参数调节的难度，且满足如下关系：

$$\begin{cases} K_{\mathrm{p}d}=\alpha L_d \\ K_{\mathrm{i}d}=\alpha R \\ K_{\mathrm{p}q}=\alpha L_q \\ K_{\mathrm{i}q}=\alpha R \end{cases} \tag{3-18}$$

定义响应时间 t_{res} 为系统响应从阶跃的 10%～90%所需的时间，则 α 与 t_{res} 的关

系近似为 $t_{res}=\ln 9/\alpha$。由 α 与 t_{res} 的关系可知，减小 α 将延长系统响应时间，增大 α 将加快系统响应速度，但是 α 不能无限增大，实际中系统响应时间受电气时间常数的限制，电机的时间常数为[6-7]

$$\begin{cases} T_d = \dfrac{L_d}{R} \\ T_q = \dfrac{L_q}{R} \end{cases} \tag{3-19}$$

根据式(3-12)和式(3-18)搭建仿真模型，如图3-7所示。图3-7中是采用离散型PI调节器进行的仿真建模，如果采用连续型PI调节器，则只须对图中的积分器和零阶保持器进行相应修改。

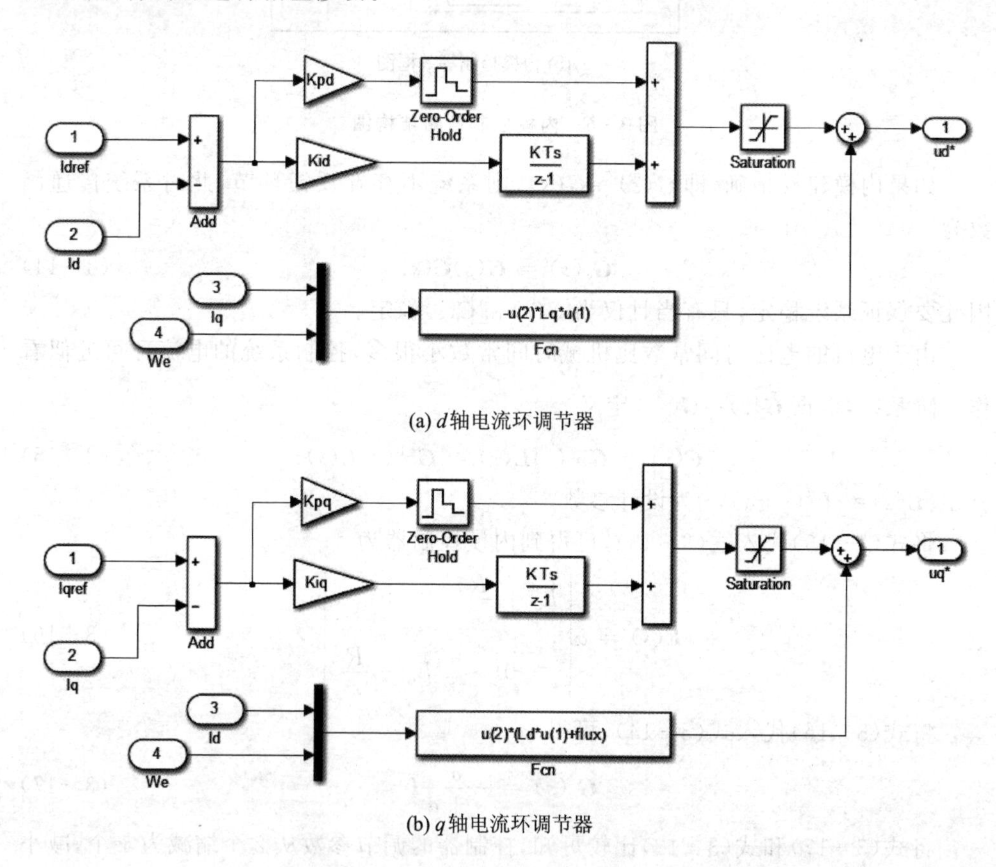

(a) d 轴电流环调节器

(b) q 轴电流环调节器

图3-7 电流环PI调节器的仿真模型

综上所述，本小节以内置式三相PMSM矢量控制系统为例，给出了根据内模控制器的原理进行电流环PI调节器参数整定的方法，该方法同样适用于表贴式三相PMSM矢量控制系统。

3.3　基于PI调节器的PMSM矢量控制

根据图3-4所示的三相PMSM矢量控制框图，在MATLAB/Simulink环境下搭建仿真模型，如图3-8所示。其中，仿真中电机参数设置为：极对数$p_n=4$，定子电感$L_d=5.25$ mH，$L_q=12$ mH，定子电阻$R=0.958$ Ω，磁链$\psi_f=0.182\ 7$ Wb，转动惯量$J=0.003$ kg·m^2，阻尼系数$B=0.008$ N·m·s。仿真条件设置为：直流侧电压$U_{dc}=311$ V，PWM开关频率$f_{pwm}=10$ kHz，采样周期$T_s=10$ μs，采用变步长ode23tb算法，相对误差（Relative Tolerance）0.000 1，仿真时间0.4 s。

由于电流环带宽跟电机的时间常数有关系，即时间常数$\tau=\min\{L_d/R,L_q/R\}$，带宽$\alpha=2\pi/\tau$，根据电机的参数可以计算得到$\alpha=1\ 100$ rad/s，从而根据式（3-18）可以计算出电流环PI调节器的参数。另外，选取转速环的带宽为$\beta=50$ rad/s，将电机的参数代入式（3-6）和式（3-8）可以计算得到转速环PI调节器的参数为$B_a=0.013$，$K_{p\omega}=0.14$，$K_{i\omega}=7$。值得说明的是，经过计算得出的PI调节器的参数有时并不是最优的，在仿真过程中可以对参数进行调试，以获得最优的控制效果。

3.3.1　仿真建模

本小节以内置式PMSM矢量控制系统仿真模型的搭建为例，给出系统仿真模型以及参数设置等模块，表帖式PMSM矢量控制系统仿真模型的搭建同样可以参考此方法进行。值得说明的是，细心的读者可能已经发现图1-15(b)中PI调节器的参数设置都是变量，这些变量的数值是在哪儿设置的呢？其实，第1章已经介绍了该方法，即具体参数值的设置在File→Model Properties→Model Properties，详见图3-8(f)。从图3-8(f)中可以看出，采用模型属性（Model Properties）中的初始化函数，特别是当调节器的参数较多时，采用该方法便于后期调节器参数的整定。读者在以后搭建模型时可以采用该方法进行参数设置。

从图3-8(b)可以看出，对反Park变换计算时用到了电机的电角度The，而其数值信号的引入采用的是Signal Routing模块（信号通路模块）中的From模块（接收模块）（具体位置：Simulink\Signal Routing\From），其作用避免了复杂的信号连线。另外，为了正确使用From模块（接收模块），通常与Goto模块（发送模块）搭配使用，在建立复杂的数学模型时，采用此方法可以有效避免复杂的信号连接线，并且便于检查模型的正确性。

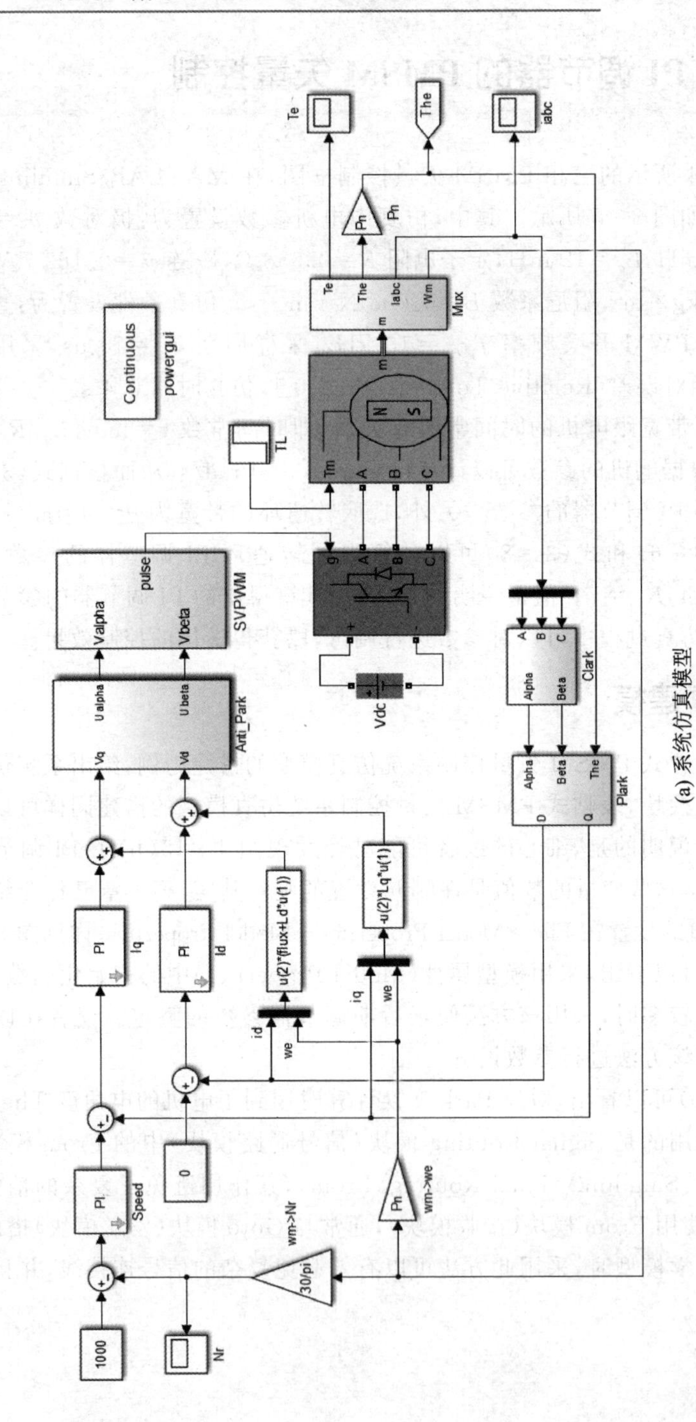

(a) 系统仿真模型

图3-8　三相PMSM矢量控制仿真模型

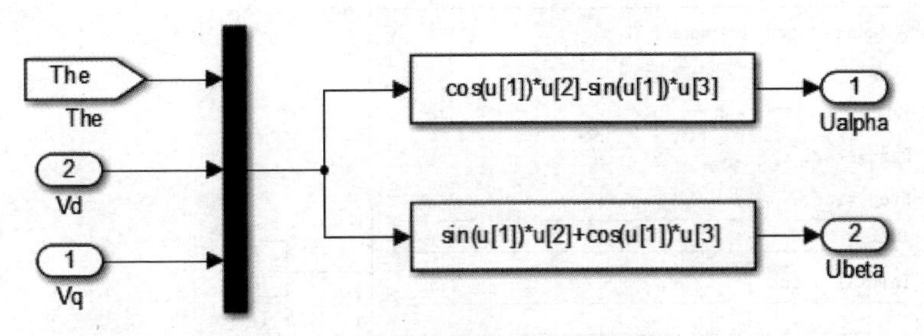

(b) Anti_Park（反Park变换）的计算

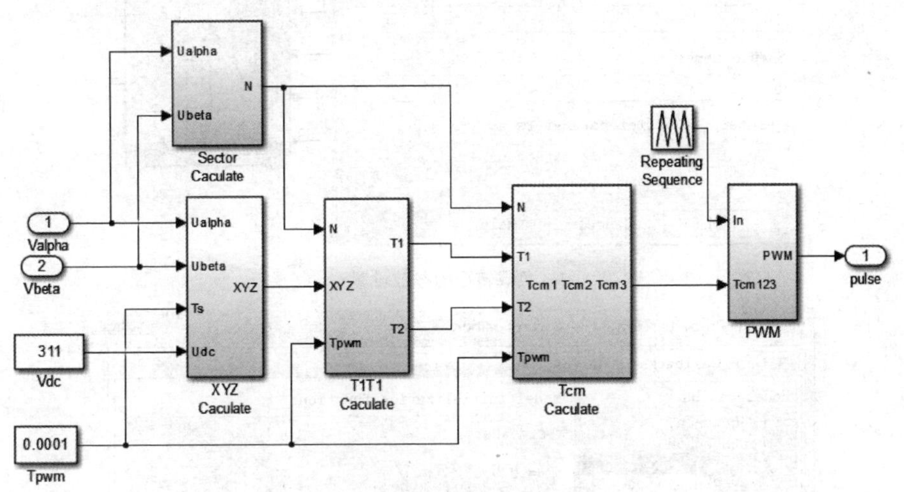

(c) SVPWM算法的仿真模型

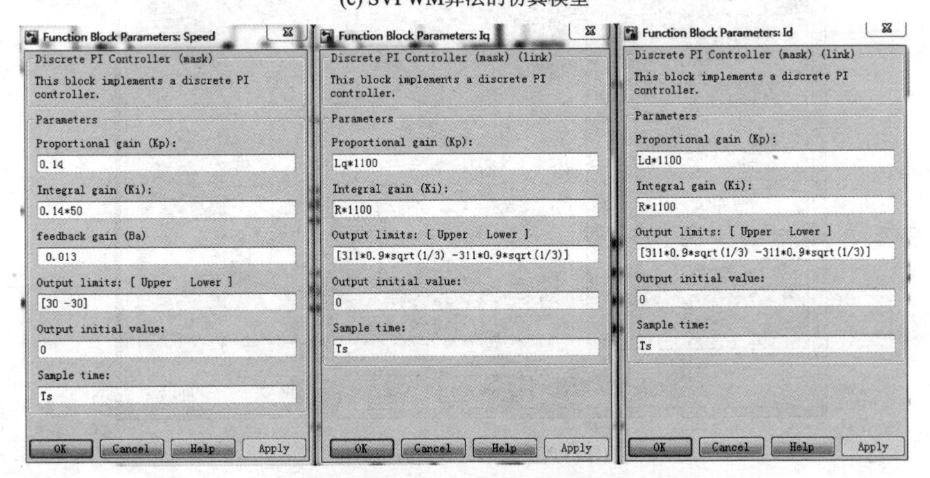

(d) 转速环和电流环PI调节器的参数设置

图 3-8 三相 PMSM 矢量控制仿真模型(续)

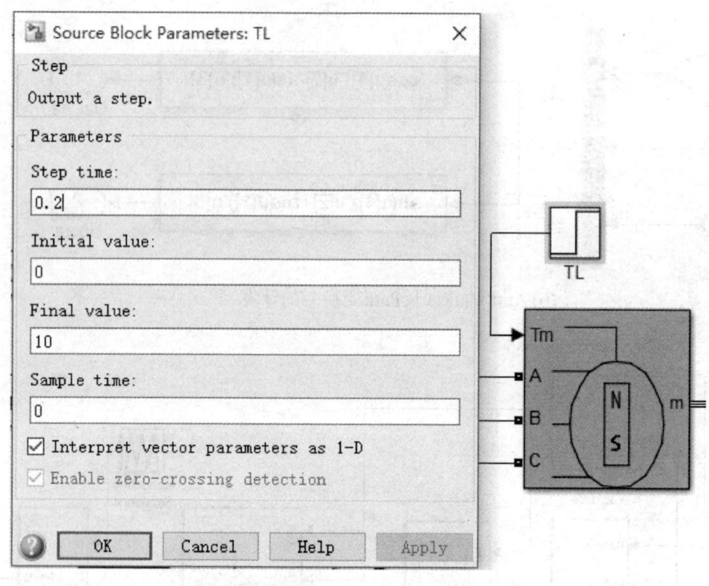

(e) 负载转矩的参数设置

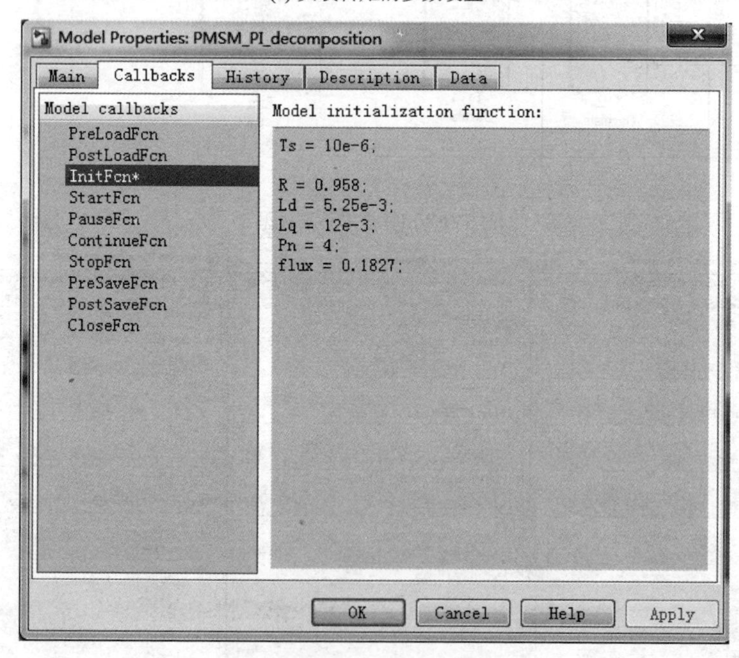

(f) 仿真模型电机参数的初始化

图 3-8　三相 PMSM 矢量控制仿真模型(续)

3.3.2 仿真结果分析

为了验证所设计的PI调节器参数的正确性，仿真条件设置为：参考转速 $N_{\mathrm{ref}}=1\ 000$ r/min，初始时刻负载转矩 $T_{\mathrm{L}}=0$ N·m，在 $t=0.2$ s时负载转矩 $T_{\mathrm{L}}=10$ N·m，仿真结果如图3-9所示。

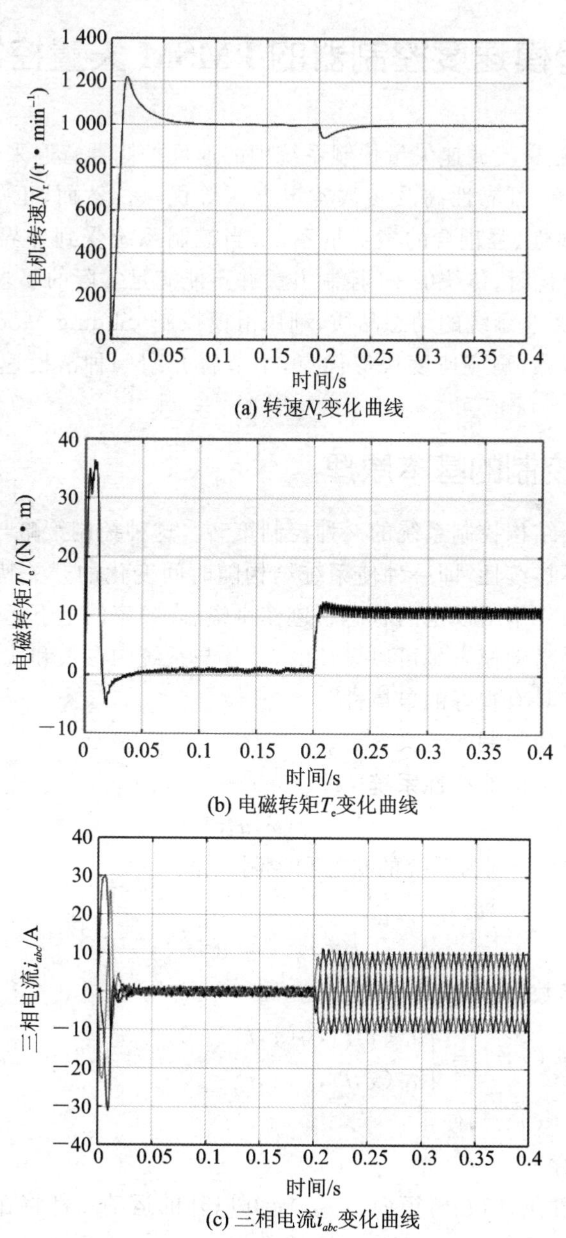

(a) 转速N_r变化曲线

(b) 电磁转矩T_e变化曲线

(c) 三相电流i_{abc}变化曲线

图3-9 基于PI调节器的三相PMSM矢量控制系统的仿真结果

从以上仿真结果可以看出，当电机从零速上升到参考转速1 000 r/min时，虽然开始时电机转速有一些超调量，但仍然具有较快的动态响应速度，并且在$t=0.2$ s时突加负载转矩$T_L=10$ N·m，电机也能快速恢复到给定参考转速值，从而说明所设计的PI调节器的参数具有较好的动态性能和抗扰动能力，能够满足实际电机控制性能的需要。

3.4　基于滑模速度控制器的PMSM矢量控制

目前，三相永磁交流调速矢量控制系统中的速度控制器普遍采用传统的PI调节器，其算法具有简单、可靠性高及参数整定方便等优点。然而，正如前文所述，三相PMSM是一个非线性、强耦合的多变量系统，当控制系统受到外界扰动的影响或电机内部参数发生变化时，传统的PI控制方法并不能满足实际的要求[8-9]。因此，为了提高三相PMSM调速系统的动态品质，利用滑模控制（Sliding Mode Control，SMC）对扰动与参数不敏感、响应速度快等优点，本节将介绍一种滑模速度控制器的设计方法。

3.4.1　滑模控制的基本原理

滑模控制是变结构控制系统的一种控制策略。这种控制策略与常规控制的根本区别在于控制的不连续性，即一种使系统结构随时间变化的开关特性。这种特性可以使系统在一定条件下沿规定的状态轨迹作小幅、高频率的上下运动，这就是所谓的“滑动模态”。这种滑动模态是可以设计的，并且与系统的参数和扰动无关。因此，处于滑动模态的系统具有很好的鲁棒性。

下面将给出滑模控制的定义[10-11]。

考虑一般情况下的非线性系统：

$$\dot{x} = f(x,u,t) \tag{3-20}$$

其中：$x\in \mathbf{R}^n$，$u\in \mathbf{R}^m$ 分别为系统的状态和控制变量。

需要确定滑模面函数：

$$s(x,t),s \in \mathbf{R}^m \tag{3-21}$$

求解控制器函数：

$$u_i(x,t) = \begin{cases} u_i^+(x,t),s_i(x,t) > 0 \\ u_i^-(x,t),s_i(x,t) < 0 \end{cases},i = 1,2,\cdots,m \tag{3-22}$$

其中：$u_i^+(x,t)\neq u_i^-(x,t)$，使得：

① 滑动模态存在；

② 满足可达性条件，在滑模面$s(x,t)=0$以外的运动点都将在有限时间内到达滑模面，即$s\dot{s}<0$；

③ 保证滑模运动的稳定性；

④ 达到控制系统的动态品质要求。

前3点是滑模控制的3个基本问题，只有满足了这3个条件的控制才被称为滑模控制。

通常滑模变结构控制系统的运动由两部分组成，如图3-10所示：第一部分 AB 是位于滑模面外的正常运动，它是趋近滑模面直至到达的趋近运动阶段；第二部分 BC 是在滑模面附近并沿着滑模面 $s(x,t)=0$ 的运动。

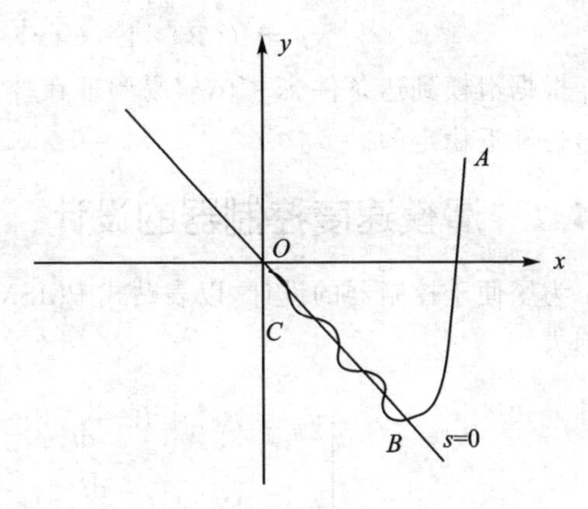

图3-10 滑模控制系统的两个运动阶段

按照滑模控制理论的基本原理，正常运动阶段必须满足滑动模态的可达性条件 $s\dot{s}<0$，才能实现系统的状态空间变量由任意未知的初始状态在有限时间内到达滑模面。因此，可以设计各种趋近律函数来保证正常运动阶段的品质。常用的趋近律有[12]：

① 等速趋近律

$$\dot{s}=-\varepsilon\mathrm{sgn}(s),\quad \varepsilon>0 \tag{3-23}$$

② 指数趋近律

$$\dot{s}=-\varepsilon\mathrm{sgn}(s)-qs,\quad \varepsilon,q>0 \tag{3-24}$$

③ 幂次趋近律

$$\dot{s}=-q|s|^{\alpha}\mathrm{sgn}(s),\quad q>0,1>\alpha>0 \tag{3-25}$$

④ 一般趋近律

$$\dot{s}=-\varepsilon\mathrm{sgn}(s)-f(s) \tag{3-26}$$

在趋近运动阶段，由于系统误差不能被直接控制，而系统响应又会受到内部参数变化和外部扰动的影响，因此，在设计趋近律时，必须尽量缩短趋近运动阶段的时间。

综上所述，滑模变结构控制系统的运动模态由趋近模态和滑动模态两部分组成。其中，趋近模态是滑模控制系统在连续控制作用下的运行阶段，其运行轨迹位于滑模切换面之外，或者有限次地穿越滑模切换面；而滑动模态是控制系统在滑模切换面附近且沿着切换面向平衡点运动的阶段。一般的滑模控制只考虑能够趋近滑模面并满足稳定性条件，并不能反映以何种方式趋近滑模面，而趋近律控制方法可以保证趋近运动的动态品质。

以下式所示的典型系统为例，对指数趋近律进行分析研究：

$$\dot{\boldsymbol{x}}=\boldsymbol{A}\boldsymbol{x}+\boldsymbol{B}u \tag{3-27}$$

定义系统的滑模面函数为

$$s=\boldsymbol{C}\boldsymbol{x} \tag{3-28}$$

对滑模面函数求导为

$$\dot{s} = \boldsymbol{C}\dot{\boldsymbol{x}} = -\varepsilon \operatorname{sgn}(s) - qs \tag{3-29}$$

根据式(3－27)和式(3－29)可以求取控制器 u 为

$$u = (\boldsymbol{CB})^{-1}[-\boldsymbol{CAx} - \varepsilon \operatorname{sgn}(s) - qs] \tag{3-30}$$

根据滑模到达条件 $s\dot{s}<0$,容易验证在控制器(式(3－30))作用下,系统(式(3－27))是渐近稳定的。

3.4.2　滑模速度控制器的设计

为了便于控制器的设计,以表贴式 PMSM 电机为例建立 d－q 坐标系下的数学模型为

$$\begin{cases} u_d = Ri_d + L_s \dfrac{\mathrm{d}i_d}{\mathrm{d}t} - p_n\omega_m L_s i_q \\ u_q = Ri_q + L_s \dfrac{\mathrm{d}i_q}{\mathrm{d}t} + p_n\omega_m L_s i_d + p_n\omega_m\psi_f \\ J\dfrac{\mathrm{d}\omega_m}{\mathrm{d}t} = \dfrac{3}{2}p_n\psi_f i_q - T_L \end{cases} \tag{3-31}$$

其中:L_s 为定子电感。

对于表贴式 PMSM 而言,采用 $i_d=0$ 的转子磁场定向控制方法即可获得较好的控制效果,此时式(3－31)则可变为如下的数学模型[8]:

$$\begin{cases} \dfrac{\mathrm{d}i_q}{\mathrm{d}t} = \dfrac{1}{L_s}(-Ri_q - p_n\psi_f\omega_m + u_q) \\ \dfrac{\mathrm{d}\omega_m}{\mathrm{d}t} = \dfrac{1}{J}\left(-T_L + \dfrac{3p_n\psi_f}{2}i_q\right) \end{cases} \tag{3-32}$$

定义 PMSM 系统的状态变量:

$$\begin{cases} x_1 = \omega_{ref} - \omega_m \\ x_2 = \dot{x}_1 = -\dot{\omega}_m \end{cases} \tag{3-33}$$

其中:ω_{ref}为电机的参考转速,通常为一常量;ω_m 为实际转速。根据式(3－32)和式(3－33)可知,

$$\begin{cases} \dot{x}_1 = -\dot{\omega}_m = \dfrac{1}{J}\left(T_L - \dfrac{3p_n\psi_f}{2}i_q\right) \\ \dot{x}_2 = -\ddot{\omega}_m = -\dfrac{3p_n\psi_f}{2J}\dot{i}_q \end{cases} \tag{3-34}$$

定义 $u=\dot{i}_q$,$D=\dfrac{3p_n\psi_f}{2J}$,则式(3－34)可变为

$$\begin{bmatrix} \dot{x}_1 \\ \dot{x}_2 \end{bmatrix} = \begin{bmatrix} 0 & 1 \\ 0 & 0 \end{bmatrix}\begin{bmatrix} x_1 \\ x_2 \end{bmatrix} + \begin{bmatrix} 0 \\ -D \end{bmatrix}u \tag{3-35}$$

定义滑模面函数为

$$s = cx_1 + x_2 \tag{3-36}$$

其中：$c>0$ 为待设计参数。

对式(3-36)求导，可得

$$\dot{s} = c\dot{x}_1 + \dot{x}_2 = cx_2 + \dot{x}_2 = cx_2 - Du \tag{3-37}$$

为了保证三相 PMSM 驱动系统具有较好的动态品质，这里采用指数趋近律方法，可得控制器的表达式为

$$u = \frac{1}{D}[cx_2 + \varepsilon \mathrm{sgn}(s) + qs] \tag{3-38}$$

从而可得 q 轴的参考电流为

$$i_q^* = \frac{1}{D}\int_0^t [cx_2 + \varepsilon \mathrm{sgn}(s) + qs]\mathrm{d}\tau \tag{3-39}$$

从式(3-39)可以看出，由于控制器包含积分项，一方面可以削弱抖振现象，另一方面也可以消除系统的稳态误差，提高系统的控制品质。

根据滑模到达条件 $s\dot{s}<0$，容易验证在控制器(式(3-39))作用下，系统是渐近稳定的。

3.4.3 仿真建模与结果分析

本小节以表贴式三相 PMSM 矢量控制系统仿真模型为例，搭建的系统仿真模型如图 3-11 所示。仿真中所用电机的参数设置为：极对数 $p_n=4$，定子电感 $L_s=8.5$ mH，定子电阻 $R=2.875\ \Omega$，磁链 $\psi_f=0.175$ Wb，转动惯量 $J=0.003\ \mathrm{kg\cdot m^2}$，阻尼系数 $B=0.008\ \mathrm{N\cdot m\cdot s}$。仿真条件设置为：直流侧电压 $U_{dc}=311$ V，PWM 开关频率设置为 $f_{pwm}=10$ kHz，采用周期设置为 $T_s=10\ \mu$s，采用变步长 ode23tb 算法，相对误差(Relative Tolerance)设置为 0.000 1，仿真时间设置为 0.4 s。

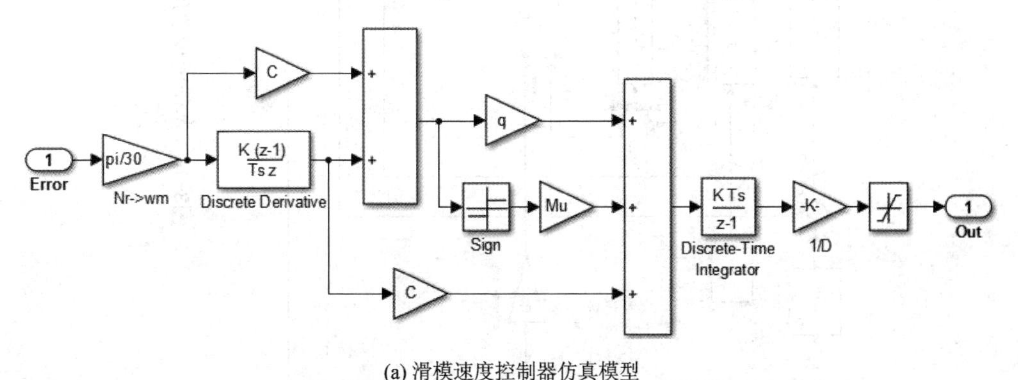

(a) 滑模速度控制器仿真模型

图 3-11　基于滑模速度控制器的三相 PMSM 矢量控制仿真模型

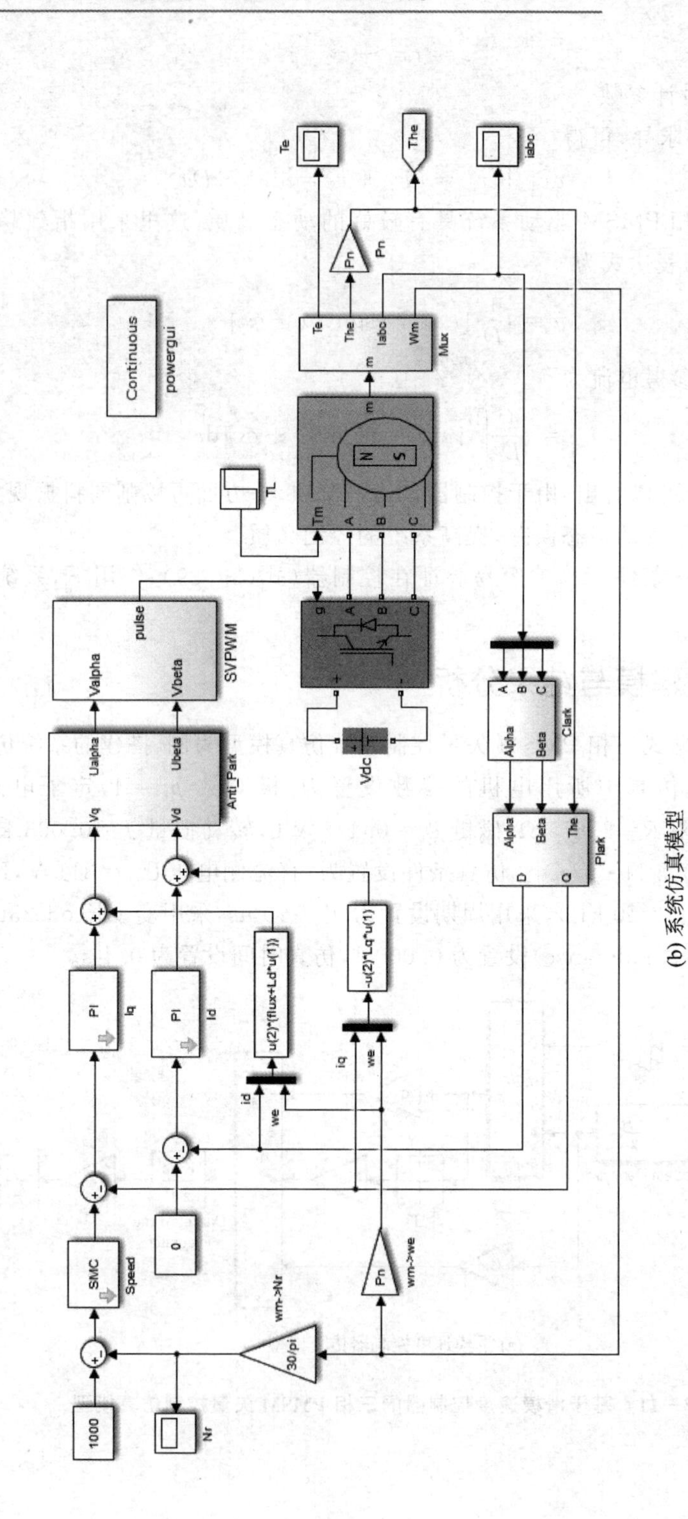

(b) 系统仿真模型

图3-11　基于滑模速度控制器的三相PMSM矢量控制仿真模型（续）

为了验证所设计滑模速度控制器的正确性，仿真条件设置为：参考转速 $N_{ref}=$ 1 000 r/min，初始时刻负载转矩 $T_L=0$ N·m，在 $t=0.2$ s 时负载转矩 $T_L=$ 10 N·m，滑模控制器参数设置为 $c=60$，$\varepsilon=200$，$q=300$，仿真结果如图 3-12 所示。

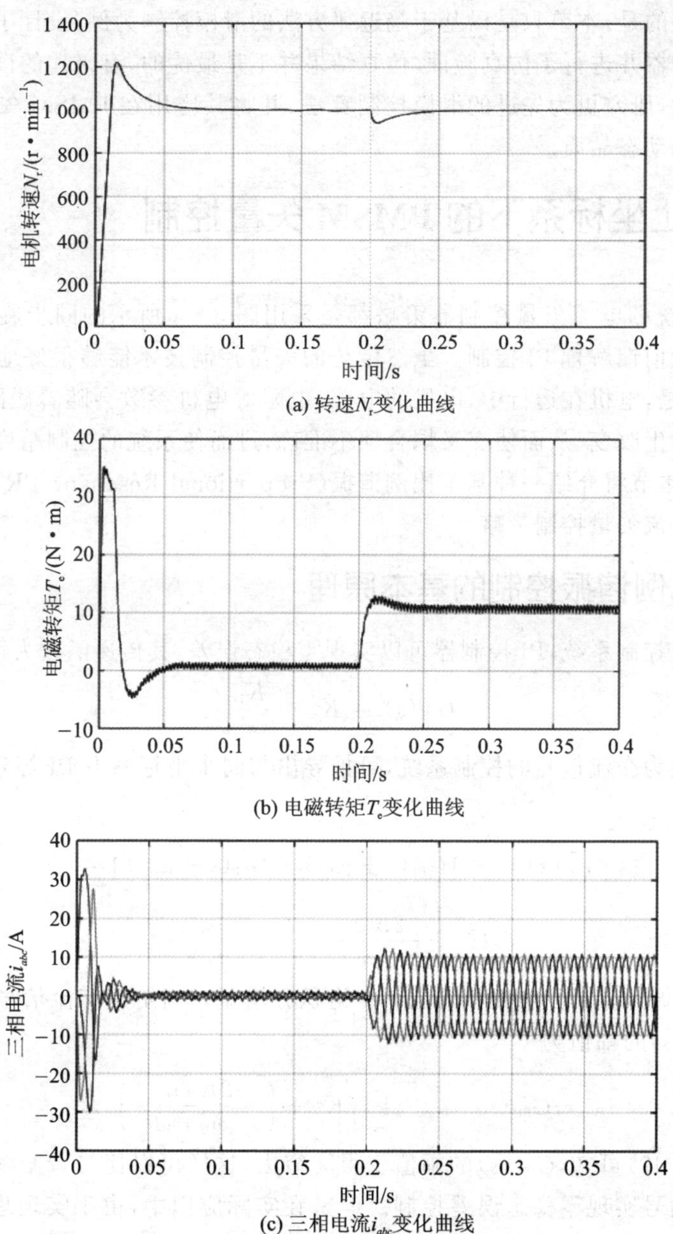

(a) 转速N_r变化曲线

(b) 电磁转矩T_e变化曲线

(c) 三相电流i_{abc}变化曲线

图 3-12 基于滑模速度控制器的三相 PMSM 矢量控制系统的仿真结果

从以上仿真结果可以看出，当电机从零速上升到参考转速 1 000 r/min 时，虽然开始时电机转速有一些超调量，但仍然具有较快的动态响应速度，并且在 $t=0.2$ s 时

突加负载转矩 $T_L=10$ N·m，电机也能快速恢复到给定参考转速值，从而说明所设计的滑模速度控制器具有较好的动态性能和抗扰动能力，能够满足实际电机控制性能的需要。

值得说明的是，本节只是以基于趋近律方法的滑模控制为例，设计了一种常规的滑模速度控制器并进行了仿真验证，仿真结果并不是最优的，有兴趣的读者可以查阅相关参考文献，研究更为先进的滑模控制算法，并将其应用在 PMSM 矢量控制系统以提高系统的动态品质。

3.5 静止坐标系下的 PMSM 矢量控制

目前，传统的电流矢量控制器策略都是采用图 3-4 所示的同步旋转坐标系下 $d-q$分量进行前馈解耦 PI 控制。虽然传统的矢量控制技术能够很好地使电机实现解耦控制，但是，电机在运行中，电机的电感、电阻等电机参数会随着磁路的饱和、温度的升高而发生改变，从而使交叉耦合项不准确，进而使系统的控制精度下降。为了解决此问题，本节将介绍一种基于比例谐振(Proportional Resonant，PR)控制的静止坐标系下的电流矢量控制策略。

3.5.1 比例谐振控制的基本原理

对于直流控制系统，PI 控制器可以实现零稳态误差，其传递函数为

$$G_{PI}(s)=K_p+\frac{K_i}{s} \tag{3-40}$$

对被控量为交流信号的控制系统，可推导出与同步坐标系下 PI 等效的 PR 控制器传递函数[13]：

$$G_{PR}(s)=\frac{1}{2}[G_{PI}(s+j\omega_0)+G_{PI}(s-j\omega_0)]=$$

$$K_p+\frac{2K_i s}{s+\omega_0^2} \tag{3-41}$$

其中：ω_0 为谐振频率，K_p 为比例增益，K_i 为积分增益。当给定交流信号的角频率为 ω_0时，则 $G_{PR}(s)$的幅值为

$$|G_{PR}(s)|_{s=j\omega_0}=\sqrt{K_p^2+\left(\frac{2K_i\omega_0}{-\omega_0^2+\omega_0^2}\right)} \tag{3-42}$$

由式(3-42)可知，$G_{PR}(s)$的幅值变得无穷大，这样可以使与谐振频率具有相同频率的正弦信号实现零稳态误差控制。但是在实际应用中，由于实现理想 PR 控制器存在的问题，所以本小节采用一种改进的准 PR 控制器，其传递函数为[14]

$$G_{PR}(s)=K_p+\frac{2K_i\omega_c s}{s^2+2\omega_c s+\omega_0^2} \tag{3-43}$$

其中：ω_c 为准谐振控制器的截止频率。由式(3-43)可知，控制器中有 3 个设计参数

K_p、K_i 和 ω_c。为了便于分析，设其中任意两个参数不变，然后观察第 3 个参数的变化对系统性能的影响。

图 3-13 给出了只改变 K_p、K_i 或 ω_c 时，其各自波特图相应的变化，并对各个参数所起的作用进行了分析。计算准 PR 控制器波特图的程序如下：

```
clc                                     %清屏
clear                                   %清除数据

syms s kp ki wc w0                      %定义字符变量

m = s^2 + 2 * wc * s + (w0)^2;          %准 PR 控制器的分母

den = m;
num = kp * m + 2 * ki * wc * s;         %准 PR 控制器的分子

den = collect(den,s);                   %合并同类项
num = collect(num,s);
 %
 % num: kp * s^2 + (2 * kp * wc + 2 * kr * wc) * s + kp * w0^2
 % den: s^2 + (2 * wc) * s + w0^2

kp = 1;
w0 = 2 * pi * 8.5 * 6;
wc = 5;
ki = 150;

num = [kp,(2 * kp * wc + 2 * ki * wc), kp * w0^2];
den = [1,(2 * wc),w0^2];
G = tf(num,den);
bode (G)                                %画波特图
 % margin(num,den)
```

图 3-13(a)中仅 K_p 改变，可以看出频带以外的幅值随着 K_p 的增大而增大，而基波频率处的幅值增加幅度不大，说明 K_p 太大后对谐振的作用并不大；图 3-13(b)中仅 K_i 改变，可以看出，随着 K_i 的增大，基波频率处的增益增大，表明它是起消除稳态误差的作用，但 K_i 的增大也使得 PR 控制器的频带范围变大，进而增加了谐振的影响范围，使得无用信号被放大，不利于系统整体的稳定；图 3-13(c)中仅 ω_c 改变，可以看出，随着 ω_c 的减小，基波频率处的增益增大，频带变窄，说明其对信号具有良好的选择性，ω_c 决定控制器的带宽。因此，为了使谐振控制器具有较好的控制效果，参数调节的原则是调节 K_i 来消除系统的稳态误差，调节 ω_c 来抑制频率波动带来的影响。

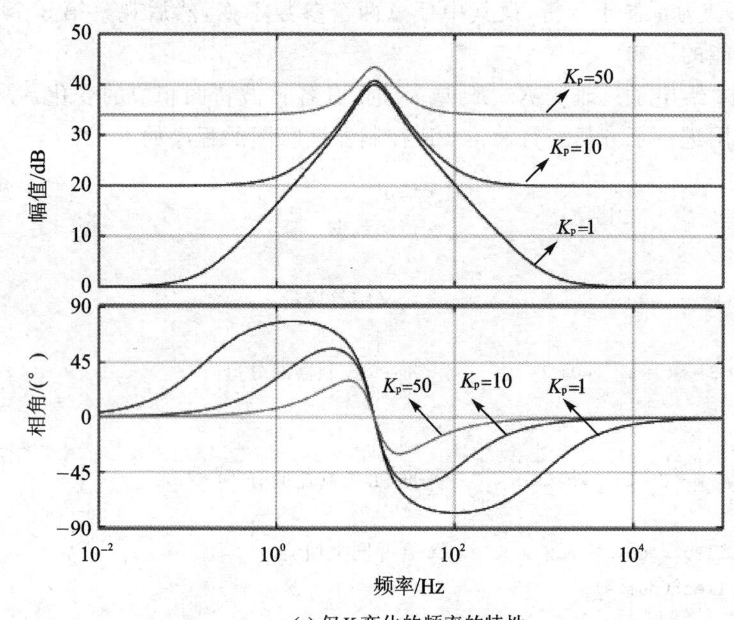

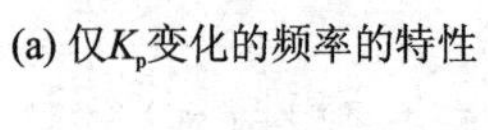
(a) 仅K_p变化的频率的特性

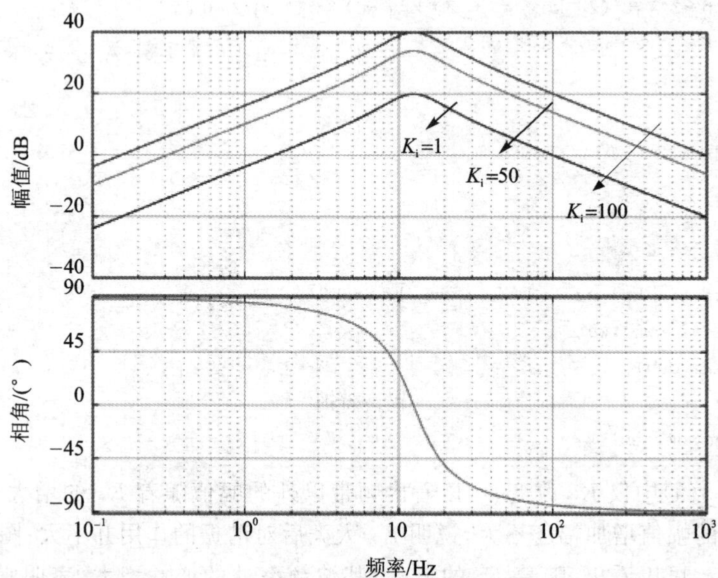

(b) 仅K_i变化的频率的特性

图 3－13　准 PR 控制器的波特图

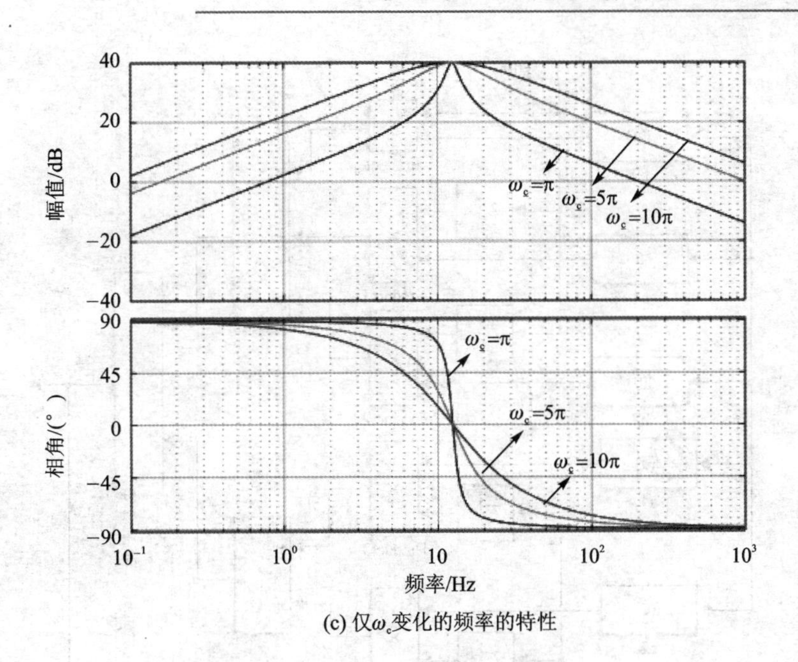

(c) 仅ω_c变化的频率的特性

图 3-13 准 PR 控制器的波特图(续)

式(3-41)的传递函数为 s 函数，采用 PR 控制对三相 PMSM 系统进行数字控制时，为了简化离散化过程，文中仅对谐振控制器进行离散化，其实现可以使用双线性变换，变换公式为

$$s = \frac{2}{T_s}\frac{1-z^{-1}}{1+z^{-1}} \tag{3-44}$$

将式(3-44)代入式(3-41)，可得

$$G_R(z) = \frac{b_0 + b_1 z^{-1} + b_2 z^{-2}}{1 + a_1 z^{-1} + a_2 z^{-2}} \tag{3-45}$$

其中：T_s 为采样周期，$b_0 = \frac{4K_i\omega_c T_s}{4+4\omega_c T_s + \omega_0^2 T_s^2}$，$b_1 = 0$，$b_2 = \frac{-4K_i\omega_c T_s}{4+4\omega_c T_s + \omega_0^2 T_s^2}$，$a_1 = \frac{2\omega_0^2 T_s^2 - 8}{4+4\omega_c T_s + \omega_0^2 T_s^2}$，$a_2 = \frac{4-4\omega_c T_s + \omega_0^2 T_s^2}{4+4\omega_c T_s + \omega_0^2 T_s^2}$。

整理后得到控制器的差分方程为

$$y(k) = b_0 e(k) + b_2 e(k-2) - a_1 y(k-1) - a_2 y(k-2) \tag{3-46}$$

式(3-46)实现了对误差信号的稳态控制，可以看出控制比较简单且容易实现，具体实现框图如图 3-14 所示。

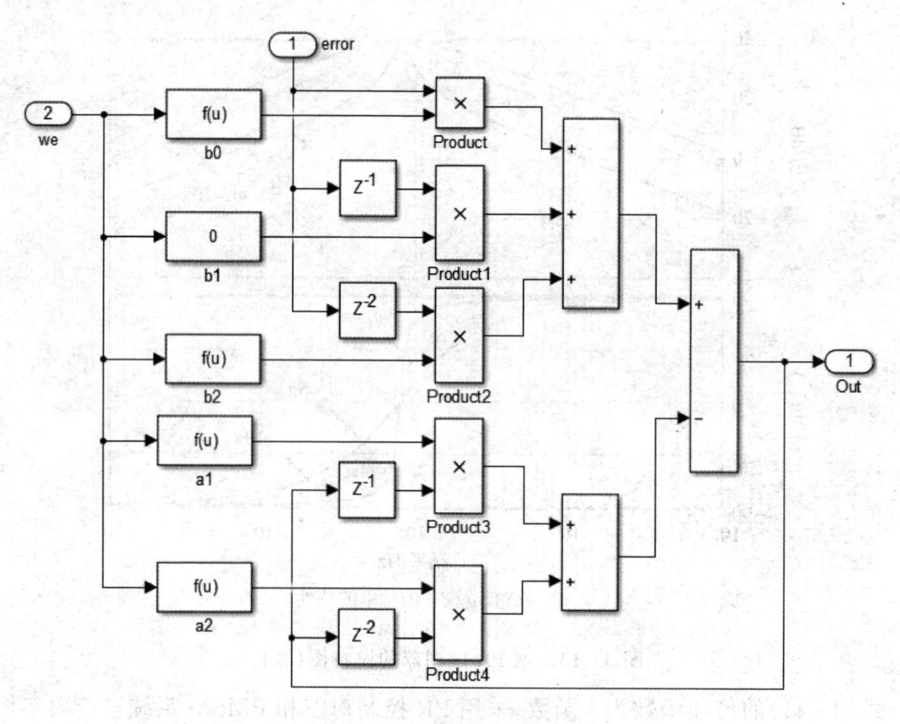

图 3－14 谐振控制器的实现框图

3.5.2 基于比例谐振控制的矢量控制器设计

本小节设计一种基于 PR 控制器的静止坐标系下的三相 PMSM 矢量控制策略，如图 3－15 所示。该策略充分利用 PR 控制器的优势，可避免复杂的旋转坐标变换计算，并且其控制效果与同步坐标系下的 PI 控制器相同，能无稳态误差地跟踪特定频率的正弦信号，对指定频率的谐波可以进行有选择地补偿。从图 3－15 中可以发现，当 PR 控制应用于 PMSM 驱动系统控制时，它无须精确估计电机的参数，无须补偿项，就可以使系统的控制性能提高。由于 PR 控制器能够在静止坐标系下对谐振频率的交流信号进行无静差调节，因此，在 PMSM 控制中，若将原来 PI 控制器策略下的 $d-q$ 电流指令 i_d^*、i_q^* 转换到两相静止坐标系下的交流量给定值 i_α^*、i_β^*，再与检测到的实际转子电流转换到两相静止坐标系后的分量 i_α、i_β 进行比较，做差比较后，再利用 PR 控制器进行调节。这样可使谐振频率与电机转速一致，即 $\omega_0=\omega_e$，即可对电流进行接近无差的跟踪调节。

对比传统 PI 控制方法可以看出，基于 PR 控制器的控制系统不含与电机参数有关的前馈补偿项和解耦项，减少了坐标旋转，从而减小了控制算法实现的难度，提高了控制系统的鲁棒性。

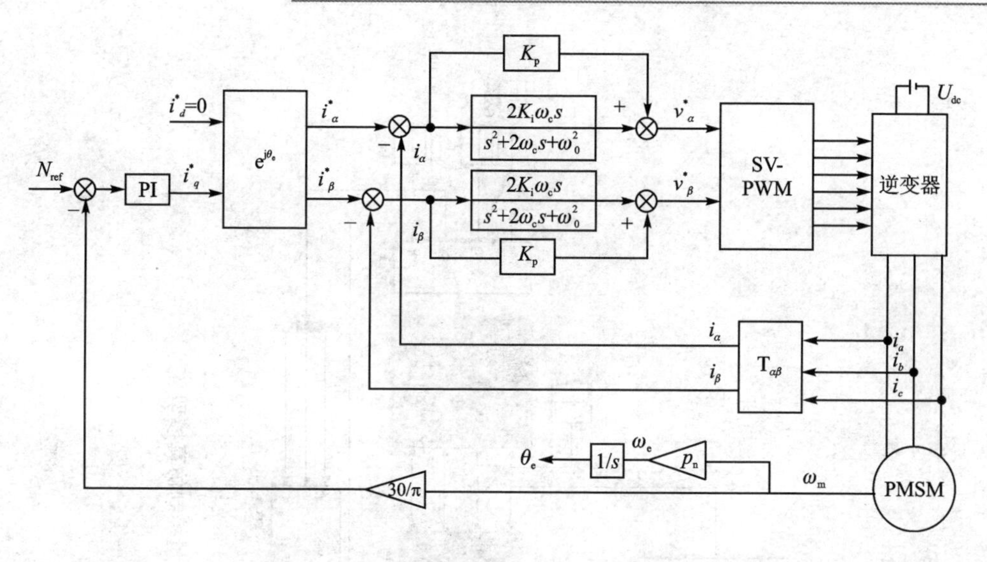

图 3 - 15　基于 PR 控制器的静止坐标系下的三相 PMSM 矢量控制框图

3.5.3　仿真建模与结果分析

根据图 3 - 15 所示的基于 PR 控制器的静止坐标系下的三相 PMSM 矢量控制仿真模型，在 MATLAB/Simulink 环境下搭建仿真模型，如图 3 - 16 所示。为了便于与图 3 - 4 所示的基于 PI 控制器的传统矢量控制进行比较，二者仿真中所用电机参数和条件设置完全相同。

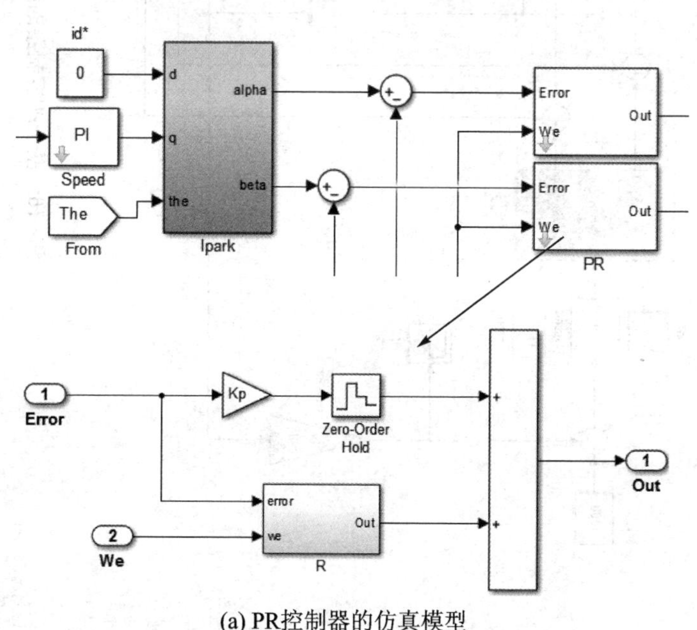

(a) PR控制器的仿真模型

图 3 - 16　基于 PR 控制器的静止坐标系下的三相 PMSM 矢量控制仿真模型

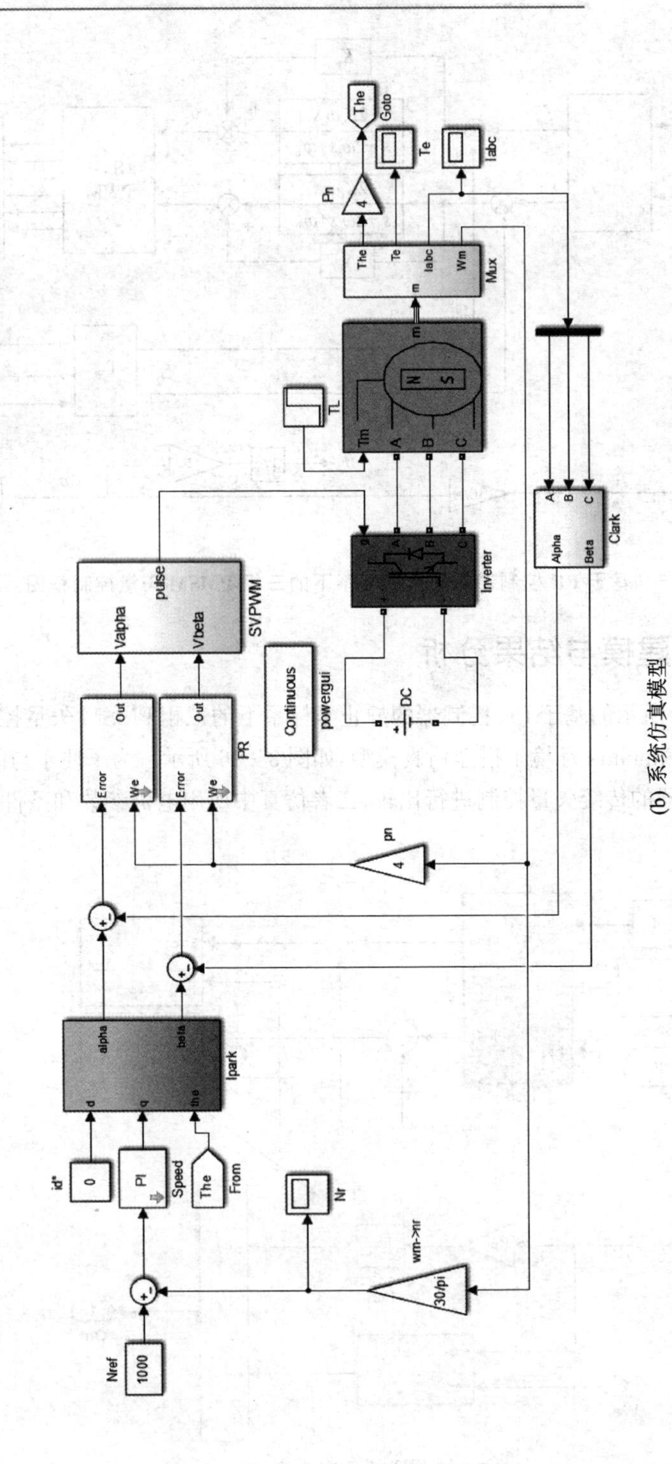

(b) 系统仿真模型

图3-16 基于PR控制器的静止坐标系下的三相PMSM矢量控制仿真模型(续)

为了验证所设计的基于 PR 控制器的三相 PMSM 矢量控制算法的正确性，仿真条件设置为：参考转速 $N_{ref}=1\ 000$ r/min，初始时刻负载转矩 $T_L=0$ N·m，在 $t=0.2$ s时负载转矩 $T_L=10$ N·m；PR 控制器参数设置为：$K_p=L_d(L_q)\times 1\ 100$，$K_i=1\ 000$，$\omega_c=20$，仿真结果如图 3-17 所示。

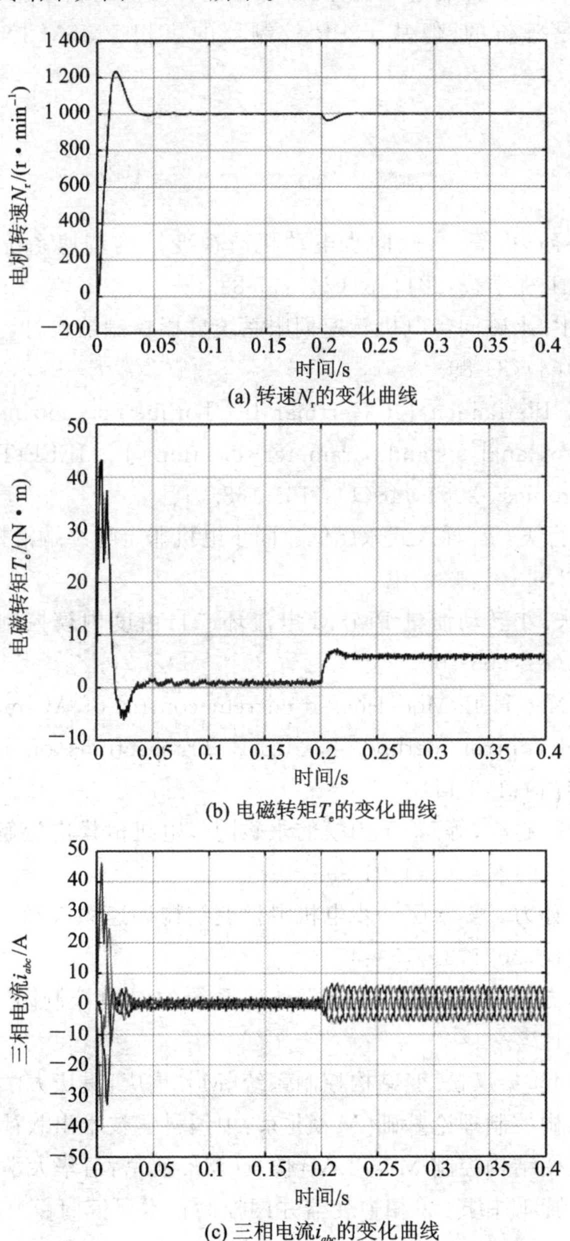

(a) 转速N_r的变化曲线

(b) 电磁转矩T_e的变化曲线

(c) 三相电流i_{abc}的变化曲线

图 3-17 基于 PR 控制器的三相 PMSM 矢量控制系统的仿真结果

从以上仿真结果可以看出，当电机从零速上升到参考转速1 000 r/min时，虽然开始时电机转速有一些超调量，但仍然具有较快的动态响应速度，并且在$t=0.2$ s时突加负载转矩$T_L=10$ N·m，电机也能快速恢复到给定参考转速值。另外，与基于PI调节器的三相PMSM控制系统相比，两种控制算法的仿真结果基本相同，从而说明两种控制算法是等价的，但基于PR控制器的三相PMSM控制系统实现相对简单。

参考文献

[1] 张晓光，赵克，孙力，等. 永磁同步电动机滑模变结构调速系统新型趋近率控制[J]. 中国电机工程学报，2011，31(24)：77-82.

[2] 杨书生，钟宜生. 永磁同步电机转速伺服系统鲁棒控制器设计[J]. 中国电机工程学报，2009，29(3)：84-89.

[3] Harnefors F, Pietilainen K, Gertmar L. Torque-maximizing field-weakening control: design, analysis and parameter selection [J]. IEEE Transaction on Industrial Electronics, 2001, 48(1): 161-168.

[4] 袁雷，沈建清，肖飞，等. 插入式永磁低速同步电机非奇异终端滑模观测器设计[J]. 物理学报，2013，62(3)：030501.

[5] 蒋学程，彭侠夫. 小转动惯量PMSM电流环二自由度内模控制[J]. 电机与控制学报，2011，15(8)：696-700.

[6] Harnefors L，Nee H P. Model-based current control of AC machines using the internal model control method[J]. IEEE Transactions on Industry Applications，1998，34(1)：113-141.

[7] 周华伟，温旭辉，赵峰，等. 基于内模的永磁同步电机滑模电流解耦控制[J]. 中国电机工程学报，2012，32(15)：91-99.

[8] 张晓光，赵克，孙力，等. 永磁同步电机滑模变结构调速系统动态品质控制[J]. 中国电机工程学报，2011，31(15)：47-52.

[9] 汪海波，周波，方斯琛. 永磁同步电机调速系统的滑模控制[J]. 电工技术学报，2009，24(9)：71-77.

[10] 姚琼荟，黄继起，吴汉松. 变结构控制系统[M]. 重庆：重庆大学出版社，1997.

[11] 高为炳. 变结构控制理论基础[M]. 北京：中国科学技术出版社，1990.

[12] 刘金锟. 滑模变结构控制MATLAB仿真[M]. 北京：清华大学出版社，2005.

[13] 赵清林，郭小强，邬伟扬. 单相逆变器并网控制技术研究[J]. 中国电机工程学报，2007，27(16)：60-64.

[14] 周娟，张勇，耿乙文，等. 四桥臂有源滤波器在静止坐标系下的改进PR控制[J]. 中国电机工程学报，2012，32(6)：113-120.

第 4 章

三相永磁同步电机的直接转矩控制

本章首先介绍传统直接转矩控制（Direct Torque Control，DTC）的基本工作原理和实现方法，搭建仿真模型并给出仿真结果。另外，为了改善传统 DTC 存在的缺点，介绍一种基于滑模控制的 DTC 算法，同时搭建 MATLAB 仿真模型并给出仿真结果。

4.1 PMSM 直接转矩控制原理

DTC 是近年来继矢量控制技术之后发展起来的一种新型的具有高性能的交流变频调速技术[1-2]。不同于矢量控制技术，DTC 利用 Bang-Bang 控制（滞环控制）产生 PWM 信号，对逆变器的开关状态进行最佳控制，从而获得转矩的高动态性能。DTC 具有自己的特点，它在很大程度上解决了矢量控制中存在的一些问题，如计算的复杂特性，易受电动机参数变化的影响，实际性能难以达到理论分析结果等。DTC 摒弃了传统矢量控制中的解耦思想，而是将转子磁通定向更换为定子磁通定向，取消了旋转坐标变换，减弱了系统对电机参数的依赖性，通过实时检测电机定子电压和电流，计算转矩和磁链的幅值，并分别与转矩和磁链的给定值比较，利用所得差值来控制定子磁链的幅值及该矢量相对于磁链的夹角，由转矩和磁链调节器直接输出所需的空间电压矢量，从而达到磁链和转矩直接控制的目的。

DTC 技术与传统的矢量控制技术相比，具有以下主要特点[3-4]：

① 控制结构简单。DTC 仅需要两个滞环控制器和一个转速环 PI 调节器，这使得 DTC 具有更优良的动态性能。

② DTC 的运算均在静止坐标系中进行，避免了复杂的旋转坐标变换计算，大大地简化了运算处理过程，简化了控制系统结构，提高了控制运算速度。

③ DTC 使用两个滞环控制器直接控制定子磁链和转矩，而不是像矢量控制那样，通过控制定子电流的两个分量间接地控制电机的磁链和转矩，它追求转矩控制的快速性和准确性，并不刻意追求圆形磁链轨迹和正弦波电流。

④ DTC 采用空间电压矢量，将逆变器和控制策略进行一体化设计，并根据磁链和转矩的滞环控制器输出，直接对逆变器功率器件的导通与关断进行最佳控制，最终产生离散的 PWM 电压输出，因此传统的直接转矩系统不需要单独的 PWM 调制器。

三相 PMSM 各矢量的关系如图 4-1 所示，定义定子磁链 ψ_s 与转子磁极磁链 ψ_f 之间的夹角为 δ，称该角为转矩角。

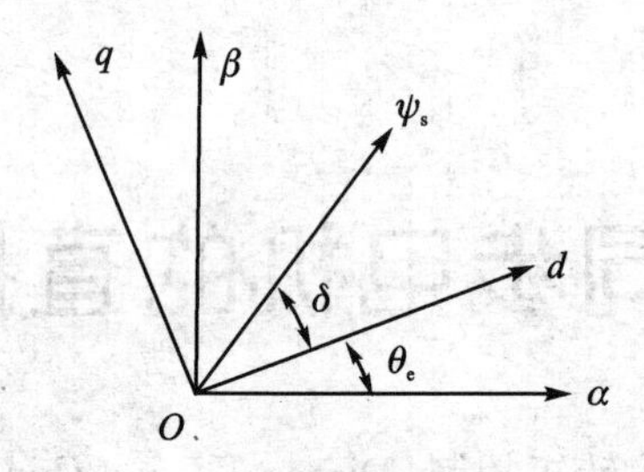

图 4-1　$d-q$ 坐标系之间的关系

根据图 4-1 所示的关系图，可以求出定子磁链在 $d-q$ 坐标系上的投影为

$$\psi_d = |\psi_s|\cos\delta \tag{4-1}$$

$$\psi_q = |\psi_s|\sin\delta \tag{4-2}$$

这样根据式(1-26)、式(4-1)和式(4-2)可得 $d-q$ 坐标系下的定子电流方程为

$$i_d = \frac{\psi_d - \psi_f}{L_d} = \frac{|\psi_s|\cos\delta - \psi_f}{L_d} \tag{4-3}$$

$$i_q = \frac{\psi_q}{L_q} = \frac{|\psi_s|\sin\delta}{L_q} \tag{4-4}$$

将式(4-3)和式(4-4)代入式(1-28)可得

$$T_e = \frac{3}{2}\frac{p_n}{L_d}|\psi_s|\psi_f\sin\delta + \frac{3(L_d - L_q)}{4L_dL_q}|\psi_s|^2\sin 2\delta \tag{4-5}$$

由式(4-5)可以看出电磁转矩包含两部分：一部分为电磁转矩，由电机的定子转子之间的磁场相互作用产生；另一部分为磁阻转矩，由电机的凸极结构产生。对于表贴式三相 PMSM 而言，定子电感满足 $L_d = L_q = L_s$，此时式(4-5)可以表示为

$$T_e = \frac{3}{2}\frac{p_n}{L_s}|\psi_s|\psi_f\sin\delta \tag{4-6}$$

取其增量形态的转矩增量方程如下：

$$\Delta T_e = \frac{3}{2}\frac{p_n}{L_s}|\psi_s|\psi_f\Delta\delta\sin\Delta\delta \tag{4-7}$$

从式(4-7)可以看到三相 PMSM 中转矩增量与磁链和转矩角增量的关系。在一个控制周期中，由于机械时间常数远大于电气时间常数，其转子位置变化很小，故可通过控制定子磁链迅速改变其转矩角或稳定幅值，使转矩快速变化。另外，三相 PMSM 传统的 DTC 框图如图 4-2 所示。

从图 4-2 中可以看出，三相 PMSM 传统的 DTC 系统大致有 4 个模块：转速环控制模块、Bang-Bang 控制(滞环控制)模块、开关表选择模块、磁链估计和转矩计算模块。下面将详细分析 Bang-Bang 控制模块和开关表选择模块的实现方式。

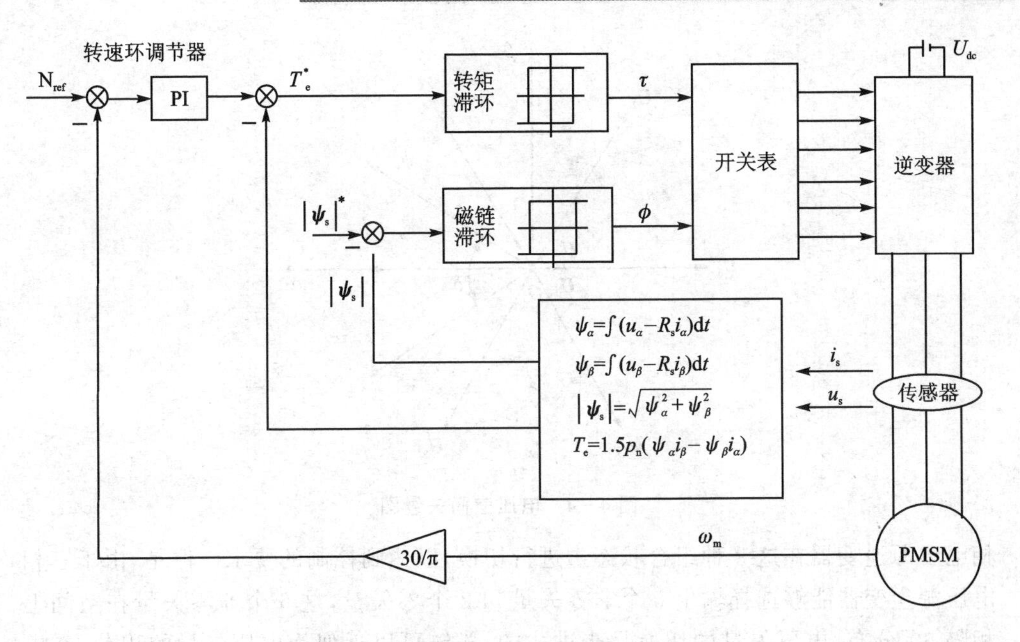

图 4－2　三相 PMSM 传统的 DTC 框图

4.1.1　三相电压源逆变器的工作原理

DTC 技术采用定子磁场定向，利用 Bang-Bang 控制产生 PWM 信号，对逆变器的开关状态进行最佳控制，从而获得转矩的高动态性能。正如前文所述，三相电压源逆变器由 3 组 6 个功率器件组成，如图 4－3 所示。

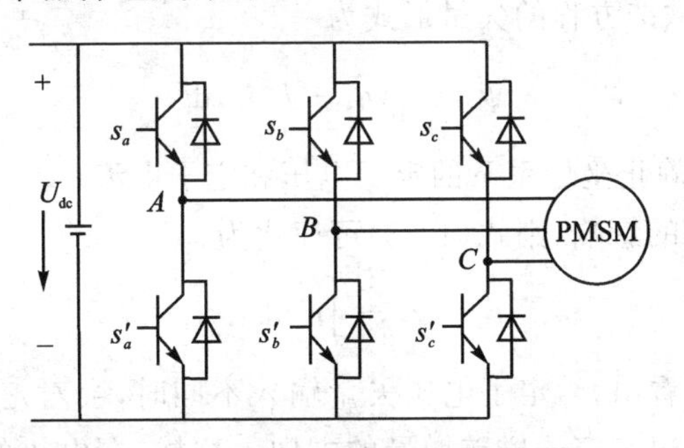

图 4－3　三相电压源逆变器的拓扑结构

三相电压源逆变器的基本工作方式已经在第 2 章进行了详细介绍，本小节就不再赘述。由于三相电压源逆变器的上下桥臂不能同时导通，在任一瞬间，有 3 个桥臂同时导通，此时对应于 8 种开关状态，即包括 6 个非零矢量 $\boldsymbol{U}_1$(001)、$\boldsymbol{U}_2$(010)、$\boldsymbol{U}_3$(011)、$\boldsymbol{U}_4$(100)、$\boldsymbol{U}_5$(101)、$\boldsymbol{U}_6$(110)，以及两个零矢量 $\boldsymbol{U}_0$(000)、$\boldsymbol{U}_7$(111)，分别对应三相电压源逆变器的 8 种不同输出电压矢量，如图 4－4 所示。

根据上文所述，DTC 正是根据磁链、转矩的不同要求来产生 PWM 信号的，使三

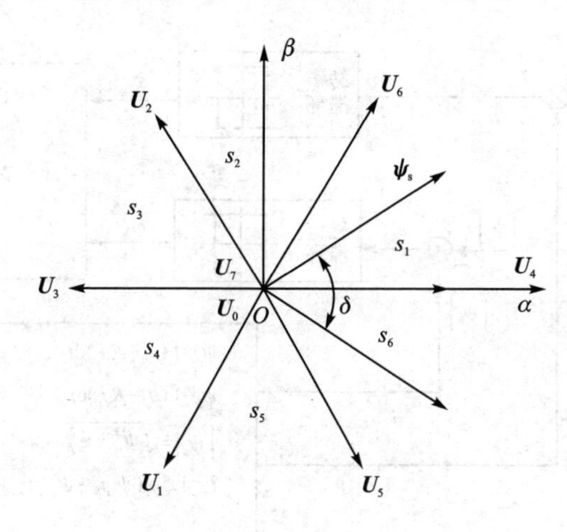

图 4-4 电压空间矢量图

相电压源逆变器在这8种组合状态中进行切换，以达到控制的要求。但是，由于三相电压源逆变器能够选择输出6个非零矢量和2个零矢量，这6个非零矢量在空间上相隔60°分布，电压矢量的切换是步进式的，磁链可以近似为电压矢量的积分，在电机转子的旋转过程中，磁链的空间角度是连续变化的，这样就会导致磁链和电压矢量的夹角同样是步进式的，最终使得电机转矩的脉动。

4.1.2 磁链和转矩控制原理

前文已经阐述了电机的转矩增量与磁链的关系，由此可知，为了控制电机就需要得到其磁链方程，其磁链方程的矢量形式为

$$\boldsymbol{\psi}_{\mathrm{s}} = \int (\boldsymbol{u}_{\mathrm{s}} - R_{\mathrm{s}}\boldsymbol{i}_{\mathrm{s}})\mathrm{d}t \tag{4-8}$$

其中：$\boldsymbol{u}_{\mathrm{s}}$ 和 $\boldsymbol{i}_{\mathrm{s}}$ 分别为静止坐标系下的定子电压和定子电流。

若忽略定子电阻的影响，则式(4-8)可简化为

$$\boldsymbol{\psi}_{\mathrm{s}} = \int \boldsymbol{u}_{\mathrm{s}}\,\mathrm{d}t \tag{4-9}$$

由式(4-9)可以看出，当定子电压矢量输入不同时，会对定子的磁链造成影响，同时电压的矢量方向决定定子磁链增量的方向。这样，在电机的磁链控制上就可以通过不同的电压矢量来使电机磁链达到预定的轨迹。

由于电机的机械时间常数较大，在一个周期内转子的位置变化较小，所以一般取$\Delta\delta=0$，那么转矩角的增量就只和定子磁链角的增量相关，这样，就可以由定子电压矢量方向决定下一刻的电机转矩角。当选择的电压矢量与电机磁链现有矢量方向的法线方向偏离角度较大时，其转矩角也较大。

为了说明各个电压矢量对电机磁链幅值和转矩的影响，以图4-4所示的扇区 s_1 上的磁链环矢量为例，分析电压矢量的选择在DTC中的作用。在划分好6个磁链空

间后，此刻的定子磁链有6个空间电压矢量可供选择，假设电机逆时针旋转，各个电压矢量对电机磁链幅值和转矩的影响如表4-1所列。

表4-1 不同空间电压矢量在扇区 s_1 中对电机的影响

基本电压矢量	$\boldsymbol{U}_1$	$\boldsymbol{U}_2$	$\boldsymbol{U}_3$	$\boldsymbol{U}_4$	$\boldsymbol{U}_5$	$\boldsymbol{U}_6$
对磁链幅值的影响	急剧增大	增大	减小	急剧减小	减小	增大
对电磁转矩的影响	—	增大	增大	—	减小	减小

从表4-1中可以看出，电机在每个区域中都有4种不同效果的空间电压矢量以供电机进行磁链和转矩的调节，接下来需要分析的就是电机在控制过程中如何根据预期值和实际值得出相应的控制目标。

4.1.3 直接转矩控制开关表的选择

传统直接转矩采用的是Bang-Bang控制器，其工作原理是：根据电机的实际值和期望值得出其差值，同时设置滞环的容差值，当其差值未超过容差值的范围时，就继续沿用上次的信号输出，而输出一般为1和0；当实际值大于期望值且在容差值之外时，就输出信号0，表示需要减小输出；当实际值小于期望值且在容差值之外时，就输出信号1，表示需要增大输出。其Bang-Bang控制器的函数形式如下：

$$\phi=\begin{cases}1, |\boldsymbol{\psi}_s^*|-|\boldsymbol{\psi}_s|>\Delta\psi,\text{增大磁链}\\ \text{不变}, ||\boldsymbol{\psi}_s^*|-|\boldsymbol{\psi}_s||\leqslant\Delta\psi\\ 0, |\boldsymbol{\psi}_s^*|-|\boldsymbol{\psi}_s|<-\Delta\psi,\text{减小磁链}\end{cases}\tag{4-10}$$

$$\tau=\begin{cases}1, T_e^*-T_e>\Delta T,\text{增大转矩}\\ \text{不变}, |T_e^*-T_e|\leqslant\Delta T\\ 0, T_e^*-T_e<-\Delta T,\text{减小转矩}\end{cases}\tag{4-11}$$

由式(4-10)和式(4-11)可以看出，传统的DTC中只需要调节各自的容差值就可以对相应的控制环路进行控制。因此，在确定了Bang-Bang控制的信号输出方式以及每个区域内电压空间矢量对电机磁链和转矩的影响之后，就可以建立三相PMSM的最优开关表了。对于传统的DTC开关表的选择如表4-2所列。

表4-2 三相PMSM传统的DTC开关表

ϕ	τ	s_1	s_2	s_3	s_4	s_5	s_6
1	1	$\boldsymbol{U}_2$	$\boldsymbol{U}_3$	$\boldsymbol{U}_4$	$\boldsymbol{U}_5$	$\boldsymbol{U}_6$	$\boldsymbol{U}_1$
	0	$\boldsymbol{U}_6$	$\boldsymbol{U}_1$	$\boldsymbol{U}_2$	$\boldsymbol{U}_3$	$\boldsymbol{U}_4$	$\boldsymbol{U}_5$
0	1	$\boldsymbol{U}_3$	$\boldsymbol{U}_4$	$\boldsymbol{U}_5$	$\boldsymbol{U}_6$	$\boldsymbol{U}_1$	$\boldsymbol{U}_2$
	0	$\boldsymbol{U}_5$	$\boldsymbol{U}_6$	$\boldsymbol{U}_1$	$\boldsymbol{U}_2$	$\boldsymbol{U}_3$	$\boldsymbol{U}_4$

4.2　传统直接转矩控制 MATLAB 仿真

4.2.1　仿真建模

根据图 4-2 所示的三相 PMSM 传统的 DTC 框图，在 MATLAB/Simulink 环境下搭建仿真模型，如图 4-5 所示。其中，仿真中所用电机的参数设置为：极对数 $p_n=4$，定子电感 $L_s=8.5$ mH，定子电阻 $R=1.2$ Ω，磁链 $\psi_f=0.175$ Wb，转动惯量 $J=0.000\,8$ kg·m^2；仿真条件设置为：直流侧电压 $U_{dc}=311$ V，采用变步长 ode23tb 算法，相对误差(Relative Tolerance)0.000 1，仿真时间 0.4 s。另外，转矩 Bang-bang 控制器的开关切换点为[0.1　−0.1]，输出为[1　0]；磁链 Bang-bang 控制器的开关切换点为[0.002　−0.002]，输出为[1　0]。图 4-6 给出了各个仿真模块的仿真模型。从图 4-5 可以看出，仿真模型中使用 s 函数方法计算磁链所在的扇区位置，函数名为 sector；同时，图 4-6(c)中计算 DTC 开关表时也用到了 s 函数方法，函数名为 PMSM_switch。

采用 s 函数编写函数名为 sector 的程序如下：

```
function [sys,x0,str,ts] = sector(t,x,u,flag)

% The following outlines the general structure of an S-function
switch flag,    %判断 flag,看当前处于哪个状态
%%%%%%%%%%%%%%%%%%
% Initialization                 %
%%%%%%%%%%%%%%%%%%
case 0,
  [sys,x0,str,ts] = mdlInitializeSizes;
%%%%%%%%%%%
% Outputs %
%%%%%%%%%%%
case 3,
    sys = mdlOutputs(t,x,u);
case {2,4,9},
    sys = [];
%%%%%%%%%%%%%%%%%%%%
% Unexpected flags                  %
%%%%%%%%%%%%%%%%%%%%
otherwise
    error(['Unhandled flag = ',num2str(flag)]);
end
function [sys,x0,str,ts] = mdlInitializeSizes
```

```
sizes = simsizes;    %用于设置参数的结构体,用 simsizes 来生成
sizes.NumContStates  = 0; %连续状态变量的个数
sizes.NumDiscStates  = 0; %离散状态变量的个数
sizes.NumOutputs     = 1;  %输出变量的个数
sizes.NumInputs      = 2;  %输入变量的个数
sizes.DirFeedthrough = 1; %是否存在反馈
sizes.NumSampleTimes = 1; %采样时间个数,至少是一个
sys = simsizes(sizes); %设置完后赋给 sys 输出
x0  = [];  %状态变量设置为空,表示没有状态变量
str = [];
ts  = [-1 0]; %采样周期设为0表示是连续系统,-1表示采用当前的采样时间
% ==============================================================
%mdlOutputs
% Return the block outputs
% ==============================================================
function sys = mdlOutputs(t,x,u)
if(u(1) = = 0)
    N = 1;     %如果输入值为0,电压参考量在第一扇区
else
    a1 = u(1);
    b1 = u(1) * (-0.5) + (sqrt(3)/2) * u(2);
    c1 = u(1) * (-0.5) - (sqrt(3)/2) * u(2);
if a1>0
        a = 0;
else
        a = 1;
end
if b1>0
        b = 0;
else
        b = 1;
end
if c1>0
        c = 0;
else
        c = 1;
end
    N = 4 * a + 2 * b + c; %扇区计算
end
    sys = N;
% end mdlOutputs
```

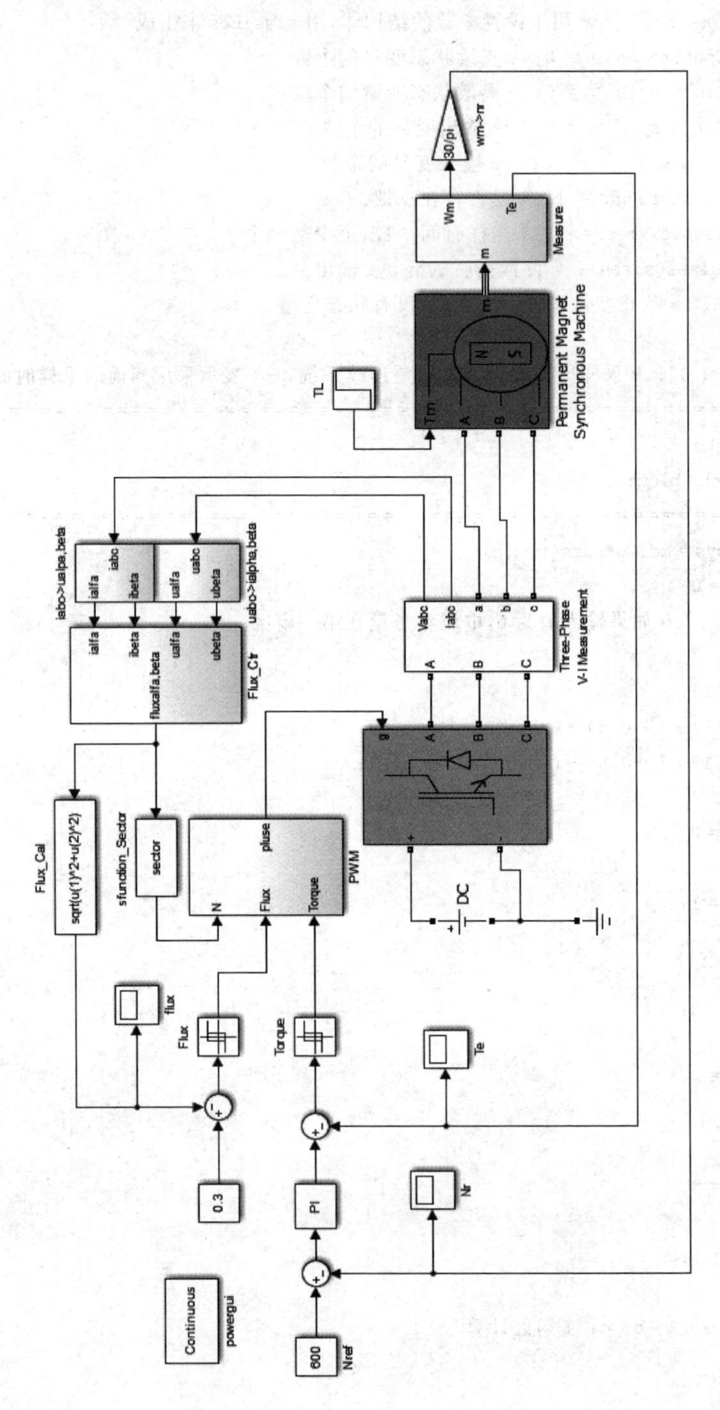

图4-5　三相PMSM传统的DTC仿真模型

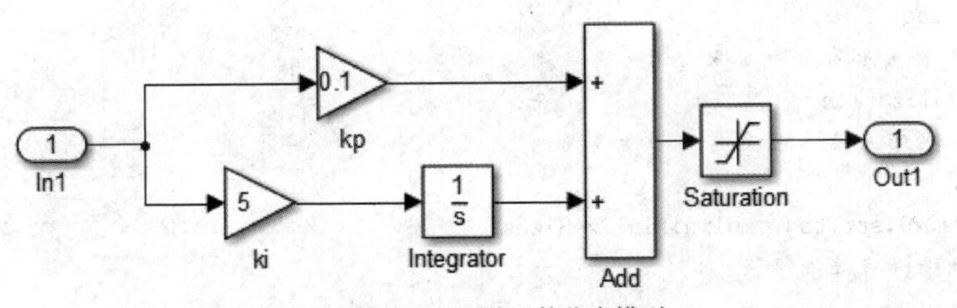

(a) 转速环PI调节器的仿真模型

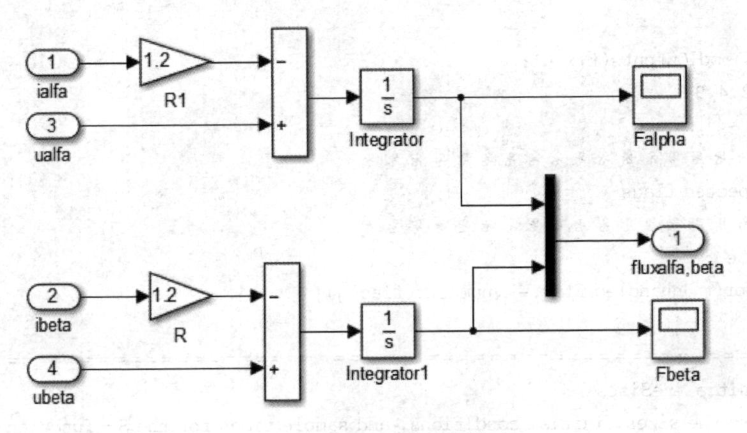

(b) 定子磁链计算的仿真模型

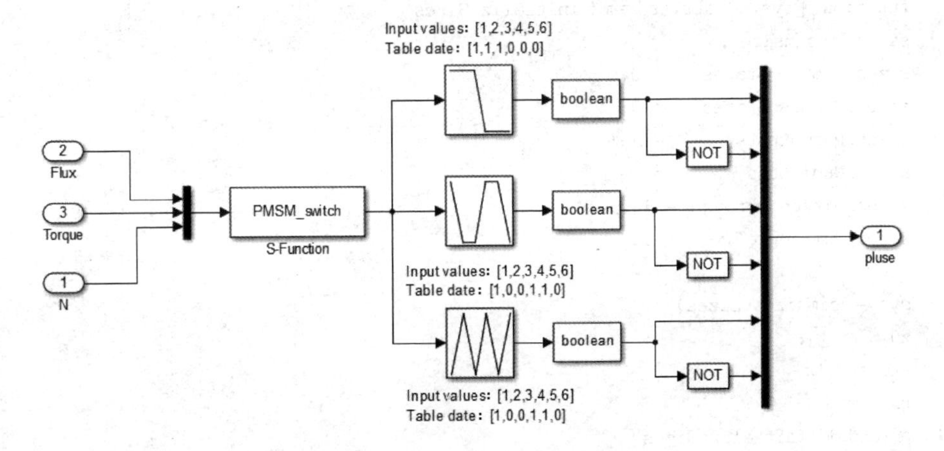

(c) 开关表计算的仿真模型

图 4－6　三相 PMSM 传统 DTC 各个模块的仿真模型

采用 s 函数编写函数名为 PMSM_switch 的程序如下：

```
function [sys,x0,str,ts] = PMSM_switch(t,x,u,flag)
switch flag,
%%%%%%%%%%%%%%%%%%
% Initialization                  %
%%%%%%%%%%%%%%%%%%
case 0,
    [sys,x0,str,ts] = mdlInitializeSizes;
%%%%%%%%%%
% Outputs             %
%%%%%%%%%%
case 3,
    sys = mdlOutputs(t,x,u);
case {2,4,9},
    sys = [];
%%%%%%%%%%%%%%%%%%%%
% Unexpected flags                    %
%%%%%%%%%%%%%%%%%%%%
otherwise
    error(['Unhandled flag = ',num2str(flag)]);
end
% ==============================================================
% mdlInitializeSizes
% Return the sizes, initial conditions, and sample times for the S - function
% ==============================================================
function [sys,x0,str,ts] = mdlInitializeSizes
sizes = simsizes;
sizes.NumContStates    = 0;
sizes.NumDiscStates    = 0;
sizes.NumOutputs       = 1;
sizes.NumInputs        = 3;
sizes.DirFeedthrough = 1;
sizes.NumSampleTimes = 1;

sys = simsizes(sizes);
x0   = [];
str = [];
ts   = [-1 0];
% end mdlInitializeSizes
% ==============================================================
% mdlOutputs
% Return the block outputs
% ==============================================================
function sys = mdlOutputs(t,x,u)
%%根据表 4 - 2 计算
```

```
V_Table = [2 4 6 1 3 5;4 1 5 2 6 3;3 6 2 5 1 4 ;5 3 1 6 4 2];
x = 2 * u(1) + u(2) + 1;
sys = V_Table(x,u(3));
 % end mdlOutputs
```

4.2.2 仿真结果分析

为了验证所搭建仿真模型的正确性，仿真条件设置为：磁链参考值设定为 $|\boldsymbol{\psi}_s|^*=0.3$ Wb，参考转速设定为 $N_{ref}=600$ r/min，初始时刻负载转矩 $T_L=0$ N·m，在 $t=0.2$ s时负载转矩 $T_L=1.5$ N·m，仿真结果如图4-7所示。另外，读者也可以根据自己的实际需要观察其他变量的变化情况，本小节仅列出电机转速 N_r、磁链相图、电磁转矩 T_e 和磁链实际值 $|\boldsymbol{\psi}_s|$ 的变化曲线。

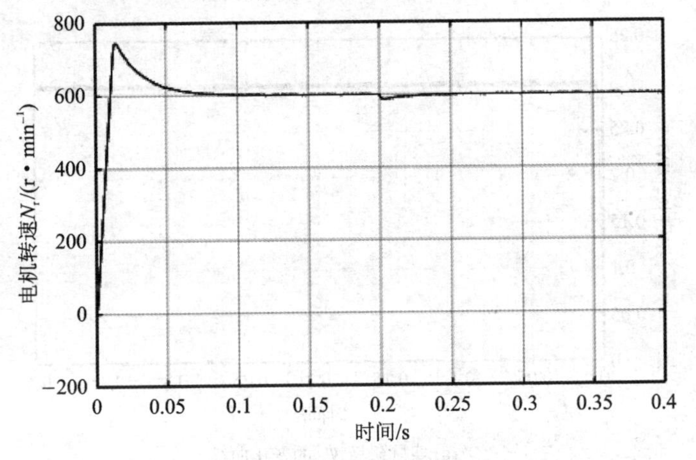

(a) 转速N_r的变化曲线

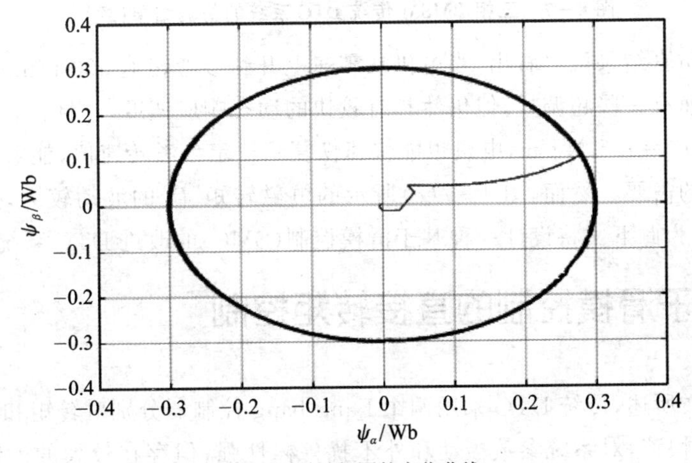

(b) 磁链相图的变化曲线

图4-7 三相PMSM传统DTC系统的仿真结果

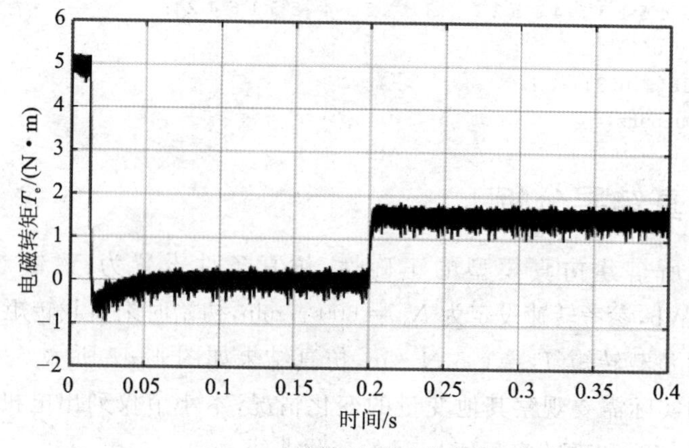

(c) 电磁转矩T_e的变化曲线

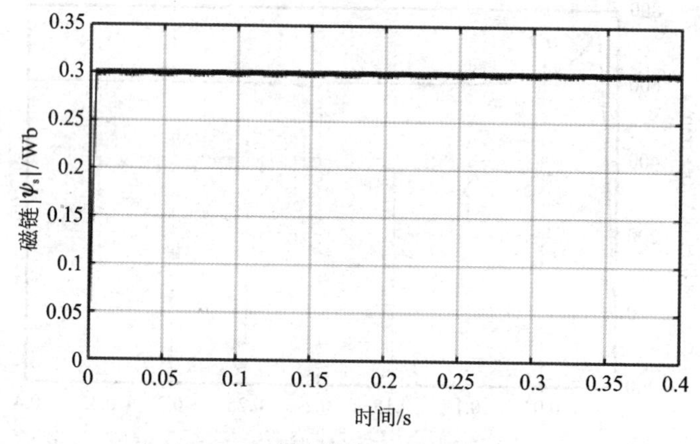

(d) 实际磁链$|\psi_s|$的变化曲线

图 4－7　三相 PMSM 传统 DTC 系统的仿真结果(续)

从以上仿真结果可以看出，当电机从零速上升到参考转速 600 r/min 时，虽然开始时电机转速有一些超调量，但仍然具有较快的动态响应速度，并且在 $t=0.2$ s 时突加负载转矩 $T_L=1.5$ N·m，电机也能快速恢复到给定参考转速值，能够满足实际电机控制性能的需要。然而，图 4－7(c)所示的电磁转矩 T_e 的波动较大，这在实际运行中要避免，为此下文将设计一种基于滑模控制(SMC)的改进 DTC 系统。

4.3　基于滑模控制的直接转矩控制

正如上文所述，传统 DTC 采用两个 Bang-bang 控制器分别对转矩和磁链幅值进行控制，响应快速，对系统参数摄动和外干扰鲁棒性强，但存在较大的磁链和转矩脉动，逆变器开关频率不恒定，低速时系统难以精确控制，以及因转矩脉动引起的高频噪声等问题。传统 DTC 中磁链和转矩脉动过大是因逆变器的实际开关频率不够

高,从而导致一个数字控制周期中所选用的有效电压矢量无法与期望的电压矢量一致。针对这些问题,目前多采用以下几种解决方案:

① 对传统 DTC 的开关表加以改进[5-6],如增加零电压矢量和矢量细分等。

② 采用多电平控制功率变换器[7],通过多个空间电压矢量作用于电机,使磁链、转矩平滑,但这增加了系统硬件成本和复杂性。

③ 运用空间电压矢量调制方法使逆变器开关频率恒定,以减小转矩脉动[8]。这种解决方案一般利用 PI 调节器替代滞环调节器来控制定子磁链和转矩,但特定的 PI 调节器参数对电机参数、转速和负载变化敏感,存在系统鲁棒性不强的问题。

④ 利用基于滑模控制(SMC)的 DTC[9-11],以期解决传统 DTC 存在的转矩和磁链脉动较大、逆变器开关频率不恒定等问题。

4.3.1 PMSM 的矢量数学模型

书中第 1 章已经详细论述了三相 PMSM 的数学模型,本小节将介绍一种同步旋转坐标系 $d-p$ 下的矢量数学模型,表贴式三相 PMSM 的数学模型表达式可表示为

$$\boldsymbol{u}_{\mathrm{r}} = R\boldsymbol{i}_{\mathrm{r}} + \frac{\mathrm{d}\boldsymbol{\psi}_{\mathrm{r}}}{\mathrm{d}t} + \mathrm{j}\omega_{\mathrm{e}}\boldsymbol{\psi}_{\mathrm{r}} \tag{4-12}$$

$$\boldsymbol{\psi}_{\mathrm{r}} = \psi_{\mathrm{f}} + L_{\mathrm{s}}\boldsymbol{i}_{\mathrm{r}} \tag{4-13}$$

其中:ψ_{f} 为永磁体磁链;ω_{e}为电角速度;R 为定子电阻;L_{s} 为定子电感;$\boldsymbol{\psi}_{\mathrm{r}}=\psi_d+\mathrm{j}\psi_q$,为定子磁链空间矢量;$\boldsymbol{i}_{\mathrm{r}}=i_d+\mathrm{j}i_q$,为定子电流空间矢量;$\boldsymbol{u}_{\mathrm{r}}=u_d+\mathrm{j}u_q$,为定子电压空间矢量。

此时,电磁转矩 T_{e} 的表达式为

$$T_{\mathrm{e}} = \frac{3}{2}p_{\mathrm{n}}(\psi_d i_q - \psi_q i_d) = \frac{3}{2}p_{\mathrm{n}}\psi_{\mathrm{f}} i_q \tag{4-14}$$

其中:p_{n} 为电机的极对数。

当定子磁链矢量的方向与 d 轴方向一致时,即 $\boldsymbol{\psi}_{\mathrm{r}}=\psi_d=\psi_{\mathrm{r}}$,则磁链的幅值可表示为

$$\psi_{\mathrm{r}} = \int (u_d - Ri_d)\mathrm{d}t \tag{4-15}$$

4.3.2 基于滑模控制的直接转矩控制器设计

为了获得磁链控制器的表达式,定义磁链的滑模面函数为

$$s_\psi = \psi_{\mathrm{r}}^* - \psi_{\mathrm{r}} \tag{4-16}$$

利用基于 super-twisting 算法的二阶滑模控制基本原理[11-12],此时磁链控制器的表达式为

$$u_d^* = K_{\mathrm{p}}|s_\psi|^r \operatorname{sgn}(s_\psi) + u_{sd} \tag{4-17}$$

$$\frac{\mathrm{d}}{\mathrm{d}t}u_{sd} = K_{\mathrm{i}} \operatorname{sgn}(s_\psi) \tag{4-18}$$

其中：K_p，$K_i>0$，为待设计参数。

假设定子磁链 ψ_r 的幅值为一常数，此时电磁转矩 T_e 的微分方程可表示为

$$\frac{d}{dt}T_e = \frac{3}{2}p_n\psi_f\frac{d}{dt}i_q \tag{4-19}$$

为了获得转矩控制器的表达式，定义转矩的滑模面函数为

$$s_T = T_e^* - T_e \tag{4-20}$$

同样利用基于 super-twisting 算法的二阶滑模控制基本原理，此时转矩控制器的表达式为

$$u_q^* = K_p|s_T|^r\,\mathrm{sgn}(s_T) + u_{sq} \tag{4-21}$$

$$\frac{d}{dt}u_{sq} = K_i\,\mathrm{sgn}(s_T) \tag{4-22}$$

当设计参数 $r=0.5$ 时，基于滑模控制的 DTC 的实现框图如图 4-8 所示。此方法包含旋转坐标变换计算和 SVPWM 算法，类似于传统的矢量控制技术。

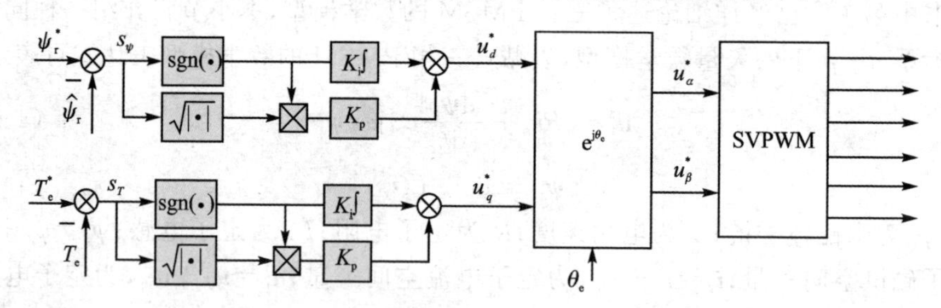

图 4-8　$r=0.5$ 时 DTC 的实现框图

同样，当设计参数 $r=0$ 时，磁链和转矩控制器的表达式为

$$\begin{cases} u_d^* = \left(K_p + \dfrac{K_i}{s}\right)\mathrm{sgn}(s_\psi) \\ u_q^* = \left(K_p + \dfrac{K_i}{s}\right)\mathrm{sgn}(s_T) \end{cases} \tag{4-23}$$

从式(4-23)可以看出，磁链和转矩控制器中包含了传统的 PI 调节器，此时基于滑模控制的 DTC 的实现框图如图 4-9 所示。

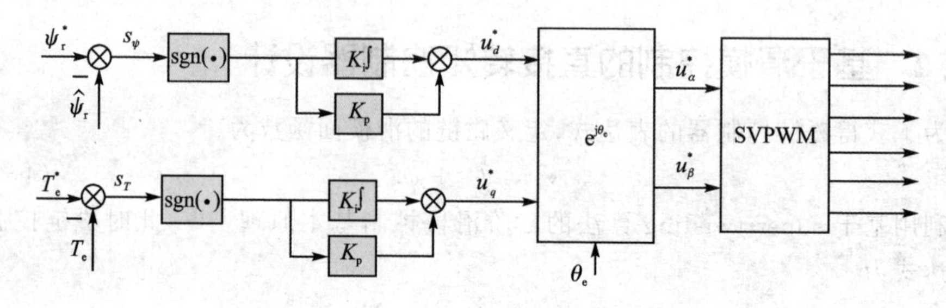

图 4-9　$r=0$ 时直接转矩控制器的实现框图

以 $r=0.5$ 时为例，基于滑模控制的 DTC 的完整系统框图如图 4-10 所示。从图 4-10 中可以看出，该控制策略主要包括以下几个部分：转速环调节器、磁链和转矩调节器、磁链和转矩的计算、SVPWM 算法等。值得说明的是，本小节只是引用文献[12]提出的控制算法来说明改进控制算法的性能，为了设计更为先进的控制算法，读者需要阅读大量的文献资料，找出现有文献还没有解决的问题，进而提出相应的解决方案。

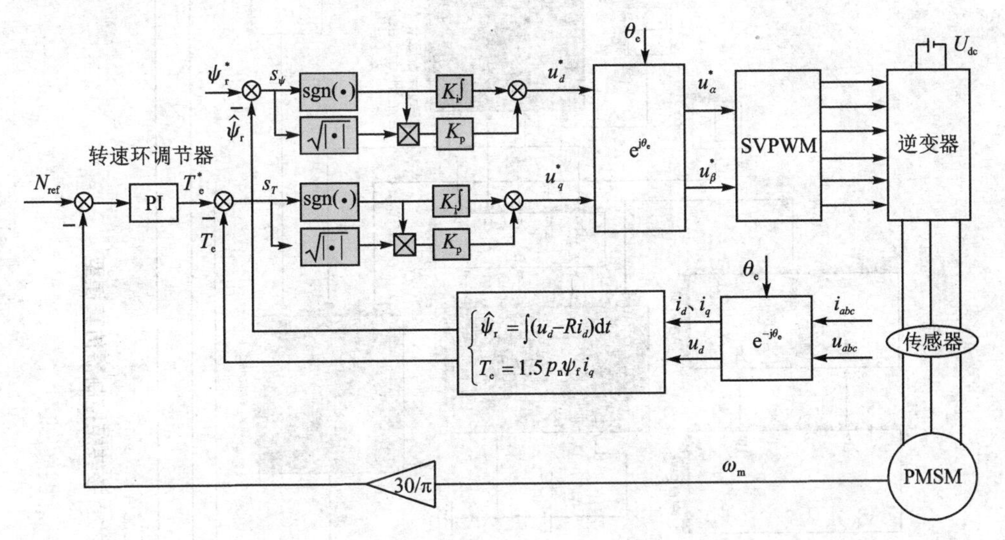

图 4-10 当 $r=0.5$ 时基于滑模控制的直接转矩控制器框图

4.4 基于滑模控制的直接转矩控制的 MATLAB 仿真

4.4.1 仿真建模

根据图 4-10 所示的基于滑模控制的直接转矩控制框图，在 MATLAB/Simulink 环境下搭建仿真模型，如图 4-11 所示。其中，仿真中电机参数设置与 4.2 节所用参数相同，且 SVPWM 算法的开关频率为 5 kHz。图 4-12 给出了各个模块的仿真模型，由于 SVPWM 算法在第 2 章已经详细论述，本小节就不再赘述。另外，读者可以仿照 $r=0.5$ 时的仿真模型搭建 $r=0$ 时的仿真模型，以比较两者之间的控制性能。

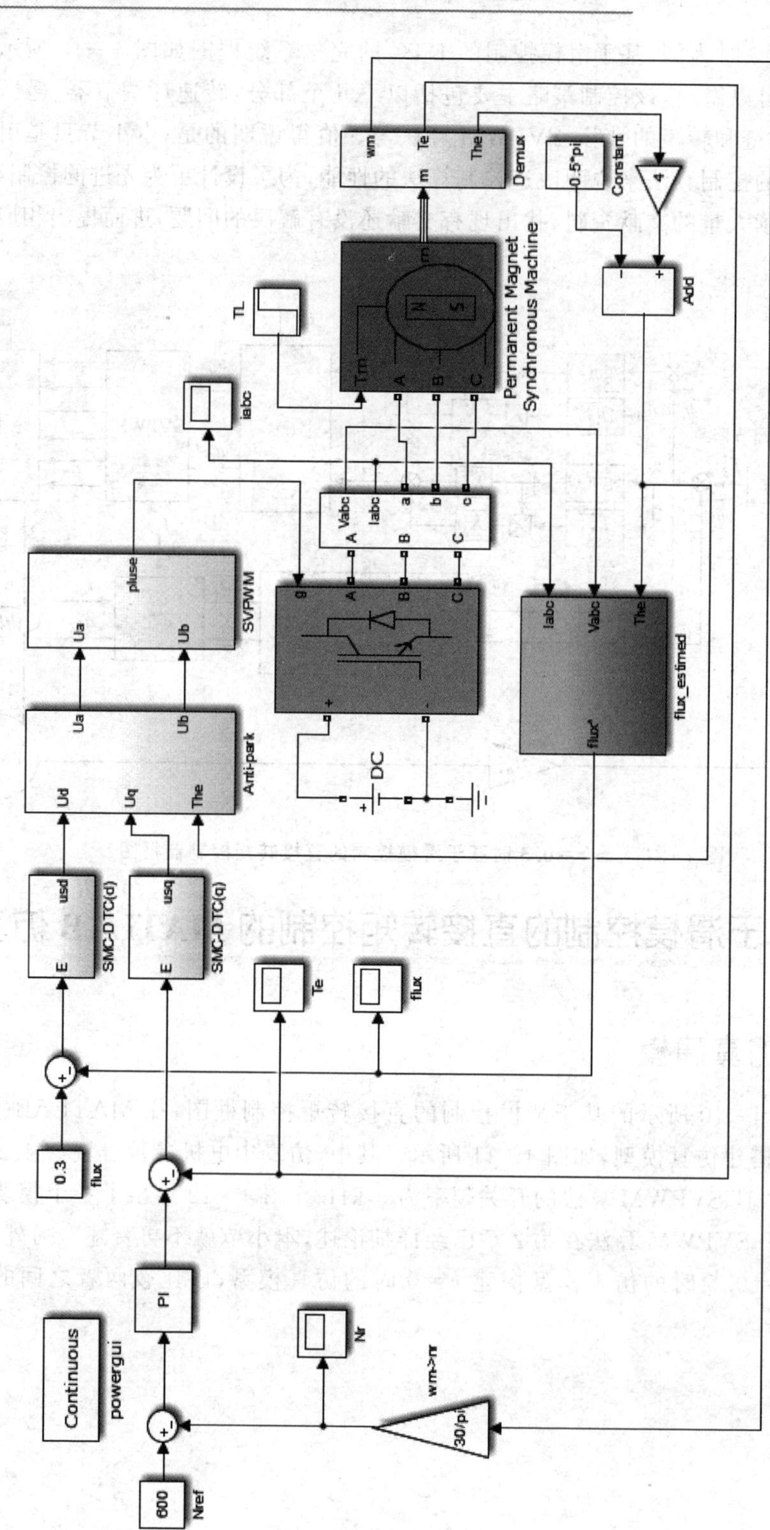

图4-11　基于滑模控制的直接转矩控制器仿真模型

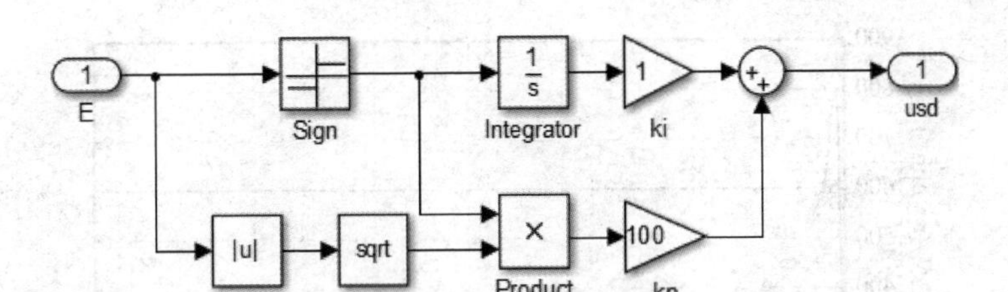

(a) 磁链调节器的仿真模型

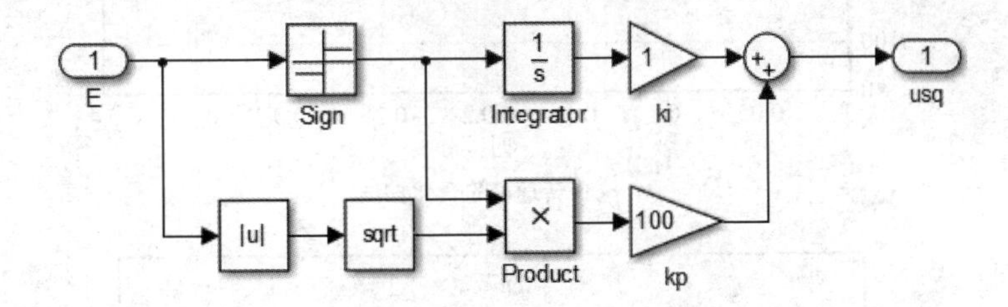

(b) 转矩调节器的仿真模型

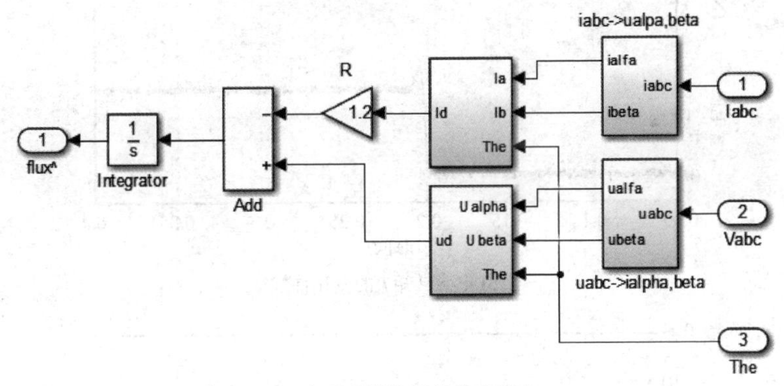

(c) 定子磁链计算的仿真模型

图4-12　基于滑模控制的直接转矩控制器各个模块的仿真模型

4.4.2　仿真结果分析

为了便于与传统DTC技术作比较，本小节仿真条件的设置与4.2节完全相同，仿真结果如图4-13所示。

从以上仿真结果可以看出，当电机从零速上升到参考转速600 r/min时，虽然开始时电机转速有一些超调量，但仍然具有较快的动态响应速度，并且在$t=0.2$ s时突加负载转矩$T_L=1.5$ N·m，电机也能快速恢复到给定参考转速值。特别地，从图4-13(b)可以看出，相比采用传统DTC，采用基于滑模控制的DTC控制算法时的电磁转矩波动幅值较小，从而说明所设计的控制器具有较好的动态性能和抗扰动能力，能够满足实际电机控制性能的需要。

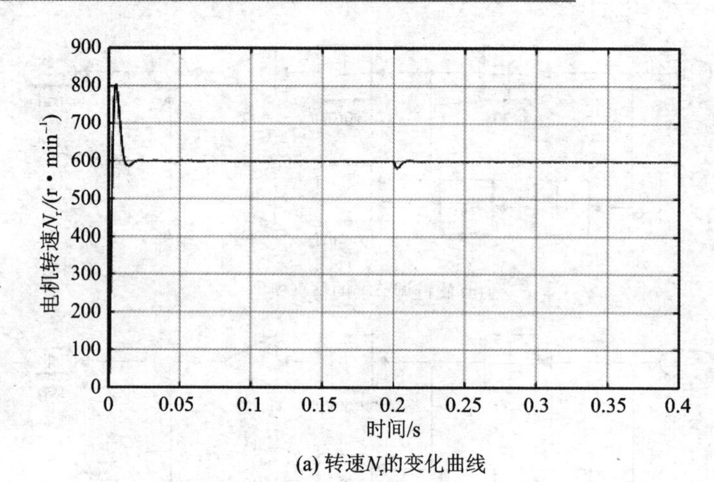

(a) 转速N_r的变化曲线

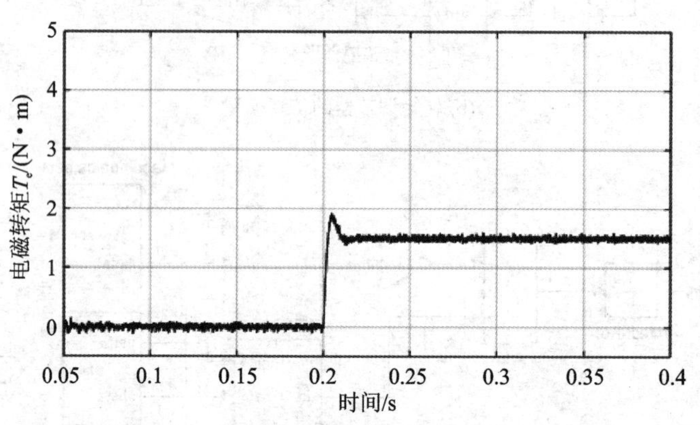

(b) 电磁转矩T_e的变化曲线

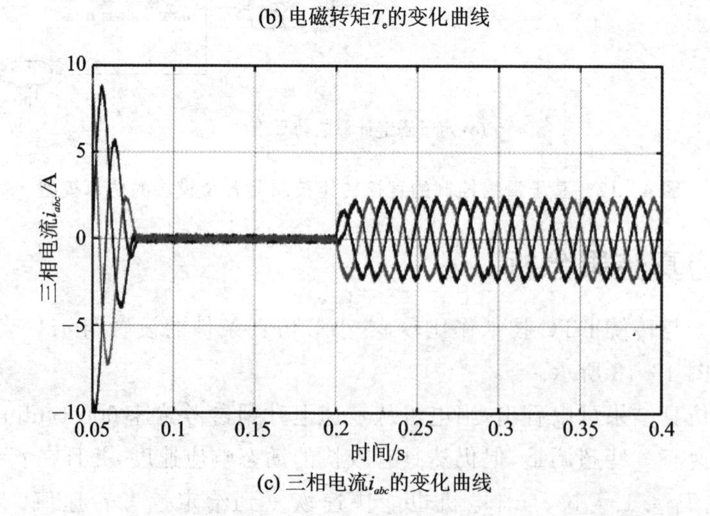

(c) 三相电流i_{abc}的变化曲线

图 4－13　基于滑模控制的直接转矩控制器各个模块的仿真结果

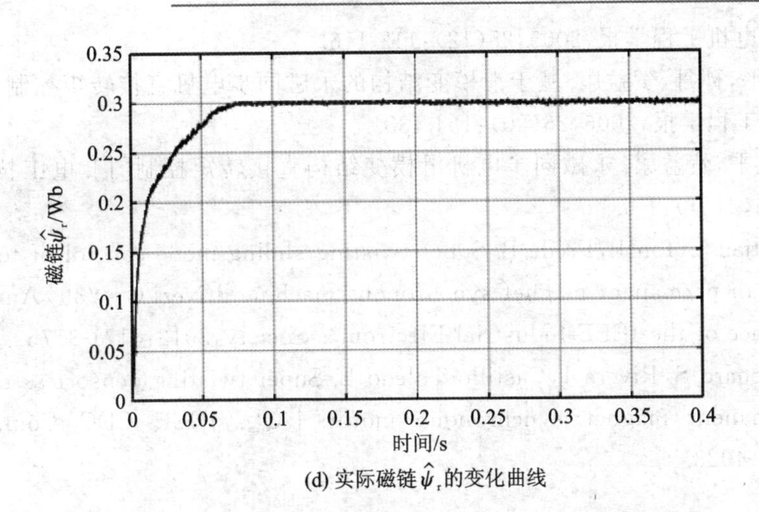

(d) 实际磁链$\hat{\psi}_r$的变化曲线

图 4-13　基于滑模控制的直接转矩控制器各个模块的仿真结果(续)

参考文献

[1] Takahashi I, Noguehi T. A new quick-response and high-efficiency control strategy of an induction motor[J]. IEEE Transactions on Industrial Applications,1986,22(5):820-827.

[2] DePenbrock M. Direct self-control(DSC) of inverter fed induction machine [J]. IEEE Transactions on Power Electrics,1988,3(5):420-429.

[3] 张达方. 永磁同步电机直接转矩控制的仿真与研究[D]. 成都:西南交通大学,2010.

[4] 李君,李毓洲. 无速度传感器永磁同步电机的 SVM-DTC 控制[J]. 中国电机工程学报,2007,27(3):28-34.

[5] Hu Yuwen, Tian Cun, You Zhiqing, et al. In-depth research on direct torque control of permanent magnet synchronous mot or[C]//IECON 02,2002,2(5):1060-1065.

[6] Li Lianbing, Sun Hexu, Wang Xiaojun, et al. A high performance direct torque control based on DSP in permanent magnet synchronous motor drive[C]//Proceeding of the 4th World Congress on Intelligent Control and Automation, 2002:1622-1625.

[7] Martins C A, Roboam X, Meynard T A, et al. Switching frequency imposition and ripple reduction in DTC drives by using a multilevel converter[J]. IEEE Transactions on Power Electronics,2002,17(2):286-297.

[8] 孙丹,贺益康. 基于恒定开关频率空间矢量调制的永磁同步电机直接转矩控制[J].

中国电机工程学报,2005,25(12):112-116.

[9] 贾洪平,孙丹,贺益康. 基于滑模变结构的永磁同步电机直接转矩控制[J]. 中国电机工程学报,2006,26(20):134-138.

[10] 贾洪平,贺益康. 永磁同步电机滑模变结构直接转矩控制[J]. 电工技术学报,2006,21(1):1-6.

[11] Cristian L, Ion B, Frede B. Super-twisting sliding mode control of torque and flux in permanent magnet synchronous machine drives[C]//39th Annual conference of the IEEE Industrial Electronics Society, 2013:3171-3176.

[12] DiGenaro S, Rivera J, Castillo-Toledo B. Super-twisting densorless control of permanent magnet synchronous motors [C]//IEEE CDC Conf., 2010: 4018-4023.

第 2 部分　进阶篇

第5章 基于基波数学模型的三相永磁同步电机无传感器控制

在采用磁场定向的矢量控制时，为了实现高性能的三相 PMSM 控制系统，一般都需要获得准确的转子位置及转速信息，但机械传感器的安装使用会增加系统成本、尺寸和重量，并对使用环境有比较严格的要求[1]。无传感器控制技术通过检测电机绕组中的有关电信号，采用一定的控制算法进而实现转子位置及速度估算，代表了三相 PMSM 控制系统的发展趋势。本章将重点介绍基于基波数学模型的三相 PMSM 无传感器控制技术，这类方法依赖三相 PMSM 基波激励数学模型中与转速有关的量（如产生的反电动势）进行转子位置和速度估算，由于电动机运行在零速和极低速时，有用信号的信噪比很低，通常难以提取。因此，从根本上说，对基波激励的依赖性最终导致这类方法在零速和低速运行时对转子位置和速度的检测失效。目前常用的算法包括滑模观测器算法[2-5]、模型参考自适应控制算法[6-7]、扩展卡尔曼滤波器算法[8-9]等，本章将对这些算法进行详细的分析和建模。

5.1 传统滑模观测器算法

正如前文所述，滑模控制是一种特殊的非线性控制系统，它与常规控制的根本区别在于控制的不连续性，即一种使系统"结构"随时变化的开关特性。这种方法实现的关键在于滑模面函数的选取和滑模增益的选择，既要保证收敛的速度，也要避免增益过大而引起电机运行时产生过大的抖阵问题。由于滑模控制对系统模型精度要求不高，对参数变化和外部干扰不敏感，所以它是一种鲁棒性很强的控制方法。在三相 PMSM 控制系统中，该方法是基于给定电流与反馈电流间的误差来设计滑模观测器（Sliding Mode Observer，SMO）的，并由该误差来重构电机的反电动势、估算转子速度。具体设计方法将在下文进行详细论述。

5.1.1 传统滑模观测器设计

目前，大多数传统 SMO 算法的设计是基于静止坐标系下的数学模型的，重写电机的电压方程为

$$\begin{bmatrix} u_\alpha \\ u_\beta \end{bmatrix} = \begin{bmatrix} R + pL_d & \omega_e(L_d - L_q) \\ -\omega_e(L_d - L_q) & R + pL_q \end{bmatrix} \begin{bmatrix} i_\alpha \\ i_\beta \end{bmatrix} + \begin{bmatrix} E_\alpha \\ E_\beta \end{bmatrix} \tag{5-1}$$

其中：L_d、L_q 为定子电感；ω_e为电角速度；$p=\dfrac{\mathrm{d}}{\mathrm{d}t}$，为微分算子；$[u_\alpha \quad u_\beta]^T$ 为定子电压；$[i_\alpha \quad i_\beta]^T$ 为定子电流；$[E_\alpha \quad E_\beta]^T$ 为扩展反电动势(EMF)，且满足

$$\begin{bmatrix} E_\alpha \\ E_\beta \end{bmatrix} = [(L_d - L_q)(\omega_e i_d - p i_q) + \omega_e \psi_f] \begin{bmatrix} -\sin\theta_e \\ \cos\theta_e \end{bmatrix} \tag{5-2}$$

对于表贴式三相 PMSM($L_d=L_q=L_s$)，扩展反电动势的表达式(5-2)将被简化为仅与电机的转速有关的变量。当转速较快时，反电动势较大，反之亦然。对于内置式三相 PMSM($L_d \neq L_q$)而言，从式(5-2)可知：扩展反电动势的大小除了与电机的转速有关外，还与定子电流 i_d 和定子电流 i_q 的微分 pi_q 有关，这意味着电机的负载状态将影响扩展反电动势的大小。当电机运行在高速重载条件下时，定子电流具有较大的变化，从而成为扩展反电动势畸变的重要成分。

由于内置式三相 PMSM 的扩展反电动势包含电机转子位置和转速的全部信息，所以只有准确获取扩展反电动势，才可以解算出电机的转速和位置信息。为便于应用 SMO 来观测扩展反电动势，将式(5-1)的电压方程改写为电流的状态方程形式：

$$\frac{\mathrm{d}}{\mathrm{d}t}\begin{bmatrix} i_\alpha \\ i_\beta \end{bmatrix} = \boldsymbol{A}\begin{bmatrix} i_\alpha \\ i_\beta \end{bmatrix} + \frac{1}{L_d}\begin{bmatrix} u_\alpha \\ u_\beta \end{bmatrix} - \frac{1}{L_d}\begin{bmatrix} E_\alpha \\ E_\beta \end{bmatrix} \tag{5-3}$$

其中：$\boldsymbol{A}=\dfrac{1}{L_d}\begin{bmatrix} -R & -(L_d-L_q)\omega_e \\ (L_d-L_q)\omega_e & -R \end{bmatrix}$。

为了获得扩展反电动势的估计值，传统 SMO 的设计通常如下[10]：

$$\frac{\mathrm{d}}{\mathrm{d}t}\begin{bmatrix} \hat{i}_\alpha \\ \hat{i}_\beta \end{bmatrix} = \boldsymbol{A}\begin{bmatrix} \hat{i}_\alpha \\ \hat{i}_\beta \end{bmatrix} + \frac{1}{L_d}\begin{bmatrix} u_\alpha \\ u_\beta \end{bmatrix} - \frac{1}{L_d}\begin{bmatrix} \nu_\alpha \\ \nu_\beta \end{bmatrix} \tag{5-4}$$

其中：$\hat{i}_\alpha$、$\hat{i}_\beta$ 为定子电流的观测值；u_α、u_β 为观测器的控制输入。

将式(5-3)和式(5-4)作差，可得定子电流的误差方程为

$$\frac{\mathrm{d}}{\mathrm{d}t}\begin{bmatrix} \tilde{i}_\alpha \\ \tilde{i}_\beta \end{bmatrix} = \boldsymbol{A}\begin{bmatrix} \tilde{i}_\alpha \\ \tilde{i}_\beta \end{bmatrix} + \frac{1}{L_d}\begin{bmatrix} E_\alpha - \nu_\alpha \\ E_\beta - \nu_\beta \end{bmatrix} \tag{5-5}$$

其中：$\tilde{i}_\alpha=\hat{i}_\alpha-i_\alpha$，$\tilde{i}_\beta=\hat{i}_\beta-i_\beta$，为电流观测误差。设计滑模控制律为

$$\begin{bmatrix} \nu_\alpha \\ \nu_\beta \end{bmatrix} = \begin{bmatrix} k\ \mathrm{sgn}(\hat{i}_\alpha - i_\alpha) \\ k\ \mathrm{sgn}(\hat{i}_\beta - i_\beta) \end{bmatrix} \tag{5-6}$$

其中：$k>\max\{-R|\tilde{i}_\alpha|+E_\alpha\,\mathrm{sgn}(\tilde{i}_\alpha), -R|\tilde{i}_\beta|+E_\beta\,\mathrm{sgn}(\tilde{i}_\beta)\}$。

当观测器的状态变量达到滑模面 $\tilde{i}_\alpha=0$、$\tilde{i}_\beta=0$ 之后，观测器状态将一直保持在滑模面上。根据滑模控制的等效控制原理，此时的控制量可看作等效控制量，可得

$$\begin{bmatrix} E_\alpha \\ E_\beta \end{bmatrix} = \begin{bmatrix} \nu_\alpha \\ \nu_\beta \end{bmatrix}_{\mathrm{eq}} = \begin{bmatrix} k\ \mathrm{sgn}(\tilde{i}_\alpha)_{\mathrm{eq}} \\ k\ \mathrm{sgn}(\tilde{i}_\beta)_{\mathrm{eq}} \end{bmatrix} \tag{5-7}$$

5.1.2　基于反正切函数的转子位置估计

由于实际的控制量是一个不连续的高频切换信号，为了提取连续的扩展反电动势估计值，通常需要外加一个低通滤波器，即

$$\begin{bmatrix} \dot{\hat{E}}_\alpha \\ \dot{\hat{E}}_\beta \end{bmatrix} = \begin{bmatrix} (-\hat{E}_\alpha + k \cdot \mathrm{sgn}(\tilde{i}_\alpha))/\tau_0 \\ (-\hat{E}_\beta + k \cdot \mathrm{sgn}(\tilde{i}_\beta))/\tau_0 \end{bmatrix} \tag{5-8}$$

其中：τ_0 为低通滤波器的时间常数。

然而，对等效控制量进行低通滤波处理时，在高频切换信号滤除的同时，扩展反电动势的估计值将发生幅值和相位的变化。通常，为了获得转子位置信息，可通过反正切函数方法获得，即

$$\hat{\theta}_{\mathrm{eq}} = -\arctan(\hat{E}_\alpha/\hat{E}_\beta) \tag{5-9}$$

通过式(5-8)滤波处理获得的反电动势估算分量会引发相位延迟，该延迟将直接影响转子位置的估算准确性，较小的滤波截止频率将引发较大的相位延迟。在实际应用中为解决该问题，通常需要在式(5-9)计算出转子位置的基础上再加上一个角度补偿，用来弥补由于低通滤波器的延迟效应所造成的位置角度估算误差[11]，即

$$\hat{\theta}_{\mathrm{e}} = \hat{\theta}_{\mathrm{eq}} + \arctan(\hat{\omega}_{\mathrm{e}}/\omega_{\mathrm{c}}) \tag{5-10}$$

其中：ω_{c}为低通滤波器的截止频率。

为了获得转速信息，可以对式(5-10)进行求微分运算。特别地，对于表贴式三相PMSM，此时转速估计值的表达式为

$$\hat{\omega}_{\mathrm{e}} = \frac{\sqrt{\hat{E}_\alpha^2 + \hat{E}_\beta^2}}{\psi_{\mathrm{f}}} \tag{5-11}$$

综上所述，传统SMO算法的实现原理如图5-1所示。

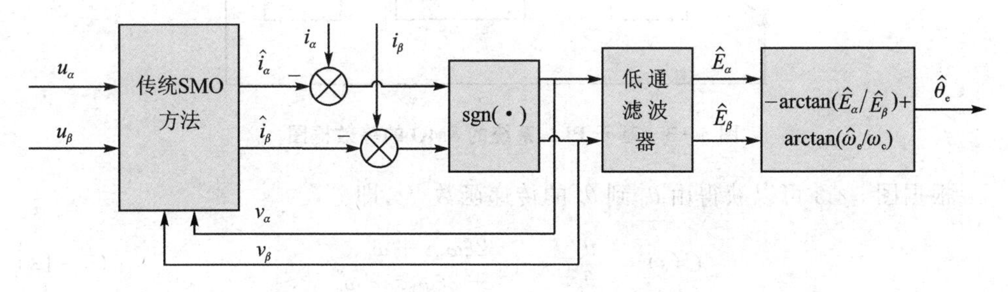

图5-1　传统SMO算法的实现原理框图

5.1.3 基于锁相环的转子位置估计

正如前文所述，由于滑模控制在滑动模态下伴随着高频抖阵，因此估算的反电动势中将存在高频抖阵现象。基于反正切函数的转子位置估计方法将这种抖阵直接引入反正切函数的除法运算中，导致这种高频抖阵的误差被放大，进而造成较大的角度估计误差。所以，本小节采用锁相环（Phase-locked Loop，PLL）系统来提取转子的位置信息，如图5-2所示。

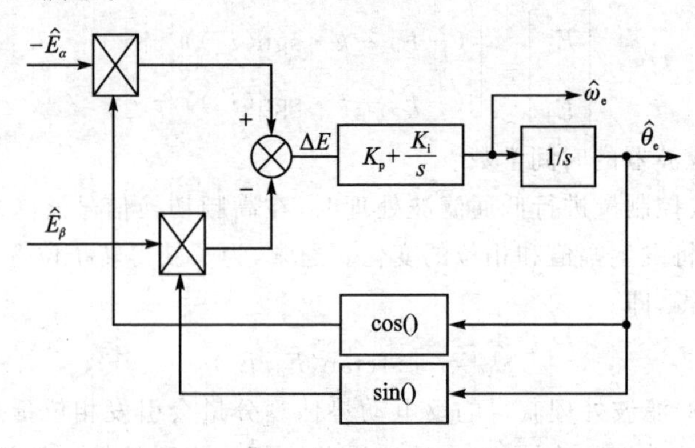

图5-2 基于PLL的SMO实现框图

假设 $k=(L_d-L_q)(\omega_e i_d-pi_q)+\hat{\omega}_e\psi_f$，当 $|\hat{\theta}_e-\theta_e|<\pi/6$ 时，认为 $\sin(\theta_e-\hat{\theta}_e)=\theta_e-\hat{\theta}_e$ 成立，根据图5-2可以得到如下关系式：

$$\begin{aligned}\Delta E=&-\hat{E}_\alpha\cos\hat{\theta}_e-\hat{E}_\beta\sin\hat{\theta}_e=\\&k\sin\theta_e\cos\hat{\theta}_e-k\cos\theta_e\sin\hat{\theta}_e=\\&k\sin(\theta_e-\hat{\theta}_e)\approx k(\theta_e-\hat{\theta}_e)\end{aligned}\tag{5-12}$$

此时，图5-2的等效框图如图5-3所示。

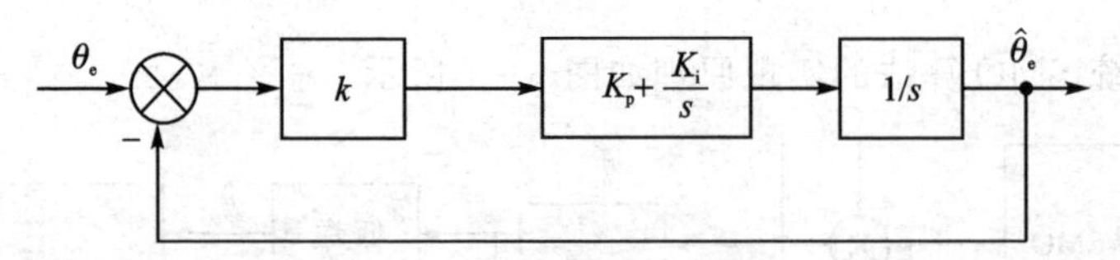

图5-3 基于PLL系统的SMO的等效框图

根据图5-3可以获得由 $\hat{\theta}_e$ 到 θ_e 的传递函数[12]，即

$$G(s)=\frac{\hat{\theta}_e}{\theta_e}=\frac{2\xi\omega_n s+\omega_n^2}{s^2+2\xi\omega_n s+\omega_n^2}\tag{5-13}$$

其中：$\xi=\sqrt{kK_i}$，$\omega_n=\frac{K_p}{2}\sqrt{\frac{k}{K_i}}$。$\omega_n$ 决定PI调节器的带宽，根据自动控制理论即可初步设计出PLL的PI调节器参数。

值得说明的是，本书以内置式三相 PMSM 为例设计了静止坐标系下的传统 SMO 方法，由于表贴式三相 PMSM 表达式相对简单，该方法同样适用于表贴式三相 PMSM，只需将 L_d、L_q 用 L_s 替换即可。另外，为了提高 SMO 的控制性能，可以采用准滑动模态中的函数来代替理想滑动模态中的符号函数 $\mathrm{sgn}(s)$，主要包括以下几种函数：

① 饱和函数 $\mathrm{sat}(s)$，其表达式为

$$\mathrm{sat}(s)=\begin{cases}1, s>\Delta \\ ks, |s|\leqslant\Delta, k=\dfrac{1}{\Delta} \\ -1, s<-\Delta\end{cases} \tag{5-14}$$

其中：Δ 称为"边界层"。其本质为：在边界层外，采用切换控制；在边界层之内，采用线性反馈控制。

② 采用继电特性进行连续化，用连续函数 $\vartheta(s)$ 代替符号函数 $\mathrm{sgn}(s)$，其表达式为

$$\vartheta(s)=\frac{s}{|s|+\delta} \tag{5-15}$$

其中：δ 是很小的正常数。

③ 采用具有光滑连续特性的双曲正切函数 $h(s)$ 代替符号函数 $\mathrm{sgn}(s)$，其表达式为

$$h(s)=\tanh(s)=\frac{\exp(s)-\exp(-s)}{\exp(s)+\exp(-s)} \tag{5-16}$$

④ 采用具有光滑连续特性的 $\mathrm{sigmoid}(s)$ 函数代替符号函数 $\mathrm{sgn}(s)$，其表达式为

$$\mathrm{sigmoid}(s)=\frac{2}{1+\exp(-as)}-1 \tag{5-17}$$

其中：a 是正常数，它的大小影响函数的收敛特性。

综上所述，基于 SMO 的三相 PMSM 无传感器控制框图如图 5-4 所示。其中，

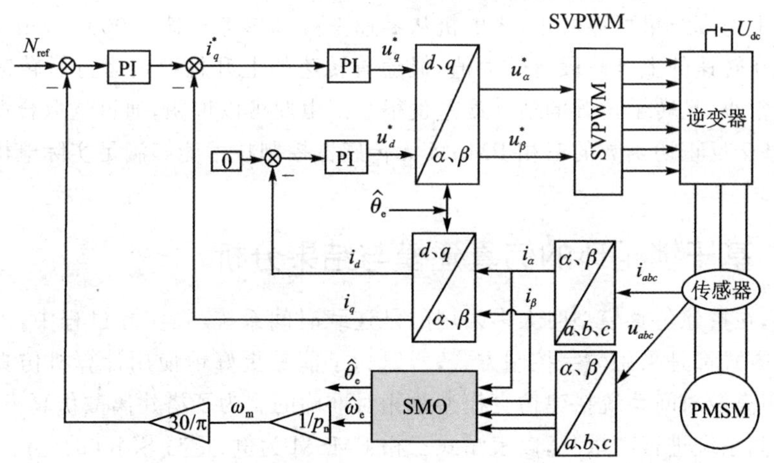

图 5-4　基于 SMO 的三相 PMSM 无传感器控制框图

控制方式采用 $i_d=0$ 的控制策略。从图 5-4 中可以看出，只是在传统的矢量控制技术的基础上增加了无传感器控制策略，其中的转速给定值和转子位置都是使用 SMO 的估计值，从而避免了机械传感器的使用。

另外，在调试无传感器控制系统的仿真模型时通常包括以下 3 个步骤：

第 1 步，搭建使用机械传感器（如图 3-4 所示，使用测量模块来获得电机的转子位置和转速信息）的矢量控制系统仿真模型，调节控制器参数，在各个条件都满足的情况下（包括突加、突卸负载等条件时的转速的变化曲线）才算搭建完毕；

第 2 步，根据无传感器控制算法，搭建仿真模型，调节无传感器控制器的参数，将转子位置估计值和转速估计值与实际的转子位置与转速进行比较；

第 3 步，当转子位置和转速信息的估计误差（估计值与实际值的差值）满足实际需要（一般是对转子位置误差要求比较严格）时，将转子位置和转速估计值代替实际值，进行完全闭环控制。

5.1.4　基于反正切函数的仿真建模与结果分析

根据图 5-4 所示的基于 SMO 的三相 PMSM 无传感器控制框图，在 MATLAB/Simulink 环境下搭建仿真模型，如图 5-5 所示。其中，仿真中电机参数为：极对数 $p_n=4$，定子电感 $L_s=8.5$ mH，定子电阻 $R=2.875\ \Omega$，磁链 $\psi_f=0.175$ Wb，转动惯量 $J=0.001\ \mathrm{kg\cdot m^2}$，阻尼系数 $B=0$；仿真条件设置为：直流侧电压 $U_{dc}=311$ V，PWM 开关频率 $f_{pwm}=10$ kHz，仿真时间 0.1 s。由于搭建的模型相对复杂，特别是采用连续系统进行仿真建模时，运行仿真模型时非常耗时，因此，为了能够使仿真速度加快，选用定步长 ode3（Bogacki-Shampine）算法，且仿真步长设置为 2×10^{-7} s。图 5-6 给出了各个模块的仿真模型。

为了验证所搭建仿真模型的正确性，参考转速设定为 $N_{ref}=1\ 000$ r/min，空载条件下的仿真结果如图 5-7 所示。

从以上仿真结果可以看出，当电机从零速上升到参考转速 1 000 r/min 时，转速估计误差在转速的上升阶段有较大值，但随着转速的上升且稳定运行后转速估计误差变得非常小，且转子位置的估计误差也很小。由此可以说明，通过选取合适的控制器参数，基于反正切函数的三相 PMSM 无传感器控制技术能够满足实际电机控制性能的需要。

5.1.5　基于锁相环的仿真建模与结果分析

目前，在搭建仿真模型时大多采用的是连续时间系统，在实际过程中，由于控制器的实现方式都是采用数字控制方式，所以为了能够更好地使用计算机仿真来指导实践，采用离散时间系统搭建仿真模型是相对准确的。为了搭建离散仿真模型，需要对连续时间系统进行离散化，以表贴式三相 PMSM 为例，重写 SMO 的电流方程，即

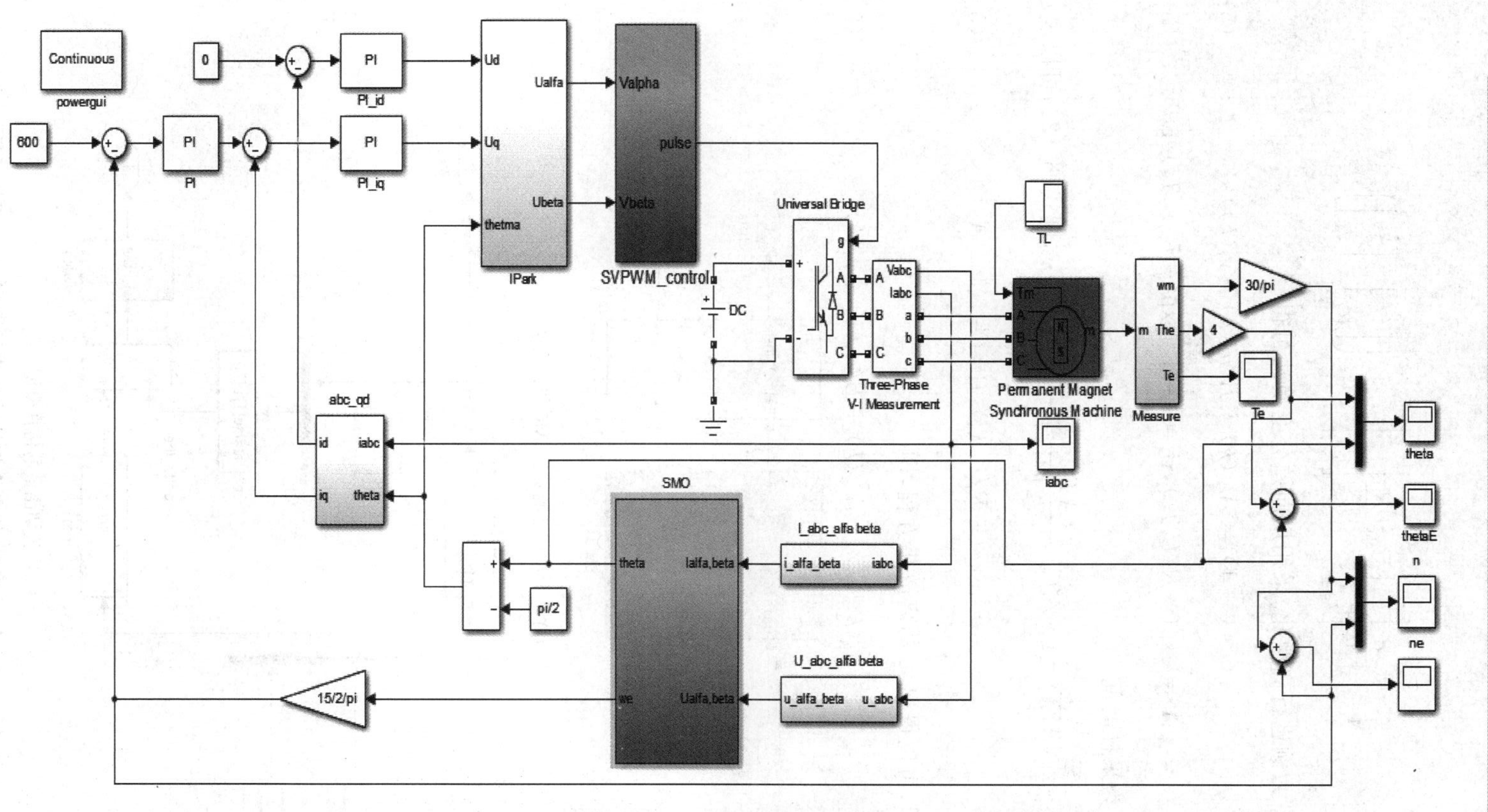

图5-5　基于SMO的三相PMSM无传感器控制仿真模型(基于反正切函数)

$$\frac{\mathrm{d}}{\mathrm{d}t}\begin{bmatrix}\hat{i}_\alpha \\ \hat{i}_\beta\end{bmatrix} = -\frac{R}{L_s}\begin{bmatrix}\hat{i}_\alpha \\ \hat{i}_\beta\end{bmatrix} + \frac{1}{L_s}\left(\begin{bmatrix}u_\alpha \\ u_\beta\end{bmatrix} - \begin{bmatrix}\nu_\alpha \\ \nu_\beta\end{bmatrix}\right) \tag{5-18}$$

以 $\hat{i}_\alpha$ 为例进行离散化，采用反向差分变换法可得

$$\hat{i}_\alpha(k+1) = A\hat{i}_\alpha(k) + B(u_\alpha(k) - \nu_\alpha(k)) \tag{5-19}$$

$$A = \exp(-R/L_s T_s), B = \frac{1}{L_s}\int_0^{T_s} \exp(-R/L_s T_s)\mathrm{d}\tau \tag{5-20}$$

其中：T_s 为采样时间。

由于 $\exp(AT_s) = 1 + AT_s + \frac{(AT_s)^2}{2!} + \frac{(AT_s)^3}{3!} + \cdots$，则式(5-20)可以表示为

$$A = \exp(-R/L_s T_s), B = \frac{1}{R}(1-A) \tag{5-21}$$

同理，可以得出 $\hat{i}_\beta$ 的离散化方程，即

$$\hat{i}_\beta(k+1) = A\hat{i}_\beta(k) + B(u_\beta(k) - \nu_\beta(k)) \tag{5-22}$$

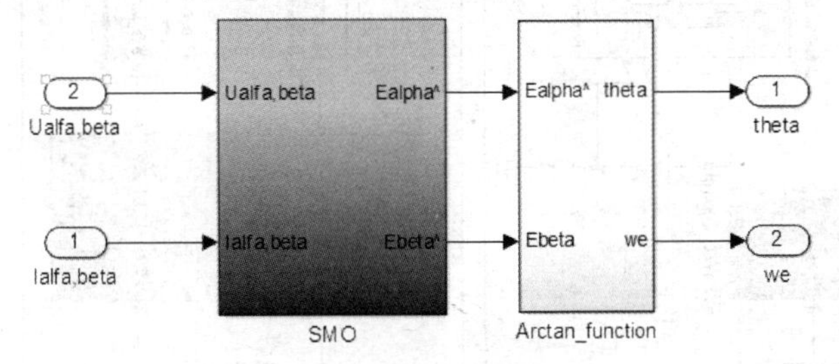

(a) 基于反正切函数的SMO仿真模型

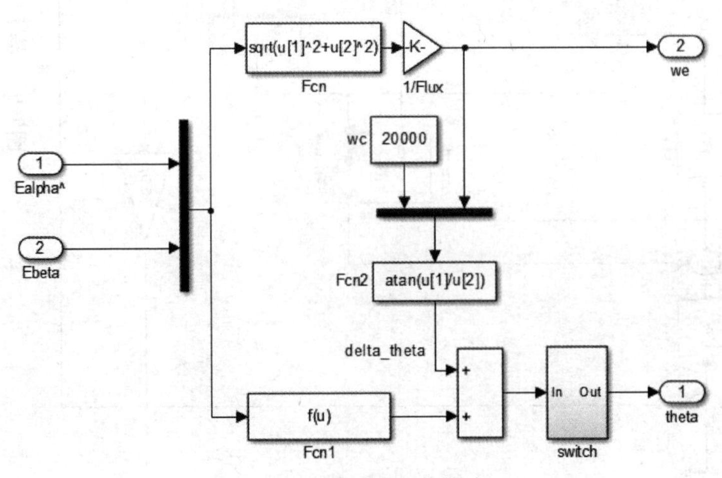

(b) 反正切函数的仿真模型

图5-6　基于SMO的各个模块的仿真模型(基于反正切函数)

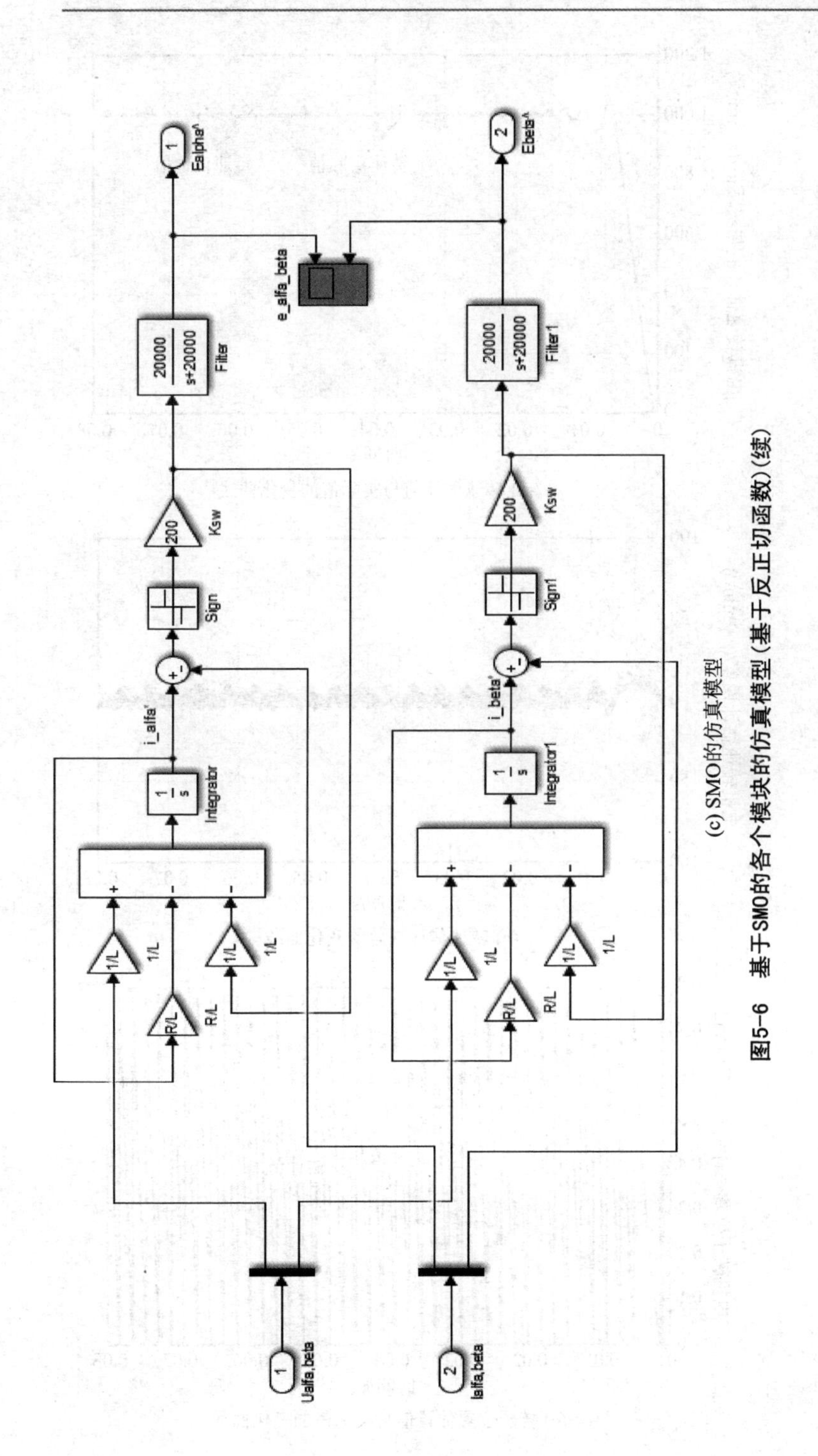

(c) SMO的仿真模型

图5-6　基于SMO的各个模块的仿真模型(基于反正切函数)(续)

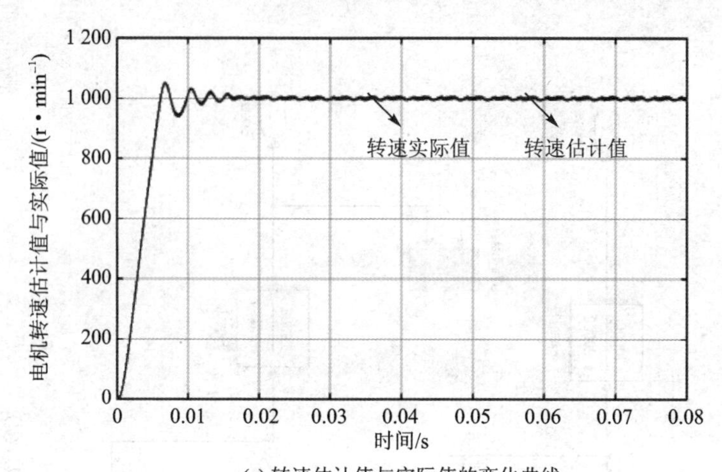

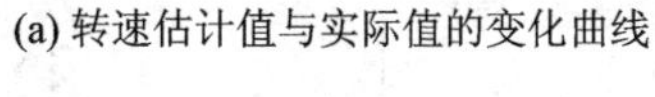
(a) 转速估计值与实际值的变化曲线

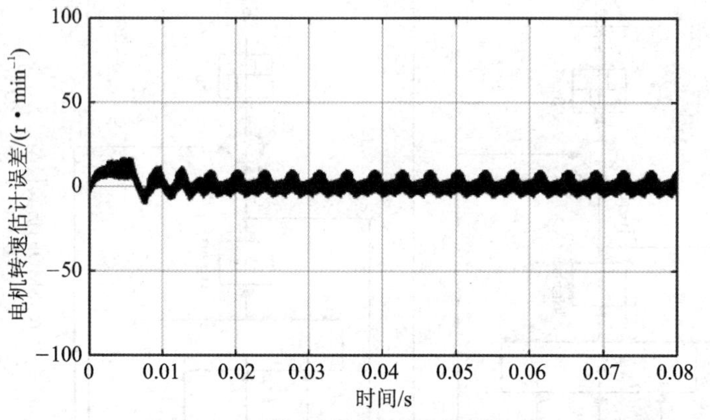

(b) 转速估计误差的变化曲线

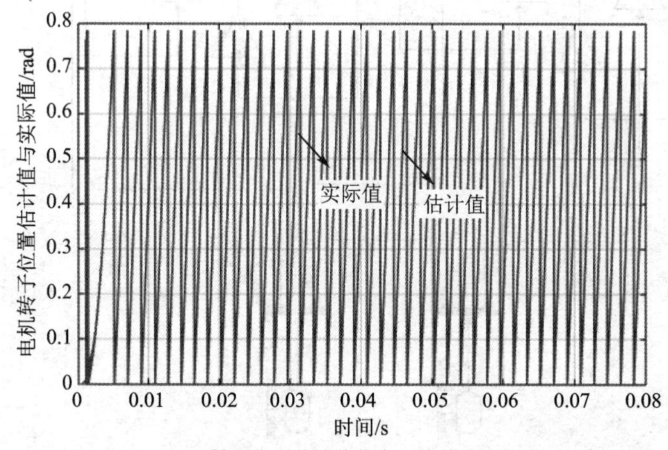

(c) 转子位置估计值与实际值的变化曲线

图 5－7 基于反正切函数的三相 PMSM 无传感器矢量控制仿真结果

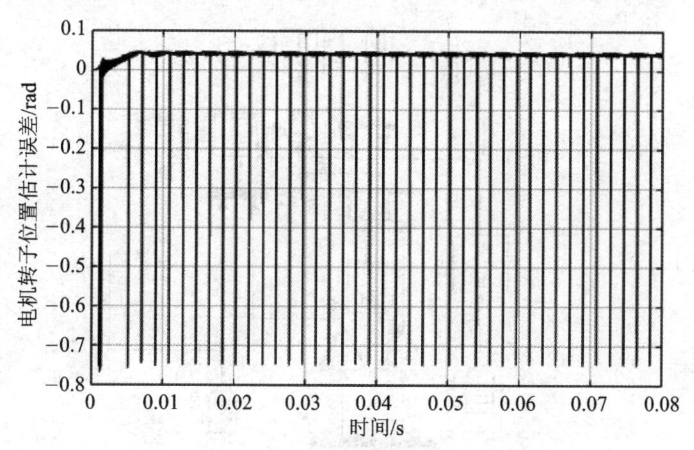

(d) 转子位置估计误差的变化曲线

图 5-7 基于反正切函数的三相 PMSM 无传感器矢量控制仿真结果(续)

根据式(5-19)和式(5-22),离散化 SMO 的实现方式如图 5-8 所示。

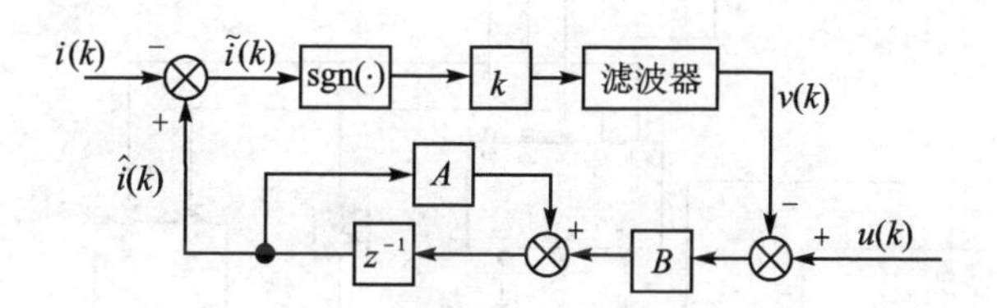

图 5-8 离散化 SMO 的实现框图

同样,根据图 5-4 所示的基于 SMO 的三相 PWSM 无传感器控制框图,利用 PLL 算法来估计转子的位置信息,在 MATLAB/Simulink 环境下搭建仿真模型,如图 5-9 所示。仿真条件设置为:直流侧电压 $U_{dc}=311$ V,PWM 开关频率 $f_{pwm}=10$ kHz,仿真时间 4 s。由于搭建的是离散系统的仿真模型,所以选用定步长 ode3(Bogacki-Shampine)算法,且定步长的时间设置为 5×10^{-5} s,SMO 算法中采用饱和函数 sat()替代传统 SMO 的符号函数 sign(),sat()的上下限设置为[2 −2];SMO 的增益 $k=350$;低通滤波器 LPF 的截止频率为 3 000 rad/s;采样时间设置为 $T_s=50$ μs;PLL 的 PI 调节器参数设置为 $K_p=3.8$,$K_i=44.3$。图 5-10 给出了各个模块的仿真模型。

为了验证所搭建仿真模型的正确性,参考转速设定为 $N_{ref}=600$ r/min,空载条件下的仿真结果如图 5-11 所示。

从以上仿真结果可以看出,当电机从零速上升到参考转速 600 r/min 时,转速估计误差在转速的上升阶段有较大值,但随着转速的上升且稳定运行后转速估计误差逐渐减小,转子位置的估计误差也在逐渐减小。虽然反电动势 $\hat{E}_\alpha$ 的估计值使用一定截止频率的滤波器进行了滤波,但从图 5-11(e)可以看出,反电动势 $\hat{E}_\alpha$ 仍然包含大量谐波的高频信号,为解决此问题,下文将设计一种自适应 SMO 算法。

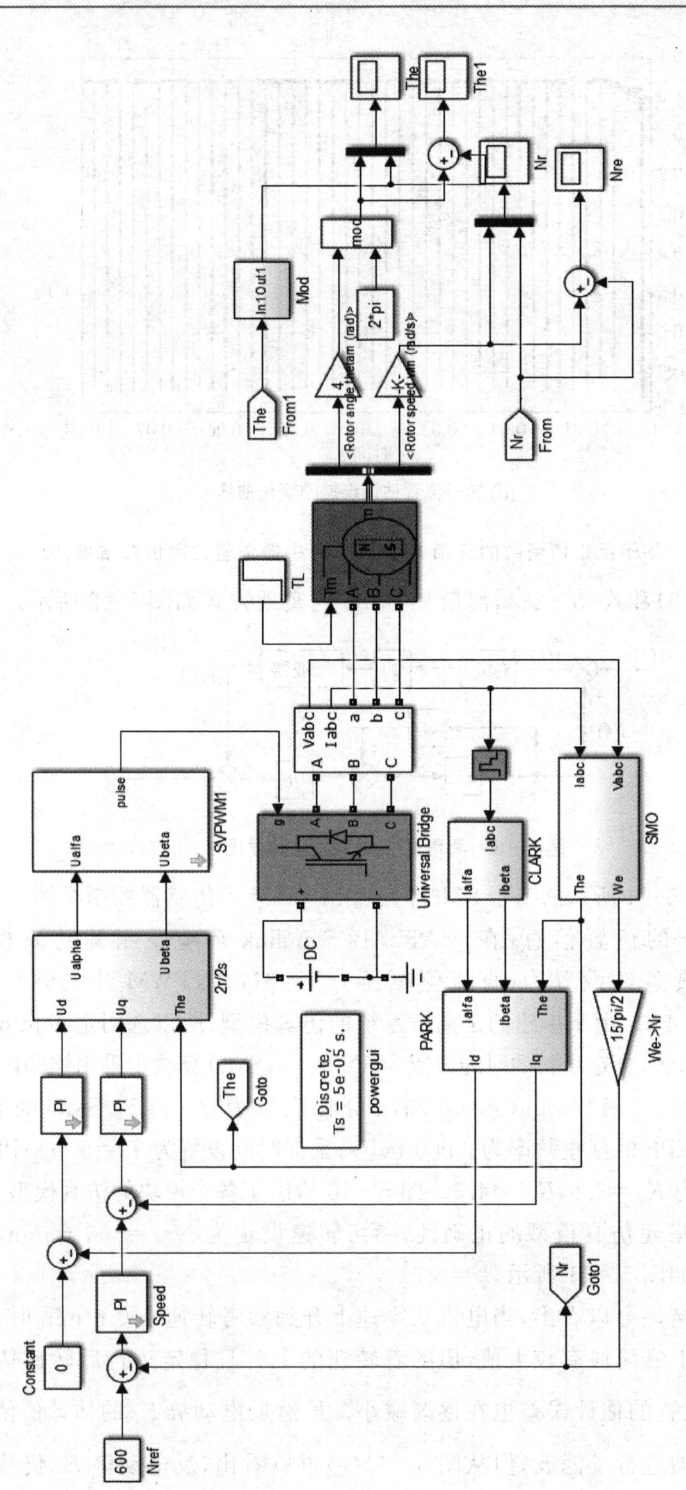

图5-9　基于SMO的三相PMSM无传感器控制仿真模型（基于PLL）

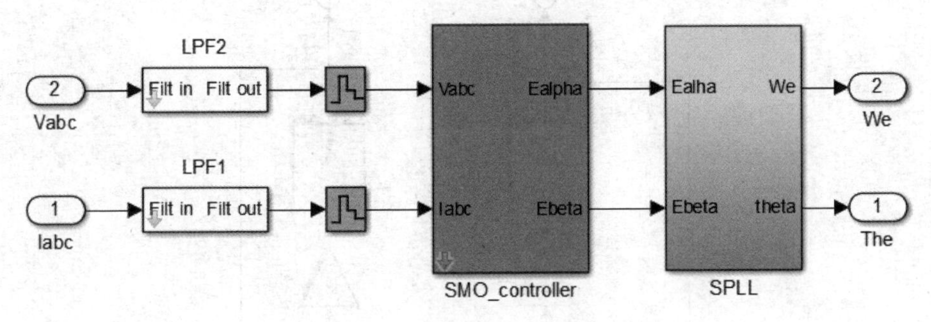

(a) 基于PLL算法的SMO仿真模型

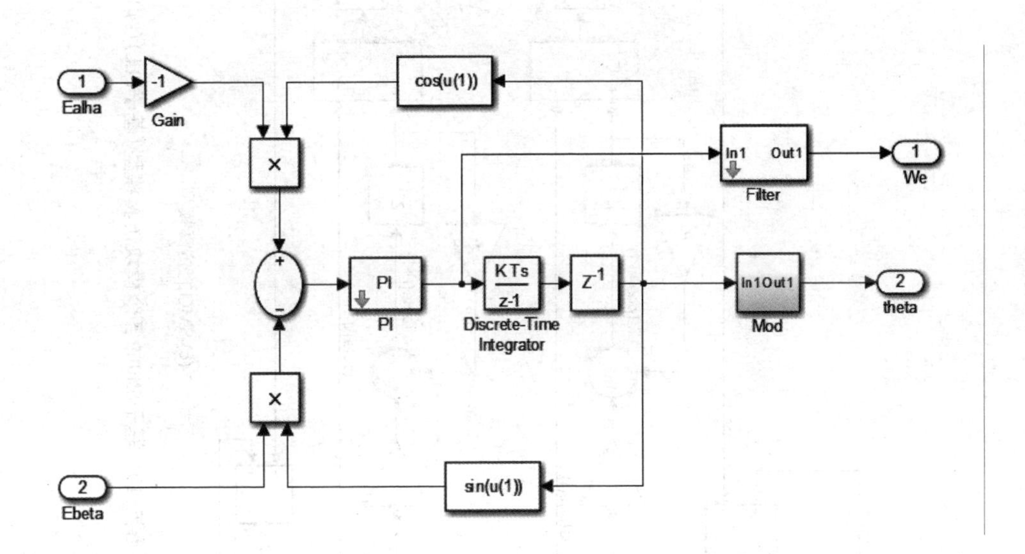

(b) PLL算法的仿真模型

图 5-10　基于 SMO 的各个模块仿真模型(基于 PLL)

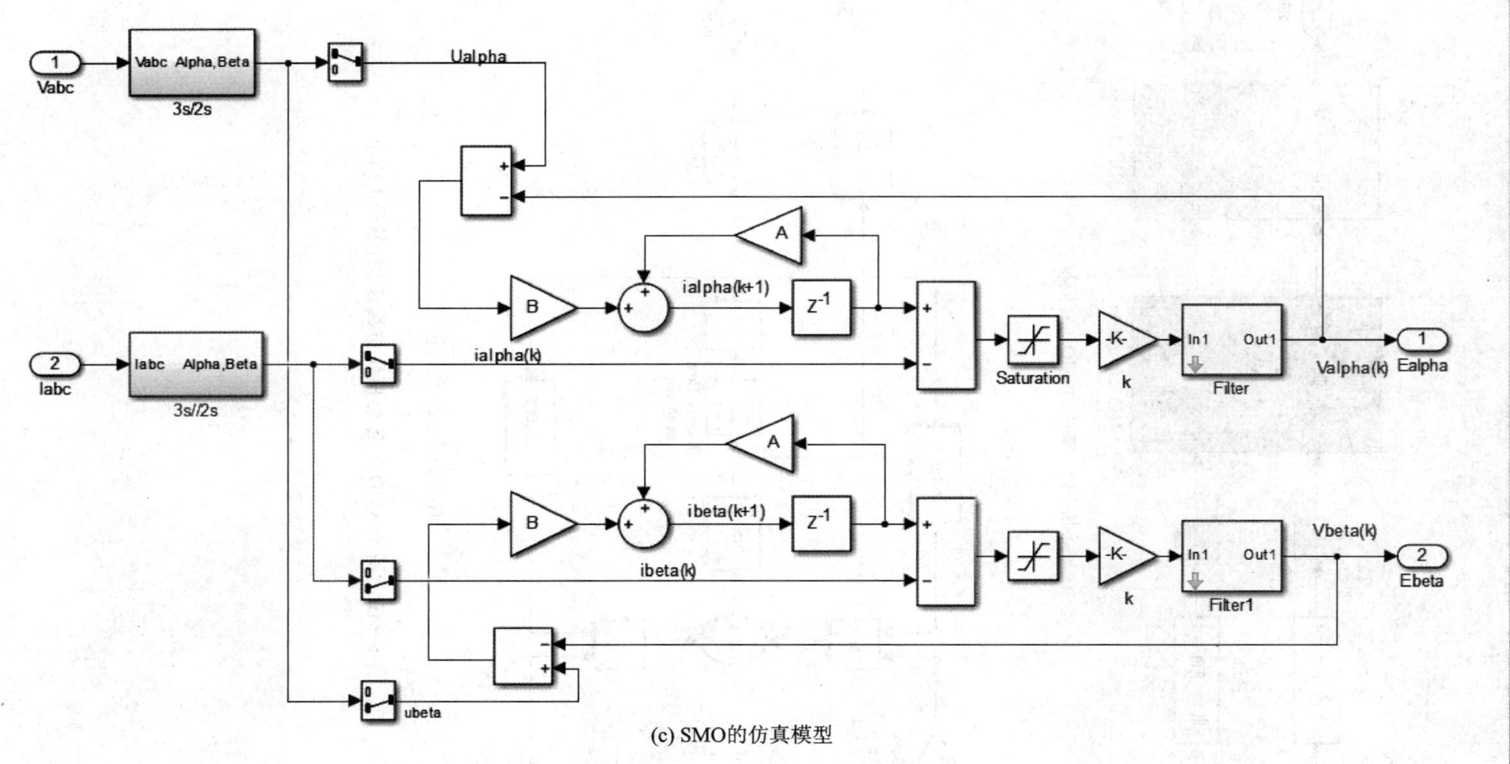

(c) SMO的仿真模型

图5-10　基于SMO的各个模块仿真模型（基于PLL）（续）

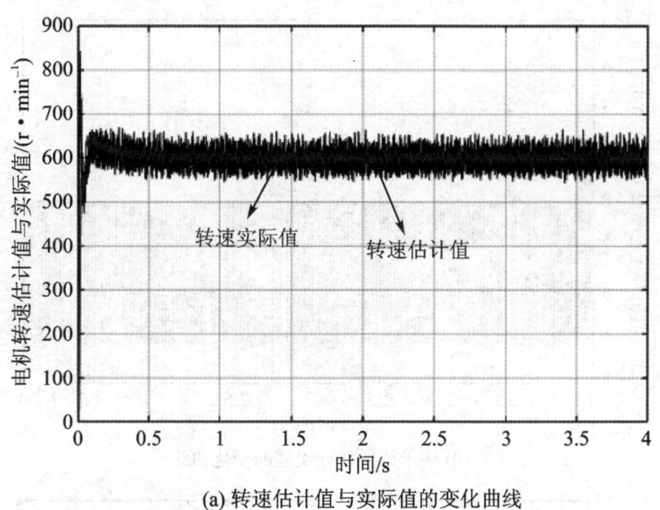

(a) 转速估计值与实际值的变化曲线

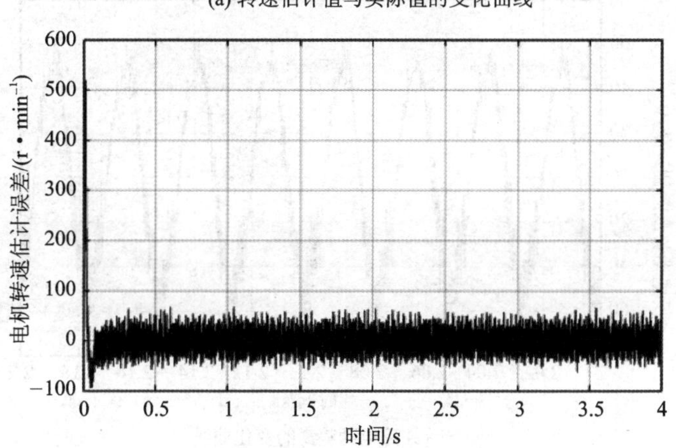

(b) 转速估计误差的变化曲线

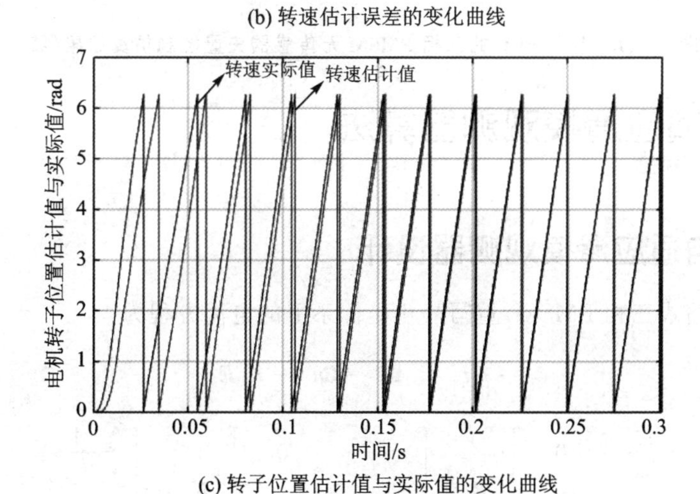

(c) 转子位置估计值与实际值的变化曲线

图 5-11　基于 PLL 的三相 PMSM 无传感器矢量控制仿真结果

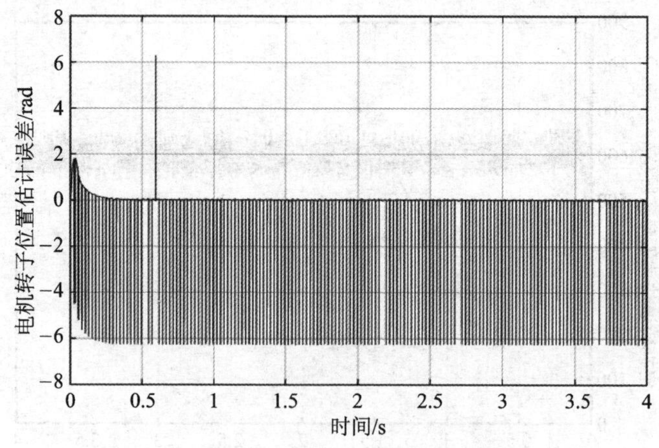

(d) 转子位置估计误差的变化曲线

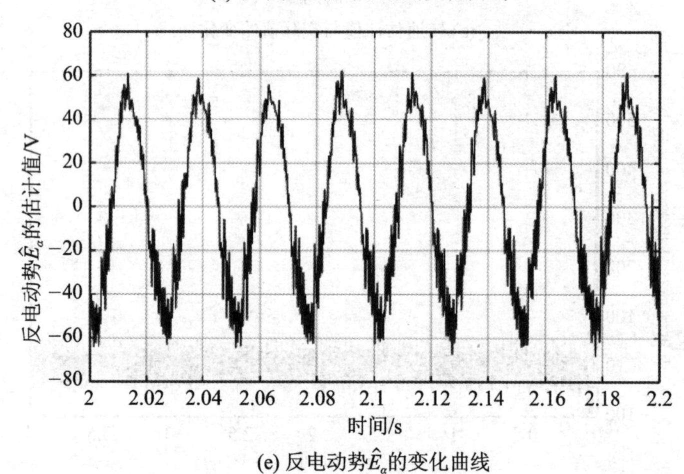

(e) 反电动势$\hat{E}_\alpha$的变化曲线

图 5-11　基于 PLL 的三相 PMSM 无传感器矢量控制仿真结果(续)

5.2　自适应滑模观测器算法

5.2.1　自适应滑模观测器设计

对于表贴式三相 PMSM,重写静止坐标系下的电流方程为

$$\frac{\mathrm{d}}{\mathrm{d}t}\boldsymbol{i}_{\mathrm{s}} = \boldsymbol{A}\boldsymbol{i}_{\mathrm{s}} + \boldsymbol{B}\boldsymbol{u}_{\mathrm{s}} + \boldsymbol{K}_{\mathrm{e}}\boldsymbol{E}_{\mathrm{s}} \tag{5-23}$$

其中:$\boldsymbol{A} = \begin{bmatrix} -\frac{R}{L_{\mathrm{s}}} & 0 \\ 0 & -\frac{R}{L_{\mathrm{s}}} \end{bmatrix}$; $\boldsymbol{B} = \begin{bmatrix} -\frac{1}{L_{\mathrm{s}}} & 0 \\ 0 & -\frac{1}{L_{\mathrm{s}}} \end{bmatrix}$; $\boldsymbol{K}_{\mathrm{e}} = \begin{bmatrix} -\frac{1}{L_{\mathrm{s}}} & 0 \\ 0 & -\frac{1}{L_{\mathrm{s}}} \end{bmatrix}$; $\boldsymbol{i}_{\mathrm{s}} =$

$[i_\alpha \quad i_\beta]^{\mathrm{T}}$,为定子电流;$\boldsymbol{u}_{\mathrm{s}}=[u_\alpha \quad u_\beta]^{\mathrm{T}}$,为定子电压;$\boldsymbol{E}_{\mathrm{s}}=[E_\alpha \quad E_\beta]^{\mathrm{T}}$,为反电动势,且满足

$$\boldsymbol{E}_{\mathrm{s}}=\begin{bmatrix}-\psi_{\mathrm{f}}\,\omega_{\mathrm{e}}\sin\theta_{\mathrm{e}}\\ \psi_{\mathrm{f}}\,\omega_{\mathrm{e}}\cos\theta_{\mathrm{e}}\end{bmatrix} \tag{5-24}$$

另外,式(5-24)的微分方程满足

$$\dot{\boldsymbol{E}}_{\mathrm{s}}=\frac{\mathrm{d}}{\mathrm{d}t}\begin{bmatrix}-\psi_{\mathrm{f}}\,\omega_{\mathrm{e}}\sin\theta_{\mathrm{e}}\\ \psi_{\mathrm{f}}\,\omega_{\mathrm{e}}\cos\theta_{\mathrm{e}}\end{bmatrix}=\omega_{\mathrm{e}}\begin{bmatrix}-\psi_{\mathrm{f}}\,\omega_{\mathrm{e}}\cos\theta_{\mathrm{e}}\\ -\psi_{\mathrm{f}}\,\omega_{\mathrm{e}}\sin\theta_{\mathrm{e}}\end{bmatrix}=\omega_{\mathrm{e}}\begin{bmatrix}-E_\beta\\ E_\alpha\end{bmatrix} \tag{5-25}$$

为了设计 SMO,首先定义滑模面函数为

$$\boldsymbol{s}=\tilde{\boldsymbol{i}}_{\mathrm{s}}=\hat{\boldsymbol{i}}_{\mathrm{s}}-\boldsymbol{i}_{\mathrm{s}}=[\tilde{i}_\alpha \quad \tilde{i}_\beta]^{\mathrm{T}} \tag{5-26}$$

设计自适应 SMO 为[13]

$$\frac{\mathrm{d}}{\mathrm{d}t}\hat{\boldsymbol{i}}_{\mathrm{s}}=\boldsymbol{A}\hat{\boldsymbol{i}}_{\mathrm{s}}+\boldsymbol{B}\boldsymbol{u}_{\mathrm{s}}+\boldsymbol{K}_{\mathrm{e}}\hat{\boldsymbol{E}}_{\mathrm{s}}+\boldsymbol{K}\,\mathrm{sign}(s) \tag{5-27}$$

其中:$\boldsymbol{K}_{\mathrm{e}}=\begin{bmatrix}k & 0\\ 0 & k\end{bmatrix}$,$k$ 为负常数,且满足 $k<\min\left[-\dfrac{R}{L_{\mathrm{s}}}|\tilde{i}_\alpha|-\dfrac{1}{L_{\mathrm{s}}}|\tilde{E}_\alpha|,-\dfrac{R}{L_{\mathrm{s}}}|\tilde{i}_\beta|-\dfrac{1}{L_{\mathrm{s}}}|\tilde{E}_\beta|\right]$;$\hat{\boldsymbol{E}}_{\mathrm{s}}=\begin{bmatrix}-\psi_{\mathrm{f}}\,\hat{\omega}_{\mathrm{e}}\sin\hat{\theta}_{\mathrm{e}}\\ \psi_{\mathrm{f}}\,\hat{\omega}_{\mathrm{e}}\cos\hat{\theta}_{\mathrm{e}}\end{bmatrix}$。

根据式(5-23)和式(5-27)可得电流的误差方程为

$$\frac{\mathrm{d}}{\mathrm{d}t}\tilde{\boldsymbol{i}}_{\mathrm{s}}=\boldsymbol{A}\tilde{\boldsymbol{i}}_{\mathrm{s}}+\boldsymbol{K}_{\mathrm{e}}\tilde{\boldsymbol{E}}_{\mathrm{s}}+\boldsymbol{K}\,\mathrm{sign}(s) \tag{5-28}$$

由于系统进入滑模面后,即有 $\frac{\mathrm{d}}{\mathrm{d}t}\tilde{\boldsymbol{i}}_{\mathrm{s}}=\tilde{\boldsymbol{i}}_{\mathrm{s}}=0$,由式(5-28)可以得到

$$\tilde{\boldsymbol{E}}_{\mathrm{s}}=-\boldsymbol{K}_{\mathrm{e}}^{-1}\boldsymbol{K}\mathrm{sign}(s) \tag{5-29}$$

反电动势的自适应律设计为

$$\begin{cases}\dfrac{\mathrm{d}}{\mathrm{d}t}\hat{E}_\alpha=-\hat{\omega}_{\mathrm{e}}\hat{E}_\beta-l\tilde{E}_\alpha\\[2mm] \dfrac{\mathrm{d}}{\mathrm{d}t}\hat{E}_\beta=\hat{\omega}_{\mathrm{e}}\hat{E}_\alpha-l\tilde{E}_\beta\\[2mm] \dfrac{\mathrm{d}}{\mathrm{d}t}\hat{\omega}_{\mathrm{e}}=\tilde{E}_\alpha\hat{E}_\beta-\hat{E}_\alpha\tilde{E}_\beta\end{cases} \tag{5-30}$$

为了证明自适应 SMO 的稳定性,定义李雅普诺夫函数为

$$V=\frac{1}{2}(\tilde{E}_\alpha^2+\tilde{E}_\beta^2+\tilde{\omega}_{\mathrm{e}}^2) \tag{5-31}$$

由于机械时间常数远大于电气时间常数,所以认为转速在一个估算周期内不变,则由式(5-30)可得

$$\begin{cases} \dfrac{\mathrm{d}}{\mathrm{d}t}\widetilde{E}_\alpha = -\hat{\omega}_\mathrm{e}\hat{E}_\beta + \omega_\mathrm{e}E_\beta - l\widetilde{E}_\alpha \\ \dfrac{\mathrm{d}}{\mathrm{d}t}\widetilde{E}_\beta = \hat{\omega}_\mathrm{e}\hat{E}_\alpha - \omega_\mathrm{e}E_\alpha - l\widetilde{E}_\beta \\ \dfrac{\mathrm{d}}{\mathrm{d}t}\widetilde{\omega}_\mathrm{e} = \widetilde{E}_\alpha\hat{E}_\beta - \hat{E}_\alpha\widetilde{E}_\beta \end{cases} \tag{5-32}$$

将式(5-32)代入式(5-31),可得

$$\begin{aligned} V = \widetilde{E}_\alpha\dot{\widetilde{E}}_\alpha + \widetilde{E}_\beta\dot{\widetilde{E}}_\beta + \widetilde{\omega}_\mathrm{e}\dot{\widetilde{\omega}}_\mathrm{e} = \\ -l(\widetilde{E}_\alpha^2 + \widetilde{E}_\beta^2) \leqslant 0 \end{aligned} \tag{5-33}$$

因此,式(5-33)满足李雅普诺夫稳定性定理,说明该算法是稳定的。

由于文献[13]采用反正切函数求取转子位置信息,所以为了获得更好的控制性能,本书采用基于PLL的自适应SMO算法,其控制框图如图5-12所示。

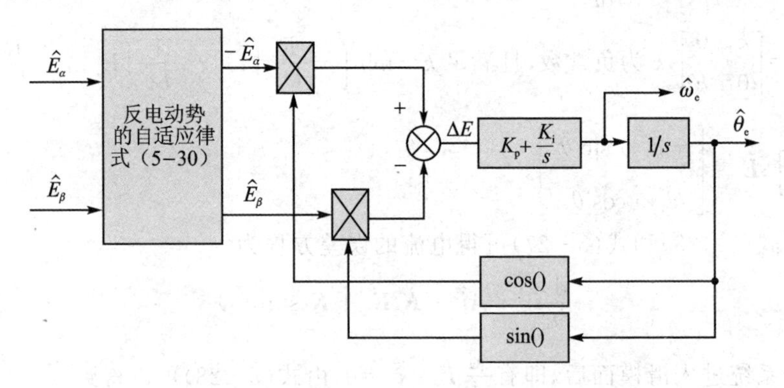

图5-12 基于PLL的自适应SMO控制框图

5.2.2 仿真建模与结果分析

为了与基于PLL的传统SMO算法进行比较,同样采用图5-9所示的仿真模型,只是对SMO算法进行更改,自适应SMO的仿真模型如图5-13所示,其中自适应律中参数设计为l=2 000。

为了验证所搭建仿真模型的正确性,参考转速同样设定为N_ref=600 r/min,空载条件下的仿真结果如图5-14所示。

从以上仿真结果可以看出,相比传统的SMO算法,无论是转速估计误差,还是转子位置估计误差都相对较小。通过比较图5-14(e)和图5-11(e)可以发现,采用自适应SMO方法得到的反电动势$\hat{E}_\alpha$曲线相对平滑。

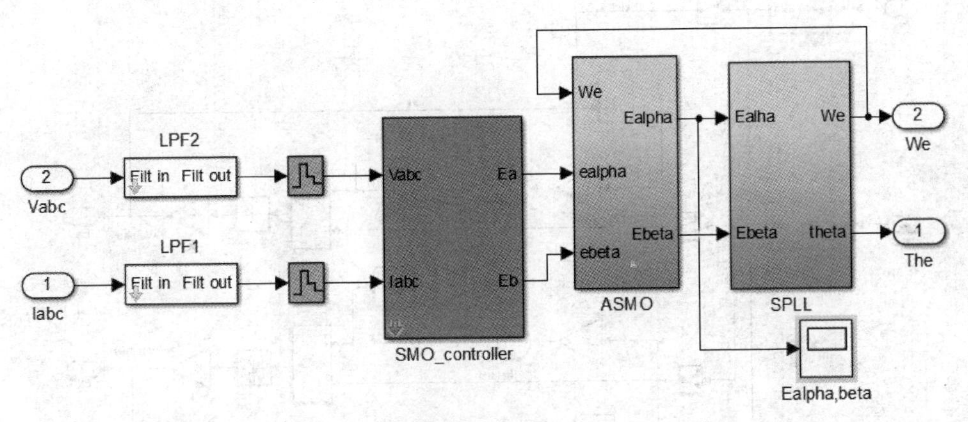

(a) 基于PLL算法的自适应SMO仿真模型

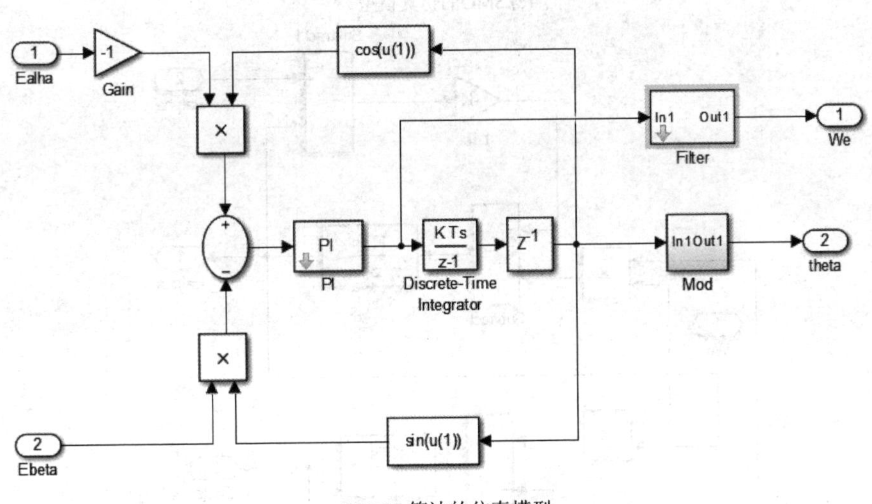

(b) PLL算法的仿真模型

图 5－13　基于自适应 SMO 的各个模块的仿真模型

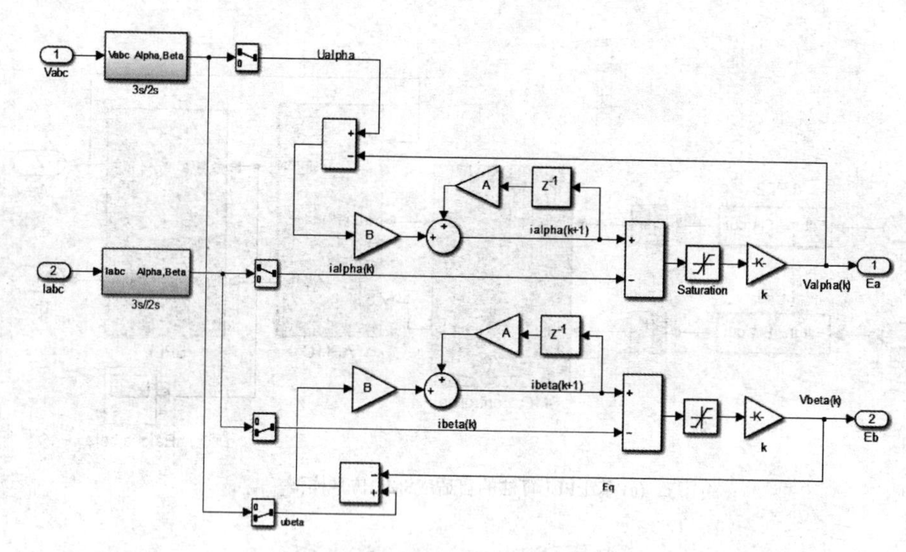

(c) SMO的仿真模型

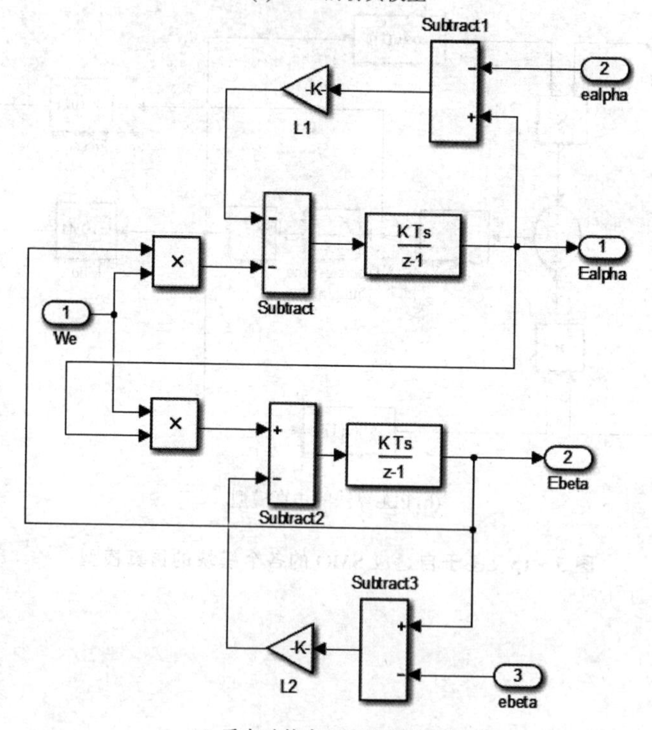

(d) 反电动势自适应律的仿真模型

图5-13 基于自适应SMO的各个模块的仿真模型(续)

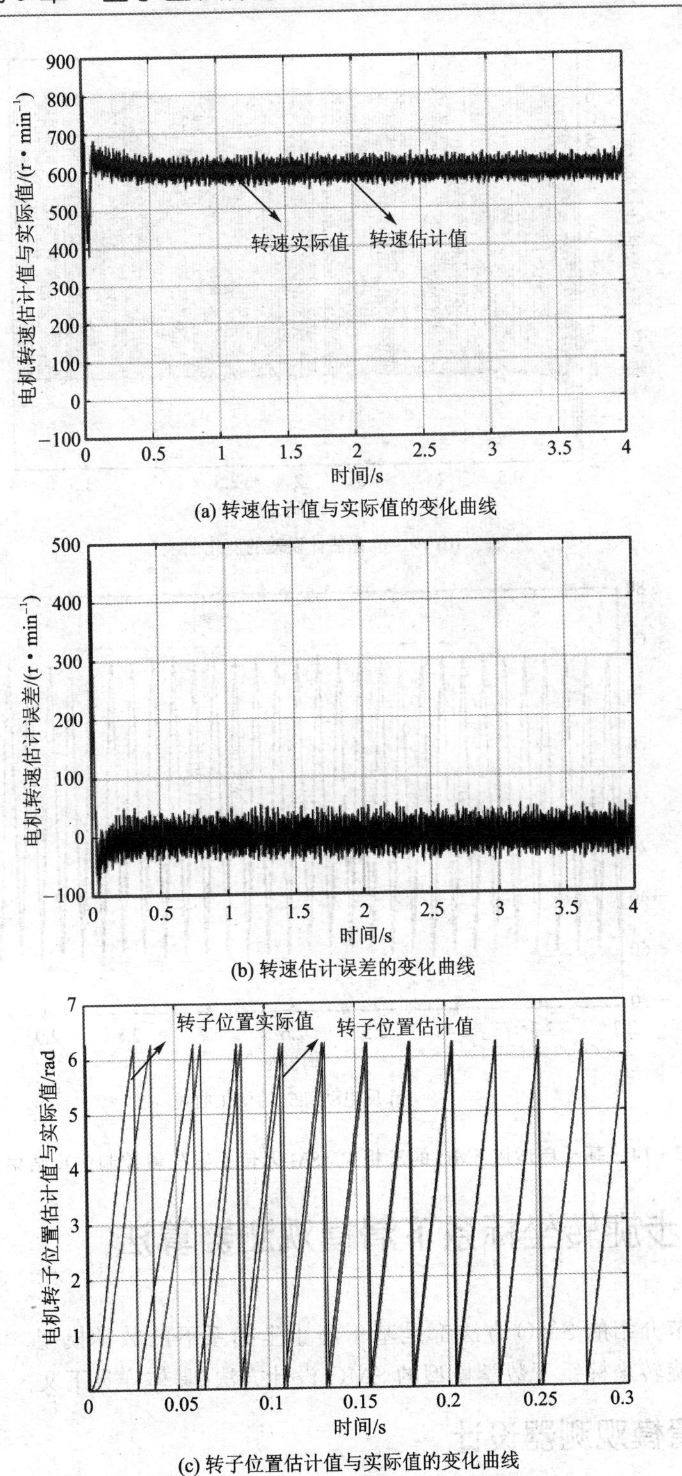

(a) 转速估计值与实际值的变化曲线

(b) 转速估计误差的变化曲线

(c) 转子位置估计值与实际值的变化曲线

图 5-14 基于自适应 SMO 的三相 PMSM 无传感器矢量控制仿真结果

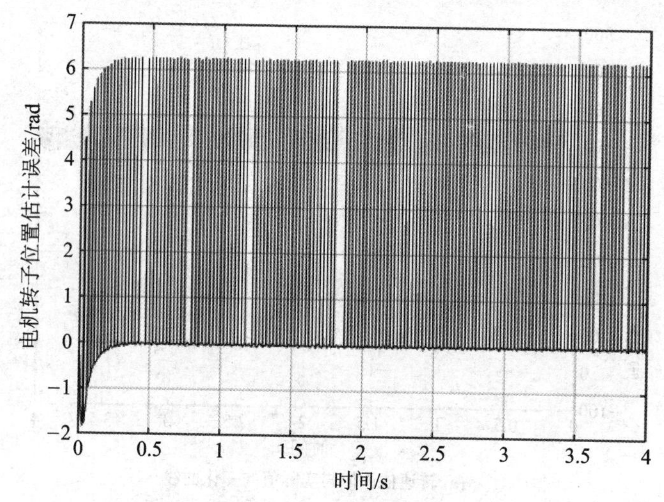

(d) 转子位置估计误差的变化曲线

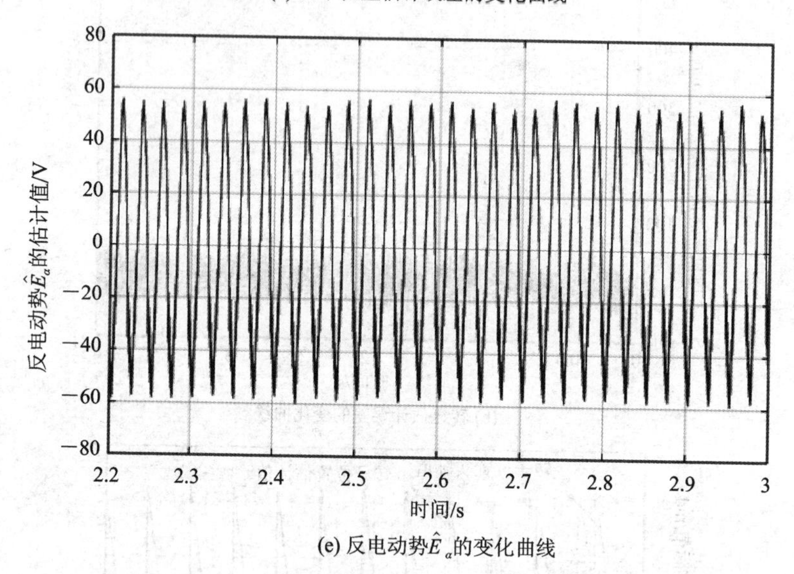

(e) 反电动势$\hat{E}_\alpha$的变化曲线

图 5-14　基于自适应 SMO 的三相 PMSM 无传感器矢量控制仿真结果(续)

5.3　同步旋转坐标系下滑模观测器算法

前面两节介绍的 SMO 方法都是基于静止坐标系下的数学模型,本节将介绍一种基于同步旋转坐标系下数学模型的 SMO 设计方法,具体详见下文。

5.3.1　滑模观测器设计

根据第 1 章介绍的三相 PMSM 同步旋转坐标系下的数学模型,重写定子电流的动态系统方程：

$$\begin{cases}\dfrac{\mathrm{d}i_d}{\mathrm{d}t}=\dfrac{1}{L_d}(-Ri_d+u_d+L_q\omega_e i_q-E_d)\\[2ex]\dfrac{\mathrm{d}i_q}{\mathrm{d}t}=\dfrac{1}{L_q}(-Ri_q+u_q-\omega_e L_d i_d-E_q)\end{cases}\tag{5-34}$$

其中：$E_d=0, E_q=\omega_e\psi_f$，可以看作 $d-q$ 坐标系下的感应电动势。

为了获得式(5-34)中感应电动势的值，SMO 可设计为[12,14]

$$\begin{cases}\dfrac{\mathrm{d}\hat{i}_d}{\mathrm{d}t}=\dfrac{1}{L_d}(-R\hat{i}_d+u_d+L_q\omega_e\hat{i}_q-V_d)\\[2ex]\dfrac{\mathrm{d}\hat{i}_q}{\mathrm{d}t}=\dfrac{1}{L_q}(-R\hat{i}_q+u_q-\omega_e L_d\hat{i}_d-V_q)\end{cases}\tag{5-35}$$

$$\begin{cases}V_d=k\,\mathrm{sgn}(\hat{i}_d-i_d)\\V_q=k\,\mathrm{sgn}(\hat{i}_q-i_q)\end{cases}\tag{5-36}$$

其中：$\hat{i}_d$、$\hat{i}_q$ 分别为定子 d 轴和 q 轴的电流观测值；k 为滑模增益。

由式(5-34)和式(5-35)相减，可得电流误差系统的状态方程为

$$\begin{cases}\dfrac{\mathrm{d}\tilde{i}_d}{\mathrm{d}t}=\dfrac{1}{L_d}(-R\tilde{i}_d+L_q\omega_e\tilde{i}_q-V_d+E_d)\\[2ex]\dfrac{\mathrm{d}\tilde{i}_q}{\mathrm{d}t}=\dfrac{1}{L_q}(-R\tilde{i}_q-\omega_e L_d\tilde{i}_d-V_q+E_q)\end{cases}\tag{5-37}$$

其中：$\tilde{i}_d=\hat{i}_d-i_d$，$\tilde{i}_q=\hat{i}_q-i_q$ 为电流观测误差。

将电流误差观测方程(5-37)改写成向量形式如下：

$$\dot{\tilde{\boldsymbol{i}}}=\boldsymbol{A}\tilde{\boldsymbol{i}}+\boldsymbol{B}(-\boldsymbol{V}+\boldsymbol{E})\tag{5-38}$$

其中：$\tilde{\boldsymbol{i}}=[\tilde{i}_d\quad\tilde{i}_q]^{\mathrm{T}}$，$\boldsymbol{V}=[V_d\quad V_q]^{\mathrm{T}}$，$\boldsymbol{E}=[E_d\quad E_q]^{\mathrm{T}}$，

$$\boldsymbol{A}=\begin{bmatrix}-\dfrac{R}{L_d} & \dfrac{L_q}{L_d}\omega_e\\[2ex] -\dfrac{L_d}{L_q}\omega_e & -\dfrac{R}{L_q}\end{bmatrix},\boldsymbol{B}=\begin{bmatrix}\dfrac{1}{L_d} & 0\\[2ex] 0 & \dfrac{1}{L_q}\end{bmatrix}。$$

采用 SMO 对电流进行估计，其滑模面函数定义为

$$\tilde{\boldsymbol{i}}=[\tilde{i}_d\quad\tilde{i}_q]^{\mathrm{T}}=\boldsymbol{0}\tag{5-39}$$

当满足下列条件时，SMO 进入滑动模态：

$$\tilde{\boldsymbol{i}}^{\mathrm{T}}\dot{\tilde{\boldsymbol{i}}}<0\tag{5-40}$$

当滑模增益足够大时，不等式(5-40)成立，系统进入滑动模态，有

$$\tilde{\boldsymbol{i}}=\dot{\tilde{\boldsymbol{i}}}=\boldsymbol{0}\tag{5-41}$$

将式(5-38)代入式(5-41)中，可得

$$\boldsymbol{E}=[k\,\mathrm{sgn}(\hat{i}_d-i_d)\quad k\,\mathrm{sgn}(\hat{i}_q-i_q)]^{\mathrm{T}} \tag{5-42}$$

从式(5-42)可以看出,$\boldsymbol{E}$ 中包含不连续高频信号。将不连续的含有高频信号的切换控制量经低通滤波器后得到等价控制量,即

$$\boldsymbol{E}=\begin{bmatrix}[k\,\mathrm{sgn}(\hat{i}_d-i_d)]_{\mathrm{eq}}\\ [k\,\mathrm{sgn}(\hat{i}_q-i_q)]_{\mathrm{eq}}\end{bmatrix}=\begin{bmatrix}0\\ \omega_{\mathrm{e}}\psi_{\mathrm{f}}\end{bmatrix} \tag{5-43}$$

根据滑模到达条件 $\tilde{\boldsymbol{i}}\cdot\dot{\tilde{\boldsymbol{i}}}<0$,可以计算出增益 k 的表达式

$$\begin{aligned}k=n\max\Big[&\frac{E_d}{L_d}\mathrm{sgn}(\tilde{i}_d)-\left(\frac{R}{L_d}+\frac{L_d}{L_q}\omega_{\mathrm{e}}\right)|\tilde{i}_d|,\\ &\frac{E_q}{L_q}\mathrm{sgn}(\tilde{i}_q)-\left(\frac{R}{L_q}-\frac{L_q}{L_d}\omega_{\mathrm{e}}\right)|\tilde{i}_q|\Big]\end{aligned} \tag{5-44}$$

其中:n 为正常数。通常 $n=2$ 即可满足滑模到达条件 $\tilde{\boldsymbol{i}}^{\mathrm{T}}\cdot\dot{\tilde{\boldsymbol{i}}}<0$。

5.3.2 基于锁相环的转子位置估计

本小节设计的 SMO 的目的是获得 $d-q$ 轴感应电动势的估计值,由式(5-34)可以看出,q 轴的感应电动势包含转子速度信息,即 $E_q=\omega_{\mathrm{e}}\psi_{\mathrm{f}}$,从而根据式(5-43)得到 q 轴的估计值,可以获得转子速度 $\hat{\omega}_{\mathrm{e}}$ 为

$$\hat{\omega}_{\mathrm{e}}=\frac{V_q}{\psi_{\mathrm{f}}} \tag{5-45}$$

虽然通过对式(5-45)求积分可以获得转子的位置角,但是电机在实际运行过程中,由于受到多方面因素的影响(比如温度、负载),永磁体的磁链 ψ_{f} 并不是一个常值,因此这样估计出来的转子位置及转速与实际值就有偏差,从而影响整个系统的动态性能。

为了获得更好的动态性能,本小节仍然采用 PLL 技术。它是一种自适应闭环系统,具有优良的实时跟踪和估算实际转子位置信息的能力,即使在电压相角不平衡、谐波比较大等条件下,也具有较好的跟踪性能。由于电动机的绕组是对称的,假设电动机的三相定子绕组的机端电压为

$$\begin{cases}u_a=u\cos\omega_{\mathrm{e}}t\\ u_b=u\cos(\omega_{\mathrm{e}}t-2\pi/3)\\ u_c=u\cos(\omega_{\mathrm{e}}t+2\pi/3)\end{cases} \tag{5-46}$$

其中:u 为机端电压幅值;令 $\theta_{\mathrm{e}}=\omega_{\mathrm{e}}t$,且 $\omega_{\mathrm{e}}=\pi p_{\mathrm{n}}n/30$,$p_{\mathrm{n}}$ 为电机的极对数,n 为电机的机械转速。

根据同步旋转坐标的变换理论,将三相电压变换到 $d-q$ 坐标系的变换矩阵为

$$\boldsymbol{T}(\hat{\theta}_{\mathrm{e}})=\frac{1}{3}\begin{bmatrix}\cos\hat{\theta}_{\mathrm{e}} & \cos\left(\hat{\theta}_{\mathrm{e}}-\frac{2}{3}\pi\right) & \cos\left(\hat{\theta}_{\mathrm{e}}+\frac{2}{3}\pi\right)\\ -\sin\hat{\theta}_{\mathrm{e}} & -\sin\left(\hat{\theta}_{\mathrm{e}}-\frac{2}{3}\pi\right) & -\sin\left(\hat{\theta}_{\mathrm{e}}+\frac{2}{3}\pi\right)\end{bmatrix} \tag{5-47}$$

其中：$\hat{\theta}_e$ 为采用PLL技术输出的估计相角，且 $\hat{\theta}_e=\hat{\omega}_e t$。

定义 $\tilde{\theta}_e=\hat{\theta}_e-\theta_e$，为PLL的估计误差，只要通过适当地调节使 $\tilde{\theta}_e=0$，就可以使转子位置的估计值收敛到转子位置的实际值。

将变换矩阵 $\boldsymbol{T}(\hat{\theta}_e)$ 代入式(5-46)，考虑由于中性点隔离，一般不包含零序分量，可得 $d-q$ 坐标系下的方程为

$$\begin{bmatrix} V_d \\ V_q \end{bmatrix}=\begin{bmatrix} u\sin(\hat{\theta}_e-\theta_e) \\ u\cos(\hat{\theta}_e-\theta_e) \end{bmatrix} \tag{5-48}$$

当PLL估计值跟踪上转子实际位置时，误差 $\tilde{\theta}_e$ 为零。根据同步旋转坐标系 $d-q$ 的定义，应有 $V_{dref}=V_d=0$，故可通过式(5-48)构建闭环PI调节器，以得到转子位置信息，具体实现框图如图5-15所示。

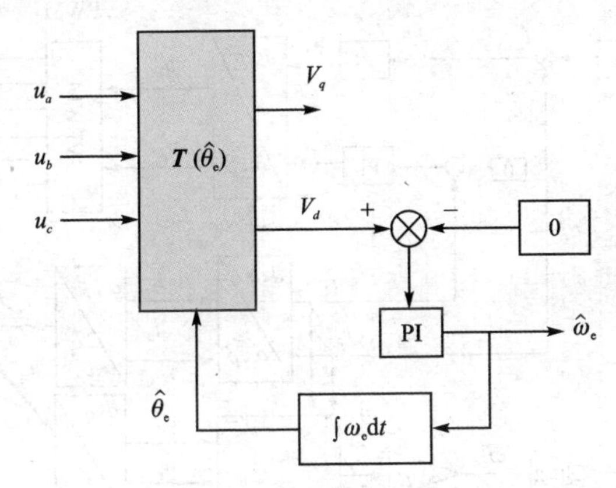

图5-15 基于PI调节器的转子位置实现框图

根据式(5-48)可得基于PI调节器的闭环控制框图，如图5-16所示。

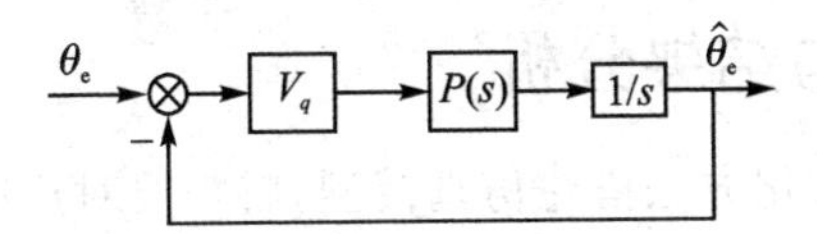

图5-16 基于PI调节器的闭环框图

由图5-16可以得到系统的闭环传递函数为

$$G(s)=\frac{\hat{\theta}_e(s)}{\theta_e(s)}=\frac{V_qP(s)}{s+V_qP(s)} \tag{5-49}$$

另外，PI调节器的传递函数采用如下形式：

$$P(s)=\gamma_p+\frac{\gamma_i}{s} \tag{5-50}$$

将式(5-50)代入式(5-49)，则闭环传递函数变为

$$G(s)=\frac{V_q\left(\gamma_{\mathrm{p}}+\frac{\gamma_{\mathrm{i}}}{s}\right)}{s+V_q\left(\gamma_{\mathrm{p}}+\frac{\gamma_{\mathrm{i}}}{s}\right)}=\frac{V_q\gamma_{\mathrm{p}}s+V_q\gamma_{\mathrm{i}}}{s^2+V_q\gamma_{\mathrm{p}}s+V_q\gamma_{\mathrm{i}}}=\frac{\sqrt{2}\omega_{\mathrm{n}}s+\omega_{\mathrm{n}}^2}{s^2+\sqrt{2}\omega_{\mathrm{n}}s+\omega_{\mathrm{n}}^2} \tag{5-51}$$

根据闭环系统期望的带宽 ω_{n}，可以得到 PI 调节器的参数为

$$\begin{cases}\gamma_{\mathrm{p}}=\dfrac{V_q}{\sqrt{2}\omega_{\mathrm{n}}}\\[2mm]\gamma_{\mathrm{i}}=\dfrac{\omega_{\mathrm{n}}^2}{V_q}\end{cases} \tag{5-52}$$

综上所述，基于 SMO 的同步旋转坐标系下三相 PMSM 无传感器控制框图如图 5-17 所示。其中，控制方式仍然采用 $i_d=0$ 的控制策略。

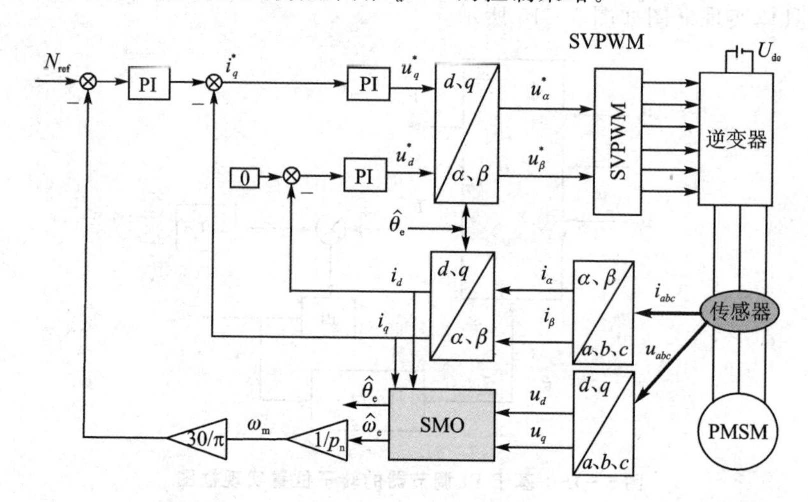

图 5-17 基于 SMO 的同步旋转坐标系下三相 PMSM 无传感器控制框图

5.3.3 仿真建模与结果分析

本小节同样采用离散化方法搭建仿真模型，就需要对连续时间系统进行离散化，以内置式三相 PMSM 为例，重写 SMO 的电流方程，即

$$\begin{cases}\dfrac{\mathrm{d}\hat{i}_d}{\mathrm{d}t}=\dfrac{1}{L_d}(-R\hat{i}_d+u_d+L_q\omega_{\mathrm{e}}\hat{i}_q-V_d)\\[2mm]\dfrac{\mathrm{d}\hat{i}_q}{\mathrm{d}t}=\dfrac{1}{L_q}(-R\hat{i}_q+u_q-\omega_{\mathrm{e}}L_d\hat{i}_d-V_q)\end{cases} \tag{5-53}$$

采用反向差分变换法对式(5-53)进行离散化，可得

$$\begin{cases}\hat{i}_d(k+1)=A\hat{i}_d(k)+B[u_d(k)-V_d(k)+\omega_{\mathrm{e}}L_q\hat{i}_q(k)]\\\hat{i}_q(k+1)=A_q\hat{i}_q(k)+B_q[u_q(k)-V_q(k)+\omega_{\mathrm{e}}L_d\hat{i}_d(k)]\end{cases} \tag{5-54}$$

其中：$A=\exp(-R/L_dT_s)$，$B=\frac{1}{R}(1-A)$，$A_q=\exp(-R/L_qT_s)$，$B_q=\frac{1}{R}(1-A_q)$。

同样，根据图5-17所示的基于SMO的无传感器控制框图，利用PI调节器估计转子位置信息，在MATLAB/Simulink环境下搭建仿真模型，如图5-18所示。其中，仿真中电机参数为：极对数$p_n=3$；定子电感$L_d=1.6$ mH，$L_q=1$ mH；定子电阻$R=0.011$ Ω；磁链$\psi_f=0.077$ Wb；转动惯量$J=0.000\,8$ kg·m^2；阻尼系数$B=0$。仿真条件设置为：直流侧电压$U_{dc}=311$ V，PWM开关频率$f_{pwm}=10$ kHz，仿真时间1 s。由于搭建的是离散系统的仿真模型，选用定步长ode3(Bogacki-Shampine)算法，且定步长的时间设置为10^{-5} s。另外，SMO算法中采用饱和函数sat()替代传统SMO的符号函数sign()，sat()的上下限设置为[2　-2]，SMO的增益$k=350$，低通滤波器LPF的截止频率为3 000 rad/s，PLL系统的PI调节器设置为$K_p=30$，$K_i=450$。

为了验证所搭建仿真模型的正确性，参考转速设定为$N_{ref}=1\,000$ r/min，且SMO算法中采用饱和函数sat()替代传统SMO的符号函数sign()，仿真结果如图5-19所示。

从以上仿真结果可以看出，当电机从零速上升到参考转速1 000 r/min时，转速估计误差在转速的上升阶段有较大值，但随着转速的上升且稳定运行后转速估计误差逐渐减小，且转子位置估计误差也逐渐减小。从图5-19(e)可以看出，V_d和V_q能够实时跟踪感应电动势的实际值，即$V_d\approx 0$，$V_q\approx\hat{\omega}_e\psi_f$。由此可以说明，通过选取合适的控制器参数，基于SMO的无传感器控制技术能够满足实际电机控制性能的需要。

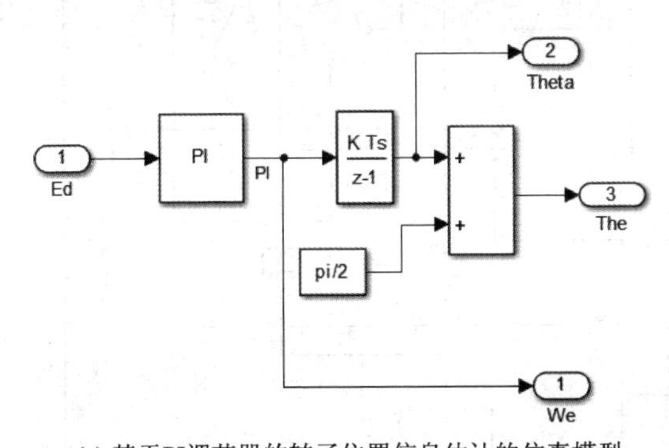

(a) 基于PI调节器的转子位置信息估计的仿真模型

图5-18　基于SMO的同步旋转坐标系下三相PMSM无传感器控制的仿真模型

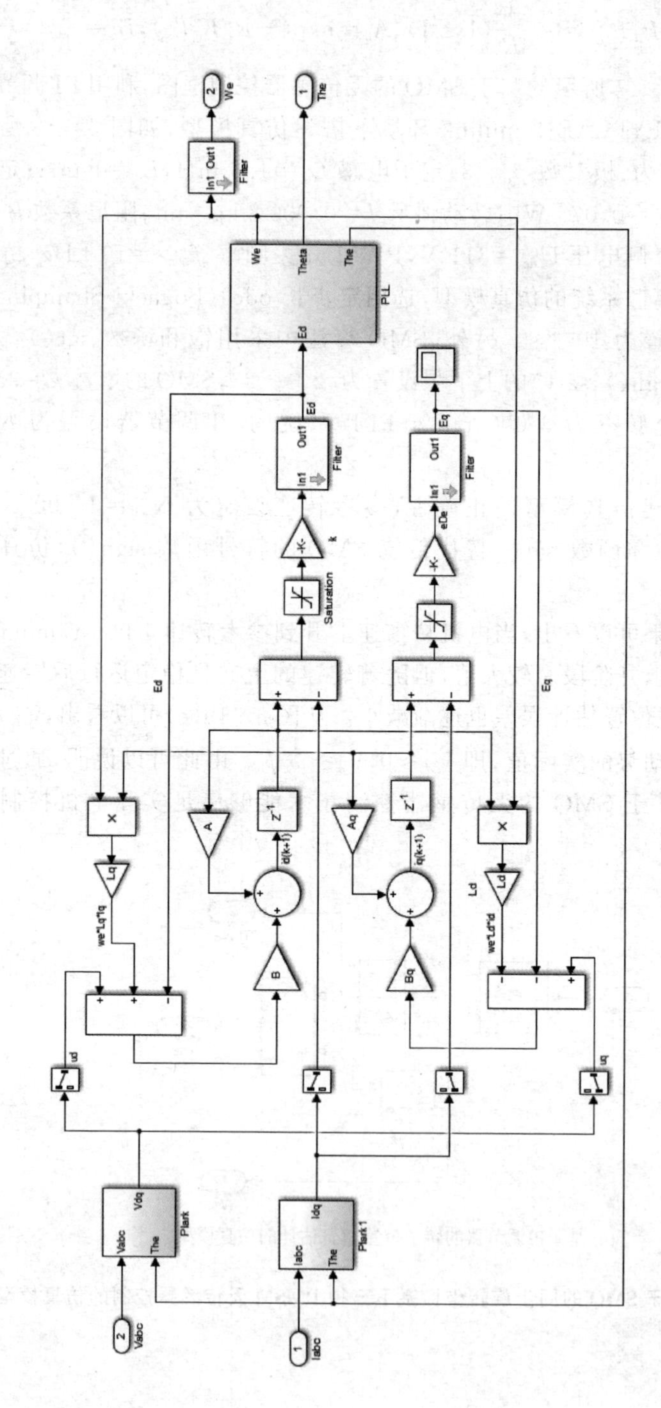

(b) 同步旋转坐标系下SMO的仿真模型

图5-18　基于SMO的同步旋转坐标系下三相PMSM无传感器控制的仿真模型(续)

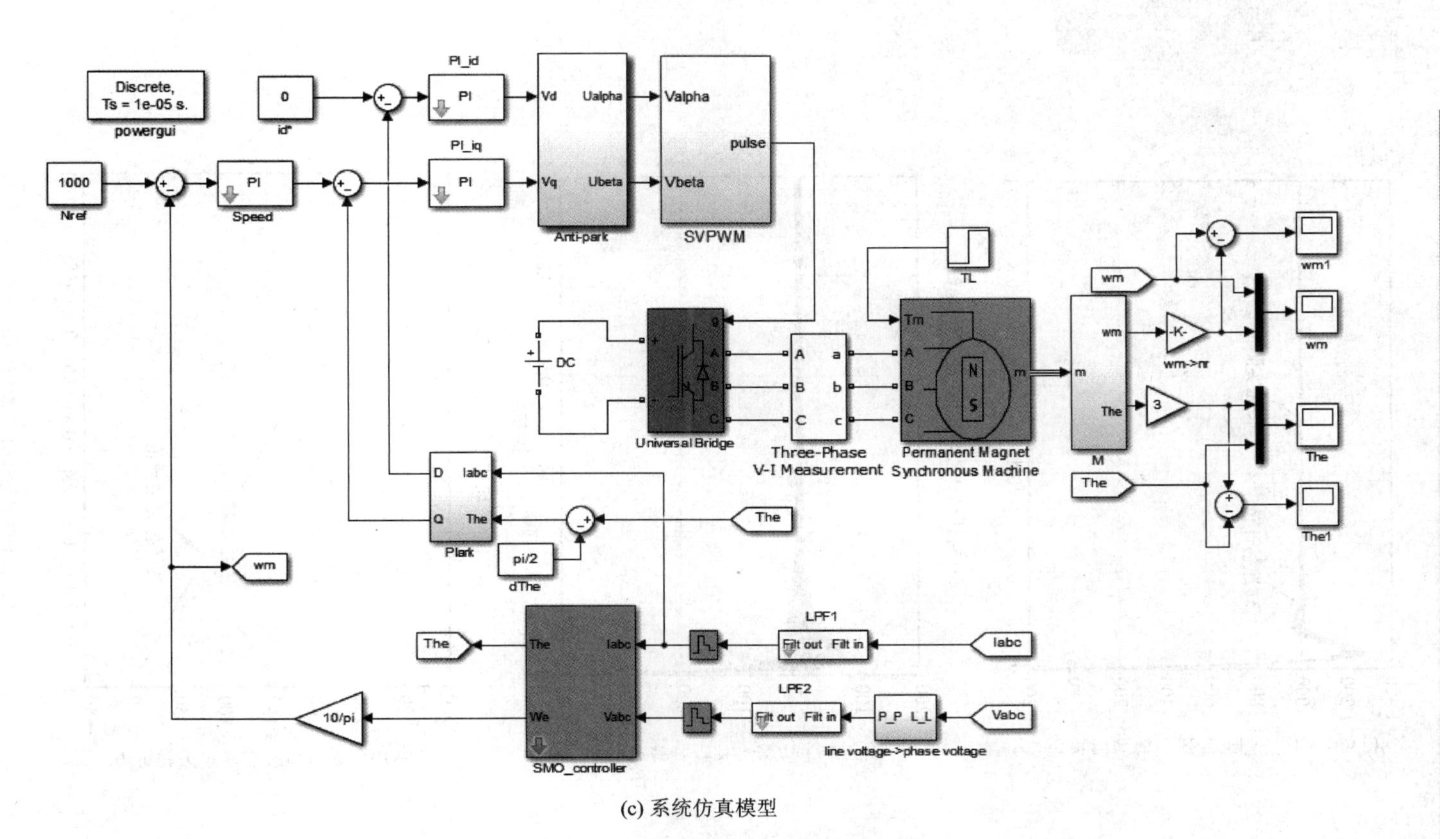

(c) 系统仿真模型

图5-18 基于SMO的同步旋转坐标系下三相PMSM无传感器控制的仿真模型（续）

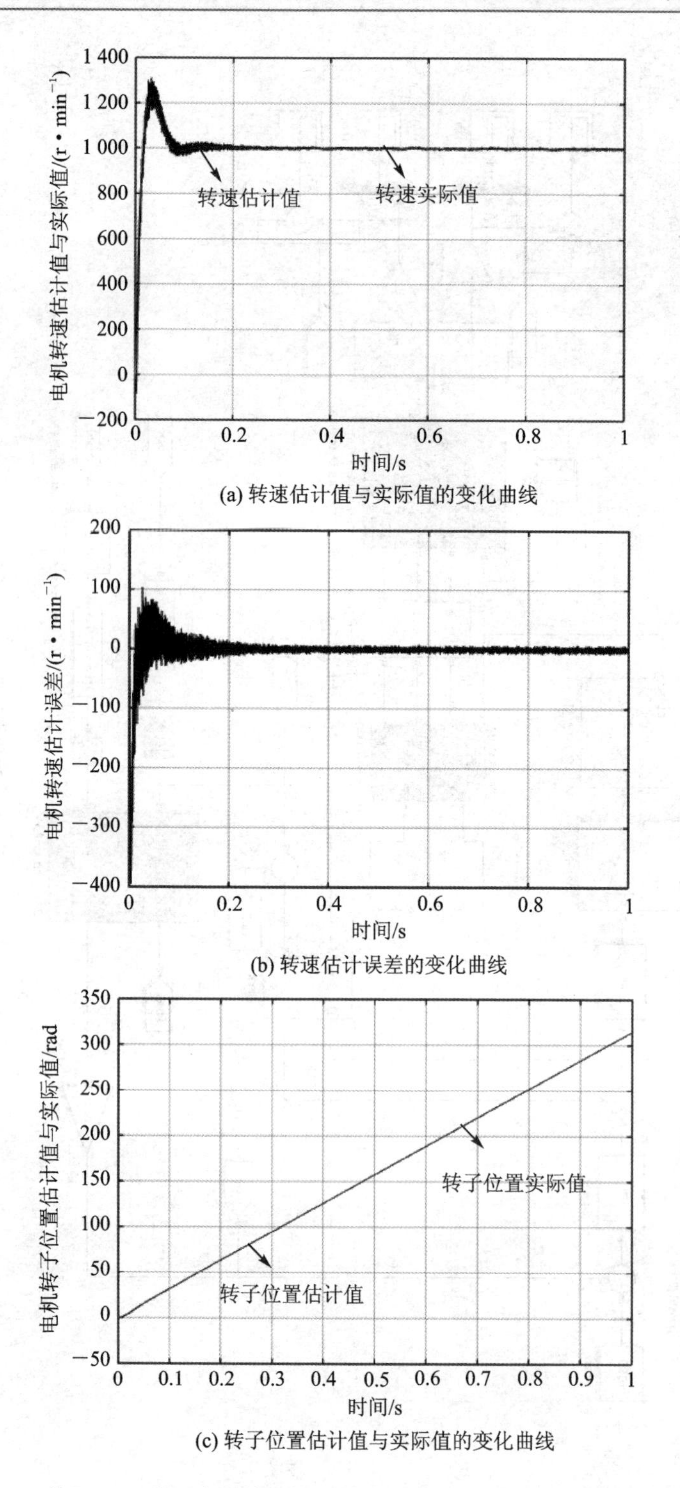

(a) 转速估计值与实际值的变化曲线

(b) 转速估计误差的变化曲线

(c) 转子位置估计值与实际值的变化曲线

图 5 - 19　基于 SMO 的同步旋转坐标系下三相 PMSM 无传感器控制的仿真结果

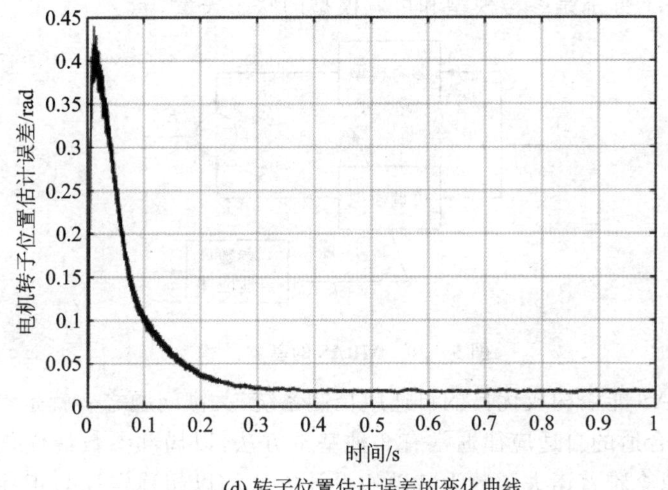

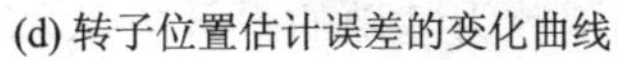

(d) 转子位置估计误差的变化曲线

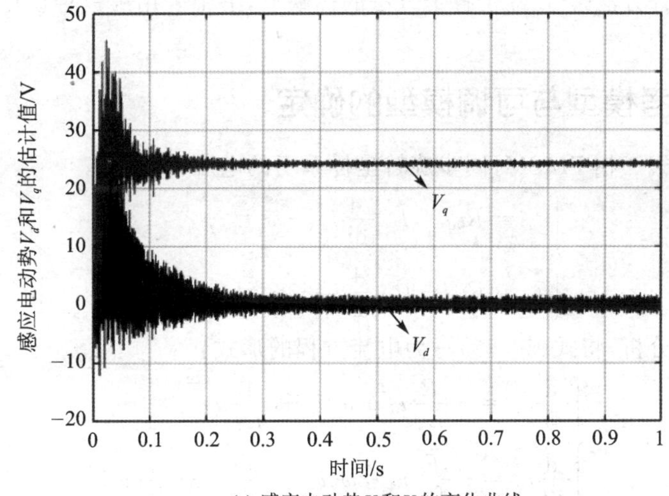

(e) 感应电动势V_d和V_q的变化曲线

图 5－19　基于 SMO 的同步旋转坐标系下三相 PMSM 无传感器控制的仿真结果(续)

5.4　模型参考自适应系统

模型参考自适应系统(Model Reference Adaptive System，MRAS)是从 20 世纪 50 年代后期发展起来的，它属于自适应系统的一种类型。从结构上 MRAS 可以分为可调模型、参考模型及自适应律 3 个部分。MRAS 的辨识思想是把不含有未知参数的表达式作为期望模型，而将含有待辨识参数的表达式用于可调模型，且两个模型具有相同物理意义的输出量，利用两个模型的输出量之差，通过合适的自适应律来实现对异步电机参数的辨识。通常，MRAS 的基本结构如图 5－20 所示。其中，u 为控制器的输入，$\boldsymbol{x}$、$\hat{\boldsymbol{x}}$ 分别是参考模型和可调模型的状态矢量。

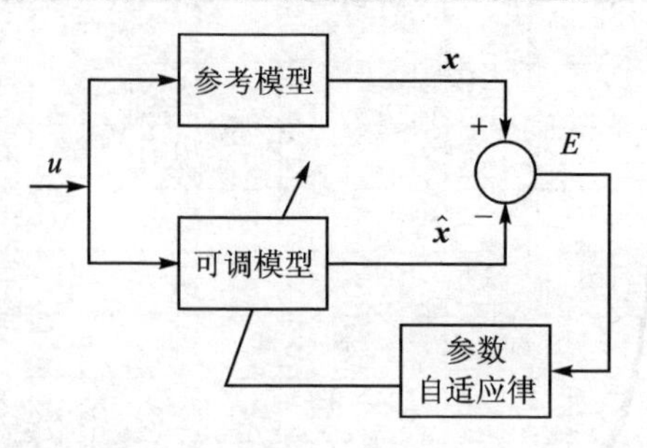

图 5-20 MRAS 的基本结构

对于 MRAS 能否构成优良的自适应控制系统，关键问题之一就是参数自适应律的确定。设计合适的自适应律通常有 3 种基本方法：以局部参数最优化理论为基础的设计方法、以李雅普诺夫函数为基础的设计方法和以超稳定性与正性动态系统理论为基础的设计方法[15]。鉴于各个方法的优缺点，书中采用第三种设计方法来设计自适应律。

5.4.1 参考模型与可调模型的确定

对于表贴式三相 PMSM，同步旋转坐标系下的电压方程为

$$\begin{cases} u_d = Ri_d + L_s \dfrac{\mathrm{d}}{\mathrm{d}t} i_d - \omega_e L_s i_q \\ u_q = Ri_q + L_s \dfrac{\mathrm{d}}{\mathrm{d}t} i_q + \omega_e (L_s i_d + \psi_f) \end{cases} \tag{5-55}$$

为了便于分析，将式(5-55)写为电流方程的形式：

$$\begin{cases} \dfrac{\mathrm{d}}{\mathrm{d}t} i_d = -\dfrac{R}{L_s} i_d + \omega_e i_q + \dfrac{1}{L_s} u_d \\ \dfrac{\mathrm{d}}{\mathrm{d}t} i_q = -\dfrac{R}{L_s} i_q - \omega_e i_d - \dfrac{\psi_f}{L_s} \omega_e + \dfrac{1}{L_s} u_q \end{cases} \tag{5-56}$$

为了获得可调模型，对式(5-56)作一些变换：

$$\begin{cases} \dfrac{\mathrm{d}}{\mathrm{d}t}\left(i_d + \dfrac{\psi_f}{L_s}\right) = -\dfrac{R}{L_s}\left(i_d + \dfrac{\psi_f}{L_s}\right) + \omega_e i_q + \dfrac{1}{L_s}\left(u_d + \dfrac{R}{L_s}\psi_f\right) \\ \dfrac{\mathrm{d}}{\mathrm{d}t} i_q = -\dfrac{R}{L_s} i_q - \omega_e \left(i_d + \dfrac{\psi_f}{L_s}\right) + \dfrac{1}{L_s} u_q \end{cases} \tag{5-57}$$

定义

$$\begin{cases} i'_d = i_d + \dfrac{\psi_f}{L_s} \\ i'_q = i_q \\ u'_d = u_d + \dfrac{R}{L_s}\psi_f \\ u'_q = u_q \end{cases} \tag{5-58}$$

则式(5-57)可变为

$$\begin{cases}\dfrac{\mathrm{d}}{\mathrm{d}t}i'_d=-\dfrac{R}{L_s}i'_d+\omega_e i'_q+\dfrac{1}{L_s}u'_d\\[2mm]\dfrac{\mathrm{d}}{\mathrm{d}t}i'_q=-\dfrac{R}{L_s}i'_q-\omega_e i'_d+\dfrac{1}{L_s}u'_q\end{cases}\tag{5-59}$$

将式(5-59)写成状态空间表达式，即

$$\frac{\mathrm{d}}{\mathrm{d}t}\boldsymbol{i}'=\boldsymbol{A}\boldsymbol{i}'+\boldsymbol{B}\boldsymbol{u}'\tag{5-60}$$

其中：$\boldsymbol{i}'=\begin{bmatrix}i'_d\\i'_q\end{bmatrix}$，$\boldsymbol{u}'=\begin{bmatrix}u'_d\\u'_q\end{bmatrix}$，$\boldsymbol{A}=\begin{bmatrix}-\dfrac{R}{L_s}&\omega_e\\-\omega_e&-\dfrac{R}{L_s}\end{bmatrix}$，$\boldsymbol{B}=\begin{bmatrix}\dfrac{1}{L_s}&0\\0&\dfrac{1}{L_s}\end{bmatrix}$。

式(5-60)的状态矩阵 **A** 中包含转子速度信息，因此可将此式作为可调模型，ω_e 为待辨识的可调参数，而三相 PMSM 本身作为参考模型。

5.4.2　参考自适应律的确定

将式(5-59)以估计值表示，可得

$$\begin{cases}\dfrac{\mathrm{d}}{\mathrm{d}t}\hat{i}'_d=-\dfrac{R}{L_s}\hat{i}'_d+\hat{\omega}_e\hat{i}'_q+\dfrac{1}{L_s}u'_d\\[2mm]\dfrac{\mathrm{d}}{\mathrm{d}t}\hat{i}'_q=-\dfrac{R}{L_s}\hat{i}'_q-\hat{\omega}_e\hat{i}'_d+\dfrac{1}{L_s}u'_q\end{cases}\tag{5-61}$$

可简写为

$$\frac{\mathrm{d}}{\mathrm{d}t}\hat{\boldsymbol{i}}'=\hat{\boldsymbol{A}}\hat{\boldsymbol{i}}'+\boldsymbol{B}\boldsymbol{u}'\tag{5-62}$$

其中：$\hat{\boldsymbol{i}}'=\begin{bmatrix}\hat{i}'_d\\\hat{i}'_q\end{bmatrix}$，$\hat{\boldsymbol{A}}=\begin{bmatrix}-\dfrac{R}{L_s}&\hat{\omega}_e\\-\hat{\omega}_e&-\dfrac{R}{L_s}\end{bmatrix}$。

定义广义误差 $\mathbf{error}=\boldsymbol{i}'-\hat{\boldsymbol{i}}'$，将式(5-59)和式(5-61)相减，可得

$$\frac{\mathrm{d}}{\mathrm{d}t}\begin{bmatrix}\widetilde{\mathrm{error}}_d\\\widetilde{\mathrm{error}}_q\end{bmatrix}=\begin{bmatrix}-\dfrac{R}{L_s}&\omega_e\\-\omega_e&-\dfrac{R}{L_s}\end{bmatrix}\begin{bmatrix}\widetilde{\mathrm{error}}_d\\\widetilde{\mathrm{error}}_q\end{bmatrix}-\boldsymbol{J}(\omega_e-\hat{\omega}_e)\begin{bmatrix}\hat{i}'_d\\\hat{i}'_q\end{bmatrix}\tag{5-63}$$

其中：$\widetilde{\mathrm{error}}_d=i'_d-\hat{i}'_d$，$\widetilde{\mathrm{error}}_q=i'_q-\hat{i}'_q$，$\boldsymbol{J}=\begin{bmatrix}0&-1\\1&0\end{bmatrix}$。

将式(5-63)写成以下形式：

$$\frac{\mathrm{d}}{\mathrm{d}t}\mathbf{error}=\boldsymbol{A}_e\mathbf{error}-\boldsymbol{W}\tag{5-64}$$

其中：$\boldsymbol{A}_{e}=\begin{bmatrix}-\dfrac{R}{L_{s}} & \omega_{e}\\ -\omega_{e} & -\dfrac{R}{L_{s}}\end{bmatrix}$，$\boldsymbol{W}=\boldsymbol{J}(\omega_{e}-\hat{\omega}_{e})\hat{\boldsymbol{i}}'$。

根据 Popov 超稳定性理论[15]可知，若使该系统稳定，必须满足：

① 传递矩阵 $\boldsymbol{H}(s)=(s\boldsymbol{I}-\boldsymbol{A}_{e})^{-1}$ 为严格正定矩阵；

② $\eta(0,t_1)=\int_0^{t_1}\boldsymbol{V}^{T}\boldsymbol{W}\mathrm{d}t\geqslant-\gamma_0^2$，$\forall t_1\geqslant0$，$\gamma_0$ 为任一有限正数。此时，则有 $\lim\limits_{t\to\infty}\mathbf{error}(t)=0$，即 MARS 是渐进稳定的。

对 Popov 积分不等式进行逆向求解就可以得到自适应律，且结果为[15]

$$\hat{\omega}_{e}=\int_0^{t}K_{i}(i_{d}\hat{i}'_{q}-\hat{i}'_{d}i'_{q})\mathrm{d}\tau+K_{p}(i_{d}\hat{i}'_{q}-\hat{i}'_{d}i'_{q}) \tag{5-65}$$

将式(5-65)改写成如下表达式：

$$\hat{\omega}_{e}=\left(\frac{K_{i}}{s}+K_{p}\right)\mathrm{error}_{\omega} \tag{5-66}$$

其中：$\mathrm{error}_{\omega}=(i_{d}\hat{i}'_{q}-\hat{i}'_{d}i'_{q})=\boldsymbol{i}'\times\hat{\boldsymbol{i}}'$。

将式(5-58)代入式(5-65)，可得

$$\hat{\omega}_{e}=\left(\frac{K_{i}}{s}+K_{p}\right)\left[i_{d}\hat{i}_{q}-\hat{i}_{d}i_{q}-\frac{\psi_{f}}{L_{s}}(i_{q}-\hat{i}_{q})\right] \tag{5-67}$$

对式(5-66)求积分，可以求得转子位置估计值，即

$$\hat{\theta}_{e}=\int\hat{\omega}_{e}\mathrm{d}\tau \tag{5-68}$$

MRAS 的实现框图如图 5-21 所示。

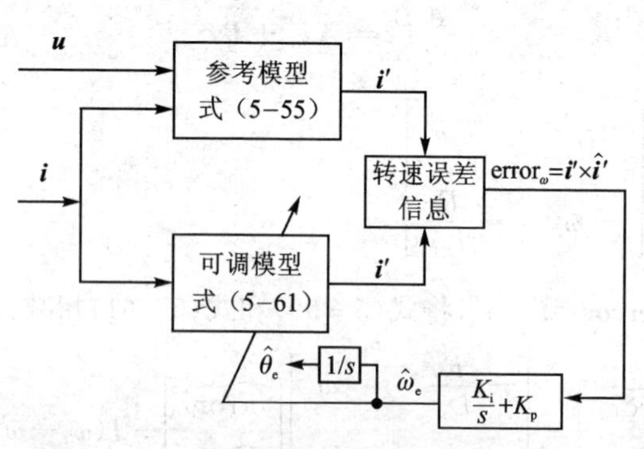

图 5-21　MRAS 的实现框图

图 5-22 给出了基于 MRAS 的三相 PMSM 无传感器矢量控制框图。其中，控制方式采用 $i_{d}=0$ 的控制策略。

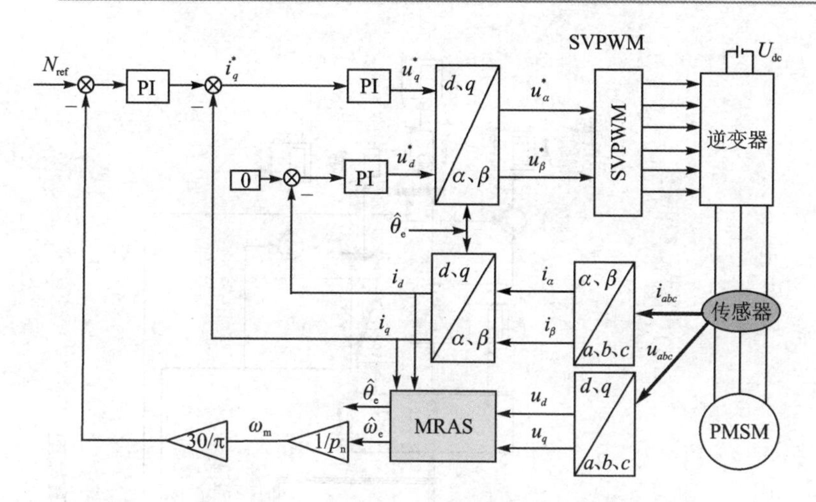

图 5－22 基于 MRAS 的三相 PMSM 无传感器矢量控制框图

5.4.3 仿真建模与结果分析

根据图 5－22 所示的基于 MRAS 的三相 PMSM 无传感器矢量控制框图，在 MATLAB/Simulink 环境下搭建仿真模型，如图 5－23 所示。其中，仿真中电机参数为：极对数 $p_n=4$，定子电感 $L_s=8.5$ mH，定子电阻 $R=2.875\ \Omega$，磁链 $\psi_f=0.175$ Wb，转动惯量 $J=4.8\times10^{-6}\ \text{kg}\cdot\text{m}^2$，阻尼系数 $B=0$。另外，各个模块的仿真模型如图 5－24 所示。

为了验证所搭建仿真模型的正确性，参考转速设定为 $N_{ref}=600$ r/min，空载条件下的仿真结果如图 5－25 所示。

从以上仿真结果可以看出，当电机从零速上升到参考转速 600 r/min 时，转速估计误差在转速的上升阶段有较大值，但随着转速的上升且稳定运行后转速估计误差逐渐减小，转子位置的估计误差也逐渐减小。因此可以说明，基于 MRAS 的无传感器控制技术能够满足实际电机控制性能的需要。

5.5 扩展卡尔曼滤波器算法

卡尔曼滤波器是在线性最小方差估计基础上发展起来的一种递推计算方法，是一种非线性系统的随机观测器，该算法可一边采集数据，一边计算。扩展卡尔曼滤波器(Extended Kalman Filter，EKF)算法是线性系统状态估计的卡尔曼滤波算法在非线性系统的扩展应用，因为滤波器增益能够适应环境进行自动调节，所以 EKF 本身就是一个自适应系统，可对系统状态进行在线估计，进而实现对系统的实时控制。EKF 算法适用于高性能伺服系统，可以在很大的速度范围内工作，甚至在很低的速度下能够完成转速估计，也可以对相关状态和某些参数进行估计。

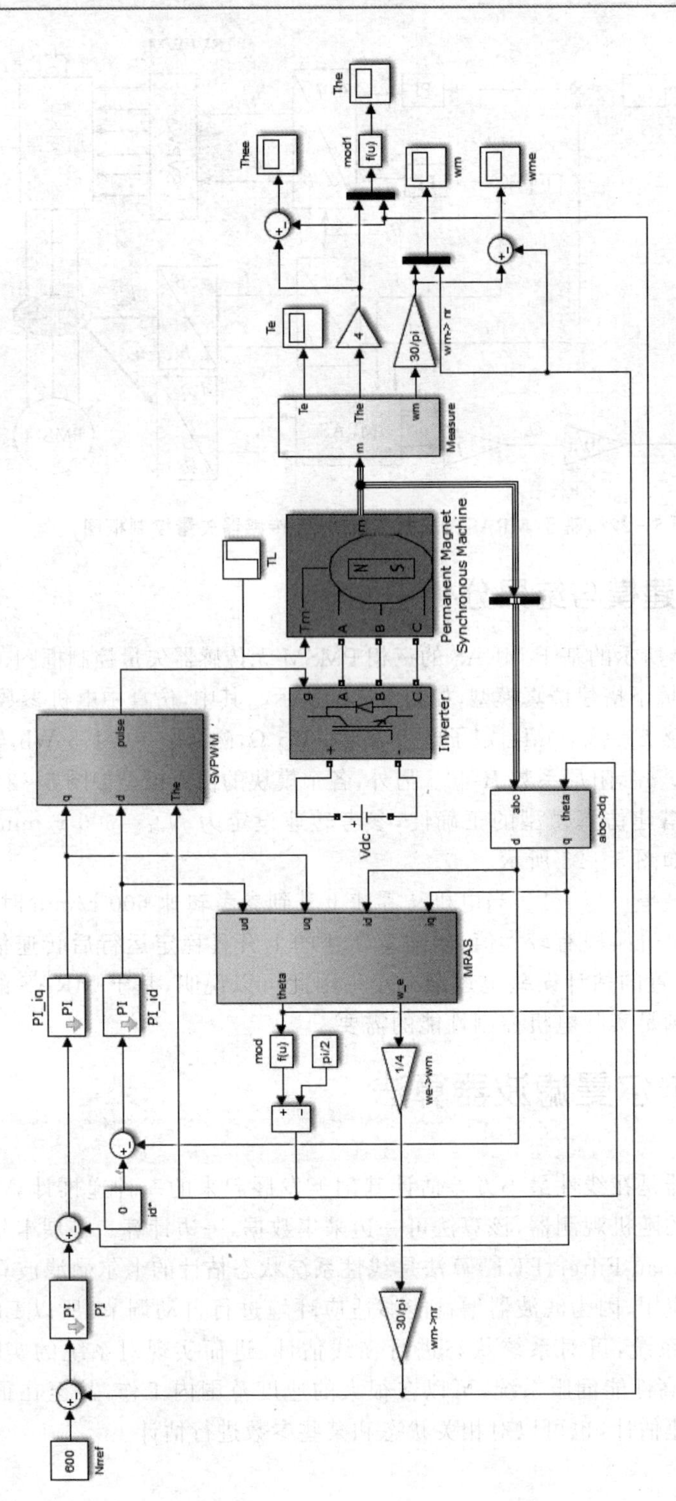

图5-23　基于MRAS的三相PMSM无传感器矢量控制仿真模型

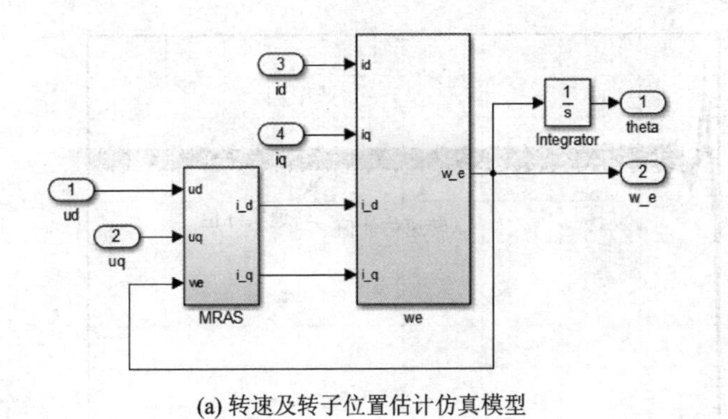

(a) 转速及转子位置估计仿真模型

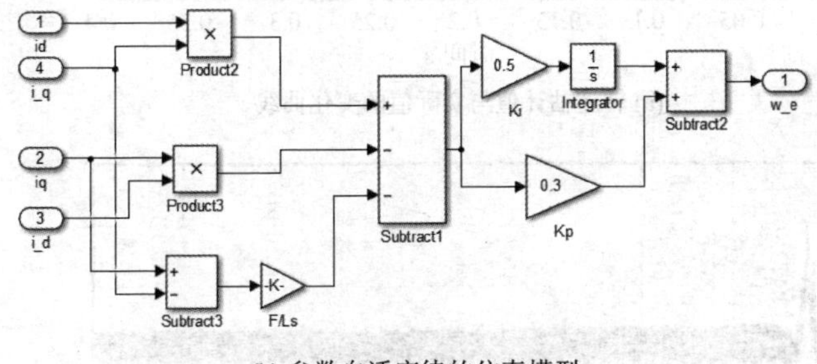

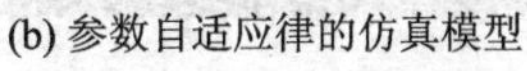
(b) 参数自适应律的仿真模型

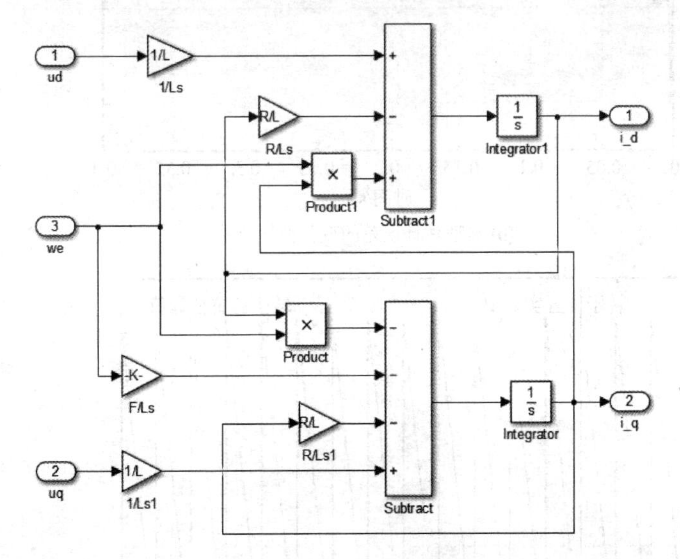

(c) 三相PMSM可调模型的仿真模型

图 5-24　基于 MRAS 的三相 PMSM 无传感器矢量控制各个模块的仿真模型

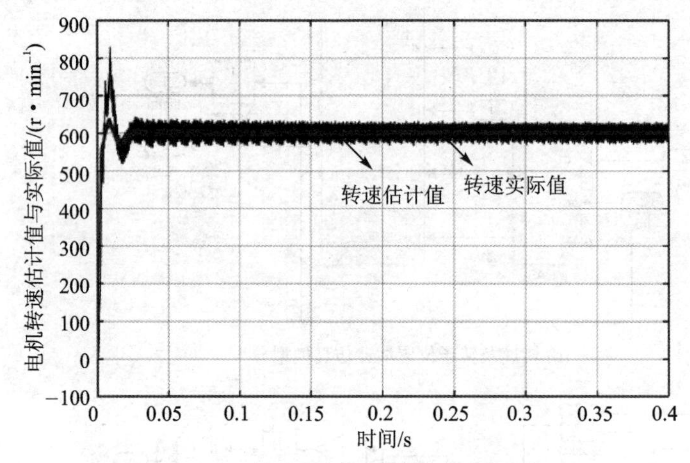

(a) 转速估计值与实际值的变化曲线

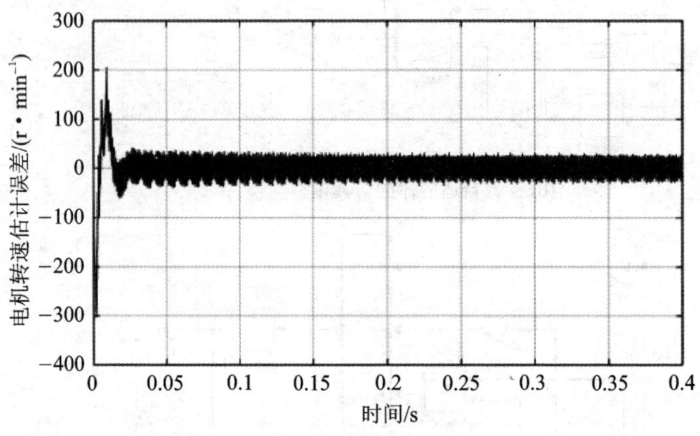

(b) 转速估计误差的变化曲线

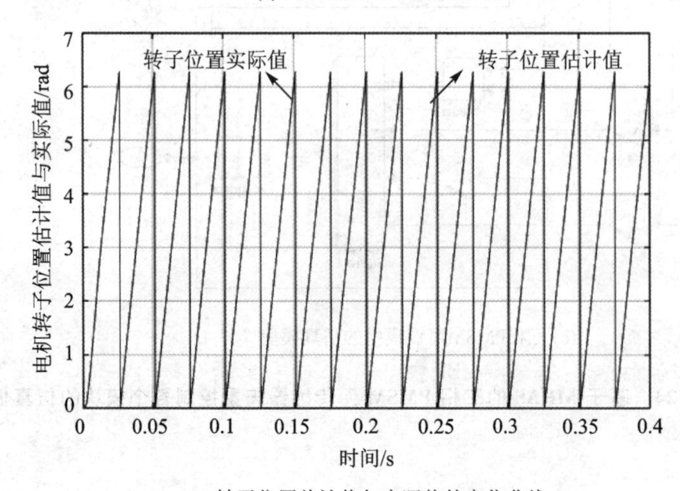

(c) 转子位置估计值与实际值的变化曲线

图 5-25　基于 MRAS 的三相 PMSM 无传感器矢量控制系统的仿真结果

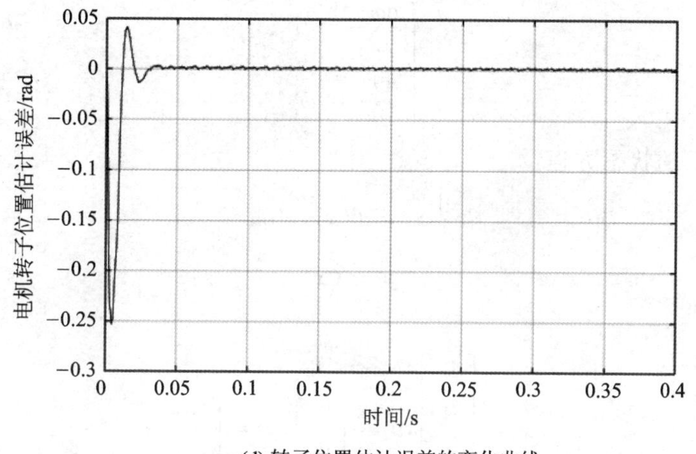

(d) 转子位置估计误差的变化曲线

图 5-25 基于 MRAS 的三相 PMSM 无传感器矢量控制系统的仿真结果(续)

5.5.1 PMSM的数学建模

EKF仍然是依托于电机模型的一种状态观测器,因此数学模型的选择显得尤为重要。其可以选择同步旋转坐标系下的数学模型,也可以选择静止坐标系下的数学模型。若选择同步旋转坐标系,则定子电压和电流的测量值必须通过坐标变换转换到同步旋转坐标上,变换矩阵中含有转子磁链矢量空间角度的正余弦函数,这无疑会额外加重数学模型的非线性,也增加了递推计算时间。相反,如果选择静止坐标系就不会引起这些问题,相比同步旋转坐标系,可节省计算时间,缩短采样周期,提高估算精度。因此,书中以表贴式三相PMSM静止坐标系下的数学模型为基础,介绍EKF算法的设计和仿真建模。

表贴式三相PMSM在静止坐标系下的电压方程为

$$\begin{cases} u_\alpha = Ri_\alpha + L_s \dfrac{\mathrm{d}i_\alpha}{\mathrm{d}t} - \omega_e \psi_f \sin\theta_e \\ u_\beta = Ri_\beta + L_s \dfrac{\mathrm{d}i_\beta}{\mathrm{d}t} + \omega_e \psi_f \cos\theta_e \end{cases} \tag{5-69}$$

将式(5-69)变换为电流方程,可得

$$\begin{cases} \dfrac{\mathrm{d}i_\alpha}{\mathrm{d}t} = -\dfrac{R}{L_s} i_\alpha + \omega_e \dfrac{\psi_f}{L_s} \sin\theta_e + \dfrac{u_\alpha}{L_s} \\ \dfrac{\mathrm{d}i_\beta}{\mathrm{d}t} = -\dfrac{R}{L_s} i_\beta - \omega_e \dfrac{\psi_f}{L_s} \cos\theta_e + \dfrac{u_\beta}{L_s} \end{cases} \tag{5-70}$$

考虑到下式所示的关系式:

$$\begin{cases}\dfrac{d\omega_e}{dt} = 0 \\ \dfrac{d\theta_e}{dt} = \omega_e\end{cases} \tag{5-71}$$

可以获得如下的状态方程：

$$\frac{d}{dt}\boldsymbol{x} = \boldsymbol{f}(\boldsymbol{x}) + \boldsymbol{Bu} \tag{5-72}$$

$$\boldsymbol{y} = \boldsymbol{Cx} \tag{5-73}$$

其中：

$$\boldsymbol{x} = \begin{bmatrix} i_\alpha \\ i_\beta \\ \omega_e \\ \theta_e \end{bmatrix}, \boldsymbol{u} = \begin{bmatrix} u_\alpha \\ u_\beta \end{bmatrix}, \boldsymbol{y} = \begin{bmatrix} i_\alpha \\ i_\beta \end{bmatrix} \tag{5-74}$$

$$f(x) = \begin{bmatrix} -\dfrac{R}{L_s}i_\alpha + \omega_e \dfrac{\psi_f}{L_s}\sin\theta_e \\ -\dfrac{R}{L_s}i_\beta - \omega_e \dfrac{\psi_f}{L_s}\cos\theta_e \\ 0 \\ \theta_e \end{bmatrix} \tag{5-75}$$

$$\boldsymbol{B} = \begin{bmatrix} \dfrac{1}{L_s} & 0 \\ 0 & \dfrac{1}{L_s} \\ 0 & 0 \\ 0 & 0 \end{bmatrix}, \boldsymbol{C} = \begin{bmatrix} 1 & 0 & 0 & 0 \\ 0 & 1 & 0 & 0 \end{bmatrix} \tag{5-76}$$

式(5-72)和式(5-73)是非线性的，正是这种非线性使得式(5-72)和式(5-73)必须采用EKF算法，其离散化的数学模型为

$$\boldsymbol{x}(k+1) = \boldsymbol{f}[\boldsymbol{x}(k)] + \boldsymbol{B}(k)\boldsymbol{u}(k) + \boldsymbol{V}(k) \tag{5-77}$$

$$\boldsymbol{y}(k) = \boldsymbol{C}(k)\boldsymbol{x}(k) + \boldsymbol{W}(k) \tag{5-78}$$

其中：$\boldsymbol{V}(k)$为系统噪声，$\boldsymbol{W}(k)$为测量噪声。

假设$\boldsymbol{V}(k)$和$\boldsymbol{W}(k)$均为零均值白噪声，即有

$$E\{\boldsymbol{V}(k)\} = 0, E\{\boldsymbol{W}(k)\} = 0 \tag{5-79}$$

其中：$E\{\}$表示数字期望值。

在EKF算法的递推计算中，并不直接利用噪声矢量$\boldsymbol{V}$和$\boldsymbol{W}$，而是需要利用$\boldsymbol{V}$的协方差矩阵$\boldsymbol{Q}$以及$\boldsymbol{W}$的协方差矩阵$\boldsymbol{R}$，协方差矩阵$\boldsymbol{Q}$和$\boldsymbol{R}$被定义为

$$\begin{cases}\cos(\boldsymbol{V}) = E\{\boldsymbol{VV}^T\} = \boldsymbol{Q} \\ \cos(\boldsymbol{W}) = E\{\boldsymbol{WW}^T\} = \boldsymbol{R}\end{cases} \tag{5-80}$$

假定 $\boldsymbol{V}(k)$ 和 $\boldsymbol{W}(k)$ 是不相关的，初始状态 $\boldsymbol{x}(0)$ 是随机矢量，也与 $\boldsymbol{V}(k)$ 和 $\boldsymbol{W}(k)$ 不相关。

5.5.2　扩展卡尔曼滤波器的状态估计

EKF 的状态估计大致分为两个阶段，第一个阶段是预测阶段，第二个阶段是校正阶段，具体步骤如下[15]：

① 对状态矢量进行预测，即由输入 $\boldsymbol{u}(k)$ 和上次的状态估计 $\hat{\boldsymbol{x}}(k)$ 来预测 $(k+1)$ 时刻的状态矢量，应为

$$\tilde{\boldsymbol{x}}(k+1)=\hat{\boldsymbol{x}}(k)+T_{\mathrm{s}}[f(\hat{\boldsymbol{x}}(k))+\boldsymbol{B}(k)\boldsymbol{u}(k)] \tag{5-81}$$

其中：T_{s} 为采样周期，“^”代表状态估计，“～”代表预测值。

② 计算此预测量对应的输出 $\tilde{\boldsymbol{y}}(k+1)$，即

$$\tilde{\boldsymbol{y}}(k+1)=\boldsymbol{C}\tilde{\boldsymbol{x}}(k+1) \tag{5-82}$$

③ 计算误差协方差矩阵，即有

$$\tilde{\boldsymbol{p}}(k+1)=\hat{\boldsymbol{p}}(k)+T_{\mathrm{s}}[\boldsymbol{F}(k)\hat{\boldsymbol{p}}(k)+\hat{\boldsymbol{p}}(k)\boldsymbol{F}^{\mathrm{T}}(k)]+\boldsymbol{Q} \tag{5-83}$$

其中：

$$\boldsymbol{F}(k)=\left.\frac{\partial f(\boldsymbol{x})}{\partial \boldsymbol{x}}\right|_{\boldsymbol{x}=\hat{\boldsymbol{x}}(k)} \tag{5-84}$$

结果为

$$\boldsymbol{F}(k)=\begin{bmatrix} -\dfrac{R}{L_{\mathrm{s}}} & 0 & \dfrac{\psi_{\mathrm{f}}}{L_{\mathrm{s}}}\sin\hat{\theta}_{\mathrm{e}}(k)\quad\hat{\omega}_{\mathrm{e}}(k) & \dfrac{\psi_{\mathrm{f}}}{L_{\mathrm{s}}}\cos\hat{\theta}_{\mathrm{e}}(k) \\ 0 & -\dfrac{R}{L_{\mathrm{s}}} & -\dfrac{\psi_{\mathrm{f}}}{L_{\mathrm{s}}}\cos\hat{\theta}_{\mathrm{e}}(k)\quad\hat{\omega}_{\mathrm{e}}(k) & \dfrac{\psi_{\mathrm{f}}}{L_{\mathrm{s}}}\sin\hat{\theta}_{\mathrm{e}}(k) \\ 0 & 0 & 0 & 0 \\ 0 & 0 & 1 & 0 \end{bmatrix} \tag{5-85}$$

④ 计算 EKF 的增益矩阵 $\boldsymbol{K}(k+1)$，即有

$$\boldsymbol{K}(k+1)=\tilde{\boldsymbol{p}}(k+1)\boldsymbol{C}^{\mathrm{T}}[\boldsymbol{C}\tilde{\boldsymbol{p}}(k+1)\boldsymbol{C}^{\mathrm{T}}+\boldsymbol{R}]^{-1} \tag{5-86}$$

⑤ 对预测的状态矢量 $\tilde{\boldsymbol{x}}(k+1)$ 进行反馈校正，以此获得优化的状态估计 $\tilde{\boldsymbol{x}}(k+1)$，即

$$\hat{\boldsymbol{x}}(k+1)=\tilde{\boldsymbol{x}}(k+1)+\boldsymbol{K}(k+1)[\boldsymbol{y}(k+1)-\tilde{\boldsymbol{y}}(k+1)] \tag{5-87}$$

这一步被称为校正的状态估计，也就是“滤波”。

⑥ 为了下一次的估计，要预先计算出估计误差协方差矩阵，即有

$$\hat{\boldsymbol{p}}(k+1)=\tilde{\boldsymbol{p}}(k+1)=\boldsymbol{K}(k+1)\boldsymbol{C}\tilde{\boldsymbol{p}}(k+1) \tag{5-88}$$

值得说明的是，基于 EKF 的无传感器矢量控制可以在宽速范围内运行，但是在零速附近，系统会丧失控制能力，因为此时定子电压变得很小，其预测量误差和电机模型的不确定性将会突出，就会导致状态估计误差的增大。图 5-26 给出了基于 EKF 的三相 PMSM 无传感器矢量控制框图。其中，控制方式采用 $i_d=0$ 的控制策略。

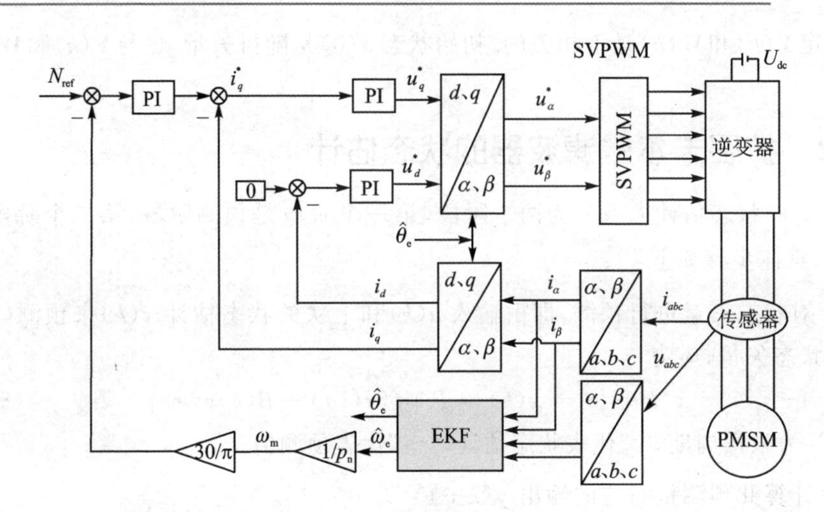

图 5-26　基于 EKF 的三相 PMSM 无传感器矢量控制框图

5.5.3　仿真建模与结果分析

根据图 5-26 所示的基于 EKF 的三相 PMSM 无传感器矢量控制框图，在 MATLAB/Simulink 环境下搭建仿真模型，如图 5-27 所示。其中，仿真中电机参数为：极对数 $p_n=4$，定子电感 $L_s=8.5$ mH，定子电阻 $R=2.875$ Ω，磁链 $\psi_f=0.175$ Wb，转动惯量 $J=0.001$ kg·m²，阻尼系数 $B=0$。EKF 算法采用 s 函数进行编写，函数命名为 EKF。其中，输入为电机在静止坐标系下的定子电压和定子电流，输出为定子电流估计值、转速和转子位置。

EKF 估算模块采用 MATLAB 中的 s 函数建立，其程序如下所示：

```
function [sys,x0,str,ts] = EKF(t,x,u,flag)
% The following outlines the general structure of an S-function
switch flag,
%%%%%%%%%%%%%%%%%%%
% Initialization                 %
%%%%%%%%%%%%%%%%%%%
case 0,
    [sys,x0,str,ts] = mdlInitializeSizes;
%%%%%%%%%%%%%%%
% Derivatives                %
%%%%%%%%%%%%%%%

%%%%%%%%%%
% Update        %
%%%%%%%%%%
case 2,
```

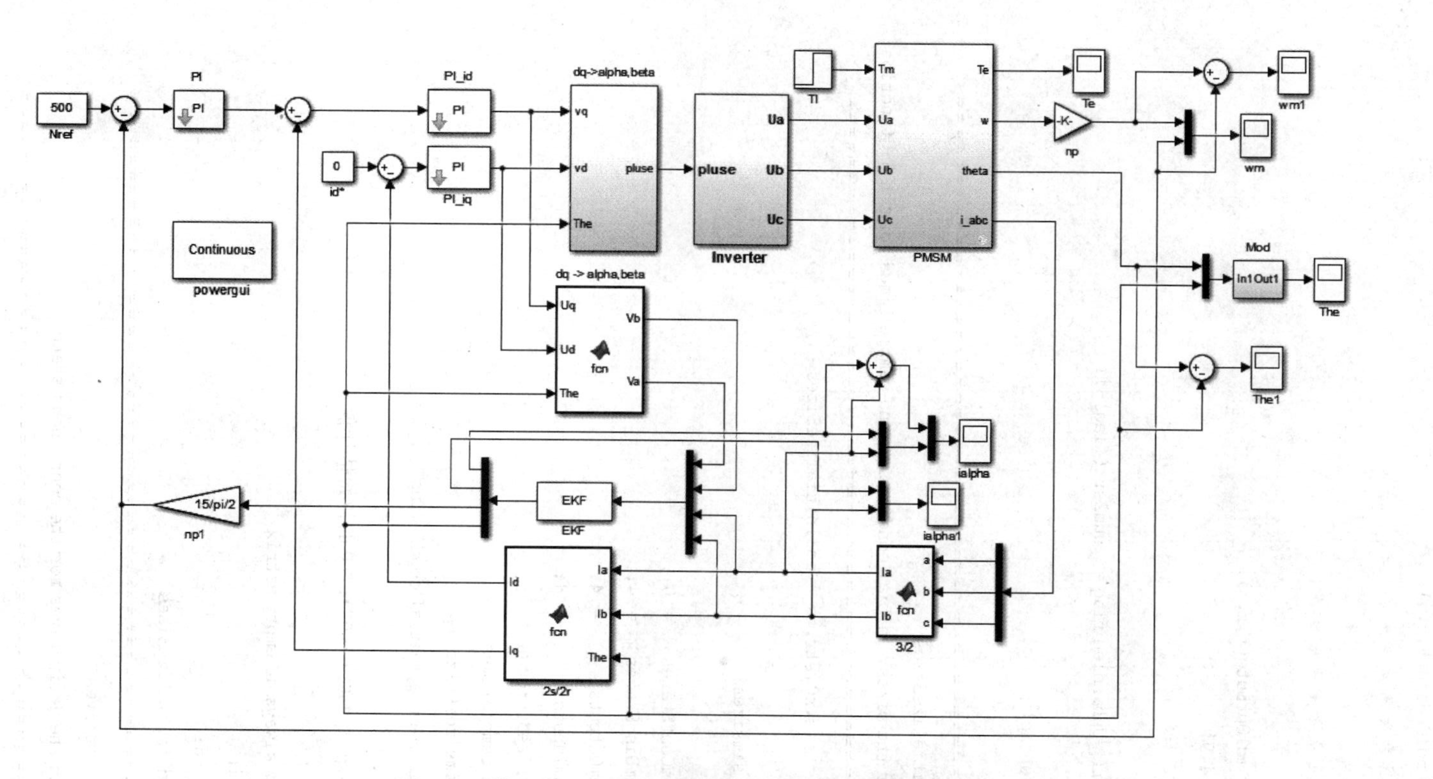

图5-27 基于EKF的三相PMSM无传感器矢量控制仿真模型

```
    sys = mdlUpdate(t,x,u);
%%%%%%%%%%%
% Outputs          %
%%%%%%%%%%%
case 3,
    sys = mdlOutputs(t,x,u);
case {1,4,9}
    sys = [];
otherwise
    error(['Unhandled flag = ',num2str(flag)]);
end
% end sfuntmpl

% =================================================================
% mdlInitializeSizes
% Return the sizes, initial conditions, and sample times for the S-function
% =================================================================
function [sys,x0,str,ts] = mdlInitializeSizes
global P0;
sizes = simsizes;

sizes.NumContStates   = 0;
sizes.NumDiscStates   = 4;
sizes.NumOutputs      = 4;
sizes.NumInputs       = 4;
sizes.DirFeedthrough = 0;
sizes.NumSampleTimes = 1;
sys = simsizes(sizes);
% initialize the initial conditions
x0 = [0 0 0 0];
P0 = diag([0.1 0.1 0 0]); % P的初始估计值

% str is always an empty matrix
str = [];
ts = 1e-6;
% end mdlInitializeSizes
% =================================================================
% mdlDerivatives
% Return the derivatives for the continuous states
% =================================================================
function  sys = mdlUpdate(t,x,u)
global P0;
```

```
    Rs = 2.875; % 定子电阻
    Ls = 0.0085; % 定子电感
    np  = 4; % 极对数
    J = 0.001; % 转动惯量
    flux = 0.3; % 永磁体磁链
    B = 0; % 阻尼系数
    Q = diag([0.1 0.1 1 0.01]);
    R = diag([0.2 0.2]);
    T = 1e-6;
    vs_ab = [u(1) u(2)]';
    is_ab = [u(3) u(4)]';
    H = [1 0 0 0; 0 1 0 0];
    B = [1/Ls 0 0 0; 0 1/Ls 0 0]';
    F = [-Rs/Ls 0 flux/Ls*sin(x(4)) flux/Ls*x(3)*cos(x(4));0 -Rs/Lm -flux/Ls
*cos(x(4)) flux/Ls*x(3)*sin(x(4)); 0 0 0 0; 0 0 1 0]; % 雅可比矩阵
  % 非线性系统矩阵函数
  3/2*np^2*flux/J*(x(2)*cos(x(4))-x(1)*sin(x(4)))-B1*x(3)/J
    f1 = [-Rs/Ls*x(1)+flux/Ls*x(3)*sin(x(4)); -Rs/Lm*x(2)-flux/Ls*x(3)*
cos(x(4)); 0; x(3)];

    f2 = diag([1 1 1 1])+T*F; % 系统转移矩阵
    X_pred = x+T*(f1+B*vs_ab); % 系统转移矩阵
    Y_pred = H*X_pred; % 测量预测值
    Y = is_ab;
    P_pred = f2*P0*f2'+Q; % 预测值
    K = P_pred*H'*inv(H*P_pred*H'+R); % 增益矩阵
    sys = X_pred+K*(Y-Y_pred);
    P0 = P_pred-K*H*P_pred; % 估计值
  % ================================================
  % mdlOutputs
  % Return the block outputs
  % ================================================
  function sys = mdlOutputs(t,x,u)

  sys = x;
```

在实际应用中,由于系统随机干扰和测量噪声的统计特性通常是未知的,所以系统噪声和测量噪声的协方差矩阵一般通过经验和仿真实验来确定。其数值的选择是否合适,对算法的收敛性及估计精度有很大的影响。此处仿真中协方差矩阵及初值选择如下:

$$Q=\begin{bmatrix}0.1 & 0 & 0 & 0\\ 0 & 0.1 & 0 & 0\\ 0 & 0 & 1 & 0\\ 0 & 0 & 0 & 0.01\end{bmatrix},R=\begin{bmatrix}0.2 & 0\\ 0 & 0.2\end{bmatrix},P_0=\begin{bmatrix}0.1 & 0 & 0 & 0\\ 0 & 0.1 & 0 & 0\\ 0 & 0 & 0 & 0\\ 0 & 0 & 0 & 0\end{bmatrix}。$$

为了验证所搭建仿真模型的正确性，参考转速设定为 $N_{ref}=500$ r/min，空载条件下的仿真结果如图 5－28 所示。

从以上仿真结果可以看出，当电机从零速上升到参考转速 500 r/min 时，转速估计误差在转速的上升阶段有较大值，但随着转速的上升且稳定运行后转速估计误差逐渐减小，转子位置估计误差和定子电流 i_α 的估计误差也逐渐减小。因此可以说明，通过选取合适的协方差矩阵，基于 EKF 的无传感器控制技术能够满足实际电机控制性能的需要。

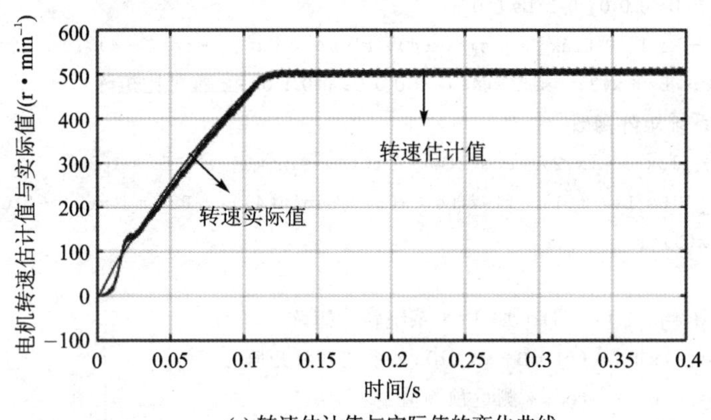

(a) 转速估计值与实际值的变化曲线

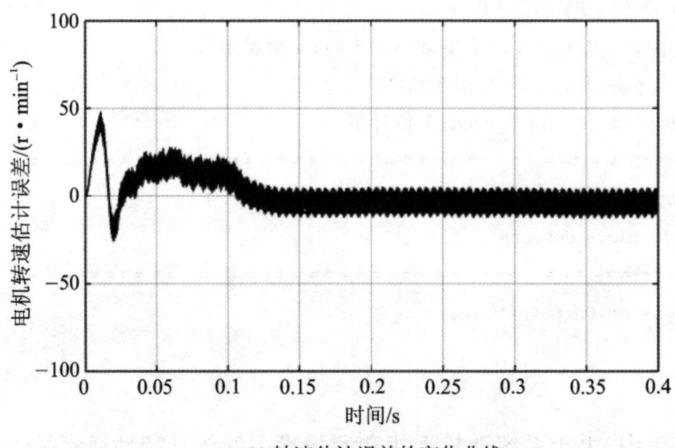

(b) 转速估计误差的变化曲线

图 5－28　基于 EKF 的三相 PMSM 无传感器矢量控制系统的仿真结果

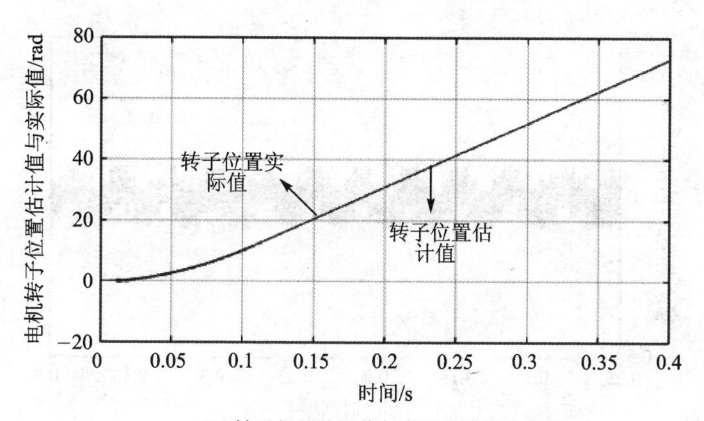

(c) 转子位置估计值与实际值的变化曲线

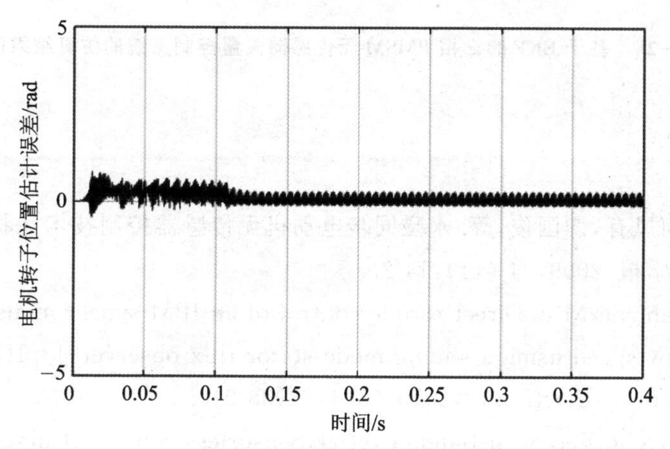

(d) 转子位置估计误差的变化曲线

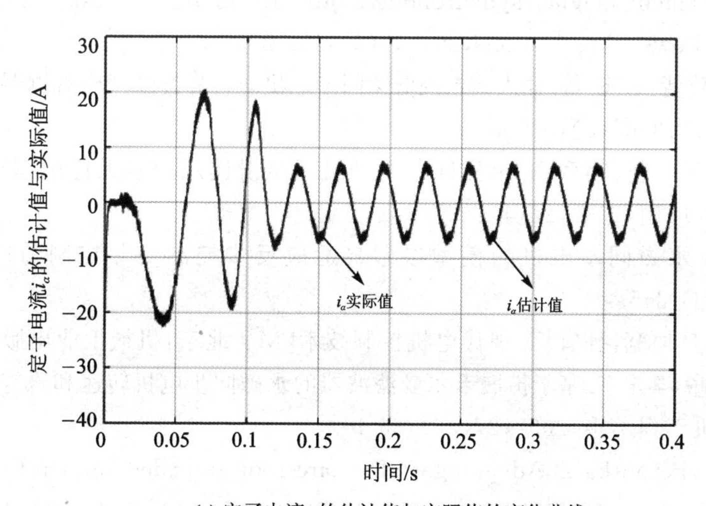

(e) 定子电流i_a的估计值与实际值的变化曲线

图5-28 基于EKF的三相PMSM无传感器矢量控制系统的仿真结果(续)

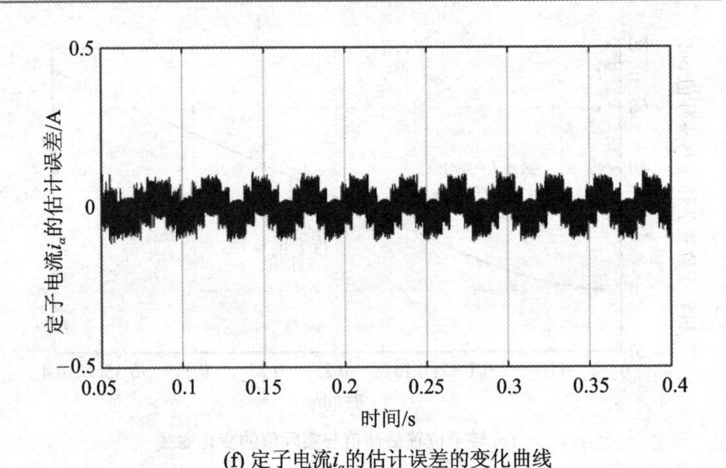

(f) 定子电流i_a的估计误差的变化曲线

图5-28 基于EKF的三相PMSM无传感器矢量控制系统的仿真结果(续)

参考文献

[1] 谷善茂,何凤有,谭国俊,等.永磁同步电动机无传感器控制技术现状与发展[J].电工技术学报,2009,24 (11):14-20.

[2] Foo G,Rahman M F. Direct torque control of an IPM-synchronous motor drive at very low speed using a sliding-mode stator flux observer[J]. IEEE Transactions on Power Electronics,2010,25(4):3933-942.

[3] Yuan Lei,Xiao Fei,Shen Jianqing,et al. Sensorless control of high- power interior permanent magnet synchronous motor drives at very low speed [J]. IET Electric Power Applications,2013,7(3):199-206.

[4] 袁雷,沈建清,肖飞,等.插入式永磁低速同步电机非奇异终端滑模观测器设计[J].物理学报,2013,62(3):030501 .

[5] 鲁文其,黄文新,胡育文.永磁同步电动机新型滑模观测器无传感器控制[J].控制理论与应用,2009,26(4):429-432.

[6] 张兴华.永磁同步电机的模型参考自适应反步控制[J].控制与决策,2008,23(3):341-345.

[7] 王成元,夏加宽,孙宜标.现代电机控制技术[M].北京:机械工业出版社,2010.

[8] 张猛,肖曦,李永东.基于扩展卡尔曼滤波器的永磁同步电机转速和磁链观测器[J].中国电机工程学报,2007,27(36):36-40.

[9] Smidl V,Peroutka Z. Advantages of square-root extended kalman filter for sensorless control of AC drives[J]. IEEE Transactions on Industrial Electronics,2012,59(11):4189-4196.

[10] 黄雷,赵光宙,年珩.基于扩展反电势估算的内插式永磁同步电动机无传感器控制[J].中国电机工程学报,2007,27(9):59-63.

[11] 刘家曦,李铁才,杨贵杰.永磁同步电机转子位置与速度预估[J].电机与控制学报,2009,13(5):690-694.

[12] 王颢雄,肖飞,马伟明,等.基于滑模观测器与SPLL的PMSG无传感器控制[J].电机与控制学报,2011,15(1):49-54.

[13] 尚喆,赵荣祥,窦汝振.基于自适应滑模观测器的永磁同步电机无位置传感器控制研究[J].中国电机工程学报,2007,27(3):23-27.

[14] 肖飞,袁雷,王令辉,等.大功率永磁低速同步电机的无传感器控制[J].电力电子技术,2012,40(11):101-102,108.

[15] 王成元,夏加宽,杨俊友,等.电机现代控制技术[M].北京:机械工业出版社,2006.

第6章

基于高频信号注入的三相永磁同步电机无传感器控制

第5章提到的几种无传感器控制技术都有一个共同的缺点:当电动机运行在零速和极低速时,有用信号的信噪比很低,通常难以提取,最终导致这类方法在电机零速和低速运行时对转子位置和速度的检测失效。为了在包括零速在内的所有速度下都能获得精确的转子位置信息,高频信号注入法是解决该问题的一个有效方法。其基本思想是把一个高频电压(或电流)信号叠加到基波信号上,共同施加给电机三相绕组,相应的高频电流(或电压)中将携带转子位置信息,通过带通滤波器,把这一电流(或电压)信号抽取出来进行适当的处理,就能估计出转子的位置[1-3]。目前,常用的注入高频信号主要包括旋转高频电压信号[4-5]和脉振高频电压信号[6-7]。其中,旋转高频电压注入法主要用于凸极率较大的内置式三相 PMSM 的转子位置检测,而脉振高频电压信号注入法可用于凸极率很小甚至隐极型的表贴式三相 PMSM 转子位置的检测。本章将详细介绍旋转高频电压信号注入法和脉振高频电压信号注入法的工作原理,指出两种方法实现中的关键技术,建立内置式三相 PMSM 无传感器矢量控制系统的仿真模型,并对仿真结果进行分析。

6.1 高频激励下的三相 PMSM 数学模型

由于内置式三相 PMSM 具有明显的凸极,即直轴和交轴的电感大小不同,从而为通过注入高频电压信号来跟踪凸极提供了可能性。为了获得高频激励下的数学模型,重写内置式三相 PMSM 的基波数学模型:

$$\begin{cases} u_d = Ri_d + \dfrac{\mathrm{d}}{\mathrm{d}t}\psi_d - \omega_e \psi_q \\ u_q = Ri_q + \dfrac{\mathrm{d}}{\mathrm{d}t}\psi_q + \omega_e \psi_d \end{cases} \tag{6-1}$$

定子磁链方程为

$$\begin{cases} \psi_d = L_d i_d + \psi_f \\ \psi_q = L_q i_q \end{cases} \tag{6-2}$$

将式(6-2)代入式(6-1),电压方程可变为

$$\begin{cases} u_d = Ri_d + L_d \dfrac{\mathrm{d}}{\mathrm{d}t} i_d - \omega_e L_q i_q \\ u_q = Ri_q + L_q \dfrac{\mathrm{d}}{\mathrm{d}t} i_q + \omega_e (L_d i_d + \psi_f) \end{cases} \tag{6-3}$$

将式(6-1)变换到静止坐标系下,即有

$$\begin{bmatrix} u_\alpha \\ u_\beta \end{bmatrix} = R \begin{bmatrix} i_\alpha \\ i_\beta \end{bmatrix} + \frac{\mathrm{d}}{\mathrm{d}t} \begin{bmatrix} \psi_\alpha \\ \psi_\beta \end{bmatrix} \tag{6-4}$$

$$\begin{bmatrix} \psi_\alpha \\ \psi_\beta \end{bmatrix} = \begin{bmatrix} L + \Delta L \cos 2\theta_e & -\Delta L \sin 2\theta_e \\ -\Delta L \sin 2\theta_e & L - \Delta L \cos 2\theta_e \end{bmatrix} \begin{bmatrix} i_\alpha \\ i_\beta \end{bmatrix} + \psi_f \begin{bmatrix} \cos \theta_e \\ \sin \theta_e \end{bmatrix} \tag{6-5}$$

其中:$L=(L_d+L_q)/2$ 为平均电感,$\Delta L=(L_q-L_d)/2$ 为半差电感。

定义静止坐标系下的电感矩阵 $\boldsymbol{L}_{\alpha\beta}$ 为

$$\boldsymbol{L}_{\alpha\beta} = \begin{bmatrix} L + \Delta L \cos 2\theta_e & -\Delta L \sin 2\theta_e \\ -\Delta L \sin 2\theta_e & L - \Delta L \cos 2\theta_e \end{bmatrix} \tag{6-6}$$

从式(6-6)可以看出,该电感矩阵包含转子位置 θ_e 的信息。

通常,高频注入信号的频率一般为0.5~2 kHz,远高于电机基波频率 ω_e,此时可把三相PMSM看作一个简单的RL电路。由于高频时电阻相对于电抗小很多,所以可以忽略不计。此时,高频激励下三相PMSM的电压方程可简化为[8]

$$\begin{cases} u_{din} \approx L_d \dfrac{\mathrm{d}i_{din}}{\mathrm{d}t} \\ u_{qin} \approx L_d \dfrac{\mathrm{d}i_{qin}}{\mathrm{d}t} \end{cases} \tag{6-7}$$

6.2 高频载波信号的选择

对于小、中型逆变器而言,逆变器的开关频率通常为10 ~20 kHz,逆变器的开关谐波受负载变化的影响,假设注入的高频电压信号是一个对称的具有固定幅值的正弦(余弦)信号,逆变器的死区时间和直流母线电压的变化将导致高频信号电压的变化,从而引起位置估计误差的存在,而在实际系统中要减小或补偿这种影响。

对于高频载波信号频率的选择,通常要考虑最大基波励磁的频率和所需的估计带宽以及开关频率等因素。如果高频载波信号的最大频率大于开关频率的一半,则会产生混杂信号。同时,载波频率的增加、电机特性的变化和信噪比的减小等,又进一步约束了载波信号的最大频率。基于上述因素,高频载波信号的最大频率不能过高。

另外,载波信号的最小载波频率要与基波频率具有足够大的频谱分离空间,这是因为,如果注入的载波频率太低,接近于基波频率,则载波信号不易同转子基频信号分离。

载波信号幅值的选择也是基于同样的考虑,对于载波电压最小幅值的约束来自于逆变器的非线性特性、电流反馈值等。载波信号幅值的上限是由它所需的电能和它产生的噪声等因素所决定,一般选择额定电压的0.1倍。通常,高频载波信号是相对于电机转子角速度来说的,是相对的高频,因此,高频信号的频率一般为0.5～2 kHz。

6.3 旋转高频电压信号注入法

目前,旋转高频电压信号注入法是最常用的一种高频信号注入法,其基本原理是:在基波激励上叠加一个三相平衡的高频电压激励,然后检测电机中所产生的对应电流响应,并通过特定的信号处理过程获取转子位置信息,其系统结构框图如图6-1所示。其中,$\boldsymbol{T}_{3s/2s}$是将三相坐标系转换为静止坐标系的变换矩阵,$\boldsymbol{T}(\hat{\theta}_e)$是将静止坐标系转换为旋转坐标系的变换矩阵,$\boldsymbol{T}^{-1}(\hat{\theta}_e)$为其逆矩阵,LPF为低通滤波器,BPF为带通滤波器。

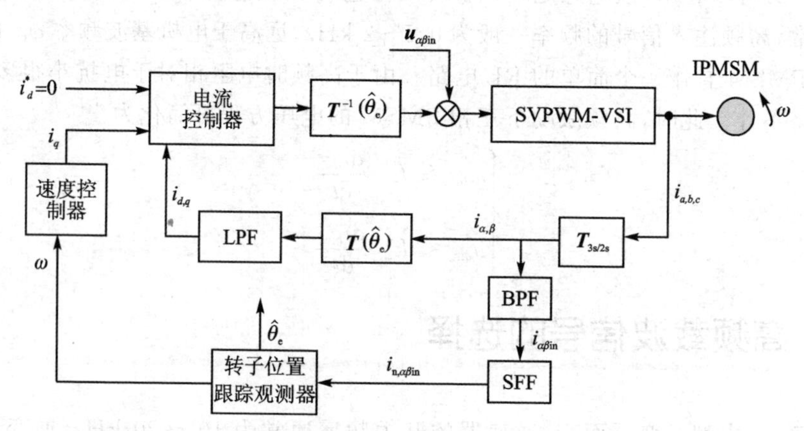

图6-1 基于旋转高频电压信号注入的三相PMSM无传感器控制系统结构框图

6.3.1 旋转高频电压激励下三相PMSM的电流响应

假定注入的高频信号的频率为ω_{in},幅值为V_{in},则注入的高频电压信号可表示为

$$\boldsymbol{u}_{\alpha\beta in}=\begin{bmatrix}u_{\alpha in}\\u_{\beta in}\end{bmatrix}=\begin{bmatrix}V_{in}\cos\omega_{in}t\\V_{in}\sin\omega_{in}t\end{bmatrix}=V_{in}e^{j\omega_{in}t} \tag{6-8}$$

将式(6-8)变换到同步旋转坐标系下,即有

$$\boldsymbol{u}_{dqin}=\boldsymbol{u}_{\alpha\beta in}e^{-j\theta_e}=V_{in}e^{j(\omega_{in}t-\theta_e)} \tag{6-9}$$

将式(6-9)代入式(6-7),可得旋转坐标系下高频电压激励下三相PMSM的电流响应方程为

$$\boldsymbol{i}_{dqin}=\frac{V_{in}}{L_d}\int\cos(\omega_{in}t-\theta_e)\mathrm{d}t+\mathrm{j}\frac{V_{in}}{L_q}\int\sin(\omega_{in}t-\theta_e)\mathrm{d}t=$$

$$\frac{V_{\text{in}}}{\omega_{\text{in}}L_dL_q}\left[\frac{L_d+L_q}{2}\mathrm{e}^{\mathrm{j}\left(\omega_{\text{in}}t-\theta_{\text{e}}-\frac{\pi}{2}\right)}+\frac{L_q-L_d}{2}\mathrm{e}^{\mathrm{j}\left(-\omega_{\text{in}}t+\theta_{\text{e}}+\frac{\pi}{2}\right)}\right] \tag{6-10}$$

将式(6-10)变换到静止坐标系中的表达式为

$$\boldsymbol{i}_{\alpha\beta\text{in}}=\boldsymbol{i}_{dq\text{in}}\mathrm{e}^{\mathrm{j}\theta_{\text{e}}}=I_{\text{cp}}\mathrm{e}^{\mathrm{j}\left(\omega_{\text{in}}t-\frac{\pi}{2}\right)}+I_{\text{cn}}\mathrm{e}^{\mathrm{j}\left(-\omega_{\text{in}}t+2\theta_{\text{e}}+\frac{\pi}{2}\right)} \tag{6-11}$$

其中：I_{cp}为正相序高频电流分量的幅值，即 $I_{\text{cp}}=\frac{V_{\text{in}}}{\omega_{\text{in}}L_dL_q}\frac{L_d+L_q}{2}$；$I_{\text{cn}}$为负相序高频电流分量的幅值，即 $I_{\text{cn}}=\frac{V_{\text{in}}}{\omega_{\text{in}}L_dL_q}\frac{L_d-L_q}{2}$。

从式(6-11)可以看出，高频电流响应包含两种分量：第1种是正相序分量，其旋转方向与注入电压矢量的方向相同，幅值与平均电感有关；第2种是负相序分量，其旋转方向与注入电压矢量的方向相反，幅值与半差电感有关。正相序高频电流分量中不包含任何与转子位置相关的信息，只有负相序高频电流分量的相位中包含转子位置信息，因此必须采用适当的信号处理技术将它提取出来以实现对转子位置的检测。

6.3.2 凸极跟踪转子位置估计方法

为了提取负相序高频电流响应中的转子位置信息，必须很好地滤除电机端电流中的基频电流、低次谐波电流、PWM开关频率谐波电流以及正相序高频电流等信号。基波电流与高频电流幅值相差很大，载波频率远比注入高频频率高，这两者都可以通过常规的带通滤波器(BPF)予以滤除。载波电流正相序分量与负相序分量的旋转方向相反，因此可通过同步轴系高通滤波器(Synchronous Frame Filter，SFF)将正序电流成分滤除[8]。

同步轴系高通滤波器通过坐标变换把高频电流矢量变换到一个与注入的高频电压矢量同步旋转的参考坐标系中，此时正相序高频电流矢量变成直流，很容易通过常规的高通滤波器将其滤除。SFF的基本结构如图6-2所示，图6-3给出了SFF在两相静止坐标系下的等效框图。

经过滤波后，式(6-11)中剩下的信号为负相序高频电流分量，这是一个可以被用来跟踪凸极的有用信号，其矢量表达式为

$$\boldsymbol{i}_{\text{n},\alpha\beta\text{in}}=I_{\text{cn}}\mathrm{e}^{\mathrm{j}\left(-\omega_{\text{in}}t+2\theta_{\text{e}}+\frac{\pi}{2}\right)} \tag{6-12}$$

为了从负序高频电流分量中提取转子位置信息，目前常用的是转子位置跟踪观测器方法，其实现框图如图6-4所示。

图6-4所示的外差法是通信原理中常用的模型，能够实现相角调制以解调出经空间凸极调制的负相序分量，获得与矢量相位误差成正比的跟踪误差信号。通过简单的推导，可以得到跟踪误差信号的表达式：

$$\varepsilon=i_{\text{n},\alpha\text{in}}\cos\left(2\hat{\theta}_{\text{e}}-\omega_{\text{in}}t\right)+i_{\text{n},\beta\text{in}}\sin\left(2\hat{\theta}_{\text{e}}-\omega_{\text{in}}t\right)=2I_{\text{cn}}\sin\left(\hat{\theta}_{\text{e}}-\theta_{\text{e}}\right) \tag{6-13}$$

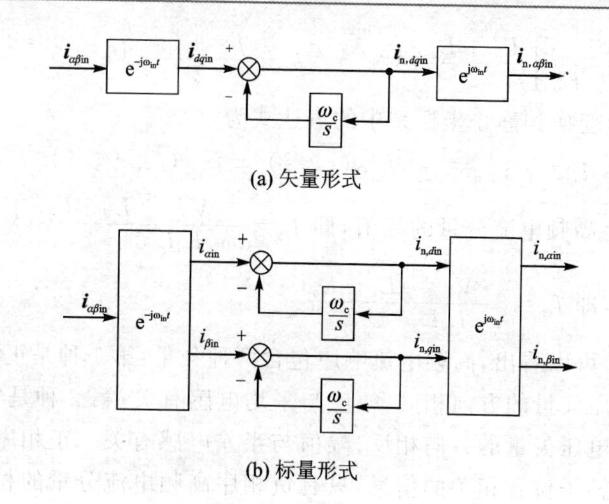

(a) 矢量形式

(b) 标量形式

图 6-2 SFF 的基本结构

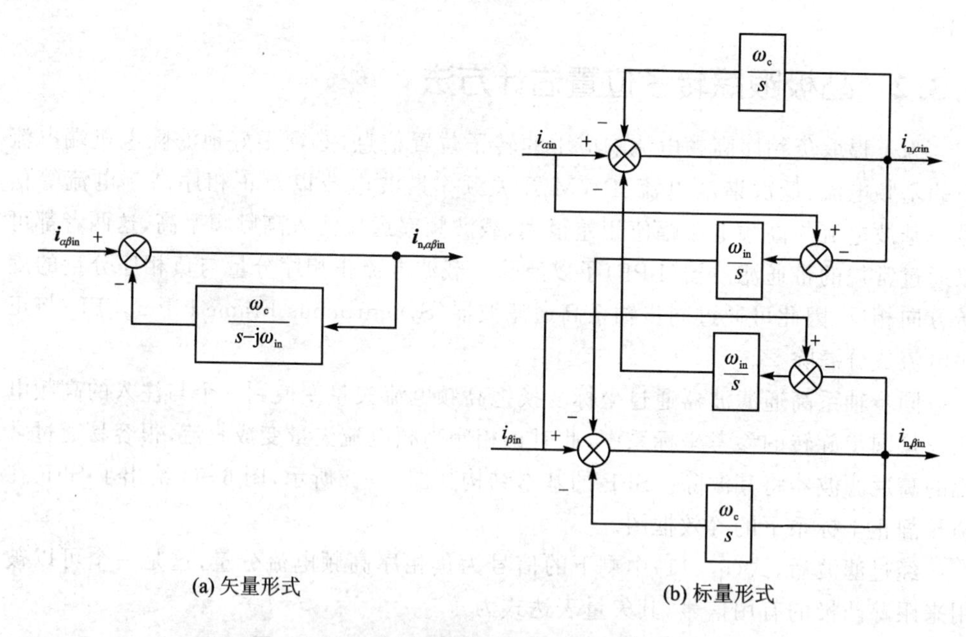

(a) 矢量形式

(b) 标量形式

图 6-3 SFF 在两相静止坐标系下的等效框图

可见，从外差法模型的角度出发可以建立等效的跟踪误差信号。根据图 6-4 可以写出转子位置与估计位置之间的传递函数：

$$\frac{\hat{\theta}_e}{\theta_e}=\frac{Js^3+K_d s^2+K_p s+K_i}{\hat{J}s^3+K_d s^2+K_p s+K_i} \tag{6-14}$$

在跟踪观测器的带宽内，观测器对转动惯量的误差不敏感。但是，当频率高于跟踪观测器的带宽时，转动惯量的误差会引起速度和位置的估计误差。因此，为了保持足够的动态抗干扰性，跟踪观测器必须有足够的带宽。

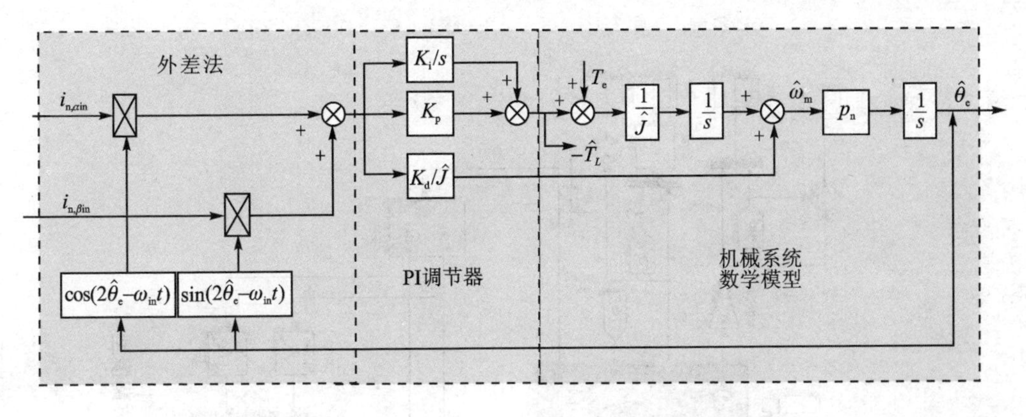

图 6-4 标量形式的转子位置跟踪观测器的实现框图

6.3.3 仿真建模与结果分析

根据图 6-1 所示的基于旋转高频电压信号注入的三相 PMSM 无传感器控制系统结构框图，在 MATLAB/Simulink 环境下搭建系统仿真模型，如图 6-5 所示。另外，各个模块的仿真模型如图 6-6 所示。其中，仿真中电机参数为：极对数 $p_n=2$；定子电感 $L_d=5.2$ mH，$L_q=17.4$ mH；定子电阻 $R=0.33\ \Omega$；磁链 $\psi_f=0.646$ Wb；转动惯量 $J=0.008\ \text{kg}\cdot\text{m}^2$；阻尼系数 $B=0.008\ \text{N}\cdot\text{m}\cdot\text{s}$。仿真条件设置为：直流侧电压 $U_{dc}=311$ V；PWM 开关频率 $f_{pwm}=5$ kHz，采用变步长 ode45 算法，相对误差(Relative tolerance)0.001，仿真时间 0.4 s。

另外，高频电压信号的幅值 $V_{in}=20$ V，频率 $f_{in}=1\ 000$ Hz，即 $u_{\alpha in}=V_{in}\cos(2\pi f_{in}\cdot t)$，$u_{\beta in}=V_{in}\sin(2\pi f_{in}\cdot t)$。低通滤波器(LPF)的设计采用巴特沃斯方法，阶数为 1，且通带边缘频率设置为 150 Hz。高通滤波器(BPF)的设计也采用巴特沃斯方法，阶数为 2，且低通带边缘频率设置为 987 Hz，高通带边缘频率设置为 1 018 Hz。

为了验证所搭建仿真模型的正确性，参考转速设定为 $N_{ref}=100$ r/min，空载条件下的仿真结果如图 6-7 所示。

从以上仿真结果可以看出，当电机从零速上升到参考转速 100 r/min 时，转速估计误差在转速的上升阶段有较大值，但随着转速的上升且稳定运行后转速估计误差逐渐减小，且转子位置估计误差也逐渐减小。由此可以说明，通过选取合适的控制器参数和高频信号，基于旋转高频信号注入的无传感器控制技术能够满足实际电机控制性能的需要。

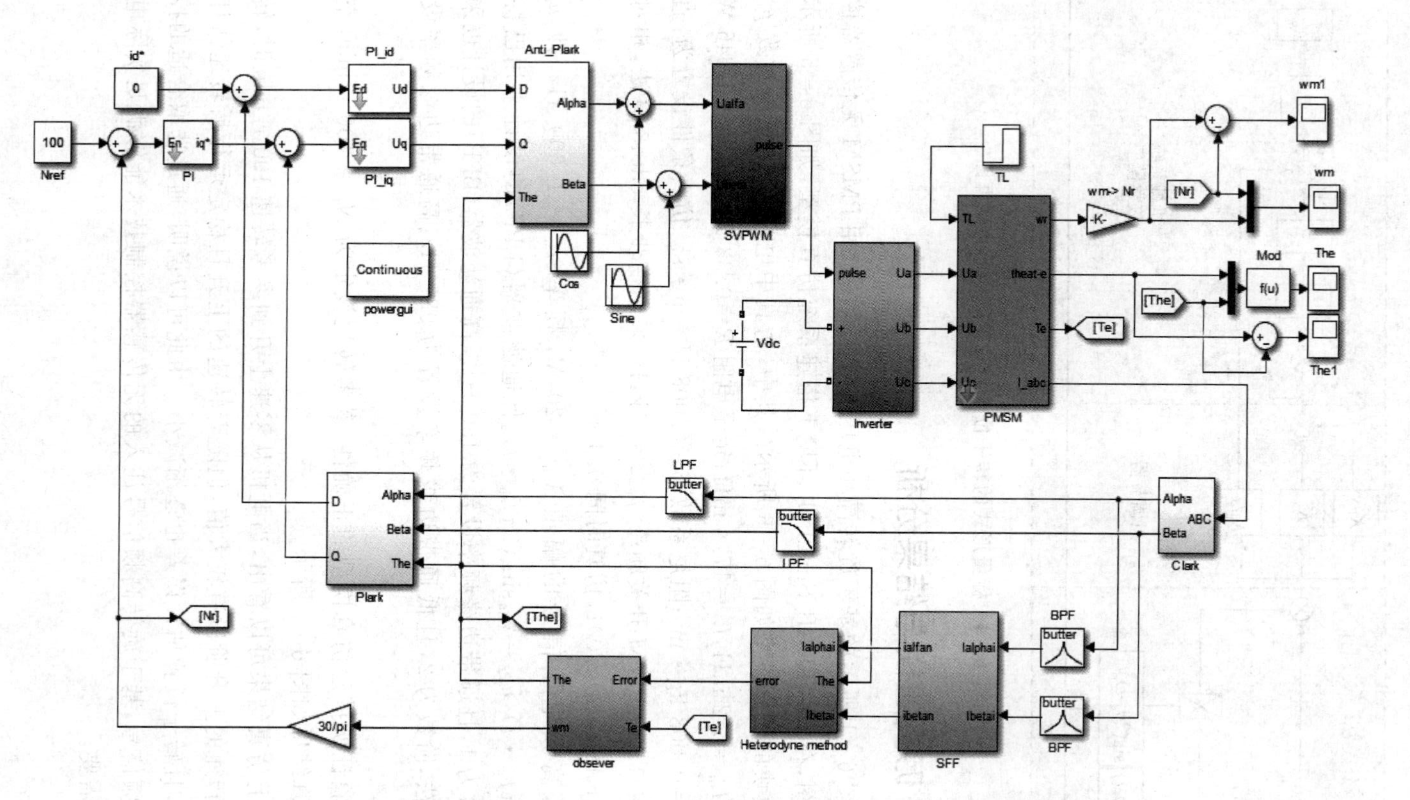

图6-5 基于旋转高频电压信号注入的三相PMSM无传感器控制系统的仿真模型

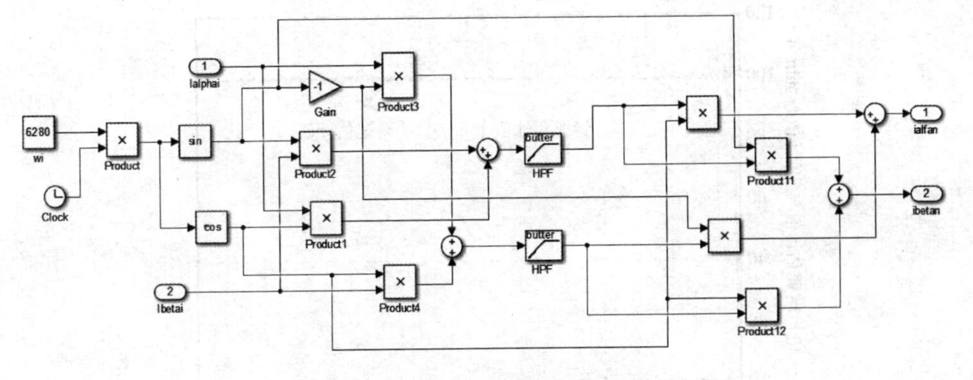

(a) 同步轴系高通滤波器的仿真模型

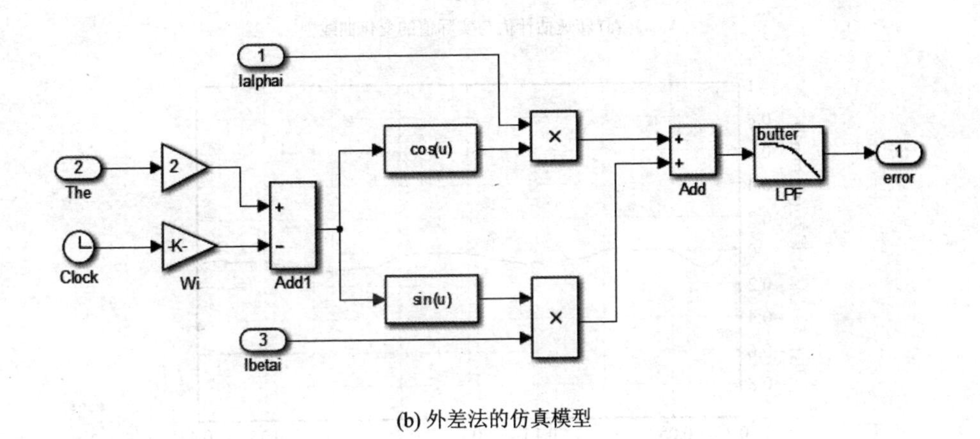

(b) 外差法的仿真模型

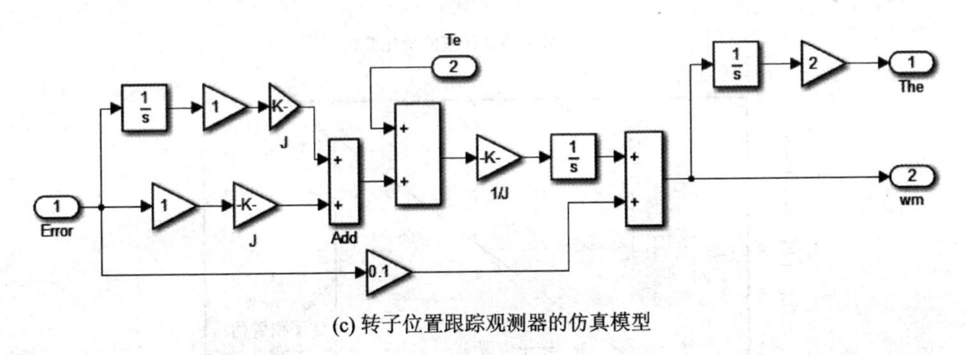

(c) 转子位置跟踪观测器的仿真模型

图 6－6　基于旋转高频电压信号注入的三相 PMSM 无传感器控制系统各个模块的仿真模型

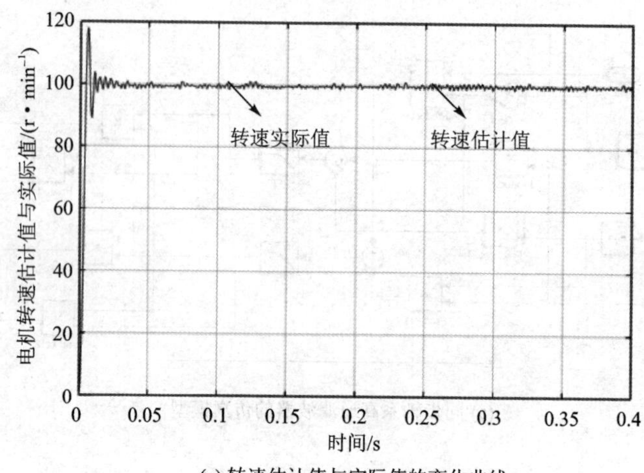

(a) 转速估计值与实际值的变化曲线

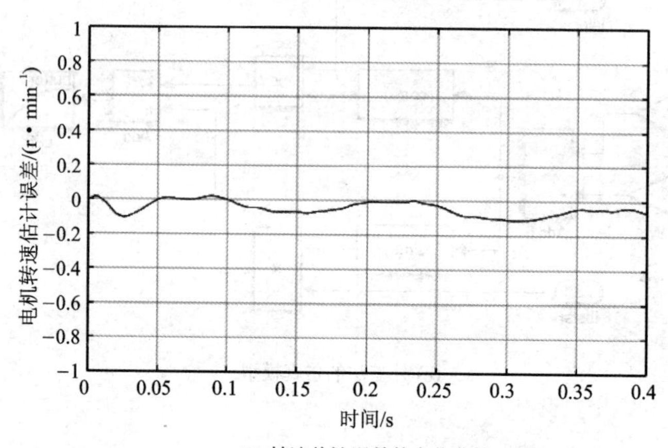

(b) 转速估计误差的变化曲线

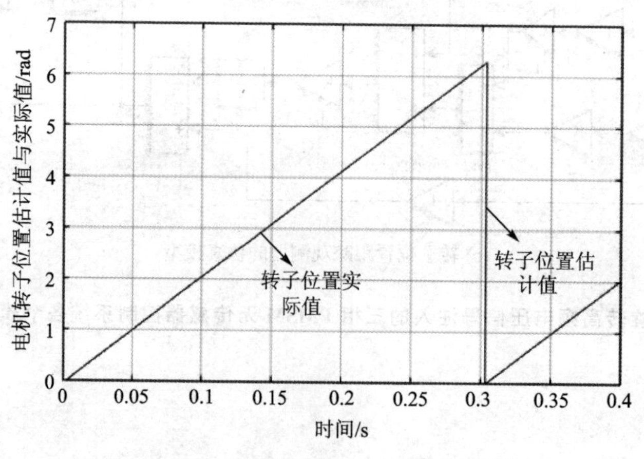

(c) 转子位置估计值与实际值的变化曲线

图6-7　基于旋转高频电压信号注入的三相PMSM无传感器矢量控制系统的仿真结果

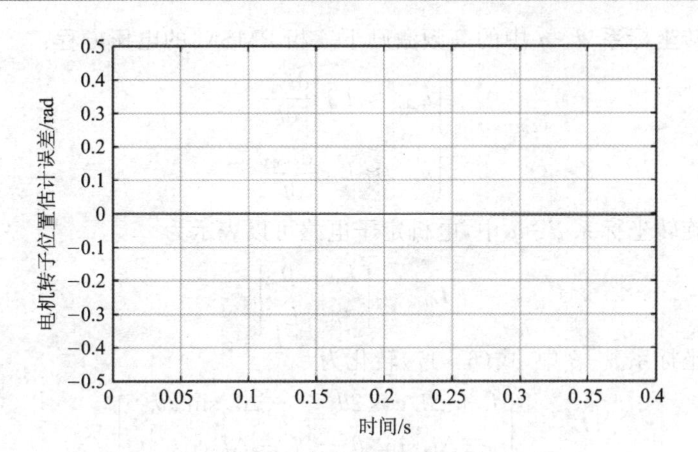

(d) 转子位置估计误差的变化曲线

图 6-7 基于旋转高频电压信号注入的三相 PMSM 无传感器矢量控制系统的仿真结果(续)

6.4 脉振高频电压信号注入法

相对于旋转高频电压信号注入法，脉振高频电压注入法只在估计的同步旋转 $d-q$坐标系中的 d 轴上注入高频正弦电压信号，该信号在静止坐标系中是一个脉振的电压信号。

6.4.1 脉振高频电压激励下三相 PMSM 的电流响应

为了准确估计出电机的转子位置，首先建立估计转子同步旋转坐标系 $\hat{d}-\hat{q}$ 与实际转子同步旋转坐标系$d-q$的关系，如图 6-8 所示。

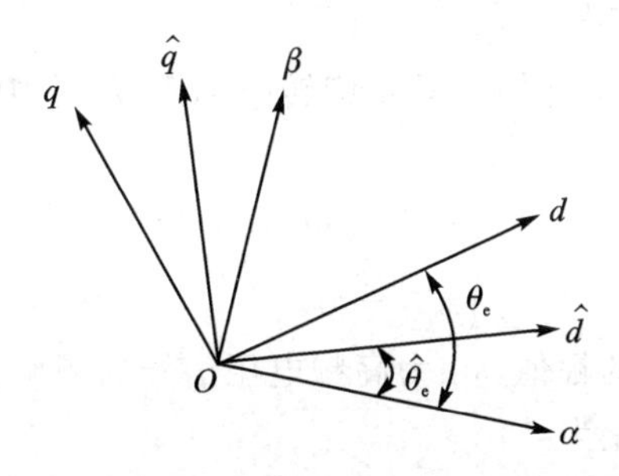

图 6-8 估计转子与实际转子同步旋转坐标系之间的关系

在图 6-8 中，$\alpha-\beta$ 为两相静止坐标系，$\hat{\theta}_e$ 为估计的转子位置角，θ_e 为实际的转子位置角。估计转子同步旋转坐标系 $\hat{d}-\hat{q}$ 与实际转子同步旋转坐标系 $d-q$ 之间的夹角 $\tilde{\theta}_e$ 为转子估计误差角：

$$\tilde{\theta}_e = \theta_e - \hat{\theta}_e \tag{6-15}$$

重写同步旋转坐标系 $d-q$ 中的高频激励下三相 PMSM 的电压方程：

$$\begin{cases} u_{d\text{in}} \approx L_d \dfrac{\mathrm{d}i_{d\text{in}}}{\mathrm{d}t} \\ u_{q\text{in}} \approx L_q \dfrac{\mathrm{d}i_{q\text{in}}}{\mathrm{d}t} \end{cases} \tag{6-16}$$

在同步旋转坐标系 $d-q$ 中，电机定子电感可以表示为

$$\boldsymbol{L}_{dq} = \begin{bmatrix} L_d & 0 \\ 0 & L_q \end{bmatrix} \tag{6-17}$$

在静止坐标系 $\alpha-\beta$ 中，式(6-17)转化为

$$\boldsymbol{L}_{\alpha\beta} = \begin{bmatrix} L+\Delta L\cos 2\theta_{\mathrm{e}} & -\Delta L\sin 2\theta_{\mathrm{e}} \\ -\Delta L\sin 2\theta_{\mathrm{e}} & L-\Delta L\cos 2\theta_{\mathrm{e}} \end{bmatrix} \tag{6-18}$$

则在估计转子同步旋转坐标系 $\hat{d}-\hat{q}$ 中，高频电压和电流的关系为

$$\begin{bmatrix} \dfrac{\mathrm{d}\hat{i}^r_{d\text{in}}}{\mathrm{d}t} \\ \dfrac{\mathrm{d}\hat{i}^r_{q\text{in}}}{\mathrm{d}t} \end{bmatrix} = \begin{bmatrix} \cos\tilde{\theta}_{\mathrm{e}} & -\sin\tilde{\theta}_{\mathrm{e}} \\ \sin\tilde{\theta}_{\mathrm{e}} & \cos\tilde{\theta}_{\mathrm{e}} \end{bmatrix} \begin{bmatrix} \dfrac{1}{L_d} & 0 \\ 0 & \dfrac{1}{L_q} \end{bmatrix} \begin{bmatrix} \cos\tilde{\theta}_{\mathrm{e}} & \sin\tilde{\theta}_{\mathrm{e}} \\ -\sin\tilde{\theta}_{\mathrm{e}} & \cos\tilde{\theta}_{\mathrm{e}} \end{bmatrix} \begin{bmatrix} \hat{u}^r_{d\text{in}} \\ \hat{u}^r_{q\text{in}} \end{bmatrix} \tag{6-19}$$

其中：$\hat{u}^r_{d\text{in}}$、$\hat{u}^r_{q\text{in}}$，以及 $\hat{i}^r_{d\text{in}}$、$\hat{i}^r_{q\text{in}}$ 分别为在估计转子同步旋转坐标系 $\hat{d}-\hat{q}$ 中 $\hat{d}$ 轴、$\hat{q}$ 轴的电压和电流高频分量。改用平均电感和半差电感来描述，式(6-19)可重写为

$$\begin{cases} \dfrac{\mathrm{d}\hat{i}^r_{d\text{in}}}{\mathrm{d}t} = \dfrac{1}{L^2-\Delta L^2}\left[(L+\Delta L\cos 2\tilde{\theta}_{\mathrm{e}})\hat{u}^r_{d\text{in}} + \Delta L\sin(2\tilde{\theta}_{\mathrm{e}})\hat{u}^r_{q\text{in}}\right] \\ \dfrac{\mathrm{d}\hat{i}^r_{q\text{in}}}{\mathrm{d}t} = \dfrac{1}{L^2-\Delta L^2}\left[(\Delta L\sin 2\tilde{\theta}_{\mathrm{e}})\hat{u}^r_{d\text{in}} + (L-\Delta L\cos 2\tilde{\theta}_{\mathrm{e}})\hat{u}^r_{q\text{in}}\right] \end{cases} \tag{6-20}$$

脉振高频电压注入法只在估计转子同步旋转坐标系 $\hat{d}-\hat{q}$ 中 $\hat{d}$ 轴注入高频正弦电压信号：

$$\begin{cases} \hat{u}^r_{d\text{in}} = u_{\text{in}}\cos\omega_{\text{in}}t \\ \hat{u}^r_{q\text{in}} = 0 \end{cases} \tag{6-21}$$

其中：u_{in} 为高频电压信号的幅值，ω_{in} 为高频电压信号的频率。

此时，高频电流可简化为

$$\begin{cases} \hat{i}^r_{d\text{in}} = \dfrac{u_{\text{in}}\sin\omega_{\text{in}}t}{\omega_{\text{in}}(L^2-\Delta L^2)}(L+\Delta L\cos 2\tilde{\theta}_{\mathrm{e}}) \\ \hat{i}^r_{q\text{in}} = \dfrac{u_{\text{in}}\sin\omega_{\text{in}}t}{\omega_{\text{in}}(L^2-\Delta L^2)}\Delta L\sin 2\tilde{\theta}_{\mathrm{e}} \end{cases} \tag{6-22}$$

可以看出，如果 d 轴和 q 轴电感存在差异($\Delta L \neq 0$)，则在估计转子同步速旋转坐标系中，$\hat{d}$ 轴和 $\hat{q}$ 轴高频电流分量的幅值都与转子位置估计误差角 $\tilde{\theta}_{\mathrm{e}}$ 有关。当转子位置

估计误差角为零时，$\hat{q}$ 轴高频电流等于零，因此，可以对 $\hat{q}$ 轴高频电流进行适当的信号处理后作为转子位置跟踪观测器的输入信号，以此获得转子的位置和速度。

6.4.2　转子位置估计方法

1. 基于跟踪观测器的转子位置估计方法

为了获得转子的位置和速度，可先对 $\hat{q}$ 轴高频电流进行幅值调制，经低通滤波器(LPF)后得到转子位置跟踪观测器的输入信号，即

$$f(\tilde{\theta}_e) = \text{LPF}(\hat{i}^r_{q\text{in}} \sin \omega_{\text{in}} t) = \frac{u_{\text{in}} \Delta L}{2\omega_{\text{in}}(L^2 - \Delta L^2)} \sin 2\tilde{\theta}_e \tag{6-23}$$

如果转子位置估算误差足够小，则可以把该误差信号线性化，即

$$f(\tilde{\theta}_e) = \frac{u_{\text{in}}(L_q - L_d)}{4\omega_{\text{in}} L_d L_q} \sin 2\tilde{\theta}_e \approx 2k_\varepsilon \tilde{\theta}_e \tag{6-24}$$

其中：$k_\varepsilon = \dfrac{u_{\text{in}}(L_q - L_d)}{4\omega_{\text{in}} L_d L_q}$。从式(6-24)可以看出，如果调节 $f(\tilde{\theta}_e)$ 使之为零，则转子位置角估计误差也为零，即转子位置的估计值收敛到转子位置的实际值[8]。

采用脉振高频电压信号注入的无传感器控制系统结构框图如图 6-9 所示。在图 6-9 中，$\boldsymbol{T}(\hat{\theta}_e)$ 是将静止坐标系转换到旋转坐标系的变换矩阵，$\boldsymbol{T}^{-1}(\hat{\theta}_e)$ 为其逆矩阵；采用带通滤波器(BPF)提取包含转子位置信息的高频电流信号；使用低通滤波器(LPF)对式(6-24)进行滤波，以获得转子误差信息。为了获得电机的转速和转子位置信息，同样可以采用转子位置跟踪观测器方法，该方法的实现原理已经在 6.3.2 节进行了详细的阐述，此处不再赘述。

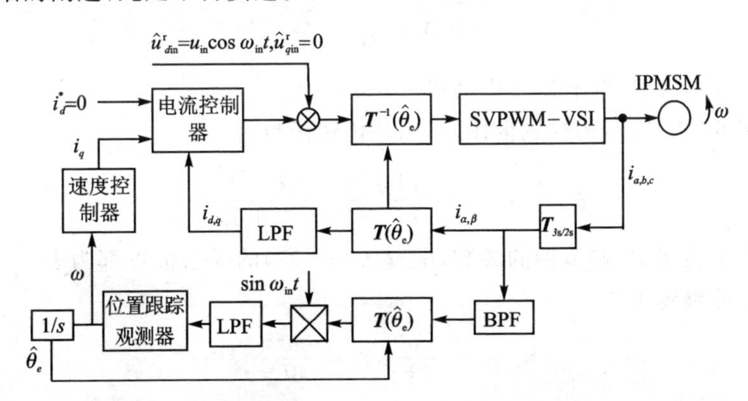

图 6-9　基于位置跟踪观测器的脉振高频电压信号注入的无传感器控制系统结构框图

2. 基于 PLL 的转子位置估计方法

除了采用转子位置跟踪观测器进行转子位置信息估计外，另一个常用的估计方法是基于 PLL 的转子位置估计方法[9-10]，其控制框图如图 6-10 所示。

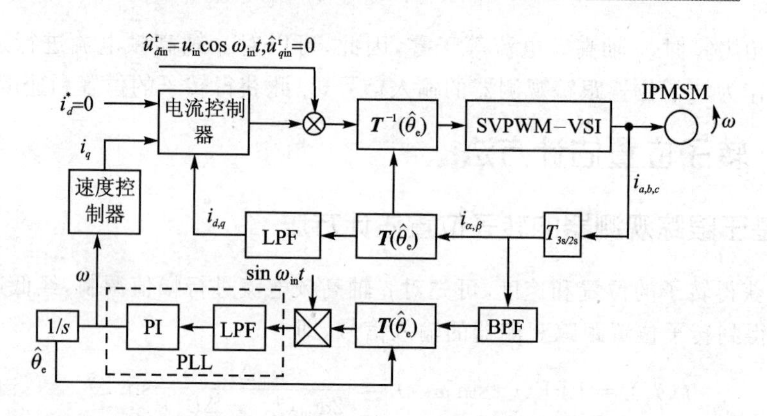

图6-10　基于PLL的脉振高频电压信号注入的无传感器控制系统结构框图

为了获得电机的转子位置角，采用PI调节器构成PLL系统，其控制框图如图6-11所示。其中，LPF滤波器采用期望带宽为σ的一阶低通滤波器形式，其传递函数可表示为

$$F(s)=\frac{\sigma}{s+\sigma} \tag{6-25}$$

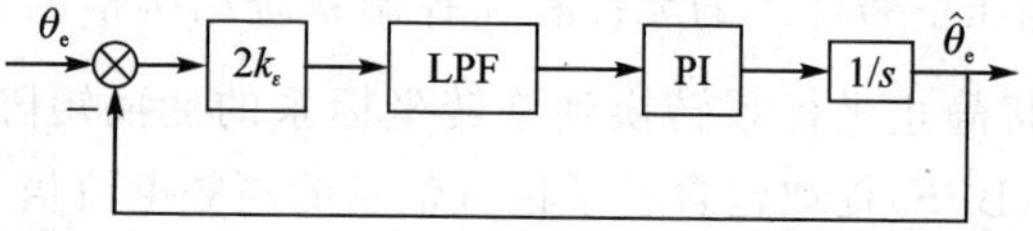

图6-11　基于PLL的转子位置估计控制框图

PI调节器的传递函数采用如下形式：

$$G(s)=\gamma_{\mathrm{p}}+\frac{\gamma_{\mathrm{i}}}{s} \tag{6-26}$$

其中：γ_{p}、γ_{i}分别为PI调节器的比例和积分增益。

根据图6-11所示的控制框图，其闭环传递函数为

$$\frac{\hat{\theta}_{\mathrm{e}}(s)}{\theta_{\mathrm{e}}(s)}=\frac{2k_{\varepsilon}\gamma_{\mathrm{p}}\delta s+2k_{\varepsilon}\gamma_{\mathrm{p}}\delta}{s^{3}+\delta s^{2}+2k_{\varepsilon}\gamma_{\mathrm{p}}\delta s+2k_{\varepsilon}\gamma_{\mathrm{p}}\delta} \tag{6-27}$$

为了便于整定PI调节器的参数，配置式(6-27)的3个极点都为$\delta=-3\alpha$，PI调节器的参数可整定为[9]

$$\gamma_{\mathrm{p}}=\frac{\alpha}{2k_{\varepsilon}},\gamma_{\mathrm{i}}=\frac{\alpha^{2}}{6k_{\varepsilon}} \tag{6-28}$$

6.4.3　仿真建模与结果分析

根据图6-9所示的基于位置跟踪观测器的脉振高频电压信号注入的无传感器控制系统结构框图，在MATLAB/Simulink环境下搭建系统仿真模型，如图6-12所示。仿真中电机参数和仿真条件的设置与采用旋转高频电压信号注入方法的完全

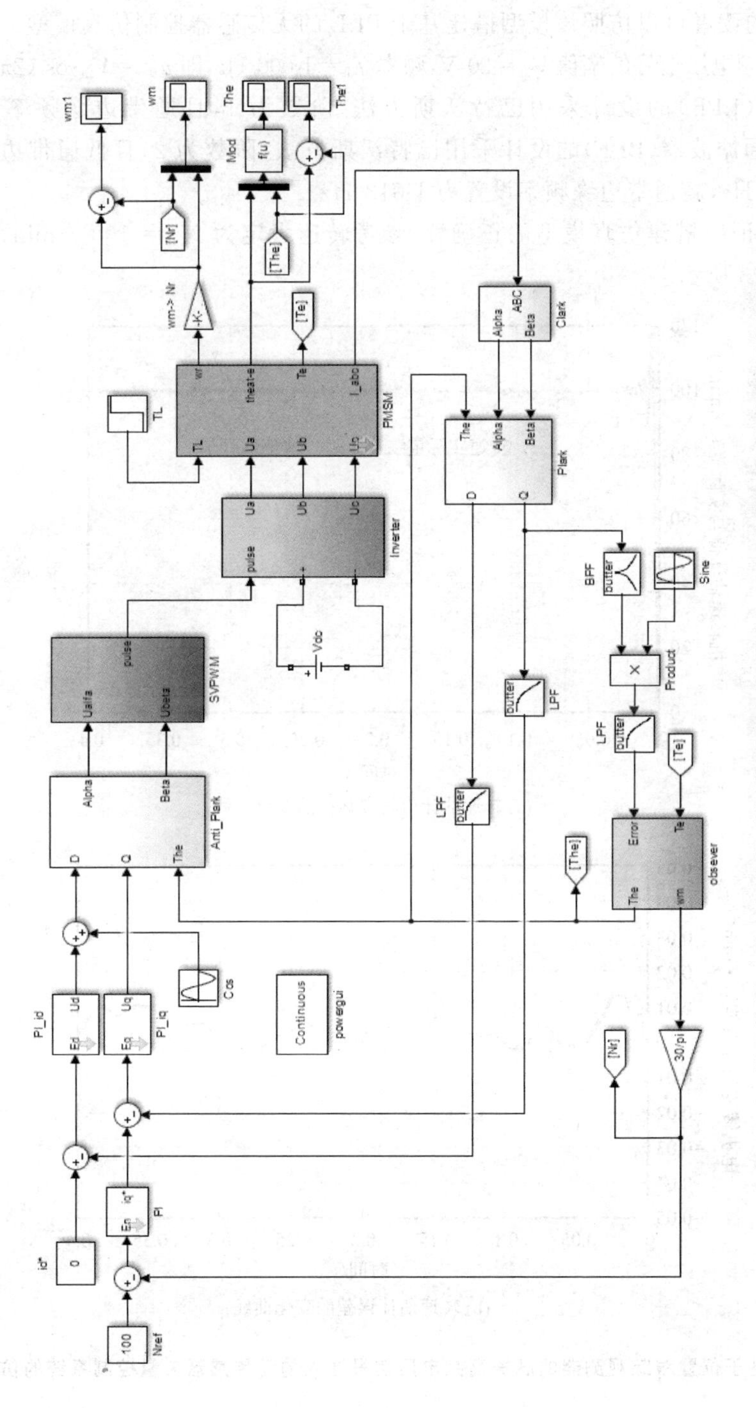

图6-12 基于位置跟踪观测器的脉振高频电压信号注入的无传感器控制系统的仿真模型

相同。值得说明的是，本小节只对基于位置跟踪观测器的无传感器控制系统进行仿真，有兴趣的读者可以仿照该模型搭建基于 PLL 的无传感器控制仿真模型。

脉振高频电压信号的幅值 $V_{in}=20$ V，频率 $f_{in}=1\,000$ Hz，即 $u_{din}=V_{in}\cos(2\pi f_{in}\cdot t)$。低通滤波器(LPF)的设计采用巴特沃斯方法，阶数为 1，且通带边缘频率设置为 150 Hz。高通滤波器(BPF)的设计采用巴特沃斯方法，阶数为 2，且低通带边缘频率设置为 987 Hz，高通带边缘频率设置为 1 018 Hz。

为了验证所搭建仿真模型的正确性，参考转速设定为 $N_{ref}=100$ r/min，仿真结果如图 6-13 所示。

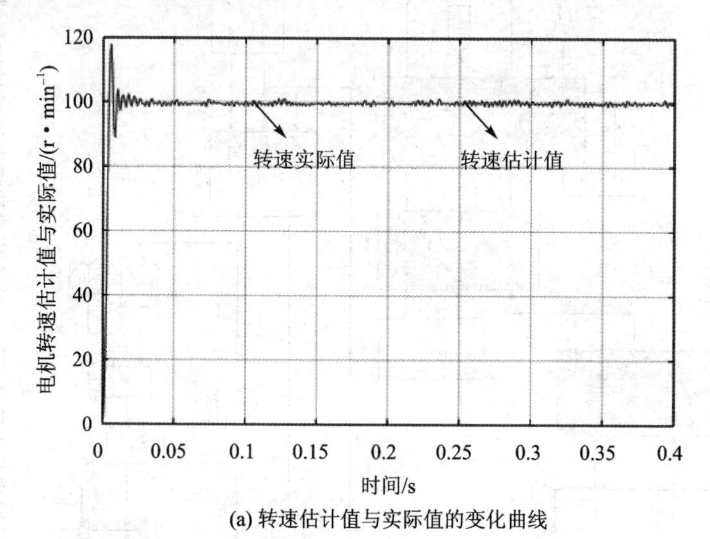

(a) 转速估计值与实际值的变化曲线

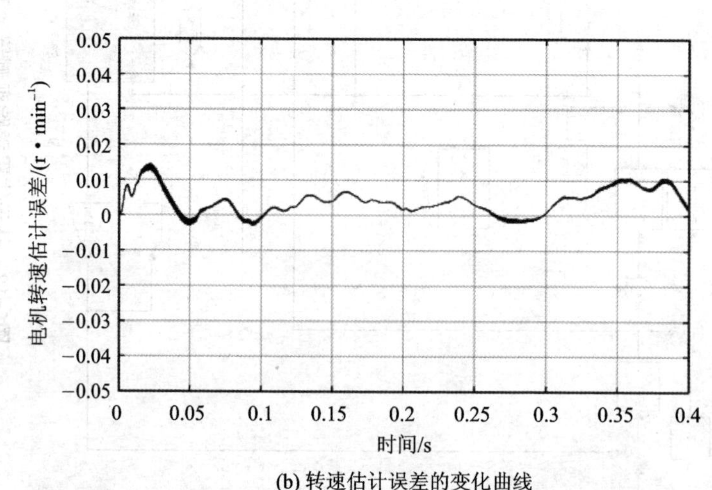

(b) 转速估计误差的变化曲线

图 6-13　基于位置跟踪观测器的脉振高频电压信号注入的无传感器矢量控制系统的仿真结果

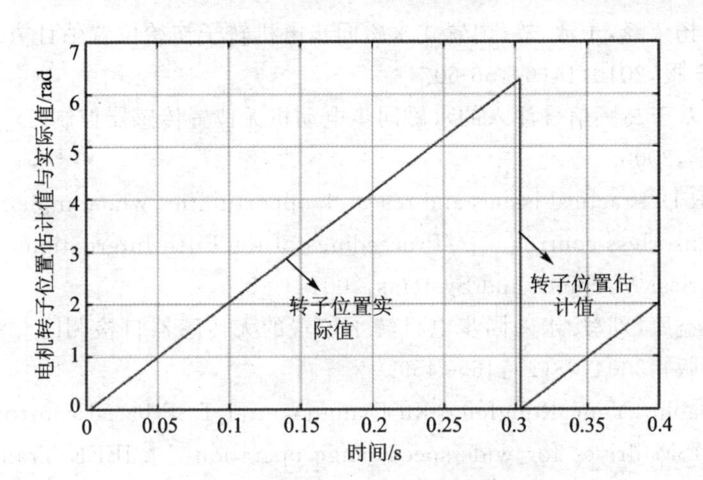

(c) 转子位置估计值与实际值的变化曲线

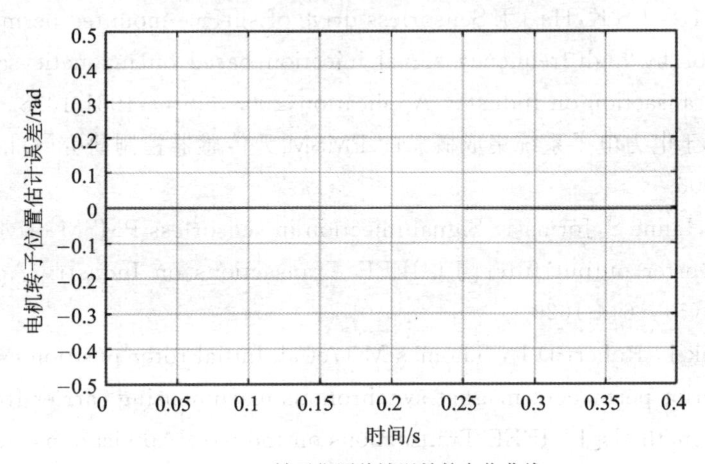

(d) 转子位置估计误差的变化曲线

图 6－13　基于位置跟踪观测器的脉振高频电压信号注入的无传感器矢量控制系统的仿真结果(续)

从以上仿真结果可以看出，随着转速的上升且稳定运行后转速估计误差逐渐减小，且转子位置估计误差也逐渐减小。由此可以说明，通过选取合适的控制器参数和高频信号，基于位置跟踪观测器的脉振高频信号注入的无传感器控制技术能够满足实际电机控制性能的需要。与采用旋转高频电压信号注入的控制系统相比，三者仿真结果基本相同，从而说明这两种控制算法在控制性能方面是相同的。

参考文献

[1] 秦峰，贺益康，刘毅，等. 两种高频信号注入法的无传感器运行研究[J]. 中国电机工程学报，2005，25(3)：116-121.

[2] 王高林,杨荣峰,于泳,等.内置式永磁同步电机转子初始位置估计方法[J].电机与控制学报,2010,14(6):56-60.

[3] 王丽梅.基于高频信号注入的永磁同步电动机无位置传感器控制[D].沈阳:沈阳工业大学,2005.

[4] Lorenz R D. Practical issues and research opportunities when implementing zero speed sensorless control[C]//Proceedings of the Fifth International Conference on Electrical Machines and Systems,2001:1-10.

[5] 秦峰,贺益康,刘毅.永磁同步电机转子位置的无传感器自检测[J].浙江大学学报(工学版),2004,38(4):465- 469.

[6] Wang Gaolin,Yang Rongfeng,Xu Dianguo,et al. DSP-based control of sensorless IPMSM drives for wide-speed-range operation[J]. IEEE Transactions on Industrial Electronics,2013,60(2):720-727.

[7] Jang J H,Sul S K,Ha J I. Sensorless drive of surface-mounted permanent-magnet motor by high-frequency signal injection based on magnetic saliency[J]. IEEE Transaction on Industry Application,2003,39(4):1031-1038.

[8] 秦峰.基于电力电子系统集成概念的PMSM无传感器控制研究[D].杭州:浙江大学,2006.

[9] Antti P,Janne S,Jorma L. Signal injection in sensorless PMSM drives equipped with inverter output filter[J]. IEEE Transactions on Industry Applications,2008,44(5):1614-1620.

[10] Yu-seok J, Robert D L, Thomas M J,et al. Initial rotor position estimation of an interior permanent-magnet synchronous machineusing carrier-frequency injection methods[J]. IEEE Transactions on Industry Applications,2005,41(1):38-45.

第 3 部分　高级篇

第7章

六相永磁同步电机的数学建模

与传统的三相电机类似，多相电机同样可以根据电机的基本电磁原理，写出各相绕组的电压、电流和磁链之间的关系表达式，进而通过选择合适的坐标变换矩阵来简化数学模型。本章以六相 PMSM 为例，详细分析常用六相 PMSM 的双 $d-q$ 建模方法和矢量空间解耦（Vector Space Decomposition，VSD）建模方法之间存在的关系，给出采用两种建模方法搭建的数学模型，并搭建 MATLAB 仿真模型。

7.1 多相 PMSM 的数学模型

和传统的三相电机一样，多相电机同样可以根据电机的基本电磁原理，写出各相绕组的电压、电流和磁链之间的关系表达式，但是随着电机相数的增加，采用此方法得到的数学模型通常比较复杂，这给后期控制器的分析和设计带来了一定的困难。为了简化分析，目前比较常用的两种建模方法为 $n-dq$ 建模方法和 VSD 建模方法。

对于由 n 个 m 相对称绕组经一定相移后组合得到的具有 n 个中性点的 $m \cdot n$ 相电机，可以把 m 相对称绕组作为一个基本单元，然后按照 m 相绕组的建模方法进行建模。此种方法称为 $n-dq$ 建模方法。比较常见的情形是 $n=2$、$m=3$ 的六相电机，但随着生产技术的不断进步，$n=3$、$m=5$ 的十五相电机同样也得到广泛的应用[1-2]。对于 $n=2$、$m=3$ 的情形，采用的是双 $d-q$ 建模方法。目前研究比较多的是六相感应电机[3]。对于六相 PMSM 而言，当采用双 $d-q$ 建模方法时，由于两套绕组之间存在磁链耦合现象，所以建立的数学模型较为复杂[4-5]，如图 7－1 所示。为了解决此问题，文献[6,7]提出了相应的改进方法，但该方法和双 $d-q$ 建模方法在本质上是相同的。

另一种建模方法是 VSD 建模方法，该方法将 n 相电机看成一个整体，相比 $n-dq$ 建模方法，该方法更具有一般性。对称 n 相电机的 Clark 变换矩阵（又称 VSD 变换矩阵）如式(7－1)所示[8]。

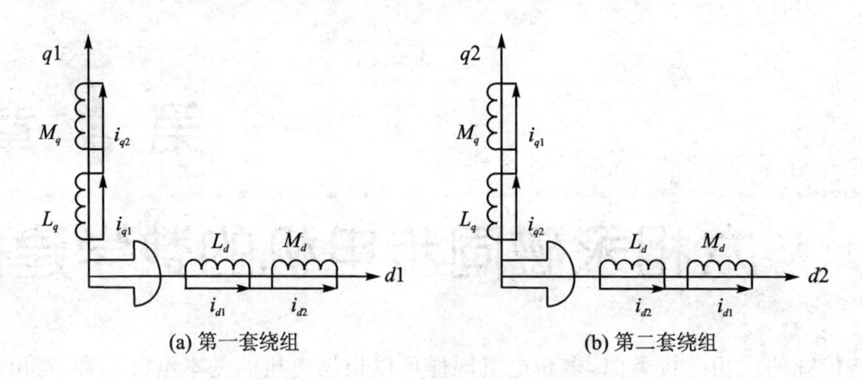

图 7-1 六相 PMSM 双 d-q 建模方法

$$
\boldsymbol{T}=\sqrt{\frac{2}{n}}\begin{bmatrix}
1 & \cos\alpha & \cos 2\alpha & \cdots & \cos(n-1)\alpha \\
0 & \sin\alpha & \sin 2\alpha & \cdots & \sin(n-1)\alpha \\
1 & \cos 2\alpha & \cos 4\alpha & \cdots & \cos[2(n-1)\alpha] \\
0 & \sin 2\alpha & \sin 4\alpha & \cdots & \sin[2(n-1)\alpha] \\
\vdots & \vdots & \vdots & \vdots & \vdots \\
1 & \cos m\alpha & \cos 2m\alpha & \cdots & \cos[m(n-1)\alpha] \\
0 & \sin m\alpha & \sin 2m\alpha & \cdots & \sin[m(n-1)\alpha] \\
1/\sqrt{2} & 1/\sqrt{2} & 1/\sqrt{2} & \cdots & 1/\sqrt{2} \\
1/\sqrt{2} & -1/\sqrt{2} & 1/\sqrt{2} & \cdots & -1/\sqrt{2}
\end{bmatrix}
\begin{matrix} \alpha \\ \beta \\ x_1 \\ y_1 \\ \vdots \\ x_{m-1} \\ y_{m-1} \\ 0_+ \\ 0_- \end{matrix}
\tag{7-1}
$$

其中:$\alpha=2\pi/n$,为每两套绕组之间相差的电角度;m 的取值与电机的相数有关,当 n 为偶数时,$m=(n-2)/2$,当为 n 奇数时,$m=(n-1)/2$,且如式(7-1)所示的最后一行向量将不存在。当定、转子磁势正弦分布时,前两行向量对应的是 α-β 子空间,其对应的是基波磁链和转矩分量,这些分量与三相电机相同且参与电机的机电能量转换;中间行向量中的$(m-1)$对 x-y 分量对应着$(m-1)$个 x-y 子空间,其对应的是谐波分量,虽然该子空间并不参与机电能量转换,但会影响电机的定子损耗大小;最后两行对应的是零序分量,当电机的中性点隔离时,可以忽略零序分量的影响。另外,式(7-1)中的系数 $\sqrt{2/n}$是以功率不变作为约束条件得到的,当以幅值不变为约束条件时,只须将式(7-1)中的系数修改为 $2/n$ 即可。

特别地,当 n 相电机由 k 个相互独立的绕组结构构成,且 k 个绕组中每两个绕组之间的中性点相互隔离时,采用 VSD 变换矩阵后,由于零序分量在每两个绕组之间不能相互作用,所以 n 相电机的变量个数由最初的 n 个减少为$(n-k)$个。文献[9-11]给出了 VSD 变换矩阵的推导过程,并将其应用到了六相感应电机的数学建模中。当六相 PMSM 采用 VSD 建模方法时,可以消除采用双 d-q 建模方法时两套绕组之间存在的磁链耦合现象,使得六相 PMSM 的数学模型更为简单[12-14],如图 7-2 所示。

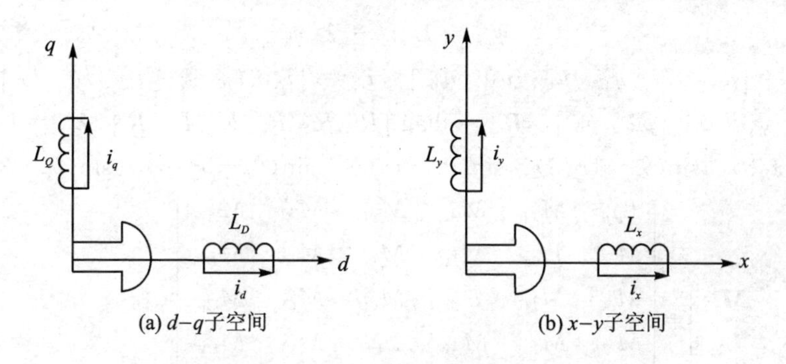

图 7-2　六相 PMSM 矢量空间解耦建模方法

7.2　六相 PMSM 的基本数学模型

文中提及的六相 PMSM，其定子由两套 Y 型连接的三相对称绕组组成（ABC 为第一套绕组，UVW 为第二套绕组），且两套绕组在空间上相差 30°电角度，其绕组结构如图 7-3 所示。为了简化分析，假设六相 PMSM 为理想电机，满足下列假设条件：

① 定子电流和转子永磁体产生的气隙磁链都作正弦分布；

② 忽略铁芯磁饱和效应以及涡流、磁滞损耗；

③ 忽略绕组之间的互漏感（与漏磁通相对应的互感系数）；

④ 转子上没有加入阻尼绕组。

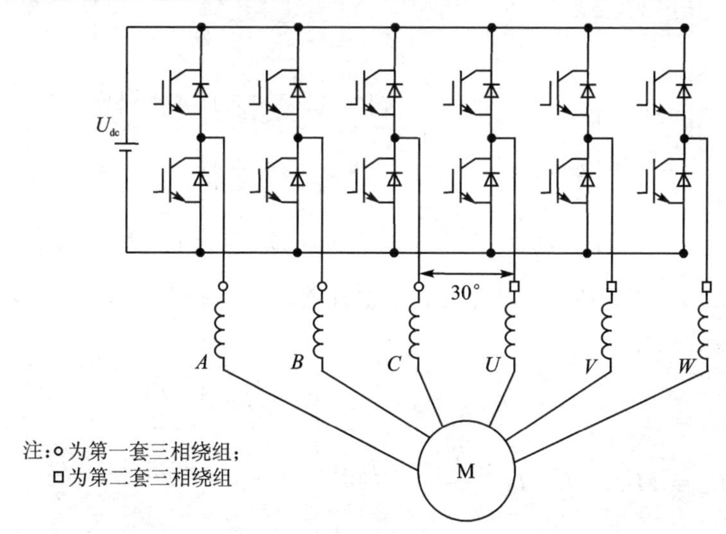

图 7-3　六相 PMSM 的绕组结构

在上述前提下，自然坐标系下的六相 PMSM 电压和磁链基本方程分别为[5]

$$\boldsymbol{u}_{6s} = \boldsymbol{R}_{6s}\boldsymbol{i}_{6s} + \frac{\mathrm{d}\boldsymbol{\psi}_{6s}}{\mathrm{d}t} \tag{7-2}$$

$$\boldsymbol{\psi}_{6s} = \boldsymbol{L}_{6s}\boldsymbol{i}_{6s} + \boldsymbol{\lambda}_{6s}\psi_f \tag{7-3}$$

其中：$\boldsymbol{u}_{6s} = [u_A \quad u_B \quad u_C \quad u_U \quad u_V \quad u_W]^T$，$\boldsymbol{i}_{6s} = [i_A \quad i_B \quad i_C \quad i_U \quad i_V \quad i_W]^T$，$\boldsymbol{\psi}_{6s} = [\psi_A \quad \psi_B \quad \psi_C \quad \psi_U \quad \psi_V \quad \psi_W]^T$，$\boldsymbol{R}_{6s} = \mathrm{diag}\,[R \quad R \quad R \quad R \quad R \quad R]$，$\boldsymbol{\lambda}_{6s} = [\sin\theta_e \quad \sin(\theta_e - 2\pi/3) \quad \sin(\theta_e - 4\pi/3) \quad \sin(\theta_e - \pi/6) \quad \sin(\theta_e - 5\pi/6) \quad \sin(\theta_e - 3\pi/2)]^T$，

$$\boldsymbol{L}_{6s} = \begin{bmatrix} \boldsymbol{L}_{11} & \boldsymbol{M}_{12} \\ \boldsymbol{M}_{21} & \boldsymbol{L}_{22} \end{bmatrix} = \begin{bmatrix} L_{AA} & M_{AB} & M_{AC} & M_{AU} & M_{AV} & M_{AW} \\ M_{AB} & L_{BB} & M_{BC} & M_{BU} & M_{BV} & M_{BW} \\ M_{AC} & M_{BC} & L_{CC} & M_{CU} & M_{CV} & M_{CW} \\ M_{AU} & M_{AV} & M_{AW} & L_{UU} & M_{UV} & M_{UW} \\ M_{BU} & M_{BV} & M_{BW} & M_{UV} & L_{VV} & M_{VW} \\ M_{CU} & M_{CV} & M_{CW} & M_{UW} & M_{VW} & L_{WW} \end{bmatrix}。$$

其中：$\boldsymbol{u}_{6s}$、$\boldsymbol{i}_{6s}$、$\boldsymbol{\psi}_{6s}$分别为定子相电压、定子相电流和定子每相磁链；$\boldsymbol{R}_{6s}$、$\boldsymbol{L}_{6s}$分别为电阻、电感系数矩阵；$\boldsymbol{\lambda}_{6s}$为磁链系数矩阵；$\psi_f$为永磁体在每一相绕组中产生的磁链幅值；$\theta_e$为转子纵轴与$A$相轴线的电角度夹角；$\boldsymbol{L}_{11}$为电机第一套绕组的自感；$\boldsymbol{L}_{22}$为电机第二套绕组的自感；$\boldsymbol{M}_{12}$和$\boldsymbol{M}_{21}$为两套绕组之间的互感，且满足$\boldsymbol{M}_{12} = \boldsymbol{M}_{21}^T$。

由于$\boldsymbol{L}_{11}$与三相电机的电感系数矩阵相同，其表达式为

$$\boldsymbol{L}_{11} = L_{AA1}\boldsymbol{I}_3 + \frac{L_{AAd} + L_{AAq}}{2}\begin{bmatrix} 1 & -\frac{1}{2} & -\frac{1}{2} \\ -\frac{1}{2} & 1 & -\frac{1}{2} \\ -\frac{1}{2} & -\frac{1}{2} & 1 \end{bmatrix} +$$

$$\frac{L_{AAd} - L_{AAq}}{2}\begin{bmatrix} \cos 2\theta_e & \cos 2\left(\theta_e - \frac{\pi}{3}\right) & \cos 2\left(\theta_e + \frac{\pi}{3}\right) \\ \cos 2\left(\theta_e - \frac{\pi}{3}\right) & \cos 2\left(\theta_e + \frac{\pi}{3}\right) & \cos 2\theta_e \\ \cos 2\left(\theta_e + \frac{\pi}{3}\right) & \cos 2\theta_e & \cos 2\left(\theta_e - \frac{\pi}{3}\right) \end{bmatrix} \tag{7-4}$$

其中：L_{AAd}、L_{AAq}分别为绕组的d轴和q轴主自感，L_{AA1}为漏自感，$\boldsymbol{I}_3$为三维单位矩阵。

$\boldsymbol{M}_{12}$的表达式为

$$\boldsymbol{M}_{12} = \boldsymbol{M}_{21}^T = L_{AA1}\boldsymbol{I}_3 + \frac{L_{AAd} + L_{AAq}}{2}\begin{bmatrix} \frac{\sqrt{3}}{2} & -\frac{\sqrt{3}}{2} & 0 \\ 0 & \frac{\sqrt{3}}{2} & -\frac{\sqrt{3}}{2} \\ -\frac{\sqrt{3}}{2} & 0 & \frac{\sqrt{3}}{2} \end{bmatrix} +$$

$$\frac{L_{AAd}-L_{AAq}}{2}\begin{bmatrix}\cos 2\left(\theta_e-\frac{\pi}{12}\right) & \cos 2\left(\theta_e-\frac{5\pi}{12}\right) & \cos 2\left(\theta_e+\frac{\pi}{4}\right)\\ \cos 2\left(\theta_e-\frac{5\pi}{12}\right) & \cos 2\left(\theta_e+\frac{\pi}{4}\right) & \cos 2\left(\theta_e-\frac{\pi}{12}\right)\\ \cos 2\left(\theta_e+\frac{\pi}{4}\right) & \cos 2\left(\theta_e-\frac{\pi}{12}\right) & \cos 2\left(\theta_e-\frac{5\pi}{12}\right)\end{bmatrix} \quad (7-5)$$

$\boldsymbol{L}_{22}$的表达式为

$$\boldsymbol{L}_{22}=L_{AA1}\boldsymbol{I}_3+\frac{L_{AAd}+L_{AAq}}{2}\begin{bmatrix}1 & -\frac{1}{2} & -\frac{1}{2}\\ -\frac{1}{2} & 1 & -\frac{1}{2}\\ -\frac{1}{2} & -\frac{1}{2} & 1\end{bmatrix}+$$

$$\frac{L_{AAd}-L_{AAq}}{2}\begin{bmatrix}\cos 2\left(\theta_e-\frac{\pi}{6}\right) & \cos 2\left(\theta_e-\frac{\pi}{2}\right) & \cos 2\left(\theta_e+\frac{\pi}{6}\right)\\ \cos 2\left(\theta_e-\frac{\pi}{2}\right) & \cos 2\left(\theta_e+\frac{\pi}{6}\right) & \cos 2\left(\theta_e-\frac{\pi}{6}\right)\\ \cos 2\left(\theta_e+\frac{\pi}{6}\right) & \cos 2\left(\theta_e-\frac{\pi}{6}\right) & \cos 2\left(\theta_e-\frac{\pi}{2}\right)\end{bmatrix} \quad (7-6)$$

从机电能量转换的角度出发，六相 PMSM 的电磁转矩等于磁场储能对机械角度 θ_m 求偏导，可得

$$T_e=\frac{1}{2}p_n\frac{\partial}{\partial\theta_m}(\boldsymbol{i}_{6s}^{T}\cdot\boldsymbol{\lambda}_{6s}) \quad (7-7)$$

其中：p_n 为电机的极对数。

电机的运动方程为

$$J\frac{d\omega_m}{dt}=T_e-T_L-B\omega_m \quad (7-8)$$

其中：ω_m 为电机的机械角速度，J 为转动惯量，B 为阻尼系数，T_L 为负载转矩。

从上面的推导可以看出，式(7-2)～式(7-8)构成了六相 PMSM 在自然坐标系下的基本数学模型。根据磁链方程可以看出，定子磁链是转子位置角 θ_e 的函数；另外，电磁转矩的表达式也过于复杂，既与六相电流的瞬时值大小有关，也与转子位置 θ_e 有关。因此，六相 PMSM 的数学模型是一个比较复杂且强耦合的多变量系统。为了便于后期控制器的设计，必须选择合适的坐标系对数学模型进行降阶和解耦变换。

正如前文所述，目前针对六相 PMSM 比较常用的建模方法是双 $d-q$ 建模和 VSD 建模，书中将详细分析基于这两种建模方法的数学模型，以及双 $d-q$ 建模和 VSD 建模算法之间的关系。

7.3　两种常用坐标变换之间的关系

7.3.1　双 $d-q$ 坐标变换

1. 坐标变换矩阵

六相 PMSM 的定子由两套三相对称绕组组成，且两套绕组之间的中性点隔离，因此，可将每一套三相对称绕组当作一个基本单元，并对每一个基本单元采用传统的三相电机坐标变换。定义各种坐标系关系如图 7-4 所示，其中 ABC 为第一套绕组，UVW 为第二套绕组，$\alpha1-\beta1$ 和 $\alpha2-\beta2$ 为静止坐标系，$d1-q1$ 和 $d2-q2$ 为同步旋转坐标系。

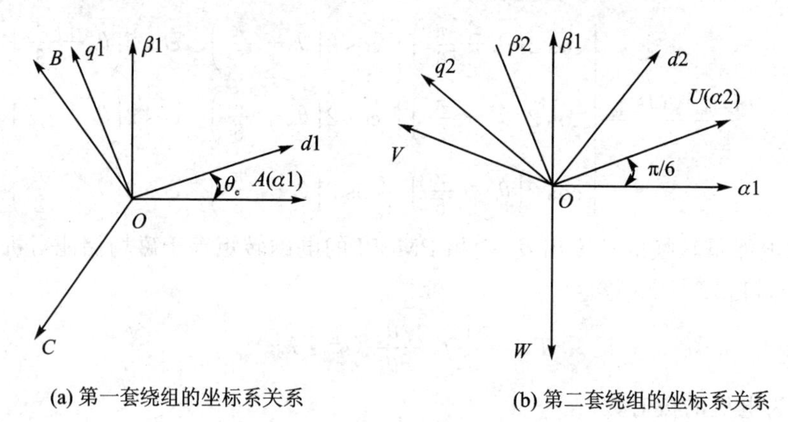

(a) 第一套绕组的坐标系关系　　(b) 第二套绕组的坐标系关系

图 7-4　六相 PMSM 的双 $d-q$ 坐标系关系

对于静止坐标系而言，如果以各自的 $\alpha1-\beta1$ 和 $\alpha2-\beta2$ 作为参考坐标系，此处可忽略零序分量的影响，两套绕组的 $\alpha1-\beta1$ 和 $\alpha2-\beta2$ 分量可分别表示为

$$\begin{cases} [f_{\alpha1} \quad f_{\beta1}]^{\mathrm{T}} = \boldsymbol{T}_{\alpha\beta1}[f_A \quad f_B \quad f_C]^{\mathrm{T}} \\ [f_{\alpha2} \quad f_{\beta2}]^{\mathrm{T}} = \boldsymbol{T}_{\alpha\beta2}[f_U \quad f_V \quad f_W]^{\mathrm{T}} \end{cases} \tag{7-9}$$

其中：f 代表电机的电压、电流或磁链等变量；坐标变换矩阵 $\boldsymbol{T}_{\alpha\beta1}$ 和 $\boldsymbol{T}_{\alpha\beta2}$ 分别表示为

$$\boldsymbol{T}_{\alpha\beta1} = \frac{2}{3}\begin{bmatrix} 1 & -\frac{1}{2} & -\frac{1}{2} \\ 0 & \frac{\sqrt{3}}{2} & -\frac{\sqrt{3}}{2} \end{bmatrix} \tag{7-10}$$

$$\boldsymbol{T}_{\alpha\beta2} = \mathrm{e}^{\mathrm{j}\frac{\pi}{6}} \cdot \boldsymbol{T}_{\alpha\beta1} = \frac{2}{3}\begin{bmatrix} \frac{\sqrt{3}}{2} & -\frac{\sqrt{3}}{2} & 0 \\ \frac{1}{2} & \frac{1}{2} & -1 \end{bmatrix} \tag{7-11}$$

同样，对于同步旋转坐标系而言，两套绕组的 $d1-q1$ 和 $d2-q2$ 分量可分别表示为

$$\begin{cases}[f_{d1} \quad f_{q1}]^{\mathrm{T}} = \boldsymbol{T}_{dq1}[f_{\alpha 1} \quad f_{\beta 1}]^{\mathrm{T}} \\ [f_{d2} \quad f_{q2}]^{\mathrm{T}} = \boldsymbol{T}_{dq2}[f_{\alpha 2} \quad f_{\beta 2}]^{\mathrm{T}}\end{cases} \tag{7-12}$$

其中：$\boldsymbol{T}_{dq1}=\boldsymbol{T}_{dq2}=\begin{bmatrix}\cos\theta_e & \sin\theta_e \\ -\sin\theta_e & \cos\theta_e\end{bmatrix}$。

因此，将自然坐标系下的变量变换为同步旋转坐标下的表达式为

$$[f_{d1} \quad f_{q1} \quad f_{d2} \quad f_{q2}]^{\mathrm{T}} = \boldsymbol{T}_{dq12}[f_A \quad f_B \quad f_C \quad f_U \quad f_V \quad f_W]^{\mathrm{T}} \tag{7-13}$$

其中：

$$\boldsymbol{T}_{dq12} = \begin{bmatrix}\boldsymbol{P}_1 & 0 \\ 0 & \boldsymbol{P}_2\end{bmatrix} \tag{7-14}$$

$$\boldsymbol{P}_1 = \frac{2}{3}\begin{bmatrix}\cos\theta_e & \cos(\theta_e - 2\pi/3) & \cos(\theta_e + 2\pi/3) \\ -\sin\theta_e & -\sin(\theta_e - 2\pi/3) & -\sin(\theta_e + 2\pi/3)\end{bmatrix} \tag{7-15}$$

$$\boldsymbol{P}_2 = \frac{2}{3}\begin{bmatrix}\cos(\theta_e - \pi/6) & \cos(\theta_e - 5\pi/6) & \cos(\theta_e + \pi/2) \\ -\sin(\theta_e - \pi/6) & -\sin(\theta_e - 5\pi/6) & -\sin(\theta_e + \pi/2)\end{bmatrix} \tag{7-16}$$

对于双 $d-q$ 坐标变换，各个变量之间的关系还可由如下表达式表示：

$$\begin{cases}[f_{\alpha 1} \quad f_{\beta 1}]^{\mathrm{T}} = \boldsymbol{T}_{\alpha\beta 1}[f_A \quad f_B \quad f_C]^{\mathrm{T}} \\ [f_{\alpha 2} \quad f_{\beta 2}]^{\mathrm{T}} = \boldsymbol{T}_{\alpha\beta 2}[f_U \quad f_V \quad f_W]^{\mathrm{T}}\end{cases}$$
$$\begin{cases}[f_{d1} \quad f_{q1}]^{\mathrm{T}} = \boldsymbol{T}_{dq1}[f_{\alpha 1} \quad f_{\beta 1}]^{\mathrm{T}} \\ [f_{d2} \quad f_{q2}]^{\mathrm{T}} = \boldsymbol{T}_{dq2}[f_{\alpha 2} \quad f_{\beta 2}]^{\mathrm{T}}\end{cases} \tag{7-17}$$

其中：$\boldsymbol{T}_{\alpha\beta 1} = \boldsymbol{T}_{\alpha\beta 2} = \frac{2}{3}\begin{bmatrix}1 & -\frac{1}{2} & -\frac{1}{2} \\ 0 & \frac{\sqrt{3}}{2} & -\frac{\sqrt{3}}{2}\end{bmatrix}$，$\boldsymbol{T}_{dq1} = \begin{bmatrix}\cos\theta_e & \sin\theta_e \\ -\sin\theta_e & \cos\theta_e\end{bmatrix}$，

$\boldsymbol{T}_{dq2}=\begin{bmatrix}\cos(\theta_e-\pi/6) & \sin(\theta_e-\pi/6) \\ -\sin(\theta_e-\pi/6) & \cos(\theta_e-\pi/6)\end{bmatrix}$。

以上简单分析了双 $d-q$ 坐标变换中各变量之间的关系，变换矩阵前的系数 2/3 是以幅值不变作为约束条件得到的，当采用功率不变为约束条件时，该系数变为 $\sqrt{2/3}$。上述各个变量之间存在的两种表达式，实际上所表达的物理含义是一样的，只是由于两套绕组所选取的基准坐标系不同，从而使得表达式在形式上有所不同。值得说明的是，若无特殊说明，则本书采用幅值不变作为约束条件。

2. 仿真建模

根据式(7-9)和式(7-12)，使用 MATLAB/Simulink 中的 Fcn 模块搭建仿真模型，如图 7-5 所示。另外，上述公式中的变量 $\alpha 1-\beta 1$ 和 $\alpha 2-\beta 2$ 分别采用图 7-5 中的 Alpha1-Beta1 和 Alpha2-Beta2 表示，$d1-q1$ 和 $d2-q2$ 分别采用图 7-5 中的 D1-Q1 和 D2-Q2 表示，θ_e 采用图 7-5 中的 The 表示。

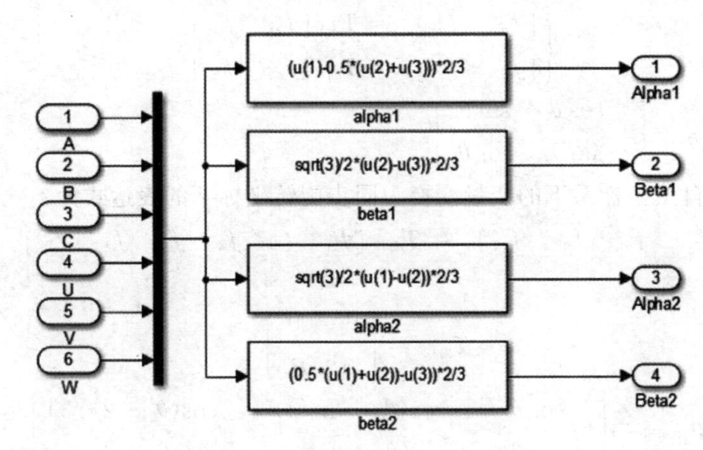

(a) $ABCUVW$变换为$\alpha1-\beta1$、$\alpha2-\beta2$

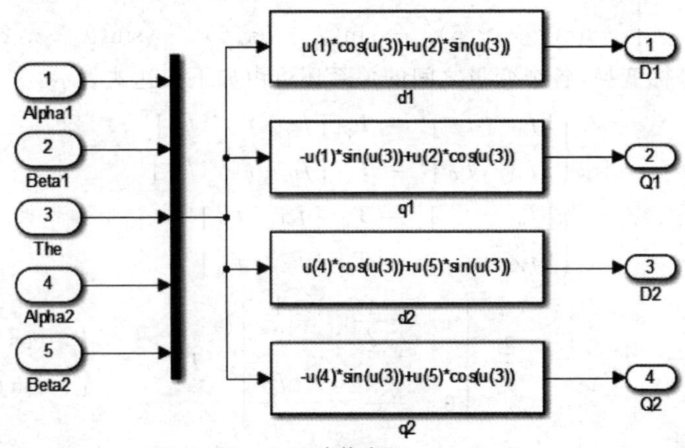

(b) $\alpha1-\beta1$、$\alpha2-\beta2$变换为$d1-q1$、$d2-q2$

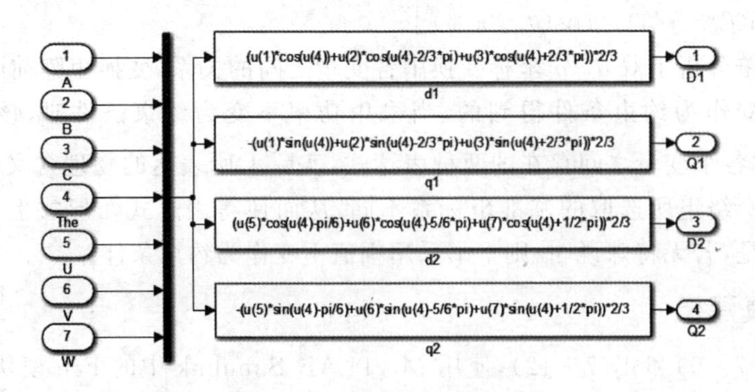

(c) $ABCUVW$变换为$d1-q1$、$d2-q2$

图 7-5　双 $d-q$ 坐标变换

7.3.2　矢量空间解耦坐标变换

1. 坐标变换矩阵

7.3.1节中用双 $d-q$ 坐标变换的方法分析了六相PMSM各个坐标系之间的关系。该方法仅仅是传统三相电机分析方法的简单延伸，并没有充分体现出六相PMSM多自由度的特点。采用VSD坐标变换方法，可以将六相PMSM的各变量分别映射到3个彼此正交的子空间，即 $\alpha-\beta$ 子空间、$x-y$ 子空间和零序子空间。本小节定义的各种坐标系关系如图7-6所示，其中包括自然坐标系、$\alpha-\beta$ 轴系下的静止坐标系和 $d-q$ 轴系下的同步旋转坐标系。

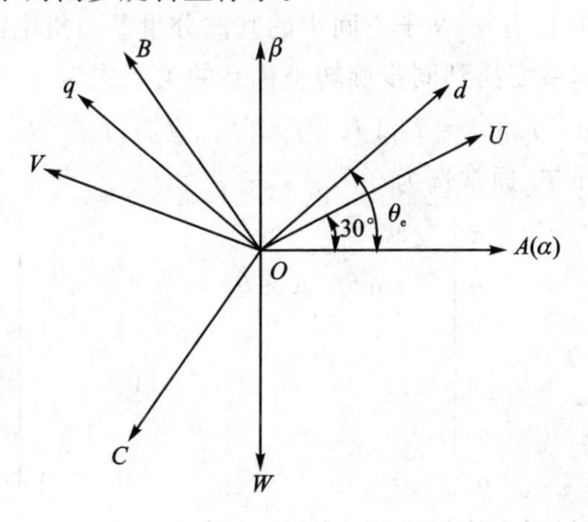

图7-6　六相PMSM的VSD坐标系关系

采用VSD坐标变换方法，将自然坐标系的各个变量转换到静止坐标系的变换矩阵 $\boldsymbol{T}_{\alpha\beta}$ 为

$$[f_\alpha \quad f_\beta \quad f_x \quad f_y \quad f_{o1} \quad f_{o2}]^{\mathrm{T}} = \boldsymbol{T}_{\alpha\beta}[f_A \quad f_B \quad f_C \quad f_U \quad f_V \quad f_W]^{\mathrm{T}} \tag{7-18}$$

其中：变换矩阵 $\boldsymbol{T}_{\alpha\beta}$ 为

$$\boldsymbol{T}_{\alpha\beta} = \frac{1}{3}\begin{bmatrix} 1 & -\frac{1}{2} & -\frac{1}{2} & \frac{\sqrt{3}}{2} & -\frac{\sqrt{3}}{2} & 0 \\ 0 & \frac{\sqrt{3}}{2} & -\frac{\sqrt{3}}{2} & \frac{1}{2} & \frac{1}{2} & -1 \\ 1 & -\frac{1}{2} & -\frac{1}{2} & -\frac{\sqrt{3}}{2} & \frac{\sqrt{3}}{2} & 0 \\ 0 & -\frac{\sqrt{3}}{2} & \frac{\sqrt{3}}{2} & \frac{1}{2} & \frac{1}{2} & -1 \\ 1 & 1 & 1 & 0 & 0 & 0 \\ 0 & 0 & 0 & 1 & 1 & 1 \end{bmatrix} \tag{7-19}$$

变换矩阵 $\boldsymbol{T}_{\alpha\beta}$ 前面的系数 1/3 是为了保证变换前后变量的幅值保持不变。如果以功率不变为约束条件，则该系数变为 $1/\sqrt{3}$。这两个彼此正交的子空间组成的变换矩阵具有如下特点[9]：

① 前两行对应 $\alpha-\beta$ 子空间。电机变量中的基波分量和 $12k\pm1(k=1,2,3,\cdots)$ 次谐波分量都被映射到该子空间上，且参与电机的机电能量转换。

② 中间两行对应 $x-y$ 子空间。$6k\pm1(k=1,3,5,\cdots)$ 次谐波分量都被映射到该子空间上，且不参与电机的机电能量转换。

③ 最后两行对应零序子空间。$6k\pm3(k=1,3,5,\cdots)$ 次谐波分量都被映射到该子空间上，且不参与电机的机电能量转换，属于零序分量。

对于六相 PMSM，仅有 $\alpha-\beta$ 子空间中的基波分量参与机电能量转换。为了便于简化分析，将静止坐标系变换到同步旋转坐标系的关系式为

$$[f_d \quad f_q]^{\mathrm{T}} = \boldsymbol{T}_{dq}[f_\alpha \quad f_\beta \quad f_x \quad f_y \quad f_{o1} \quad f_{o2}]^{\mathrm{T}} \tag{7-20}$$

其中：传统的变换矩阵 $\boldsymbol{T}_{dq}$ 通常选为

$$\boldsymbol{T}_{dq} = \begin{matrix} d \\ q \\ x \\ y \\ o1 \\ o2 \end{matrix}\begin{bmatrix} \cos\theta_e & \sin\theta_e & & & & \\ -\sin\theta_e & \cos\theta_e & & & & \\ & & 1 & & & \\ & & & 1 & & \\ & & & & 1 & \\ & & & & & 1 \end{bmatrix} \tag{7-21}$$

将自然坐标系变换换到同步旋转坐标系下的关系式为

$$[f_d \quad f_q]^{\mathrm{T}} = \boldsymbol{T}_{DQ}[f_A \quad f_B \quad f_C \quad f_U \quad f_V \quad f_W]^{\mathrm{T}} \tag{7-22}$$

其中：

$$\boldsymbol{T}_{DQ} = \boldsymbol{T}_{dq}\cdot\boldsymbol{T}_{\alpha\beta} =$$

$$\frac{1}{3}\begin{bmatrix} \cos\theta_e & \cos\left(\theta_e-\frac{2\pi}{3}\right) & \cos\left(\theta_e+\frac{2\pi}{3}\right) & \cos\left(\theta_e-\frac{\pi}{6}\right) & \cos\left(\theta_e-\frac{5\pi}{6}\right) & \cos\left(\theta_e+\frac{\pi}{2}\right) \\ -\sin\theta_e & -\sin\left(\theta_e-\frac{2\pi}{3}\right) & -\sin\left(\theta_e+\frac{2\pi}{3}\right) & -\sin\left(\theta_e-\frac{\pi}{6}\right) & -\sin\left(\theta_e-\frac{5\pi}{6}\right) & -\sin\left(\theta_e+\frac{\pi}{2}\right) \\ 1 & -\frac{1}{2} & -\frac{1}{2} & -\frac{\sqrt{3}}{2} & \frac{\sqrt{3}}{2} & 0 \\ 0 & -\frac{\sqrt{3}}{2} & \frac{\sqrt{3}}{2} & \frac{1}{2} & \frac{1}{2} & -1 \\ 1 & 1 & 1 & 0 & 0 & 0 \\ 0 & 0 & 0 & 1 & 1 & 1 \end{bmatrix}$$

2. 仿真建模

根据式(7-18)和式(7-20)，同样使用 MATLAB/Simulink 中的 Fcn 模块分别搭建静止坐标系与同步旋转坐标系之间关系的仿真模型，以及自然坐标系与同步旋转坐标系之间关系的仿真模型，如图 7-7 所示。另外，上述公式中的变量 α、β 和 θ_e

分别采用图 7－7 中的 Alpha、Beta 和 The 表示。

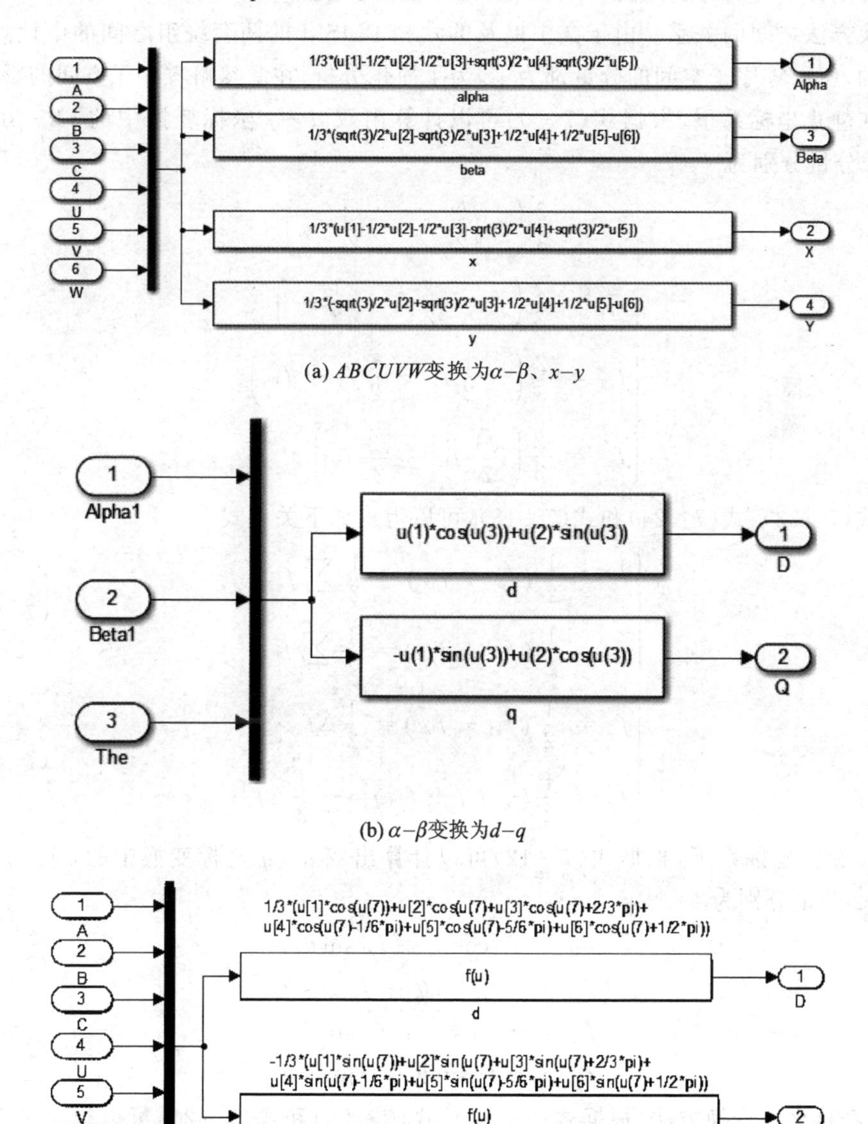

(a) $ABCUVW$变换为$\alpha-\beta$、$x-y$

(b) $\alpha-\beta$变换为$d-q$

(c) $ABCUVW$变换为$d-q$

图 7－7　矢量空间解耦坐标变换

7.3.3　两种坐标变换之间的关系

对于 VSD 坐标变换方法，其物理意义并不像双 $d-q$ 坐标变换方法那样明确，其中，$\alpha 1-\beta 1$ 和 $d1-q1$ 分量对应于第一套绕组，$\alpha 2-\beta 2$ 和 $d2-q2$ 分量对应于第二套绕组。为了分析VSD坐标变换方法中各个变量的物理意义，本小节将简要分析两种坐标变换方法之间的关系。由于文中提及的六相PMSM的两套绕组之间的中性点是隔离的，所以零序子空间的分量都为零，为了简化分析，在此忽略零序子空间的影响。

在静止坐标系下，根据式(7-9)可以计算出双 $d-q$ 坐标变换中的 $\alpha1-\beta1$ 和 $\alpha2-\beta2$ 分量分别为

$$\begin{cases} f_{\alpha1}=\dfrac{2}{3}\left(-\dfrac{\sqrt{3}}{2}f_V+\dfrac{\sqrt{3}}{2}f_W\right) \\ f_{\beta1}=\dfrac{2}{3}\left(f_U-\dfrac{1}{2}f_V-\dfrac{1}{2}f_W\right) \end{cases} \tag{7-23}$$

$$\begin{cases} f_{\alpha2}=\dfrac{2}{3}\left(-\dfrac{1}{2}f_U-\dfrac{1}{2}f_V+f_W\right) \\ f_{\beta2}=\dfrac{2}{3}\left(\dfrac{\sqrt{3}}{2}f_U-\dfrac{\sqrt{3}}{2}f_V\right) \end{cases} \tag{7-24}$$

比较式(7-23)、式(7-24)和式(7-18)，可以得出如下关系式：

$$\begin{cases} f_\alpha=\dfrac{1}{2}(f_{\alpha1}+f_{\alpha2})=\dfrac{1}{2}\sum f_\alpha \\ f_\beta=\dfrac{1}{2}(f_{\beta1}+f_{\beta2})=\dfrac{1}{2}\sum f_\beta \end{cases} \tag{7-25}$$

$$\begin{cases} f_x=\dfrac{1}{2}(f_{\alpha1}-f_{\alpha2})=\dfrac{1}{2}\Delta f_\alpha \\ f_y=\dfrac{1}{2}(-f_{\beta1}+f_{\beta2})=-\dfrac{1}{2}\Delta f_\beta \end{cases} \tag{7-26}$$

在同步旋转坐标系下，根据式(7-12)可以计算出双 $d-q$ 坐标变换中的 $d1-q1$ 和 $d2-q2$ 分量分别为

$$\begin{cases} f_{d1}=f_{\alpha1}\cos\theta_e+f_{\beta1}\sin\theta_e \\ f_{q1}=-f_{\alpha1}\sin\theta_e+f_{\beta1}\cos\theta_e \end{cases} \tag{7-27}$$

$$\begin{cases} f_{d2}=f_{\alpha2}\cos\theta_e+f_{\beta2}\sin\theta_e \\ f_{q2}=-f_{\alpha2}\sin\theta_e+f_{\beta2}\cos\theta_e \end{cases} \tag{7-28}$$

对于VSD坐标变换方法，根据式(7-27)、式(7-28)和式(7-20)可以得出如下关系式：

$$\begin{cases} f_d=\dfrac{1}{2}(f_{d1}+f_{d2})=\dfrac{1}{2}\sum f_d \\ f_q=\dfrac{1}{2}(f_{q1}+f_{q2})=\dfrac{1}{2}\sum f_q \end{cases} \tag{7-29}$$

$$\begin{cases} f_x=\dfrac{1}{2}[(f_{d1}-f_{d2})\cos\theta_e-(f_{q1}-f_{q2})\sin\theta_e] \\ f_y=\dfrac{1}{2}[(-f_{d1}+f_{d2})\sin\theta_e+(-f_{q1}+f_{q2})\cos\theta_e] \end{cases} \tag{7-30}$$

通过式(7-25)和式(7-26),以及式(7-29)和式(7-30)可以看出,当采用 VSD 坐标变换方法时,参与机电能量转换的 $\alpha-\beta$、$d-q$ 坐标分量及 $x-y$ 子空间的谐波分量,都与双 $d-q$ 坐标变换方法有着密切的联系。特别地,在静止坐标系下,式(7-26)中的 $x-y$ 子空间的电流谐波分量是由两套绕组之间的耦合作用造成的,可以认为是两套绕组之间的谐波环流。在同步旋转坐标系下,式(7-30)中的 $x-y$ 子空间的电流是交流量,不便于控制器的设计,目前的解决方法是采用改进的同步旋转坐标变换矩阵,有兴趣的读者可以研究该问题的一些解决方法。

7.4　同步旋转坐标系下的数学模型

7.4.1　基于双 $d-q$ 坐标变换的数学模型

1. 数学模型

类似于三相 PMSM 数学模型的计算,忽略零序分量的影响,基于双 $d-q$ 坐标变换方法的六相 PMSM 数学模型的电压方程可以表示为[5]

$$\begin{bmatrix} u_{d1} \\ u_{q1} \\ u_{d2} \\ u_{q2} \end{bmatrix} = \begin{bmatrix} R & 0 & 0 & 0 \\ 0 & R & 0 & 0 \\ 0 & 0 & R & 0 \\ 0 & 0 & 0 & R \end{bmatrix} \begin{bmatrix} i_{d1} \\ i_{q1} \\ i_{d2} \\ i_{q2} \end{bmatrix} + \begin{bmatrix} \dot{\psi}_{d1} \\ \dot{\psi}_{q1} \\ \dot{\psi}_{d2} \\ \dot{\psi}_{q2} \end{bmatrix} + \omega_e \begin{bmatrix} 0 & -1 & 0 & 0 \\ 1 & 0 & 0 & 0 \\ 0 & 0 & 0 & -1 \\ 0 & 0 & 1 & 0 \end{bmatrix} \begin{bmatrix} \psi_{d1} \\ \psi_{q1} \\ \psi_{d2} \\ \psi_{q2} \end{bmatrix} \tag{7-31}$$

其中:ω_e 为电机的电角速度,u_{d1}、u_{q1}、u_{d2}、u_{q2} 为定子电压,i_{d1}、i_{q1}、i_{d2}、i_{q2} 为定子电流,ψ_{d1}、ψ_{q1}、ψ_{d2}、ψ_{q2} 为电机的磁链。

忽略零序分量的影响,磁链方程可以表示为

$$\begin{bmatrix} \psi_{d1} \\ \psi_{q1} \\ \psi_{d2} \\ \psi_{q2} \end{bmatrix} = \begin{bmatrix} L_d & 0 & L_{dd} & 0 \\ 0 & L_q & 0 & L_{qq} \\ L_{dd} & 0 & L_d & 0 \\ 0 & L_{qq} & 0 & L_q \end{bmatrix} \begin{bmatrix} i_{d1} \\ i_{q1} \\ i_{d2} \\ i_{q2} \end{bmatrix} + \begin{bmatrix} 1 \\ 0 \\ 1 \\ 0 \end{bmatrix} \psi_f \tag{7-32}$$

其中:$L_{dd}=1.5L_{AAd}$,$L_d=L_{dd}+L_{AA1}$,$L_{qq}=1.5L_{AAq}$,$L_q=L_{qq}+L_{AA1}$。

上文中为了简化系统,并没有将与零序分量有关的方程列出。由于文中所提及的六相 PMSM 中性点隔离,所以零序子空间的方程与其余各轴没有任何耦合关系,且具有完全相同的形式,可以描述为

$$\begin{cases} u_{o1} = Ri_{o1} + L_{AA1}\dfrac{\mathrm{d}i_{o1}}{\mathrm{d}t} \\ u_{o2} = Ri_{o2} + L_{AA1}\dfrac{\mathrm{d}i_{o2}}{\mathrm{d}t} \end{cases} \tag{7-33}$$

从式(7-33)可以看出,当两套三相绕组采用 Y 型连接且中性点相互隔离时,$i_{o1}=$

$i_{o2}=0$，相应的零序电压和零序磁链也必为零，这样在分析系统时只需考虑其余4个轴的变量即可，从而降低了原始模型的阶次。为了搭建仿真模型，通常需要将系统写成状态方程的形式，这里选用电流向量作为状态变量，最后得到的系统的状态空间表达式如下：

$$\frac{\mathrm{d}}{\mathrm{d}t}\begin{bmatrix} i_{d1} \\ i_{q1} \\ i_{d2} \\ i_{q2} \end{bmatrix} = \boldsymbol{A}_1 \begin{bmatrix} i_{d1} \\ i_{q1} \\ i_{d2} \\ i_{q2} \end{bmatrix} + \boldsymbol{B}_1 \begin{bmatrix} u_{d1} \\ u_{q1}-\omega_e\psi_f \\ u_{d2} \\ u_{q1}-\omega_e\psi_f \end{bmatrix} \tag{7-34}$$

其中：

$$\boldsymbol{A}_1 = \begin{bmatrix} \frac{L_dR}{L_d^2-L_{dd}^2} & \frac{\omega_e(L_{dd}L_{qq}-L_dL_q)}{L_d^2-L_{dd}^2} & -\frac{L_{dd}R}{L_d^2-L_{dd}^2} & \frac{\omega_e(L_{dd}L_q-L_dL_{qq})}{L_d^2-L_{dd}^2} \\ \frac{\omega_e(L_dL_q-L_{dd}L_{qq})}{L_q^2-L_{qq}^2} & \frac{L_qR}{L_q^2-L_{qq}^2} & \frac{\omega_e(L_{dd}L_q-L_dL_{qq})}{L_q^2-L_{qq}^2} & -\frac{L_{qq}R}{L_q^2-L_{qq}^2} \\ -\frac{L_{dd}R}{L_d^2-L_{dd}^2} & \frac{\omega_e(L_{dd}L_q-L_dL_{qq})}{L_d^2-L_{dd}^2} & \frac{L_dR}{L_d^2-L_{dd}^2} & \frac{\omega_e(L_{dd}L_{qq}-L_dL_q)}{L_d^2-L_{dd}^2} \\ \frac{\omega_e(L_{dd}L_q-L_dL_{qq})}{L_q^2-L_{qq}^2} & -\frac{L_{qq}R}{L_q^2-L_{qq}^2} & \frac{\omega_e(L_dL_q-L_{dd}L_{qq})}{L_q^2-L_{qq}^2} & \frac{L_qR}{L_q^2-L_{qq}^2} \end{bmatrix}$$

$$\boldsymbol{B}_1 = \begin{bmatrix} \frac{L_d}{L_d^2-L_{dd}^2} & 0 & -\frac{L_{dd}}{L_d^2-L_{dd}^2} & 0 \\ 0 & \frac{L_q}{L_q^2-L_{qq}^2} & 0 & -\frac{L_{qq}}{L_q^2-L_{qq}^2} \\ -\frac{L_{dd}}{L_d^2-L_{dd}^2} & 0 & \frac{L_d}{L_d^2-L_{dd}^2} & 0 \\ 0 & -\frac{L_{qq}}{L_q^2-L_{qq}^2} & 0 & \frac{L_q}{L_q^2-L_{qq}^2} \end{bmatrix}$$

此时，电磁转矩方程为

$$T_e = 1.5p_n[(L_{dd}-L_{qq})(i_{d1}+i_{d2})(i_{q1}+i_{q2})+(i_{q1}+i_{q2})\psi_f] \tag{7-35}$$

由于 $L_d-L_q=L_{dd}-L_{qq}$，根据式(7-32)，式(7-35)可变为

$$T_e = 1.5p_n(i_{q1}\psi_{d1}-i_{d1}\psi_{q1}+i_{q2}\psi_{d2}-i_{d2}\psi_{q2}) \tag{7-36}$$

从式(7-31)中可以看出，每一个三相子系统的Park方程都和普通三相电机保持一致，而电机输出的电磁转矩也可以看成是两个三相绕组独立产生的电磁转矩相加后得到的结果，如式(7-36)所示。但是，把六相PMSM完全等价为两个独立的三相PMSM仍然是不正确的。磁链方程中的电感系数矩阵并不是对角矩阵，两套三相绕组的 d 轴或 q 轴磁链之间仍有耦合，这种耦合性通过式(7-32)中的耦合电感 L_{dd} 和 L_{qq} 表现出来。

2. 仿真建模

为了加深对六相PMSM数学模型的理解，根据式(7-34)在MATLAB/Simulink环境下进行数学模型的搭建，具体仿真模型如图7-8所示。其中，仿真模型的电机参数没有具体给定，读者可以根据实际情况进行设置。

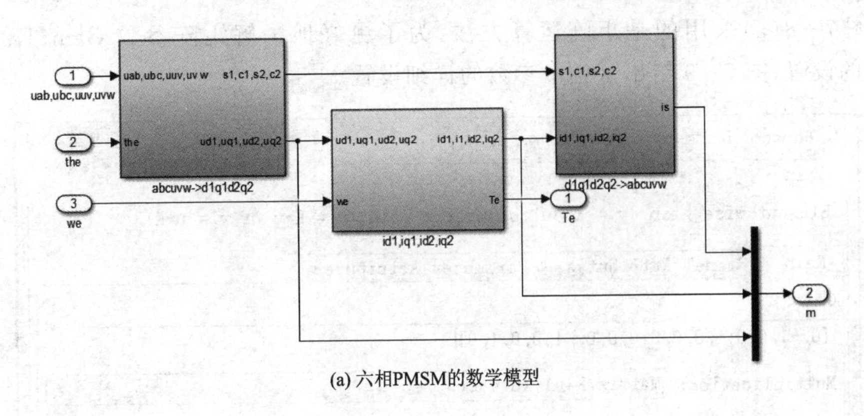

(a) 六相PMSM的数学模型

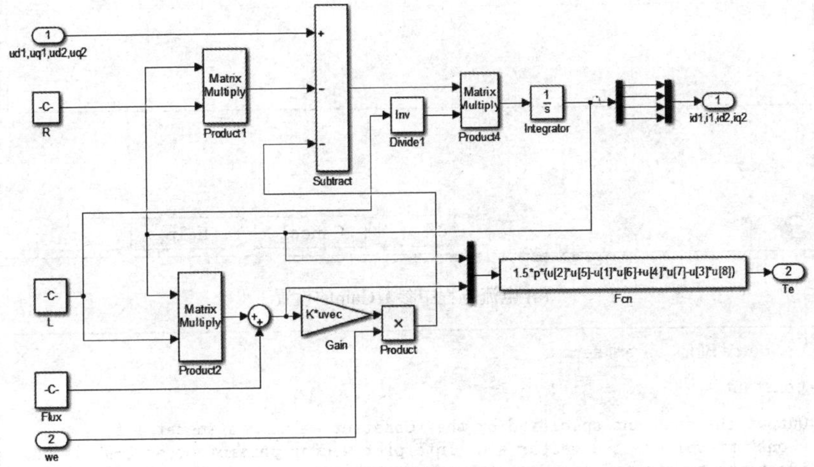

(b) 定子电流方程

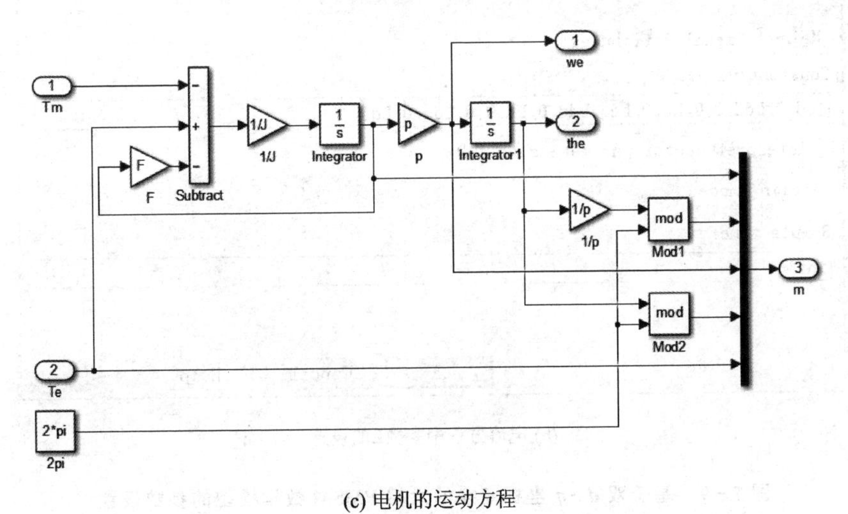

(c) 电机的运动方程

图 7－8　基于双 $d-q$ 坐标变换的六相 PMSM 数学模型

图 7－8(a)采用的是矩阵运算方法,为了更好地了解矩阵参数 Gain、L、R 和 Flux 的设置,图 7－9 给出了各个参数的详细设置。

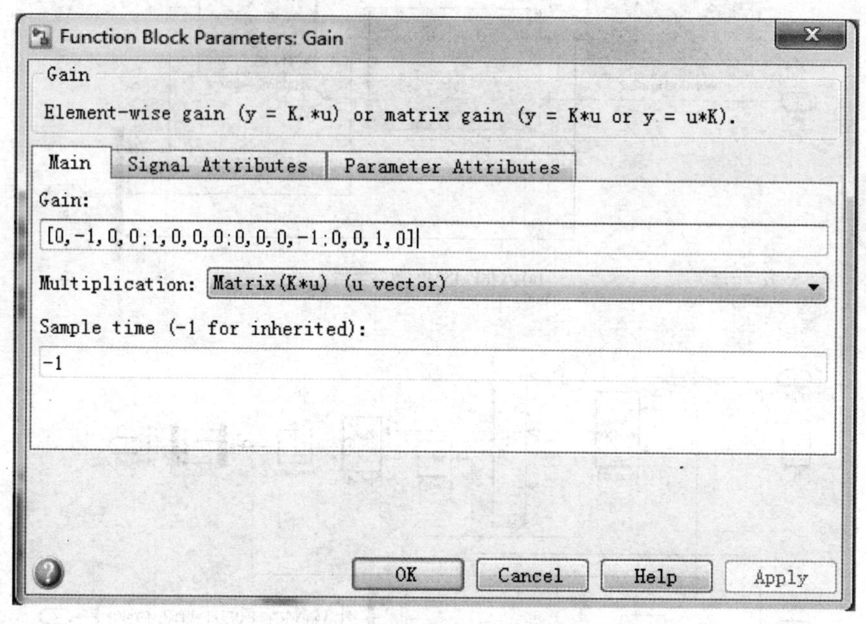

(a) 电流方程中参数Gain的设置

Source Block Parameters: L

Constant

Output the constant specified by the 'Constant value' parameter. If 'Constant value' is a vector and 'Interpret vector parameters as 1-D' is on, treat the constant value as a 1-D array. Otherwise, output a matrix with the same dimensions as the constant value.

Main | Signal Attributes

Constant value:

[Ld,0,Ldd,0;0,Lq,0,Lqq;Ldd,0,Ld,0;0,Lqq,0,Lq]

☑ Interpret vector parameters as 1-D

Sampling mode: Sample based

Sample time:

inf

OK | Cancel | Help | Apply

(b) 电流方程中参数L的设置

图 7－9 基于双 $d-q$ 坐标变换的六相 PMSM 数学模型的参数设置

Source Block Parameters: R

Constant

Output the constant specified by the 'Constant value' parameter. If 'Constant value' is a vector and 'Interpret vector parameters as 1-D' is on, treat the constant value as a 1-D array. Otherwise, output a matrix with the same dimensions as the constant value.

Main | Signal Attributes

Constant value:

[R,0,0,0;0,R,0,0;0,0,R,0;0,0,0,R]

☑ Interpret vector parameters as 1-D

Sampling mode: Sample based

Sample time:

inf

OK | Cancel | Help | Apply

(c) 电流方程中参数R的设置

Source Block Parameters: Flux

Constant

Output the constant specified by the 'Constant value' parameter. If 'Constant value' is a vector and 'Interpret vector parameters as 1-D' is on, treat the constant value as a 1-D array. Otherwise, output a matrix with the same dimensions as the constant value.

Main | Signal Attributes

Constant value:

[Flux,0,Flux,0]

☑ Interpret vector parameters as 1-D

Sampling mode: Sample based

Sample time:

inf

OK | Cancel | Help | Apply

(d) 电流方程中参数Flux的设置

图 7-9 基于双 $d-q$ 坐标变换的六相 PMSM 数学模型的参数设置(续)

7.4.2 基于矢量空间解耦变换的数学模型

1. 数学模型

前面已经提到，六相 PMSM 的两套绕组之间的中性点是隔离的，零序子空间的分量都为零，在此可以忽略不计。根据式(7-2)和式(7-3)，通过变换矩阵 $\boldsymbol{T}_{DQ}$ 可得电压方程：

$$\begin{aligned}\boldsymbol{u}_{2\mathrm{r}} &= \boldsymbol{T}'_{dq}\cdot\boldsymbol{u}_{6\mathrm{s}} = \boldsymbol{T}'_{dq}\cdot\left(\boldsymbol{R}_{6\mathrm{s}}\boldsymbol{i}_{6\mathrm{s}}+\frac{\mathrm{d}}{\mathrm{d}t}\boldsymbol{\psi}_{6\mathrm{s}}\right)=\\ &\boldsymbol{T}'_{dq}\cdot\left[\boldsymbol{R}_{6\mathrm{s}}\boldsymbol{T}^{-1}_{6\mathrm{s}/2\mathrm{r}}\boldsymbol{i}_{2\mathrm{r}}+\frac{\mathrm{d}}{\mathrm{d}t}(\boldsymbol{L}_{6\mathrm{s}}\boldsymbol{T}^{-1}_{6\mathrm{s}/2\mathrm{r}}\boldsymbol{i}_{2\mathrm{r}}+\boldsymbol{\lambda}_{6\mathrm{s}})\right]=\\ &\boldsymbol{R}_{6\mathrm{s}}\boldsymbol{i}_{2\mathrm{r}}+L_{2\mathrm{r}}\frac{\mathrm{d}}{\mathrm{d}t}\boldsymbol{i}_{2\mathrm{r}}+\boldsymbol{T}_{6\mathrm{s}/2\mathrm{r}}\frac{\mathrm{d}}{\mathrm{d}t}(\boldsymbol{L}_{6\mathrm{s}}\boldsymbol{T}^{-1}_{6\mathrm{s}/2\mathrm{r}})\boldsymbol{i}_{2\mathrm{r}}+\boldsymbol{T}_{6\mathrm{s}/2\mathrm{r}}\frac{\mathrm{d}}{\mathrm{d}t}\boldsymbol{\lambda}_{6\mathrm{s}}\end{aligned}\tag{7-37}$$

其中：$\boldsymbol{u}_{2\mathrm{r}}=[u_d\quad u_q\quad u_x\quad u_y]^{\mathrm{T}}$，$\boldsymbol{i}_{2\mathrm{r}}=[i_d\quad i_q\quad i_x\quad i_y]^{\mathrm{T}}$。

经过计算可得同步旋转坐标系下 $d-q$ 子空间的电压方程为

$$\begin{bmatrix}u_d\\u_q\end{bmatrix}=\begin{bmatrix}R&0\\0&R\end{bmatrix}\cdot\begin{bmatrix}i_d\\i_q\end{bmatrix}+\begin{bmatrix}L_d&0\\0&L_q\end{bmatrix}\cdot\frac{\mathrm{d}}{\mathrm{d}t}\begin{bmatrix}i_d\\i_q\end{bmatrix}+\begin{bmatrix}-\omega_{\mathrm{e}}L_qi_q\\\omega_{\mathrm{e}}L_di_d+\omega_{\mathrm{e}}\psi_{\mathrm{f}}\end{bmatrix}\tag{7-38}$$

$x-y$ 子空间的电压方程为

$$\begin{bmatrix}u_x\\u_y\end{bmatrix}=\begin{bmatrix}R&0\\0&R\end{bmatrix}\cdot\begin{bmatrix}i_x\\i_y\end{bmatrix}+\begin{bmatrix}L_z&0\\0&L_z\end{bmatrix}\cdot\frac{\mathrm{d}}{\mathrm{d}t}\begin{bmatrix}i_x\\i_y\end{bmatrix}\tag{7-39}$$

其中：u_d、u_q、u_x、u_y 分别为 $d-q$ 和 $x-y$ 子空间的定子电压；i_d、i_q、i_x、i_y 分别为 $d-q$ 和 $x-y$ 子空间的定子电流；L_d、L_q 为 $d-q$ 坐标系下的电感；$L_z=L_{AA1}$ 为漏感；ω_{e} 为电角速度；且 $L_d=3L_{AAd}+L_{AA1}$，$L_q=3L_{AAq}+L_{AA1}$。

根据式(7-38)和式(7-39)可以得出图7-10所示的电压等效电路。从图7-10可以看出，六相 PMSM 的数学模型实现了完全的解耦，可以采用与三相 PMSM 完全相同的矢量控制策略。

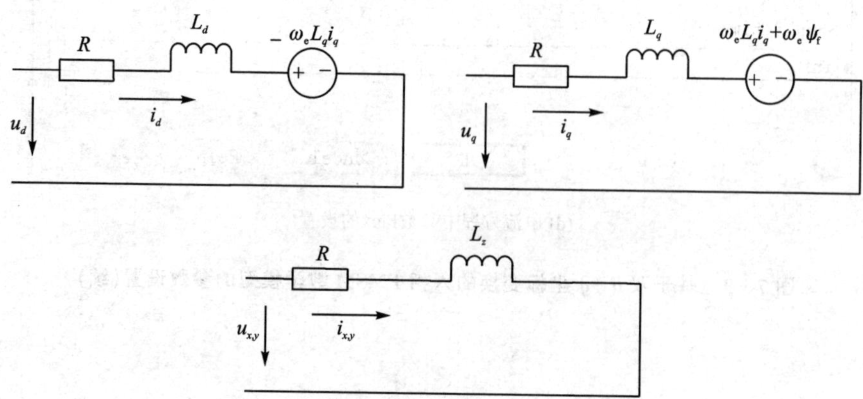

图7-10 六相 PMSM 的电压等效电路

根据新的变换矩阵，电磁转矩方程可简化为

$$T_e = 3p_n i_q[i_d(L_d - L_q) + \psi_f] \tag{7-40}$$

2. 仿真建模

根据式(7－38)和式(7－39)，在 MATLAB/Simulink 环境下进行数学模型的搭建，具体如图 7－11 所示。其中，仿真模型的电机参数没有具体给定，读者可以根据实际情况进行设置。

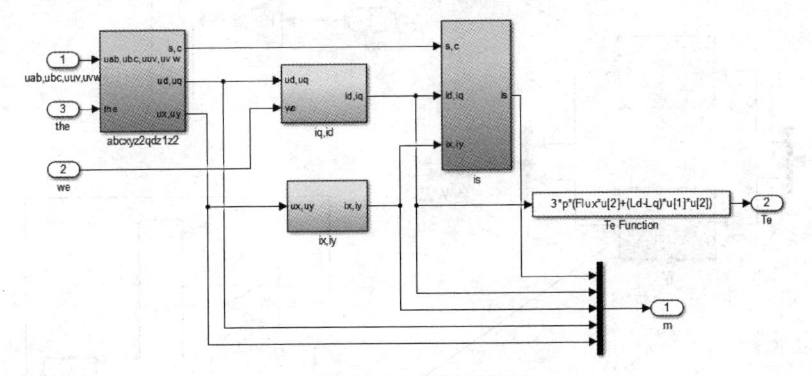

(a) 六相PMSM的数学模型

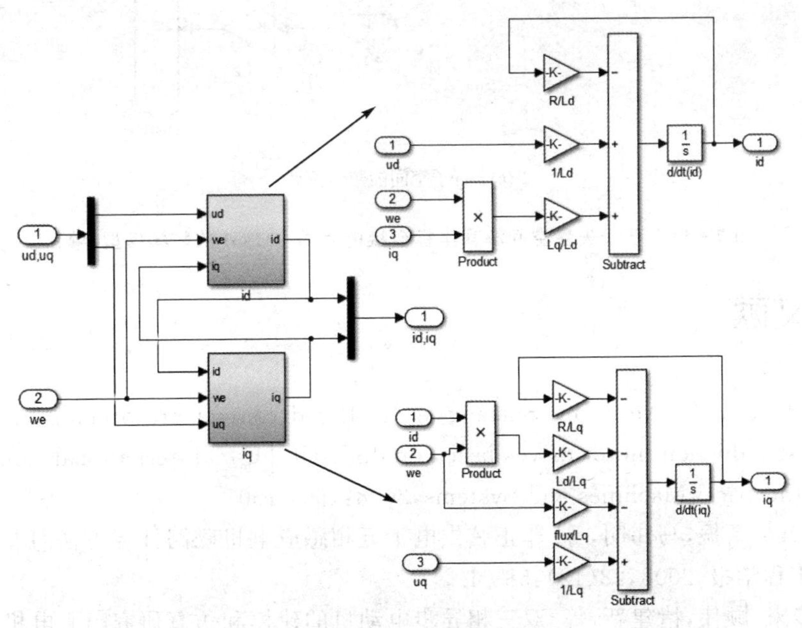

(b) $d-q$子空间的数学模型

图 7－11　基于矢量空间解耦坐标变换的六相 PMSM 的数学模型

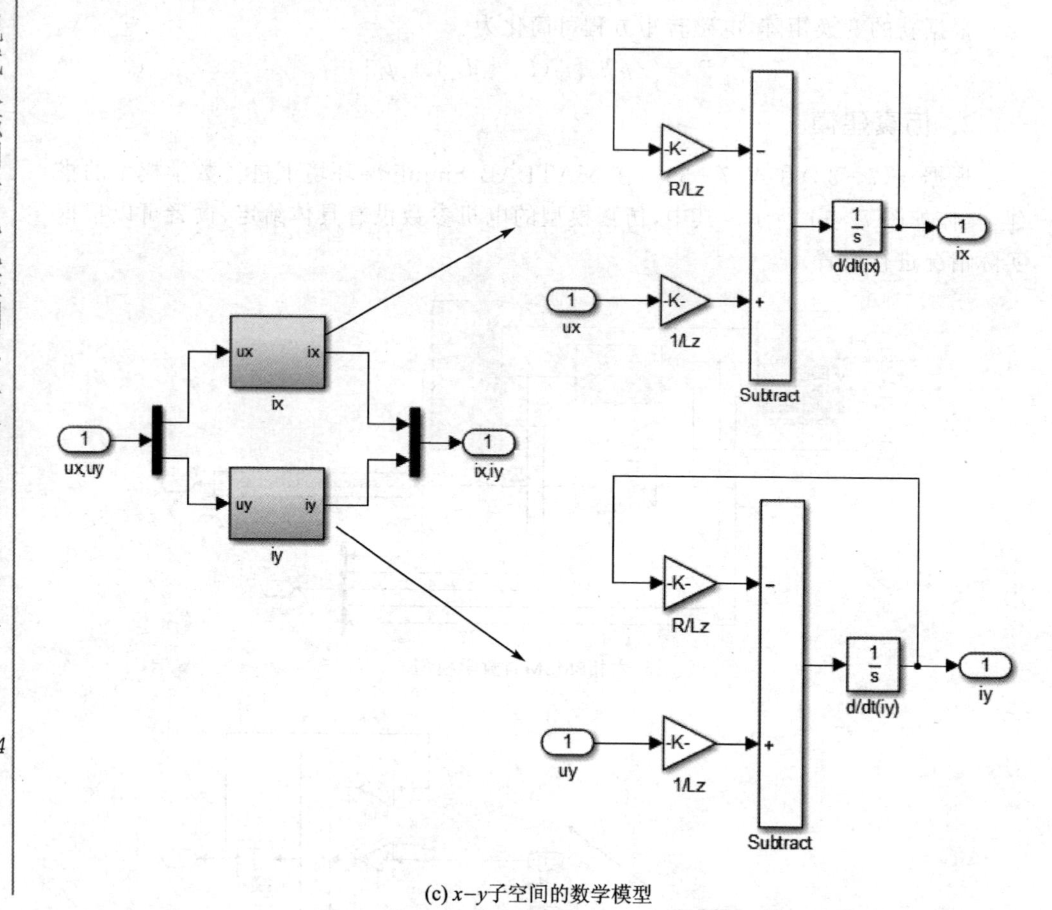

(c) $x-y$子空间的数学模型

图 7-11　基于矢量空间解耦坐标变换的六相 PMSM 的数学模型(续)

参考文献

[1] Li Weibo, Hu An, Geng Shigang, et al. Rapid control prototyping of fifteen-phase induction motor drives based on dSPACE [C]//International Conference on Electrical Machines and Systems, 2008:1604-1607.

[2] 王东，吴新振，马伟明，等. 非正弦供电十五相感应电机磁路计算方法[J]. 中国电机工程学报，2008，28(12)：58-64.

[3] 王步来，顾伟，褚建新，等. 双三相异步电动机的建模和仿真研究[J]. 电机与控制学报，2008，12(6)：666-669.

[4] Andriollo M, Bettanini G, Martinelli G, et al. Analysis of double-star permanent-magnet synchronous generators by a general decoupled d-q model [J]. IEEE Transactions on Industry Applications, 2009, 45(4): 1416-1424.

[5] 杨金波. 双三相永磁同步电机的建模与矢量控制[D]. 哈尔滨:哈尔滨工业大学,2011.

[6] 王步来,顾伟,郭燚,等. 双三相异步电动机的建模和仿真研究[J]. 西安交通大学学报,2008,42(10):1275-1279.

[7] Kallio S,Andriollo M,Tortella A,et al. Decoupled d-q model of double-Star interior- permanent-magnet synchronous machines [J]. IEEE Transactions on Industrial Electronics,2013,60(6):2486-2494.

[8] 黄进. p 对极 n 相对称系统的变换理论[J]. 电工技术学报,1995,10(1):53-57.

[9] Zhao Y F,Lipo T A. Space vector PWM control of dual three-phase induction machine using vector space decomposition[J]. IEEE Transactions on Industry Applications,1995,31(5):1100-1109.

[10] Abbas M A,Christen R,Jahns T M. Six-phase voltage source inverter driven induction motor [J]. IEEE Transactions on Industry Applications,1984,20(5):1251-1259.

[11] 张巍,辜承林. 采用空间矢量解耦的双三相异步电动机仿真研究[J]. 大电机技术,2009(3):14-18.

[12] He Yanhui,Wang Yue,Wu Jinlong,et al. A simple current sharing scheme for dual three-phase permanent-magnet synchronous motor drives [C]//IEEE 25th Annual Applied Power Electronics Conference and Exposition,2010:1093-1096.

[13] 袁飞雄,黄声华,龙文枫. 六相永磁同步电机谐波电流抑制技术[J]. 电工技术学报,2011,26(9):31-36.

[14] 刘剑,苏健勇,杨贵杰,等. 六相 PMSG 容错控制的三次谐波影响抑制[J]. 中国电机工程学报,2013,37(11):3101-3109.

第 8 章

六相电压源逆变器 PWM 技术

本章主要介绍了几种目前比较常用的六相电压源逆变器 PWM 技术的仿真建模方法。首先，介绍基于 VSD 坐标变换方法的传统两矢量六相 SVPWM 算法和四矢量 SVPWM 算法的基本工作原理和实现方法，搭建 MATLAB 仿真模型并给出仿真结果；其次，给出基于双 $d-q$ 坐标变换方法的三相解耦 PWM 算法和基于双零序信号注入法的 PWM 算法的基本工作原理及实现方法，搭建 MATLAB 仿真模型并给出仿真结果。

8.1 多相电压源逆变器 PWM 算法

与传统的三相电机 PWM 算法相比，多相电机在 PWM 算法上具有很高的自由度[1]。目前比较常用的多相两电平电压源逆变器 PWM 算法大致分为载波型 PWM 算法、SVPWM 算法和滞环电流 PWM 算法等，但是，滞环电流 PWM 算法很难应用于大功率场合，而应用于多相电机驱动系统的载波型 PWM 算法和 SVPWM 算法近年来得到了广泛的研究[2]。

与三相电机驱动系统不同的是，多相电压源逆变器 PWM 算法的主要目的是尽可能消除低次谐波分量，这些谐波分量将会导致 $x-y$ 子空间出现大量的定子谐波电流分量，进而增加电机的损耗。为了提高直流电压的利用率，类似于应用在三相电压源逆变器的基于三次谐波注入的载波型 PWM 算法、基于零序信号注入法，这种要求系统具有多个三相绕组组成条件的多相载波型 PWM 算法被推广到多相电压源逆变器系统中[3-5]。该方法主要用于由若干个三相绕组组成的多相电机系统，这种要求系统具有多个三相绕组组成的条件限制了该方法的应用范围。特别地，对于六相电机而言，可将参考电压矢量分解到共直流母线电压的两个三相电压源逆变器中，进而采用基于双零序注入法的载波型 PWM 算法[6-7]。另外，由于三相 SVPWM 算法与基于三次谐波注入法的载波型 PWM 算法在本质上是等价的[8-9]，所以针对三相 SVPWM 算法的研究结果同样适用于该控制方式。虽然该方法具有便于数字实现的优点，但对于多相电机而言其并不是最优的 PWM 算法，因为定子电流中包含大量的 5 次、7 次谐波分量，并且须应用在共直流电压的多相电压源逆变器系统中。

伴随交流电机的多相化，电压源逆变器的 PWM 算法也须由三相 PWM 算法扩展为多相 PWM 算法。目前，大量研究大都致力于三相 SVPWM 算法的多相化推广及实现。将传统三相 SVPWM 算法扩展到多相电压源逆变器所得到的基于邻近最大两矢量的多相 SVPWM 算法，只保证了 $\alpha-\beta$ 子空间的电压为正弦，而没有考虑 $x-y$ 子空间电压的影响，虽然其输出包含了较多的谐波电压，却可以得到更大的基波电压调制系数[10-11]。随着相数的增加，这种直接计算式 SVPWM 算法的复杂程度会大大增加，扇区判断、矢量持续时间计算、矢量作用顺序的安排、矢量持续时间转化为开关动作的时间等问题的复杂性及难度也会大大增加，对控制器的性能要求无疑也会大大提高。特别地，对于六相电机而言，为了消除 $x-y$ 子空间的谐波分量，文献[12]最早提出了一种基于 VSD 方法的六相感应电机 SVPWM 技术，有效抑制了定子电流谐波分量，但文中并未给出该算法的实现方法。为了解决该算法的实现问题，文献[13-15]详细分析了各矢量的作用时间计算方法及作用顺序。另外，文献[16]采用预先合成矢量的方法统一了各扇区矢量作用时间的计算过程，以便于后期的数字实现。

8.2　传统的两矢量六相 SVPWM 算法

8.2.1　六相电压源逆变器的电压矢量

对于图 8-1 所示的六相电压源逆变器，由于每一个桥臂的上下两个开关器件都工作在互补导通状态，所以每一个桥臂都有 2 个开关状态，整个逆变器共有 2^6 个，即有 64 个开关状态。与转换开关相对应的 64 种电压矢量可以分别由式(8-1)和式(8-2)决定[17]。

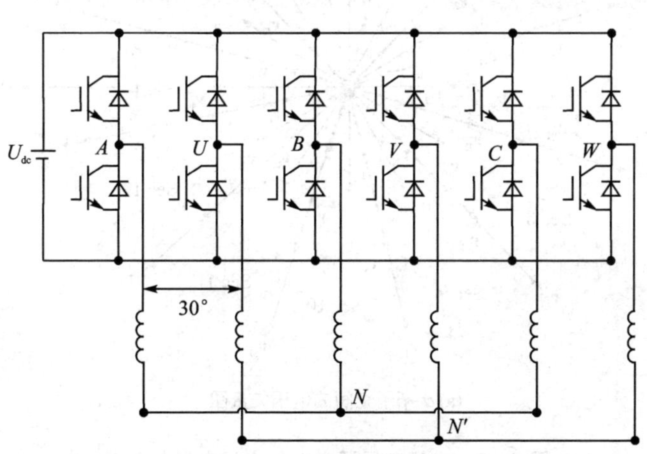

图 8-1　六相电压源逆变器

$$\boldsymbol{v}_{\alpha\beta} = \frac{1}{3}U_{\mathrm{dc}}(s_A + s_B a^4 + s_C a^8 + s_U a + s_V a^5 + s_W a^9) \tag{8-1}$$

$$\boldsymbol{v}_{xy} = \frac{1}{3}U_{\mathrm{dc}}(s_A + s_B a^8 + s_C a^4 + s_U a^5 + s_V a + s_W a^9) \tag{8-2}$$

其中：$a=\mathrm{e}^{\mathrm{j}30^\circ}$；$s$ 表示每一个桥臂的开关状态，$s_i=1(i=A,B,C,U,V,W)$表示上桥臂开关器件导通下桥臂开关器件断开，$s_i=0(i=A,B,C,U,V,W)$表示上桥臂开关器件断开下桥臂开关器件导通。这样就可以得到 $\alpha-\beta$ 与 $x-y$ 子空间的空间电压矢量图，如图 8-2 所示。

图 8-2 中的每一个电压矢量都可用一个八进制数表示，与八进制数相对应的二进制数代表了电压源逆变器的开关状态，从高位到低位依次为 $ABCUVW$。每一个子空间包括 60 个有效矢量和 4 个处于原点位置的零矢量（$\boldsymbol{v}_{00}$、$\boldsymbol{v}_{07}$、$\boldsymbol{v}_{70}$、$\boldsymbol{v}_{77}$）。根据电压矢量幅值的大小，每一个子空间内的电压矢量都可以被分成 4 组，每一组都可以构成一个正十二边形。在 $\alpha-\beta$ 子空间具有最大幅值的矢量在 $x-y$ 子空间的幅值反而最小，反之亦然。由式(8-1)和式(8-2)可知，其中的 60 个非零空间电压矢量共有 4 种不同的幅值，分别为$|\boldsymbol{v}_{\max}|$、$|\boldsymbol{v}_{\mathrm{mid}L}|$、$|\boldsymbol{v}_{\mathrm{mid}s}|$和$|\boldsymbol{v}_{\min}|$，而 4 个零电压矢量投影到坐标系原点。

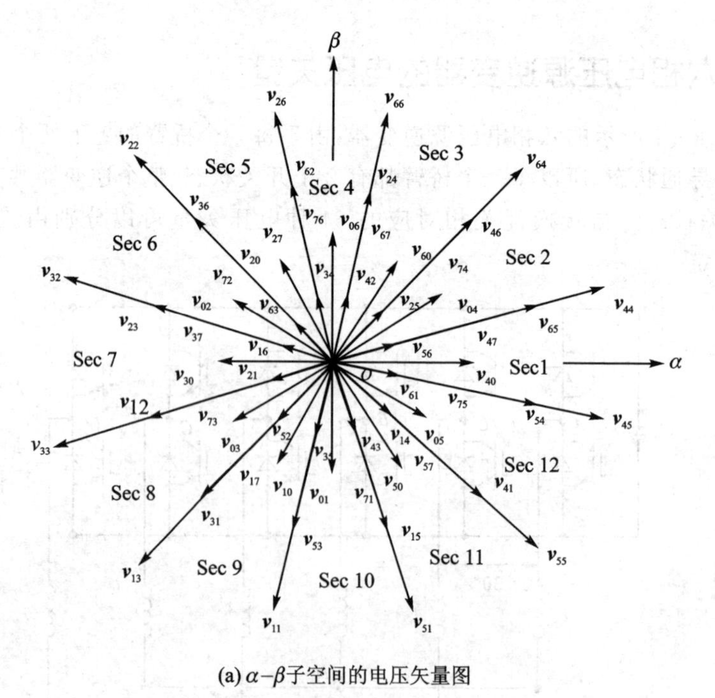

(a) α–β子空间的电压矢量图

图 8-2　六相电压源逆变器空间电压矢量图

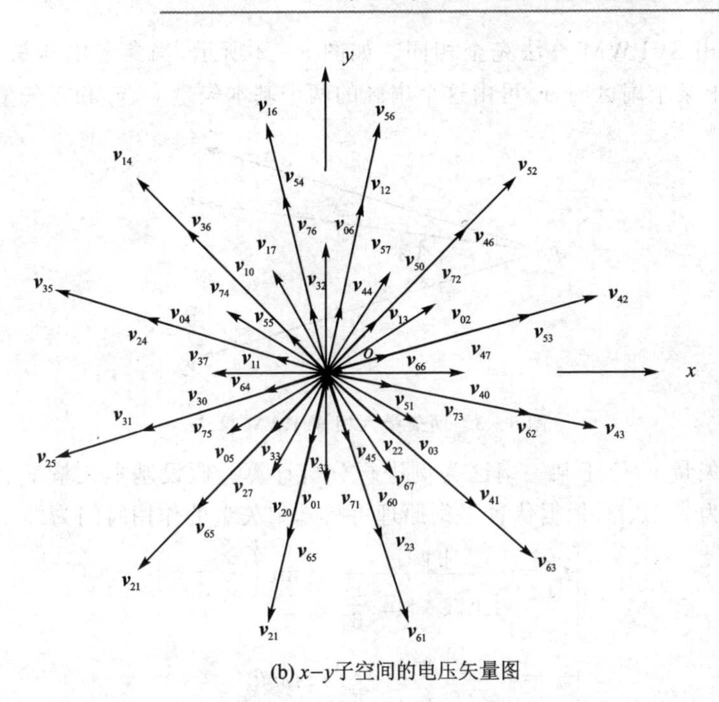

(b) x–y子空间的电压矢量图

图 8－2　六相电压源逆变器空间电压矢量图(续)

由式(8－1)和式(8－2)可得空间电压矢量的幅值为

$$\begin{cases} |\,\boldsymbol{v}_{\max}\,| = \dfrac{\sqrt{2}(\sqrt{3}+1)}{6}U_{\mathrm{dc}} \approx 0.644\,U_{\mathrm{dc}} \\ |\,\boldsymbol{v}_{\mathrm{midL}}\,| = \dfrac{\sqrt{2}}{3}U_{\mathrm{dc}} \approx 0.471\,U_{\mathrm{dc}} \\ |\,\boldsymbol{v}_{\mathrm{mids}}\,| = \dfrac{1}{3}U_{\mathrm{dc}} \approx 0.333\,U_{\mathrm{dc}} \\ |\,\boldsymbol{v}_{\min}\,| = \dfrac{\sqrt{2}(\sqrt{3}-1)}{6}U_{\mathrm{dc}} \approx 0.173\,U_{\mathrm{dc}} \end{cases} \tag{8-3}$$

其中：$|\boldsymbol{v}_{\max}|$是夹角为 30°的两矢量合成的电压矢量的幅值，对应图 8.2(a)中最外层的 12 个电压矢量；$|\boldsymbol{v}_{\mathrm{midL}}|$是夹角为 90°的两矢量合成的电压矢量的幅值，对应图 8.2(a)中次外层的 12 个电压矢量；$|\boldsymbol{v}_{\min}|$是夹角为 150°的两矢量合成的电压矢量的幅值，对应图 8.2(a)中最内层的 12 个电压矢量。

8.2.2　传统的两矢量六相 SVPWM 算法的实现

将传统的三相 SVPWM 算法直接推广到六相 SVPWM 算法，为了获得最大的电压利用率以及减少开关损耗，传统的两矢量六相 SVPWM 算法选取 $\alpha-\beta$ 子空间中邻近幅值最大的两个电压矢量作为基本电压矢量，从而可以将 $\alpha-\beta$ 子空间分为 12 个扇区，每个扇区由与其邻近的两个开关矢量和一个零矢量来合成参考电压矢量，其实现过程与三相 SVPWM 算法完全相同。如图 8-3 所示，当参考电压矢量 $\boldsymbol{v}_{\mathrm{r}}$ 位于 $\alpha-\beta$ 子空间上某个扇区时，$\boldsymbol{v}_{\mathrm{r}}$ 可由这个扇区的两个基本矢量 $\boldsymbol{v}_a$、$\boldsymbol{v}_b$ 和零矢量合成。

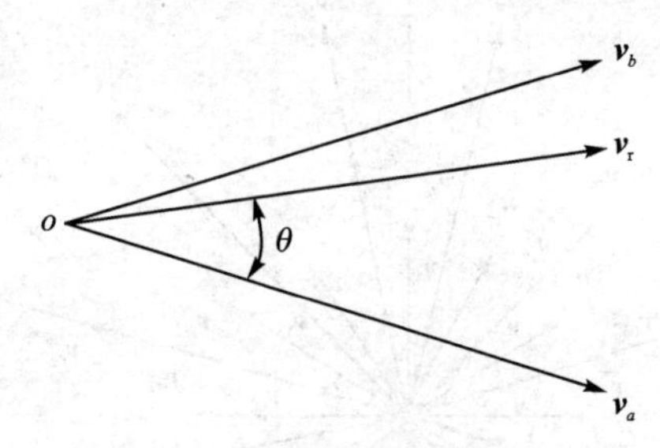

图 8-3 两矢量六相 SVPWM 算法

以参考矢量 $\boldsymbol{v}_{\mathrm{r}}$ 位于某一扇区为例进行分析计算。假设基本矢量 $\boldsymbol{v}_a$、$\boldsymbol{v}_b$、$\boldsymbol{v}_0$ 的作用时间分别为 t_a、t_b、t_0，根据伏秒平衡原理可得基本矢量的作用时间为

$$\begin{cases} t_a = \dfrac{|\boldsymbol{v}_{\mathrm{r}}|}{|\boldsymbol{v}_{\max}| \sin \dfrac{\pi}{6}} T_{\mathrm{s}} \sin\left(\dfrac{\pi}{6} - \theta\right) \\ t_b = \dfrac{|\boldsymbol{v}_{\mathrm{r}}|}{|\boldsymbol{v}_{\max}| \sin \dfrac{\pi}{6}} T_{\mathrm{s}} \sin\theta \end{cases} \tag{8-4}$$

零矢量的作用时间为

$$t_0 = T_{\mathrm{s}} - t_a - t_b \tag{8-5}$$

其中：θ 为 $\boldsymbol{v}_{\mathrm{r}}$ 与 $\boldsymbol{v}_a$ 之间的夹角，T_{s} 为 PWM 开关周期。

一般情况下，当参考电压矢量位于第 k 扇区时，作用时间的一般表达式为

$$\begin{cases} t_a = \dfrac{|\boldsymbol{v}_{\mathrm{r}}|}{|\boldsymbol{v}_{\max}| \sin \dfrac{\pi}{6}} T_{\mathrm{s}} \sin\left(\dfrac{\pi}{6} - k\theta\right) \\ t_b = \dfrac{|\boldsymbol{v}_{\mathrm{r}}|}{|\boldsymbol{v}_{\max}| \sin \dfrac{\pi}{6}} T_{\mathrm{s}} \sin\left[\theta - (k-1)\dfrac{\pi}{6}\right] \end{cases} \tag{8-6}$$

当参考电压矢量 $\boldsymbol{v}_{\mathrm{r}}$ 位于第 1 扇区时，可以由 $\boldsymbol{v}_{44}$ 和 $\boldsymbol{v}_{45}$ 来合成。图 8-4 给出了该扇区内每一个桥臂的 PWM 波形。由于六相电压源逆变器的零矢量有 4 个，通过安排不同的零矢量可以得到不同的 PWM 波形，这里使用的是 $\boldsymbol{v}_{00}$ 和 $\boldsymbol{v}_{77}$。这样做的优点是可使每一个桥臂的 PWM 波形的极性保持一致，便于硬件实现。为了减少开关损耗，在一个 PWM 开关周期内各矢量的作用顺序为 $\boldsymbol{v}_{00} \rightarrow \boldsymbol{v}_{44} \rightarrow \boldsymbol{v}_{45} \rightarrow \boldsymbol{v}_{77} \rightarrow \boldsymbol{v}_{45} \rightarrow \boldsymbol{v}_{44} \rightarrow \boldsymbol{v}_{00}$，如图 8-4 所示。

当六相电压源逆变器工作在 12 拍工作模式时，与采用三相电压源逆变器工作在 6 拍阶梯波(方波)时所得到的相电压的波形是一致的，相电压基波幅值达到最大，为 $U_{\max} = 2/\pi U_{\mathrm{dc}}$。此时，其电压矢量轨迹为 12 个基本矢量构成的正十二边形的 12 个端点。

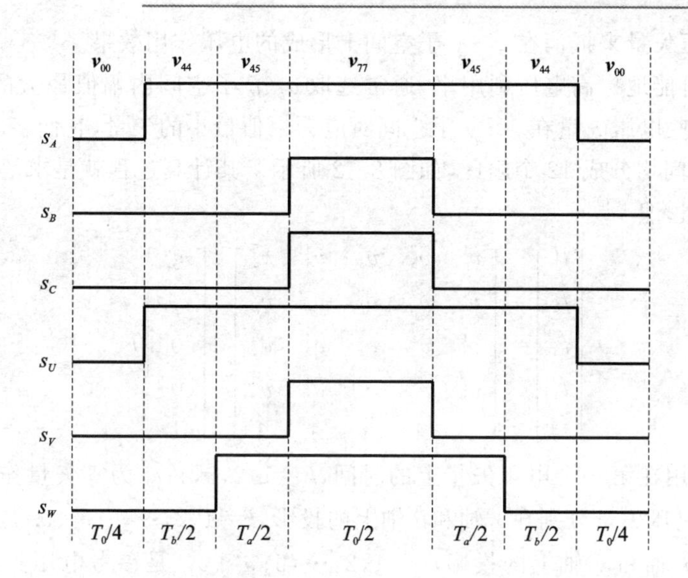

图 8-4　两矢量六相 SVPWM 算法第 1 扇区的 PWM 波形

定义调制比 m 为

$$m=\frac{|\boldsymbol{v}^*|}{U_{\max}}=\frac{2}{\pi}\frac{|\boldsymbol{v}^*|}{U_{\mathrm{dc}}} \tag{8-7}$$

与传统三相 SVPWM 算法一致，基于邻近最大两矢量六相 SVPWM 算法的线性调制范围可以达到由这些基本矢量所构成的正十二边形的内切圆，即所能合成的电压矢量的最大幅值为$|\boldsymbol{V}_{\max}|\cos(\pi/12)$。根据式(8-7)可得调制比 m 为

$$m=\frac{2}{\pi}\frac{|\boldsymbol{V}_{\max}|\cos(\pi/12)}{U_{\mathrm{dc}}}\approx 0.977 \tag{8-8}$$

由于基于两矢量的六相 SVPWM 算法与三相 SVPWM 算法类似，读者可以仿照三相 SVPWM 算法进行仿真建模，这里将不再赘述。

8.3　四矢量 SVPWM 算法

8.3.1　四矢量 SVPWM 算法的实现

从第 7 章的分析可以看出，六相 PMSM 的机电能量转换只与 $\alpha-\beta$ 子空间上的电流矢量有关，在 $x-y$ 子空间上的电流只产生谐波损耗，而传统的两矢量六相 SVPWM 算法只考虑了对 $\alpha-\beta$ 子空间上的电压进行跟踪，没有考虑 $x-y$ 子空间上的电压合成效果，这将会在 $x-y$ 子空间上产生不必要的谐波损耗。因此，六相永磁同步电机 SVPWM 算法的电压矢量选取的标准为：在一个开关周期内，在 $\alpha-\beta$ 子空间内合成的电压矢量最大，并且在 $x-y$ 子空间内合成的电压矢量最小。四矢量 SVPWM 算法就是在两矢量六相 SVPWM 算法的基础上增加两个基本电压矢量，通过增加的电压矢量来抵消在 $x-y$ 子空间上形成的电压作用效果。

为了尽可能地提高电压利用率，通常选取 $\alpha-\beta$ 子空间内幅值最大的12个电压矢量，同时这些电压矢量在 $x-y$ 子空间对应为幅值最小的矢量，它们将 $\alpha-\beta$ 子空间和 $x-y$ 子空间均分成12个扇区，如图8-2所示。其计算过程就是求解一个五元一次线性方程组，即[12]

$$\begin{bmatrix} t_1 \\ t_2 \\ t_3 \\ t_4 \\ t_0 \end{bmatrix} = \begin{bmatrix} v_\alpha^1 & v_\alpha^2 & v_\alpha^3 & v_\alpha^4 & v_\alpha^5 \\ v_\beta^1 & v_\beta^2 & v_\beta^3 & v_\beta^4 & v_\beta^5 \\ v_x^1 & v_x^2 & v_x^3 & v_x^4 & v_x^5 \\ v_y^1 & v_y^2 & v_y^3 & v_y^4 & v_y^5 \\ 1 & 1 & 1 & 1 & 1 \end{bmatrix}^{-1} \begin{bmatrix} v_\alpha^* \\ v_\beta^* \\ 0 \\ 0 \\ 1 \end{bmatrix} T_s \tag{8-9}$$

其中：t_k 是作用在第 k 个电压矢量上的时间，$k=1,2,3,4$；t_0 为零矢量作用时间；v_α^k、v_β^k 是第 k 个电压矢量分别在 α 轴和 β 轴上的投影，$k=1,2,\cdots,5$；v_x^k、v_y^k 是第 k 个电压矢量分别在 x 轴和 y 轴上的投影，$k=1,2,\cdots,5$；v_α^*、v_β^* 是参考电压矢量在 α 轴和 β 轴上的投影，$*=1,2,\cdots,5$；T_s 是采样周期。

当六相电压源逆变器工作在线性调制区时，$t_0>0$。以第1扇区为例，由式(8-9)可得4个非零矢量的总时间为

$$t_1+t_2+t_3+t_4=\frac{v_\alpha^*}{U_{dc}}T_s \tag{8-10}$$

当 $t_0=0$ 时，即

$$T_s=t_1+t_2+t_3+t_4=2\sqrt{3}\,\frac{T_s}{\pi}m\cos\theta \tag{8-11}$$

根据式(8-11)可得调制比的方程为

$$m=\frac{\pi}{2\sqrt{3}\cos\theta} \tag{8-12}$$

对 θ 求导，可得

$$\frac{dm}{d\theta}=\frac{\pi\sin\theta}{2\sqrt{3}\cos^2\theta}=0 \tag{8-13}$$

式(8-13)的解为 $\theta=0$。当 $\theta=0$ 时，调制比 m 取最大值，即

$$m=\frac{\pi}{2\sqrt{3}}\approx 0.907 \tag{8-14}$$

为了简化四矢量SVPWM算法中各作用时间的计算，文献[16]提出了一种基于中间矢量的SVPWM算法，该方法的计算结果和式(8-9)的结果完全一样。如图8-5所示，用相邻的3个基本矢量 $\boldsymbol{v}_1$、$\boldsymbol{v}_2$ 和 $\boldsymbol{v}_3$ 合成一个新的矢量 $\boldsymbol{v}_a$，称之为中间矢量。当 $\boldsymbol{v}_1$ 和 $\boldsymbol{v}_3$ 的作用时间相同时，所得到的新矢量和 $\boldsymbol{v}_2$ 方向相同。同理，$\boldsymbol{v}_2$、$\boldsymbol{v}_3$ 和 $\boldsymbol{v}_4$ 合成一个新的矢量 $\boldsymbol{v}_b$。这样一共可以重新合成12个电压矢量，这些矢量和两矢量六相SVPWM算法的分布相同，只是幅值大小不一样。假设4个基本矢量 $\boldsymbol{v}_1$、$\boldsymbol{v}_2$、$\boldsymbol{v}_3$、

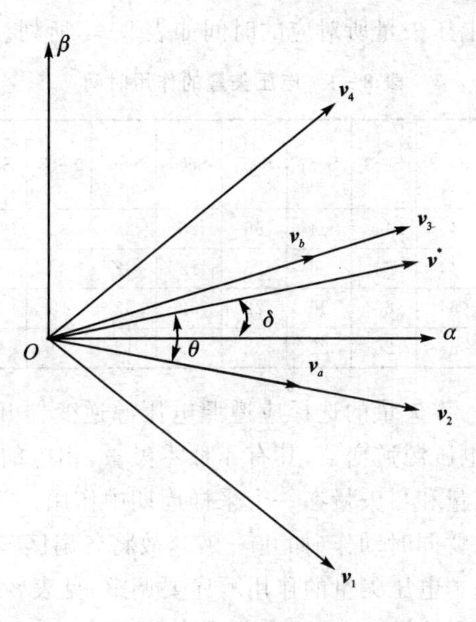

图 8-5　基于中间矢量的 SVPWM 算法

$\boldsymbol{v}_4$ 和零矢量的作用时间分别为 T_1、T_2、T_3、T_4 和 T_0，其表达式为

$$\begin{cases} T_1 = \dfrac{\sqrt{3}(\sqrt{3}-1)}{2\sqrt{2}U_{\mathrm{dc}}} \mid \boldsymbol{v}^* \mid T_{\mathrm{s}} \sin\left(\dfrac{\pi}{6}-\theta\right) \\ T_2 = \dfrac{\sqrt{3}(\sqrt{3}-1)}{2\sqrt{2}U_{\mathrm{dc}}} \mid \boldsymbol{v}^* \mid T_{\mathrm{s}} \left[\sin\theta + \sqrt{3}\sin\left(\dfrac{\pi}{6}-\theta\right)\right] \\ T_3 = \dfrac{\sqrt{3}(\sqrt{3}-1)}{2\sqrt{2}U_{\mathrm{dc}}} \mid \boldsymbol{v}^* \mid T_{\mathrm{s}} \left[\sqrt{3}\sin\theta + \sin\left(\dfrac{\pi}{6}-\theta\right)\right] \\ T_4 = \dfrac{\sqrt{3}(\sqrt{3}-1)}{2\sqrt{2}U_{\mathrm{dc}}} \mid \boldsymbol{v}^* \mid T_{\mathrm{s}} \sin\theta \\ T_0 = T_{\mathrm{s}} - \dfrac{3+\sqrt{3}}{2\sqrt{2}U_{\mathrm{dc}}} \mid \boldsymbol{v}^* \mid T_{\mathrm{s}} \left[\sin\theta + \sin\left(\dfrac{\pi}{6}-\theta\right)\right] \end{cases} \tag{8-15}$$

如果 $T_1+T_2+T_3+T_4>T_{\mathrm{s}}$，则需进行过调制处理，有：

$$\begin{cases} T_1 = \dfrac{T_1}{T_1+T_2+T_3+T_4} T_{\mathrm{s}} \\ T_2 = \dfrac{T_2}{T_1+T_2+T_3+T_4} T_{\mathrm{s}} \\ T_3 = \dfrac{T_3}{T_1+T_2+T_3+T_4} T_{\mathrm{s}} \\ T_4 = \dfrac{T_4}{T_1+T_2+T_3+T_4} T_{\mathrm{s}} \end{cases} \tag{8-16}$$

按照参考电压矢量 $\boldsymbol{v}^*$ 所处的扇区不同，T_1、T_2、T_3 和 T_4 对应于不同的基本电压矢量，在不同扇区上基本电压矢量所对应的时间如表 8－1 所列。

表 8－1　电压矢量的作用时间

时间＼扇区	Sec1	Sec2	Sec3	Sec4	Sec5	Sec6	Sec7	Sec8	Sec9	Sec10	Sec11	Sec12
T_1	55	45	44	64	66	26	22	32	33	13	11	51
T_2	45	44	64	66	26	22	32	33	13	11	51	55
T_3	44	64	66	26	22	32	33	13	11	51	55	45
T_4	64	66	26	22	32	33	13	11	51	55	45	44

为了减少开关损耗，零矢量的选择应遵照电压源逆变器开关次数最少原则。对于图 8－1 所示的六相电压源逆变器，其有 4 种零矢量，相应的数字是 00、07、70、77。选中的 4 个基本电压矢量和零矢量在一个采样周期中作用。为避免扇区转换时电压源逆变器同组的三相桥臂同时动作（如 00→07），故将各扇区零矢量都选为 00 和 77，这样有 6 个扇区中的基本电压矢量的作用顺序要调整，见表 8－2 和表 8－3。为便于后期 MATLAB 仿真模型的搭建，这里给出了从 Sec1～Sec12 的 SVPWM 波形，调整后的 SVPWM 波形见图 8－6。

表 8－2　电压矢量的作用时间(1)

时间＼扇区	Sec1	Sec2	Sec5	Sec6	Sec9	Sec10
T_{01}	00	00	00	00	00	00
T_2	45	44	26	22	13	11
T_1	55	45	66	26	33	13
T_{02}	77	77	77	77	77	77
T_4	64	66	32	33	51	55
T_3	44	64	22	32	11	51
T_{01}	00	00	00	00	00	00

表 8－3　电压矢量的作用时间(2)

时间＼扇区	Sec3	Sec4	Sec7	Sec8	Sec11	Sec12
T_{01}	00	00	00	00	00	00
T_1	44	64	22	32	11	51
T_2	64	66	32	33	51	55
T_{02}	77	77	77	77	77	77
T_3	66	26	33	13	55	45
T_4	26	22	13	11	45	44
T_{01}	00	00	00	00	00	00

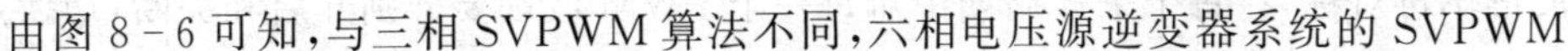
由图 8－6 可知，与三相 SVPWM 算法不同，六相电压源逆变器系统的 SVPWM

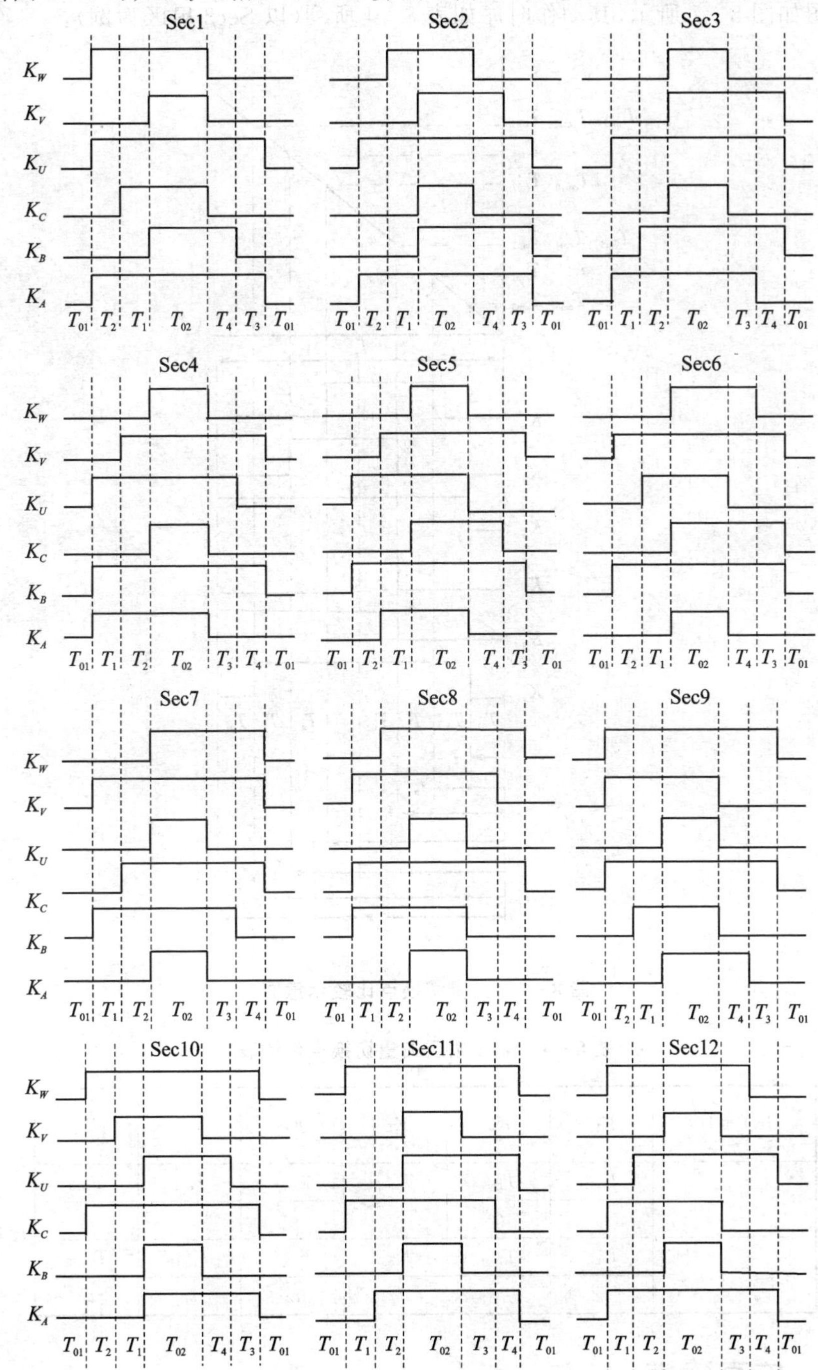

图 8－6　Sec1～Sec12 扇区的 SVPWM 波形

波形不再对称，在每个采样周期中对每一个 PWM 波都要分别开启和关断，切换点比较示意图如图 8－7 所示，其动作时序如表 8－4 所列(以 Sec2 扇区为例)。

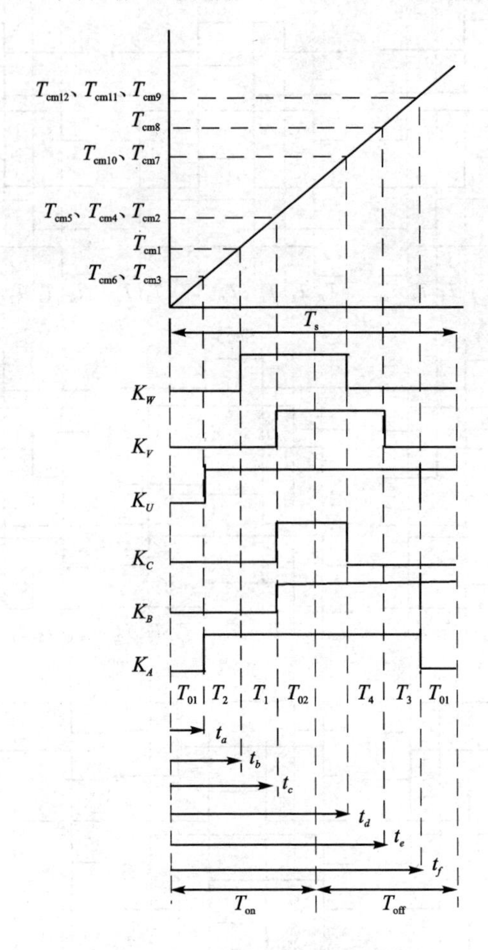

图 8－7　矢量切换点比较示意图

表 8－4　Sec2 扇区矢量切换点赋值表

开关时序	K_W	K_V	K_U	K_C	K_B	K_A
T_{on}	T_{cm1}	T_{cm2}	T_{cm3}	T_{cm4}	T_{cm5}	T_{cm6}
	t_b	t_c	t_a	t_c	t_c	t_a
T_{off}	T_{cm7}	T_{cm8}	T_{cm9}	T_{cm10}	T_{cm11}	T_{cm12}
	t_d	t_e	t_f	t_d	t_f	t_f

8.3.2　仿真建模

在 MATLAB/Simulink 环境下搭建四矢量 SVPWM 算法的仿真模型，如图 8－8

所示，为了简化建模，六相电压源逆变器采用两个三相电压源逆变器代替（所在位置：Simscape\SimPowerSystems\Specialized Technology\Power Electronics）。具体参数设置为：六相电压幅值 $V_m=100$ V，PWM 开关频率 $f_{pwm}=3$ kHz，直流侧电压 $U_{dc}=300$ V，阻感负载（RL-load）$R=10\ \Omega$、$L=1$ mH。另外，仿真算法采用变步长 ode23tb 算法，且最大仿真步长（Max Step Size）设置为 0.000 01，其余变量保持初始值。根据 8.3.1 节的理论分析，各个模块的仿真模型如图 8－9 所示，其中图 8－9(a)～图 8－9(e)分别给出了参考电压矢量计算仿真模型、六相 SVPWM 算法仿真模型、扇区计算仿真模型、六相电压源逆变器中 ABC 相和 UVW 相的 SVPWM 算法仿真模型。

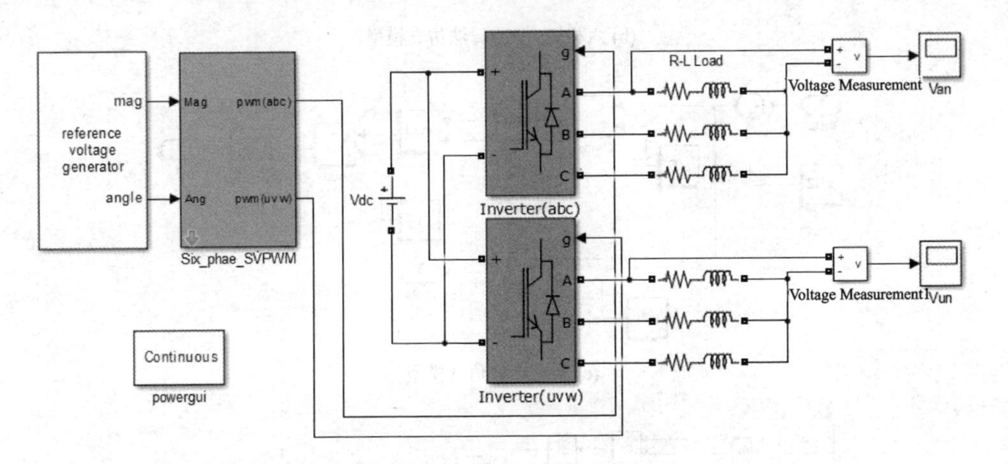

图 8－8　四矢量 SVPWM 算法的仿真模型

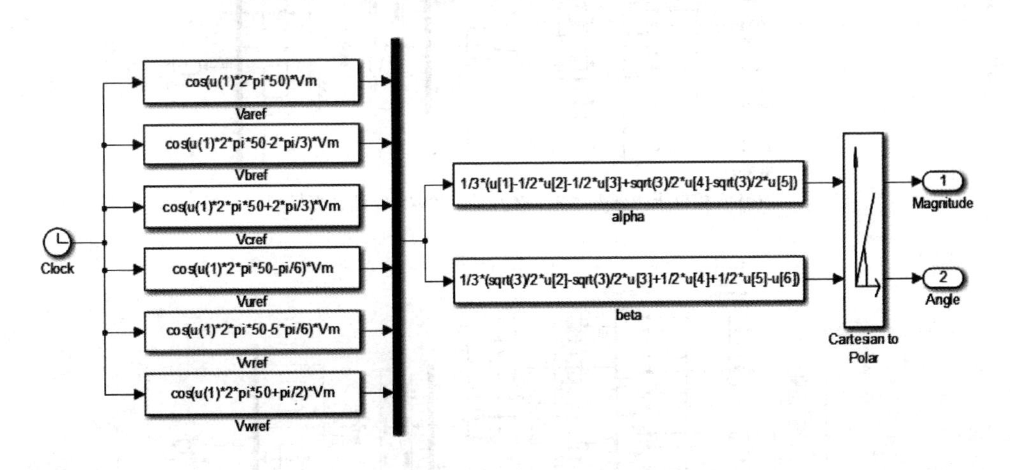

(a) 参考电压矢量计算仿真模型

图 8－9　基于四矢量 SVPWM 算法的各个模块的仿真模型

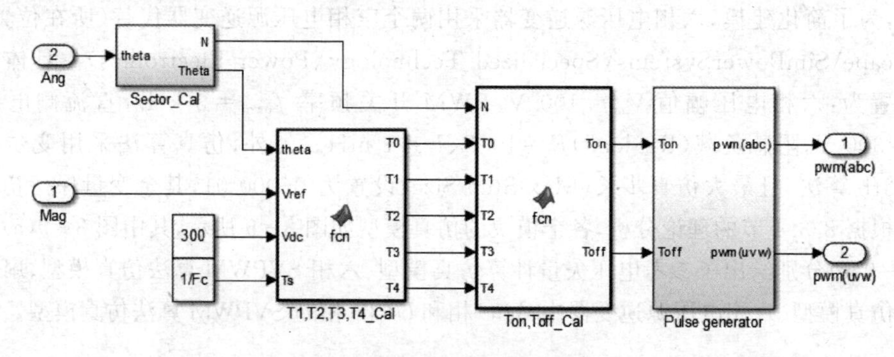

(b) 六相SVPWM算法仿真模型

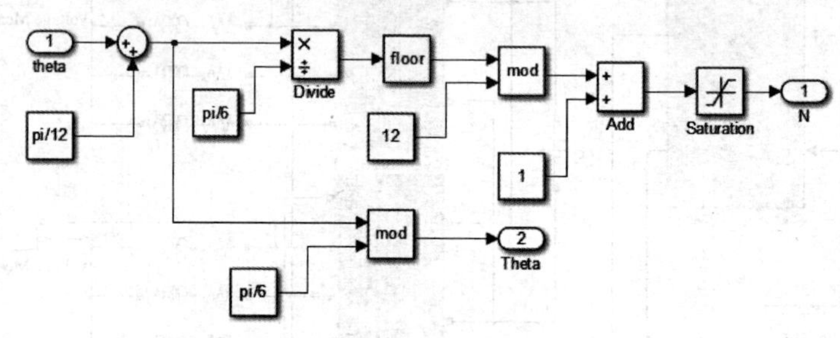

(c) 扇区计算仿真模型

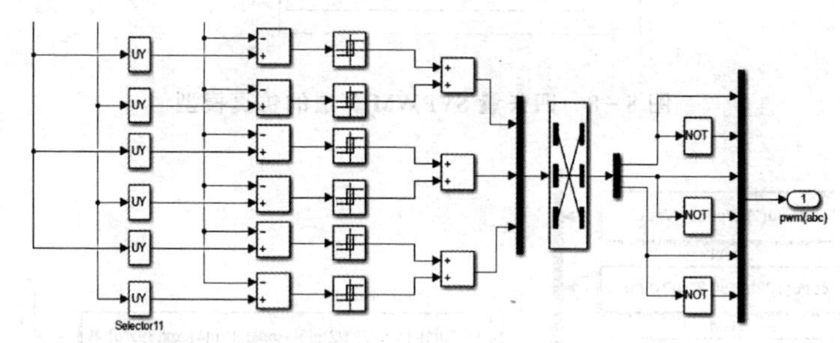

(d) 六相电压源逆变器中*ABC*相的SVPWM算法仿真模型

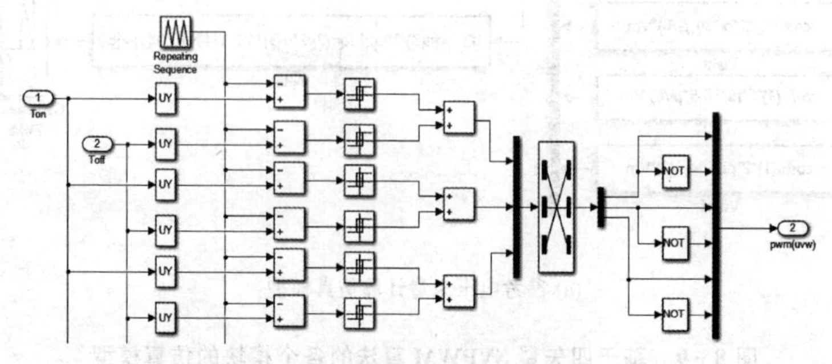

(e) 六相电压源逆变器中*UVW*相的SVPWM算法仿真模型

图 8-9 基于四矢量 SVPWM 算法的各个模块的仿真模型(续)

图8-9(b)中关于T_1、T_2、T_3和T_4的计算，以及T_{on}和T_{off}的计算采用MATLAB function模块进行编写。其中，T_1、T_2、T_3和T_4的计算模块"T1,T2,T3,T4_Cal"的程序如下：

```
function [T0,T1,T2,T3,T4] = fcn(theta,Vref,Vdc,Ts)
 % #codegen

k = sqrt(3) * (sqrt(3) - 1)/(2 * sqrt(2))/Vdc * Vref * Ts;
m = sin(pi/6 - theta);
n = sin(theta);

A = k * m; % T1
B = k * (sqrt(3) * m + n); % T2
C = k * (m + sqrt(3) * n); % T3
D = k * n;                 % T4

if A + B + C + D>Ts
    T1 = A/(A + B + C + D) * Ts;
    T2 = B/(A + B + C + D) * Ts;
    T3 = C/(A + B + C + D) * Ts;
    T4 = D/(A + B + C + D) * Ts;
    T0 = Ts - T1 - T2 - T3 - T4;
else
    T1 = A;
    T2 = B;
    T3 = C;
    T4 = D;
    T0 = Ts - T1 - T2 - T3 - T4;
end
end
```

T_{on}和T_{off}的计算模块"Ton, Toff_Cal"的程序如下：

```
function [Ton,Toff] = fcn(N,T0,T1,T2,T3,T4)
% #codegen
t01 = 1/4 * T0;
t02 = 1/2 * T0;

ta1 = t01;
tb1 = ta1 + T2;
tc1 = tb1 + T1;
td1 = tc1 + t02;
te1 = td1 + T4;
```

```
tf1 = te1 + T3;

ta2 = t01;
tb2 = ta2 + T1;
tc2 = tb2 + T2;
td2 = tc2 + t02;
te2 = td2 + T3;
tf2 = te2 + T4;

Ton = zeros(6,1);
Toff = zeros(6,1);

switch (N)
case 1
        Ton(1) = ta1;Ton(2) = tc1; Ton(3) = ta1;
        Ton(4) = tb1;Ton(5) = tc1; Ton(6) = ta1;
        Toff(1) = td1;Toff(2) = td1;Toff(3) = tf1;
        Toff(4) = td1;Toff(5) = te1;Toff(6) = tf1;
case 2
        Ton(1) = tb1;Ton(2) = tc1; Ton(3) = ta1;
        Ton(4) = tc1;Ton(5) = tc1; Ton(6) = ta1;
        Toff(1) = td1;Toff(2) = te1;Toff(3) = tf1;
        Toff(4) = td1;Toff(5) = tf1;Toff(6) = tf1;
case 3
        Ton(1) = tc2;Ton(2) = tc2; Ton(3) = ta2;
        Ton(4) = tc2;Ton(5) = tb2; Ton(6) = ta2;
        Toff(1) = td2;Toff(2) = tf2;Toff(3) = tf2;
        Toff(4) = td2;Toff(5) = tf2;Toff(6) = te2;
case 4
        Ton(1) = tc2;Ton(2) = tb2; Ton(3) = ta2;
        Ton(4) = tc2;Ton(5) = ta2; Ton(6) = ta2;
        Toff(1) = td2;Toff(2) = tf2;Toff(3) = te2;
        Toff(4) = td2;Toff(5) = tf2;Toff(6) = td2;
case 5
        Ton(1) = tc1;Ton(2) = ta1; Ton(3) = ta1;
        Ton(4) = tc1;Ton(5) = ta1; Ton(6) = tb1;
        Toff(1) = td1;Toff(2) = tf1;Toff(3) = td1;
        Toff(4) = te1;Toff(5) = tf1;Toff(6) = td1;
case 6
        Ton(1) = tc1;Ton(2) = ta1; Ton(3) = tb1;
        Ton(4) = tc1;Ton(5) = ta1; Ton(6) = tc1;
        Toff(1) = te1;Toff(2) = tf1;Toff(3) = td1;
```

```
        Toff(4) = tf1;Toff(5) = tf1;Toff(6) = td1;
case 7
        Ton(1) = tc2;Ton(2) = ta2; Ton(3) = tc2;
        Ton(4) = tb2;Ton(5) = ta2; Ton(6) = tc2;
        Toff(1) = tf2;Toff(2) = tf2;Toff(3) = td2;
        Toff(4) = tf2;Toff(5) = te2;Toff(6) = td2;
case 8
        Ton(1) = tb2;Ton(2) = ta2; Ton(3) = tc2;
        Ton(4) = ta2;Ton(5) = ta2; Ton(6) = tc2;
        Toff(1) = tf2;Toff(2) = te2;Toff(3) = td2;
        Toff(4) = tf2;Toff(5) = td2;Toff(6) = td2;
case 9
        Ton(1) = ta1;Ton(2) = ta1; Ton(3) = tc1;
        Ton(4) = ta1;Ton(5) = tb1; Ton(6) = tc1;
        Toff(1) = tf1;Toff(2) = td1;Toff(3) = td1;
        Toff(4) = tf1;Toff(5) = td1;Toff(6) = te1;
case 10
        Ton(1) = ta1;Ton(2) = tb1; Ton(3) = tc1;
        Ton(4) = ta1;Ton(5) = tc1; Ton(6) = tc1;
        Toff(1) = tf1;Toff(2) = td1;Toff(3) = te1;
        Toff(4) = tf1;Toff(5) = td1;Toff(6) = tf1;
case 11
        Ton(1) = ta2;Ton(2) = tc2; Ton(3) = tc2;
        Ton(4) = ta2;Ton(5) = tc2; Ton(6) = tb2;
        Toff(1) = tf2;Toff(2) = td2;Toff(3) = tf2;
        Toff(4) = te2;Toff(5) = td2;Toff(6) = tf2;
case 12
        Ton(1) = ta2;Ton(2) = tc2; Ton(3) = tb2;
        Ton(4) = ta2;Ton(5) = tc2; Ton(6) = ta2;
        Toff(1) = te2;Toff(2) = td2;Toff(3) = tf2;
        Toff(4) = td2;Toff(5) = td2;Toff(6) = tf2;
end
end
```

图8-10给出了基于四矢量SVPWM算法的仿真结果，从图中可以看出，扇区从1～12逐渐变化，相电压V_{AN}和V_{UN}之间相差30°电角度，从而验证了六相电压源逆变器仿真模型的正确性。

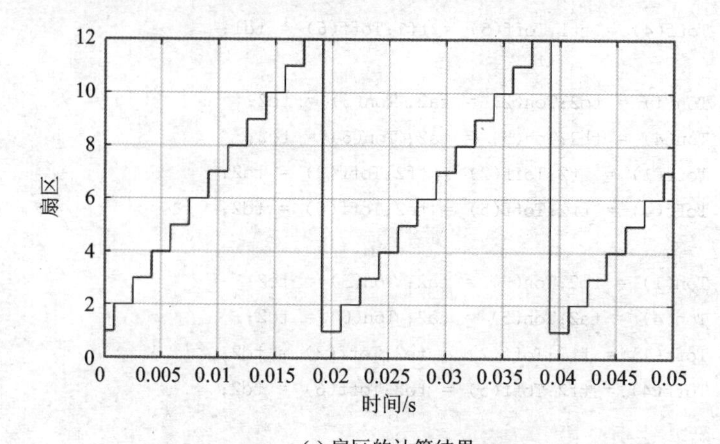

(a) 扇区的计算结果

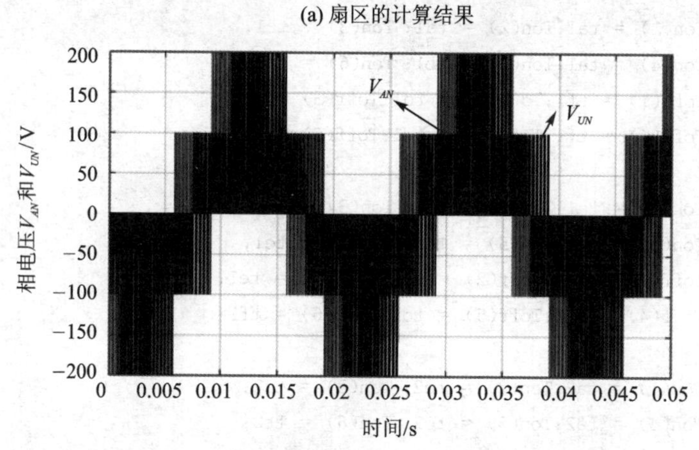

(b) 相电压V_{AN}和V_{UN}的计算结果

图8-10　四矢量SVPWM算法的仿真结果

8.4　三相解耦PWM算法

8.4.1　三相解耦PWM算法的实现

三相解耦PWM算法的基本工作原理是将六相电压源逆变器电压矢量分解到两个三相电压源逆变器中，再利用传统的三相PWM算法分别进行合成。文献[17]经过理论分析，给出了六相电机在两个子空间中的电压矢量和每一套三相绕组电压矢量的对应关系，如下式所示：

$$\begin{cases} \boldsymbol{v}_1 = \boldsymbol{v}_{\alpha\beta} + \boldsymbol{v}_{xy}^* \\ \boldsymbol{v}_2 = \mathrm{e}^{-\mathrm{j}30°}(\boldsymbol{v}_{\alpha\beta} - \boldsymbol{v}_{xy}^*) \end{cases} \tag{8-17}$$

其中：$\boldsymbol{v}_1$ 和 $\boldsymbol{v}_2$ 分别表示两个三相电压源逆变器的电压矢量，$\boldsymbol{v}_{\alpha\beta}$和 $\boldsymbol{v}_{xy}^*$ 分别表示双三相

电压源逆变器映射到两个子空间中的电压矢量，$\boldsymbol{v}_{xy}^{*}$表示$\boldsymbol{v}_{xy}$的共轭。这样就把六相电压源逆变器的PWM问题转化成了两个三相电压源逆变器的PWM问题。

在式(8-17)中，只须令$\boldsymbol{v}_{xy}^{*}=0$，就可以用两个三相电压源逆变器将$x-y$子空间的电压矢量控制为零。具体地说，就是第一套三相电压源逆变器合成矢量等于$\alpha-\beta$子空间的参考矢量，而第二套三相电压源逆变器的合成矢量由$\alpha-\beta$子空间参考矢量顺时针旋转30°后得到，如图8-11所示。

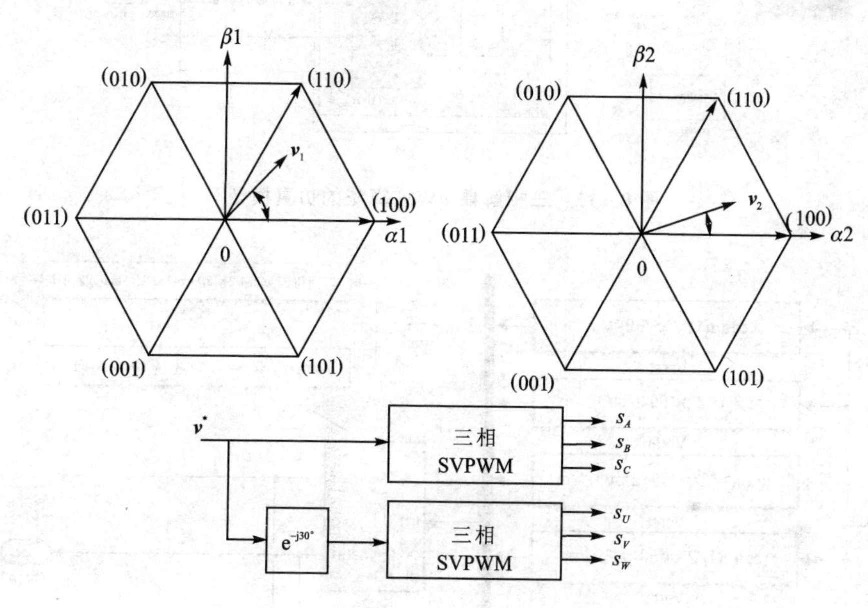

图8-11　六相电机的三相解耦PWM算法

8.4.2　仿真建模

在MATLAB/Simulink环境下搭建三相解耦PWM算法的仿真模型，如图8-12所示，六相电压幅值(标幺值)$V_{\mathrm{m}}=0.5$，其余设置与四矢量SVPWM算法仿真参数相同。根据8.4.1节的理论分析，各个模块的仿真模型如图8-13所示，其中分别给出了参考电压矢量计算仿真模型(见图(a))和三相解耦PWM算法仿真模型(见图(b)。值得说明的是，三相解耦PWM算法的实现采用的是MATLAB自带的SVPWM模块，同时需注意文中所用的坐标系与MATLAB自身所使用的坐标系之间的关系。

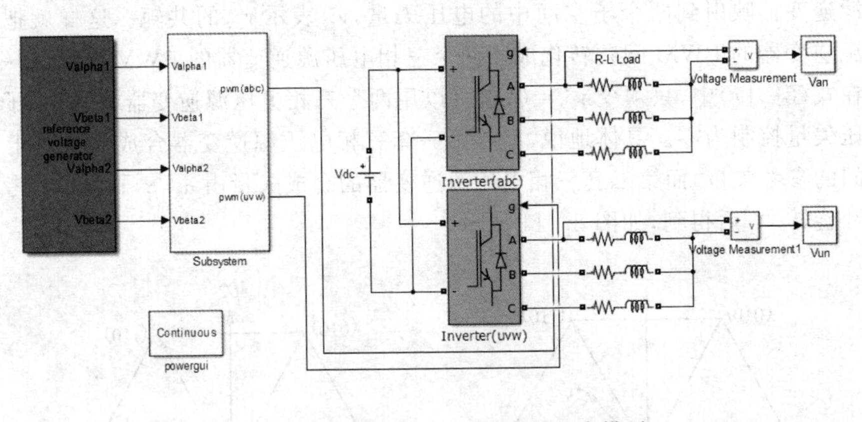

图 8-12 三相解耦 PWM 算法的仿真模型

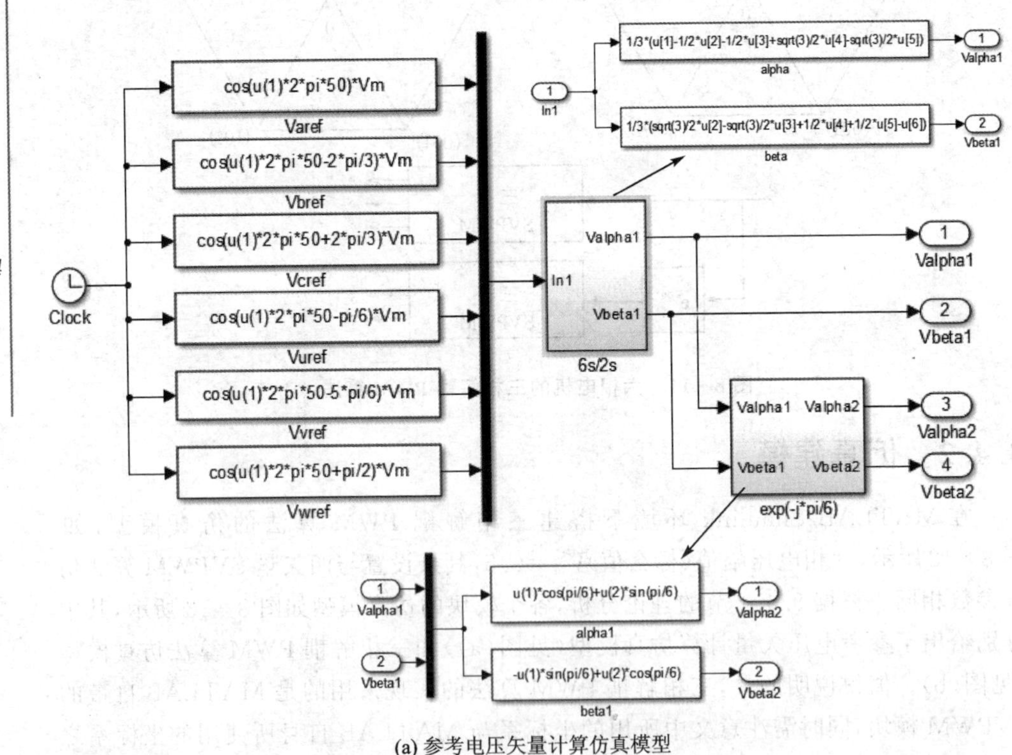

(a) 参考电压矢量计算仿真模型

图 8-13 基于三相解耦 PWM 算法的各个模块的仿真模型

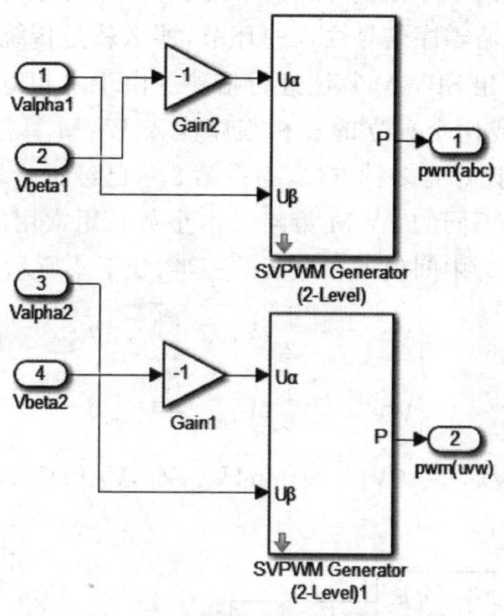

(b) 三相解耦PWM算法仿真模型

图 8－13　基于三相解耦 PWM 算法的各个模块的仿真模型(续)

图 8－14 给出了基于三相解耦 PWM 算法的仿真结果，从图中可以看出，相电压 V_{AN} 和 V_{UN} 之间相差 30°电角度，从而验证了六相电压源逆变器仿真模型的正确性。

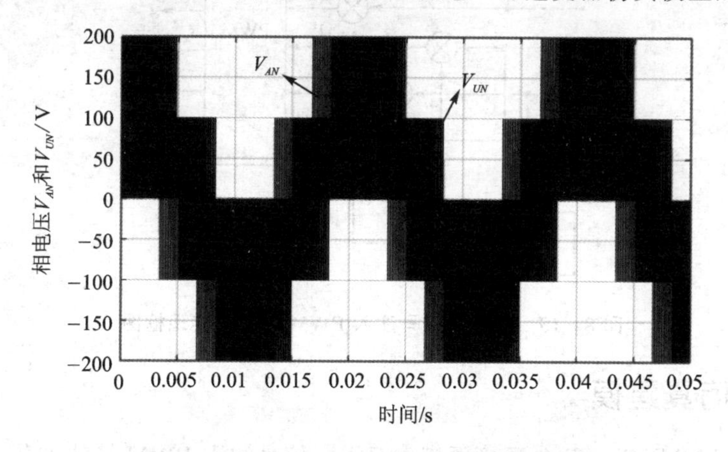

图 8－14　基于三相解耦 PWM 算法的仿真结果

8.5　基于双零序信号注入的 PWM 算法

8.5.1　基于双零序信号注入的 PWM 算法的实现

双零序信号注入 PWM 算法的实现框图如图 8－15 所示。首先在各相电压的参考电压中注入一定幅值的零序分量，然后将得到的各相参考电压与三角载波比较输出 PWM 波形。如果忽略零序信号注入的环节，那么就是传统的 SPWM 算法，其建模方法读者可以参照三相 SPWM 算法进行搭建。由于六相电机的两套三相绕组中性点隔离，因此可以看成两个独立的三相零序注入 PWM 算法，即双零序信号注入 PWM 算法。零序分量计算有多种方法，书中第 2 章已经进行详细的论述，并且选择不同的零序分量对应于不同的 PWM 策略。本小节采用常用的均值零序分量注入，即注入三相电压中幅值为中间值的相电压的一半，如下式所示：

$$\begin{cases} V_{o1} = -\dfrac{1}{2}(V_{\max1} + V_{\min1}) \\ V_{o2} = -\dfrac{1}{2}(V_{\max2} + V_{\min2}) \end{cases} \tag{8-18}$$

其中：$V_{\max1}=\max\{V_A,V_B,V_C\}$，$V_{\min1}=\min\{V_A,V_B,V_C\}$；$V_{\max2}=\max\{V_U,V_V,V_W\}$，$V_{\min2}=\min\{V_U,V_V,V_W\}$。

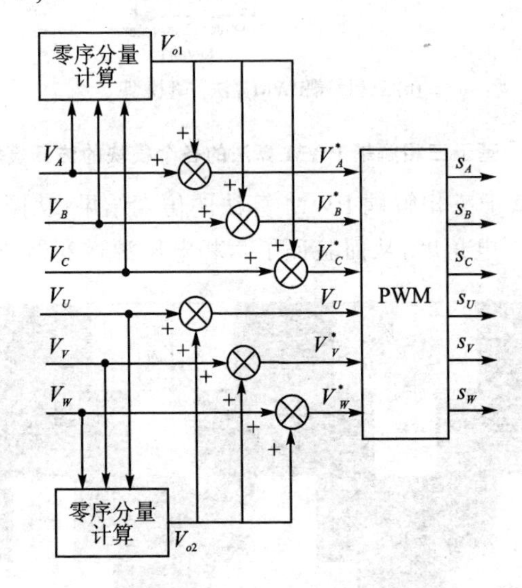

图 8-15　双零序信号注入 PWM 算法的实现框图

8.5.2　仿真建模

在 MATLAB/Simulink 环境下搭建双零序信号注入 PWM 算法的仿真模型，如图 8-16 所示，六相电压幅值(标幺值)$V_m=0.5$，其余设置与四矢量 SVPWM 算法仿真参数相同。根据 8.5.1 节的理论分析，各个模块的仿真模型如图 8-17 所示，其中图(a)～图(c)分别给出了双零序信号注入 PWM 算法仿真模型、*ABC* 相 PWM 算法仿真模型和 *UVW* 相 PWM 算法仿真模型。

图 8-18 给出了双零序信号注入 PWM 算法的仿真结果，从图中可以看出，相电压 V_{AN} 和 V_{UN} 之间相差 30°电角度，从而验证了六相电压源逆变器仿真模型的正确性。

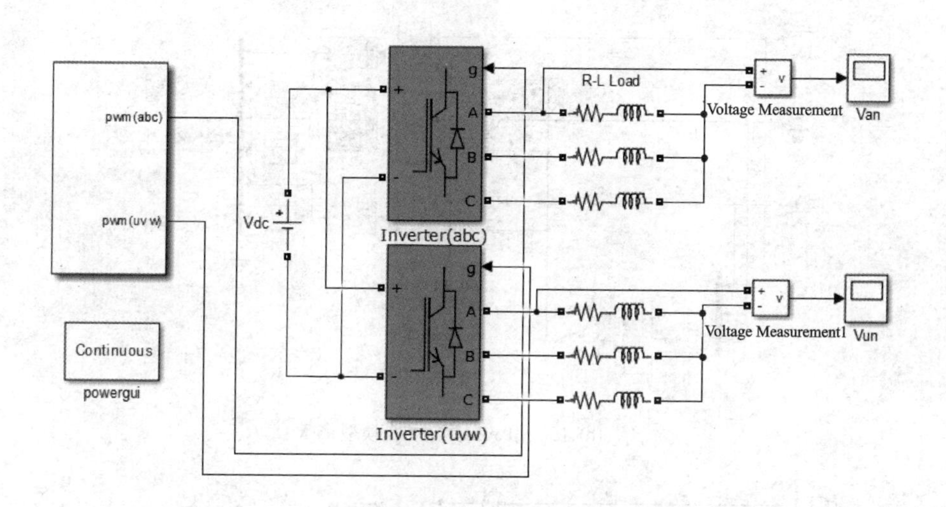

图 8-16 双零序信号注入 PWM 算法的仿真模型

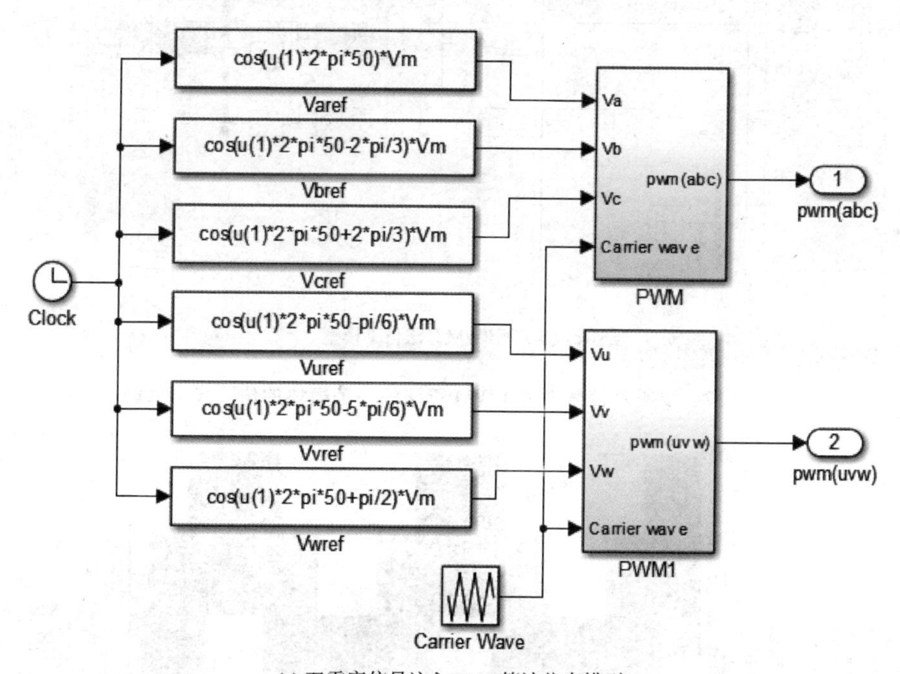

(a) 双零序信号注入PWM算法仿真模型

图 8-17 双零序信号注入 PWM 算法的各个模块的仿真模型

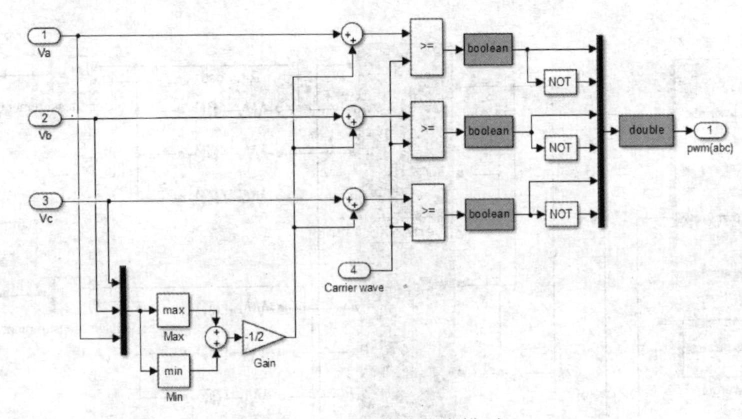

(b) *ABC*相PWM算法仿真模型

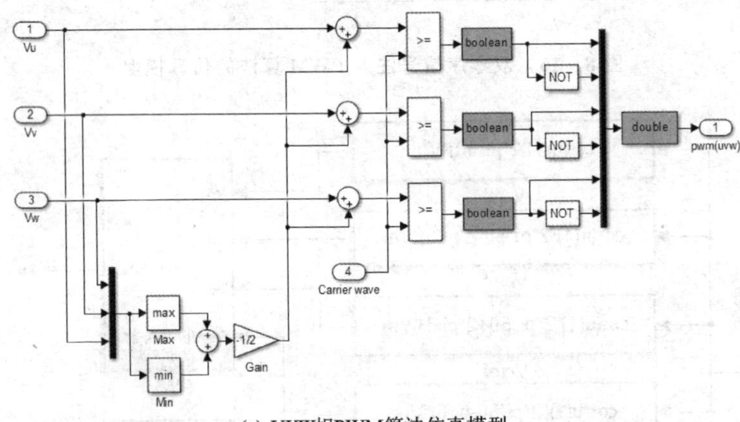

(c) *UVW*相PWM算法仿真模型

图 8－17　双零序信号注入 PWM 算法的各个模块的仿真模型(续)

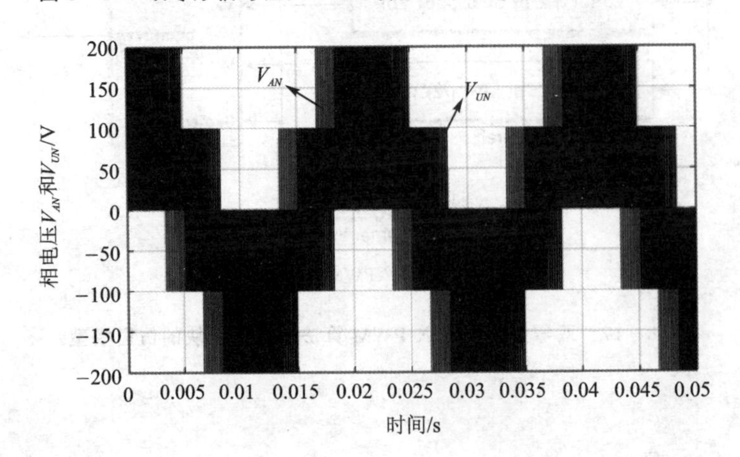

图 8－18　双零序信号注入 PWM 算法的仿真结果

参考文献

[1] Hatua K, Ranganathan V T. Direct torque control schemes for split-phase induction machine[J]. IEEE Transactions on Industry Application, 2005, 41(5): 1243-1254.

[2] 孟超. 双三相永磁同步电机驱动系统的研究[D]. 长沙: 湖南大学, 2011.

[3] 于飞, 张晓锋, 乔鸣忠. 基于零序信号注入的载波型多相PWM控制技术[J]. 电工技术学报, 2009, 24(2): 127-131.

[4] Iqbal A, Levi G, Jones M, et al. Generalised sinusoidal PWM with harmonic injection for multi-phase VSIs[C]//IEEE 37th Power Electronics Specialists Conference, 2006: 1-7.

[5] 李涛, 张晓, 乔鸣忠. 谐波注入式多相SVPWM及其矢量意义[J]. 华中科技大学学报, 2012, 40(11): 119-123.

[6] Siala S, Guette E, Pouliquen J L. Multi-inverter control: a new generation drives for cruise ship electric propulsion[C]//European Power Electronics and Applications Conference, 2003: 919-924.

[7] Bojoi R, Tenconi A, Profumo F, et al. Complete analysis and comparative study of digital modulation techniques for dual three-phase AC motor drives[C]//IEEE 33rd Annual Power Electronics Specialists Conference, 2002: 851-857.

[8] 李涛, 张晓锋, 乔鸣忠. SPWM与SVPWM的宏观对等性研究[J]. 中国电机工程学报, 2010, 30(增刊): 178-185.

[9] 周卫平, 吴正国, 唐劲松, 等. SVPWM的等效算法及SVPWM与SPWM的本质联系[J]. 中国电机工程学报, 2006, 26(2): 133-138.

[10] 杨金波, 杨贵杰, 李铁才. 六相电压源逆变器PWM算法[J]. 电机与控制学报, 2012, 27(7): 205-211.

[11] 薛山, 温旭辉. 一种新颖的多相SVPWM[J]. 电工技术学报, 2006, 21(2): 68-72.

[12] Zhao Y F, Lipo T A. Space vector PWM control of dual three-phase induction machine using vector space decomposition[J]. IEEE Transactions on Industry Applications, 1995, 31(5): 1100-1109.

[13] Hadiouche D, Baghli L, Rezzoug A. Space-vector PWM techniques for dual three-Phase AC machine, analysis, performance evaluation, and DSP implementation [J]. IEEE Transactions on Industry Applications, 2006, 42(4): 1112-1122.

[14] Marouani K, Baghli L, Hadiouche D, et al. Discontinuous SVPWM techniques

for double star induction motor drive control[C]//IEEE 32nd Annual Conference on Industrial Electronics,2006:902-907.

[15] Prieto J,Barrero,Jones M,et al. A modified continuous PWM technique for asymmetrical six-phase induction machines[C]//IEEE International Conference on Industrial Technology,2010:1489-1494.

[16] Li Shan,Xiao Huihui,Chen Hongyan. The research of SVPWM control technique of double three-phase induction machine[C]//Proceedings of the 8th International Con- ference on Electrical Machines and Systems,2005:109-114.

[17] Grandi G,Serra G,TaniSpace A. Vector modulation of a six-phase VSI based on three-phase decomposition[C]//International Symposium on Power Electronics,Electrical Drives,Automation and Motion,2008:674-679.

第 9 章

六相永磁同步电机的矢量控制

本章主要介绍基于 VSD 坐标变换和双 $d-q$ 坐标变换方法的矢量控制 MATLAB 仿真建模。首先，介绍传统矢量控制策略的基本工作原理和实现方式，并搭建 MATLAB 仿真模型；其次，介绍基于 VSD 坐标变换的矢量控制策略的基本工作原理和实现方式，并搭建 MATLAB 仿真模型；再次，介绍基于双 $d-q$ 坐标变换的矢量控制策略的基本工作原理和实现方式，并搭建 MATLAB 仿真模型，给出两种矢量控制策略之间的关系；最后，介绍静止坐标系下六相 PMSM 矢量控制的基本原理和 MATLAB 仿真建模，并分析结果。

9.1 多相电机矢量控制

对于 n 相电机的矢量控制，同样可以采用类似三相电机的矢量控制方法。当 n 相电机采用 VSD 建模方法时，只对参与机电能量转换的 $\alpha-\beta$ 子空间（或旋转变换后的 $d-q$ 子空间）的电流进行闭环控制，具体实现如图 9-1 所示。该实现方式与三相电机的矢量控制相同，且只有两个电流调节器，便于后期控制器参数的整定。然而，对于 n 相电机来说，由于各相绕组之间不可避免地存在差异性，或者采用独立的直流电源分别给不同绕组供电时，采用如图 9-1 所示的矢量控制会导致各相绕组定子电流产生不平衡现象[1]。当采用不恰当的 PWM 算法时，电压源逆变器会产生大量的低次电压谐波分量[2]。以六相电机为例，与传统的三相电机相比，六相电机更容易产生大量的 $6k\pm1(k=1,3,5,\cdots)$ 次电流谐波分量，而这些谐波分量仅仅取决于电机的漏感大小。实际上，六相电机的漏感通常都比较小，但是，即使很小的谐波电压也可以产生大量的谐波电流，从而增加电机的损耗。特别地，对于六相 PMSM 而言，其之所以产生大量的 $6k\pm1(k=1,3,5,\cdots)$ 次电流谐波分量，另一个重要原因是 PMSM 电机本体受到一些非理想因素的影响，如永磁体本身产生的非正弦磁场分布，以及齿槽效应和磁极饱和效应等，这些非理想因素都会产生大量的电流谐波分量[3]。

为了消除电机的定子电流不平衡现象，相关文献以中性点隔离的六相电机为例进行了详细的分析，主要包括两种方法：基于双 $d-q$ 坐标变换的矢量控制技术[4-7]和基于 VSD 坐标变换的矢量控制技术[3, 8-10]。对于基于双 $d-q$ 坐标变换的矢量控制技术来说，其基本原理为将每一套三相绕组看成一个基本单元，然后对每套绕组采用

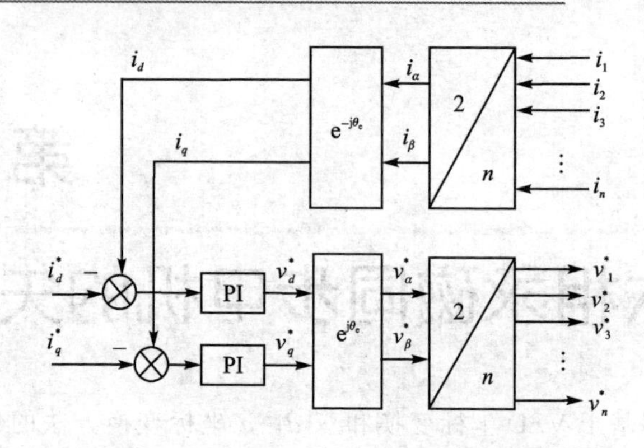

图 9-1　*n* 相电机的传统矢量控制框图

类似三相电机的矢量控制算法，从而建立了采用 4 个电流调节器的矢量控制策略，具体实现框图如图 9-2 所示。由于该控制方法的转矩电流 i_{q1} 和 i_{q2} 使用同一个参考电流 i_q^*（i_q^* 通常为转速环调节器的输出），所以解决了两套绕组之间定子电流的不平衡现象。然而，由于六相 PMSM 存在磁链耦合现象，当采用双 $d-q$ 坐标变换时，将会导致电压方程中包含复杂的交叉耦合项，这将会影响系统的动态性能。另外，由于电压源逆变器的非线性特性以及采用不适当的 PWM 算法产生的 $6k\pm1(k=1,3,5,\cdots)$ 次谐波电流分量，特别是 5 次、7 次谐波分量得不到较好地抑制[3,7]。

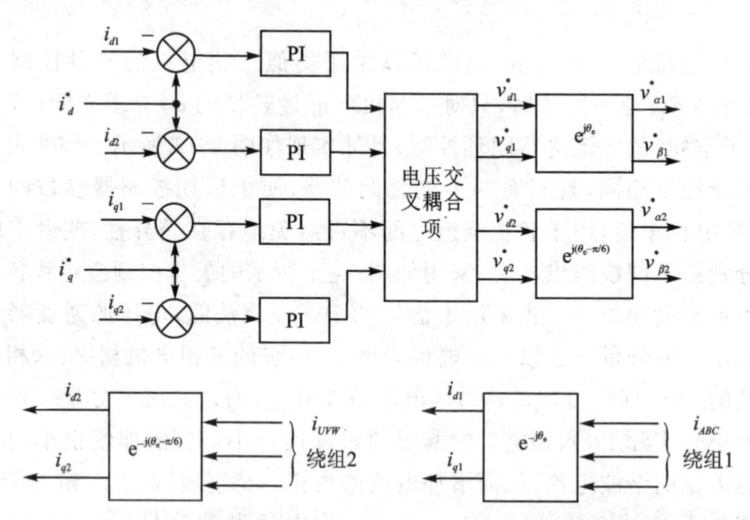

图 9-2　六相电机的双 *d*-*q* 矢量控制实现框图

另外一种控制策略采用的是 VSD 坐标变换方法。该方法不仅揭示了不同的电流谐波分量对机电能量转换所产生的不同作用，而且消除了六相 PMSM 在采用双 $d-p$ 坐标变换时存在的交叉耦合项。虽然图 9-1 所示的传统矢量控制同样采用的是 VSD 坐标变换方法，但其仅考虑了参与机电能量转换的 $\alpha-\beta$ 子空间分量，并不具备消除定子电流不平衡现象的能力。为了改善传统矢量控制的控制性能，通常在 $x-y$

子空间增加两个电流调节器，具体实现框图如图 9-3 所示。然而，该控制策略并不能获得较好的控制效果，主要是由于 PI 调节器的增益及带宽限制，不能完全消除 $x-y$ 子空间包含的基波分量，事实上正是由于 $x-y$ 子空间含有的基波分量导致了定子电流不平衡现象[9]。相比基于双 $d-q$ 坐标变换的矢量控制，该方法具有更高的控制自由度。当采用 VSD 坐标变换方法时，将使电机的基波和谐波分量分别投射到不同的子空间，因此为了消除谐波电流分量的影响，可以在谐波子空间设计相应的电流控制器进行控制。

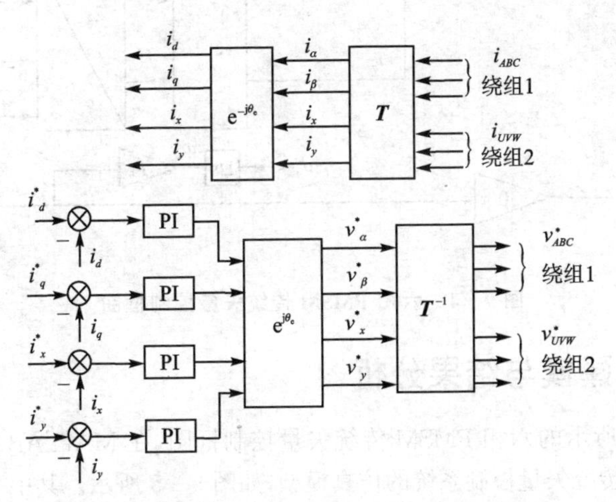

图 9-3 六相电机的 VSD 矢量控制实现框图

9.2 六相 PMSM 传统矢量控制

9.2.1 传统矢量控制原理

正如三相 PMSM 矢量控制，六相 PMSM 矢量控制技术同样可以采用类似的控制算法，其控制框图如图 9-4 所示。在 VSD 坐标变换的作用下，只有 $d-q$ 子空间参与机电能量转换，$x-y$ 子空间不参与机电能量转换。另外，从图 9-3 所示的六相电机的 VSD 矢量控制实现框图中还可以看出，只要给定电压 $v_x=v_y=0$，$x-y$ 子空间就不会产生电流，所以 $x-y$ 子空间的电流完全可以进行开环控制，只要将其给定电压设为零即可，这样系统中就只有两个电流环调节器，从而简化了控制系统的结构。从图 9-4 可以看出，其控制系统主要包括转速环调节器、电流环调节器和 SVPWM 算法等。

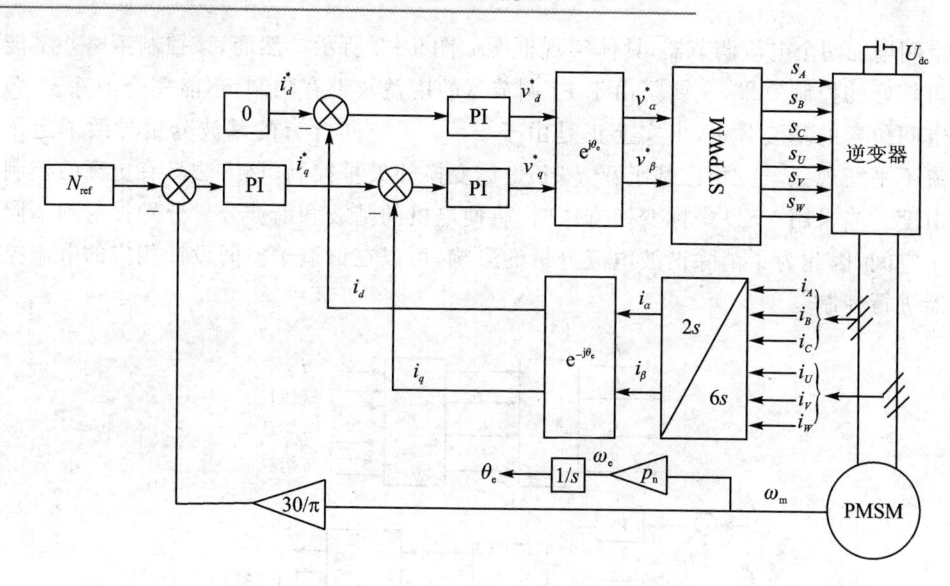

图 9-4 六相 PMSM 传统矢量控制框图

9.2.2 仿真建模与结果分析

根据图 9-4 所示的六相 PMSM 传统矢量控制框图，在 MATLAB/Simulink 环境下搭建六相 PMSM 传统矢量控制系统的仿真模型，如图 9-5 所示。其中，仿真模型的各个模块如图 9-6所示。另外，为了简化仿真建模，六相 PWM 算法模块采用图 9-6(c)所示的两个三相 SPWM 算法模块，六相电压源逆变器采用图 9-6(d)所示的两个三相电压源逆变器电路模块。图 9-5 中的信号选择模块 Selector(所在位置：Simulink\Signal Routing)的作用是选择电机的六相电流 i_{ABCUVW} 中的两路信号 i_A 和 i_U，其目的用于比较相电流之间的相差角度。值得说明的是，由于采用的是传统矢量控制算法，并没有考虑 $x-y$ 子空间定子电流 i_x 和 i_y 的影响，所以对 $x-y$ 子空间进行开环控制，即设定电压 $u_x=u_y=0$，如图 9-6(b)所示。其中，图 9-6(b)中 Gain 设置为 $U_{dc}/2$。

为了验证仿真模型的正确性，仿真中所用电机的参数设置为：极对数 $p_n=3$，定子电感 $L_d=8.8$ mH、$L_q=8.8$ mH，定子电阻 $R=1.4$ Ω，磁链 $\psi_f=0.68$ Wb，转动惯量 $J=0.015$ kg·m^2，阻尼系数 $B=0$ N·m·s。仿真条件设置为：直流侧电压 $U_{dc}=300$ V，PWM 开关频率 $f_{pwm}=10$ kHz，采样周期 $T_s=10$ μs，采用变步长 ode23tb 算法，相对误差(Relative Tolerance)0.000 1，仿真时间 0.5 s。另外，仿真时参考机械角速度设置为 $\omega_m=50$ rad/s，且在 $t=0.2$ s 时负载转矩 $T_L=50$ N·m。仿真结果如图 9-7 所示。控制器参数的计算方法参考三相 PMSM 矢量控制系统 PI 调节器的参数整定方法。其中：输出相电流低通滤波器的截止频率设置为 160 Hz；转速环 PI 调节器的参数为 $K_{p\omega}=1$，$K_{i\omega}=80$；d 轴电流环 PI 调节器参数为 $K_{pd}=L_d\times1\ 200$，$K_{id}=R\times1\ 200$；q 轴电流环 PI 调节器参数为 $K_{pq}=L_d\times1\ 200$，$K_{iq}=R\times1\ 200$。PI 调节器采用离散型 PI 调节器，采样时间设置为 5×10^{-5} s。

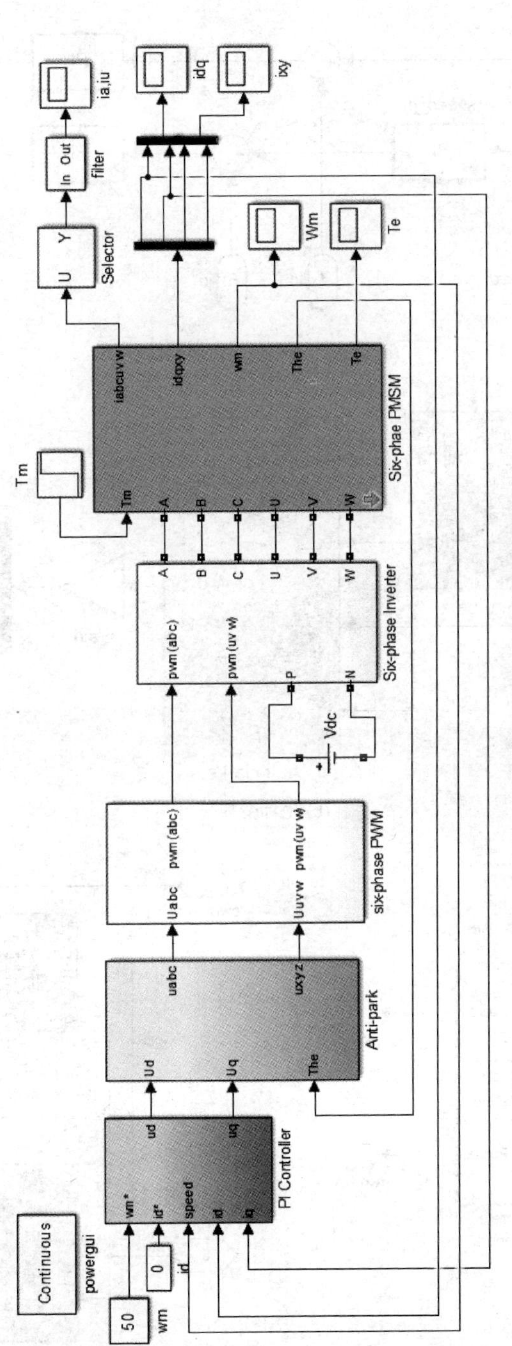

图9-5　六相PMSW传统矢量控制的仿真模型

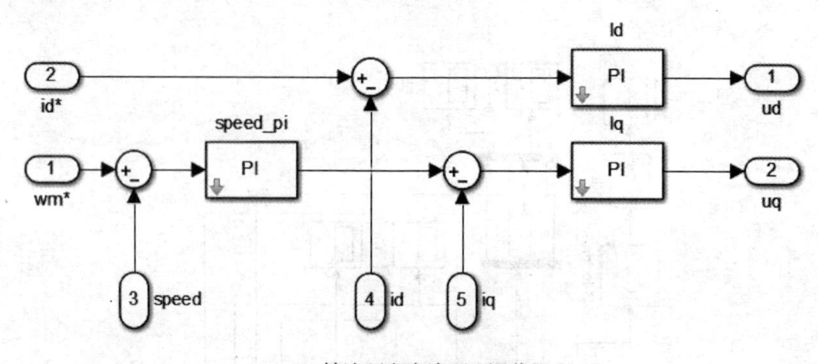

(a) 转速环和电流环PI调节器

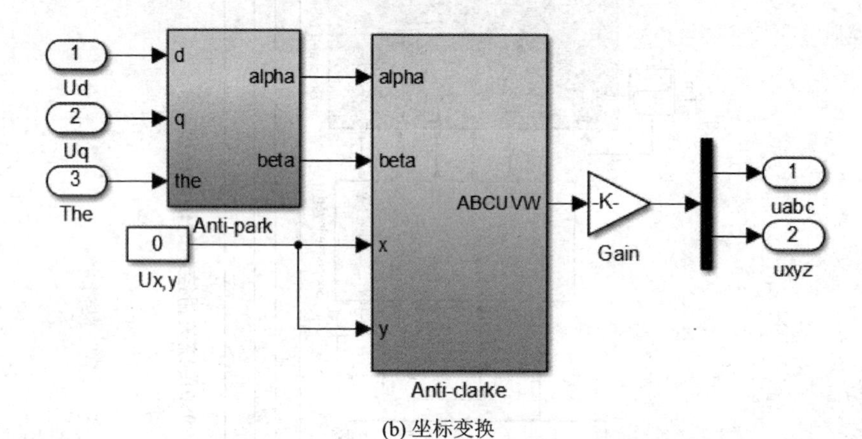

(b) 坐标变换

(c) 六相SPWM算法

(d) 六相电压源逆变器

图 9-6　六相 PMSM 传统矢量控制的各个模块的仿真模型

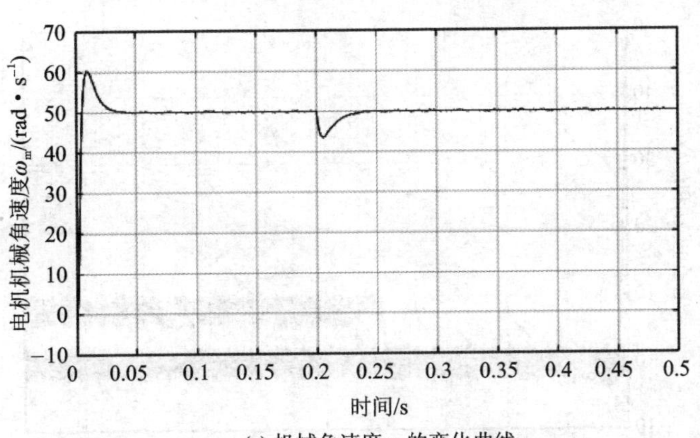

(a) 机械角速度ω_m的变化曲线

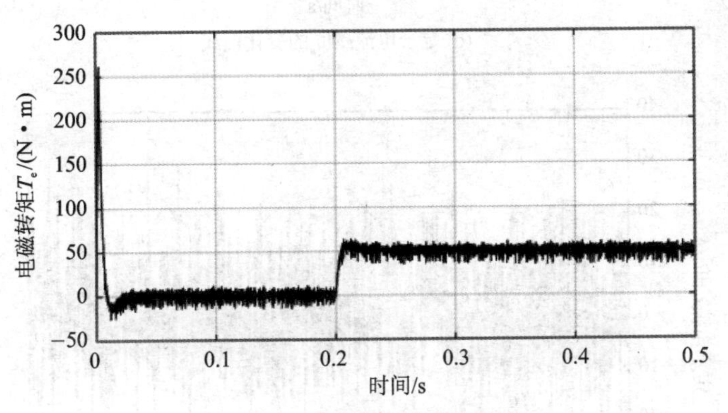

(b) 电磁转矩T_e的变化曲线

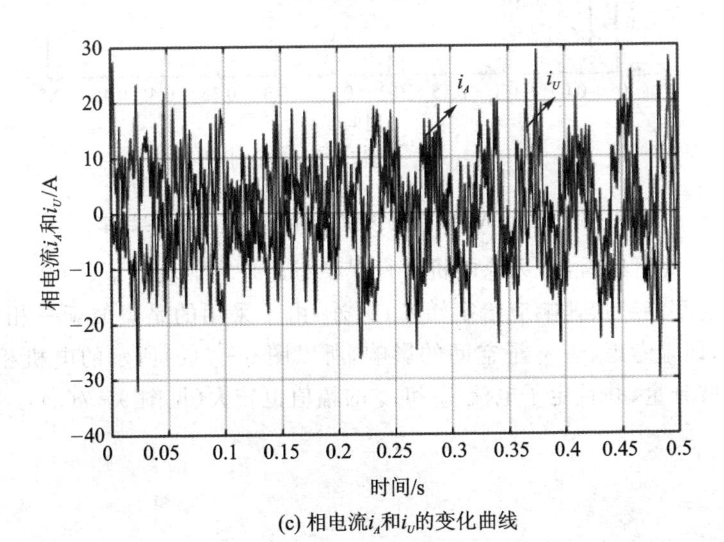

(c) 相电流i_A和i_U的变化曲线

图 9－7　六相 PMSM 传统矢量控制系统的仿真结果

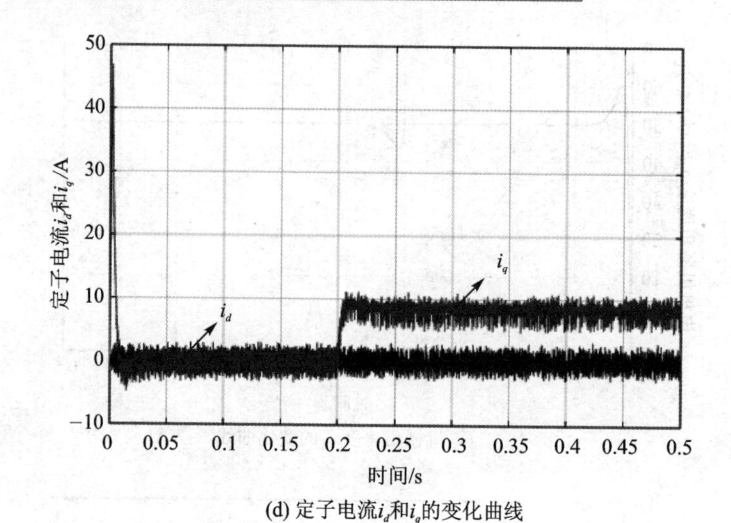

(d) 定子电流i_d和i_q的变化曲线

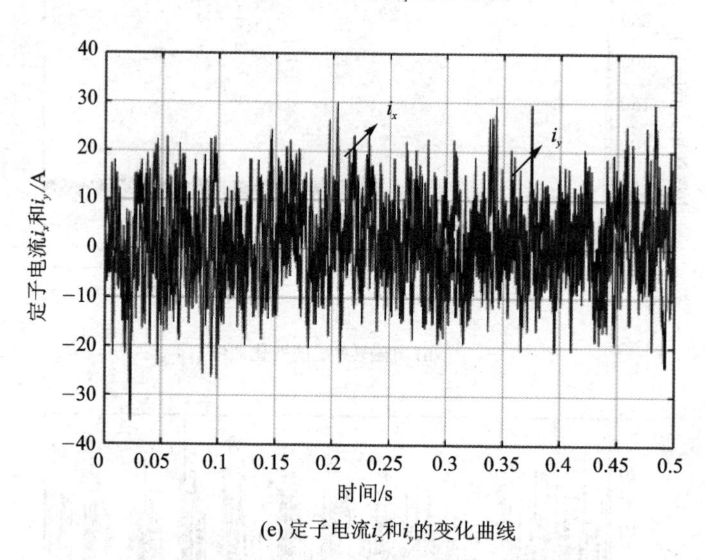

(e) 定子电流i_x和i_y的变化曲线

图 9－7　六相 PMSM 传统矢量控制系统的仿真结果(续)

从图 9－7 中可以看出，无论电机运行在稳态还是突加负载下，图 9－7(a)所示的电机实际转速都能够快速响应给定转速；另外，由于采用的是类似于三相 PMSM 矢量控制系统，即未考虑 $x-y$ 子空间的影响，所以图 9－7(c)所示的电机相电流中包含大量的谐波分量，并且定子电流 i_x 和 i_y 的幅值也较大(见图 9－7(e))。

9.3 基于VSD坐标变换的六相PMSM矢量控制

9.3.1 基于VSD坐标变换的六相PMSM矢量控制原理

由于传统矢量控制系统没有考虑 $x-y$ 子空间的影响，所以导致电流谐波含量较大。为了改善电机控制的性能，提出基于VSD坐标变换的改进矢量控制算法，其控制框图是在传统 $d-q$ 子空间使用2个PI调节器的基础上，增加了 $x-y$ 子空间的PI调节器，具体控制框图如图9-8所示，主要包括1个转速环调节器和4个电流环调节器。另外，若忽略零序子空间的影响，则电机的总定子铜耗可表示为

$$P_{\mathrm{cu}}=3R(i_d^2+i_q^2+i_x^2+i_y^2) \tag{9-1}$$

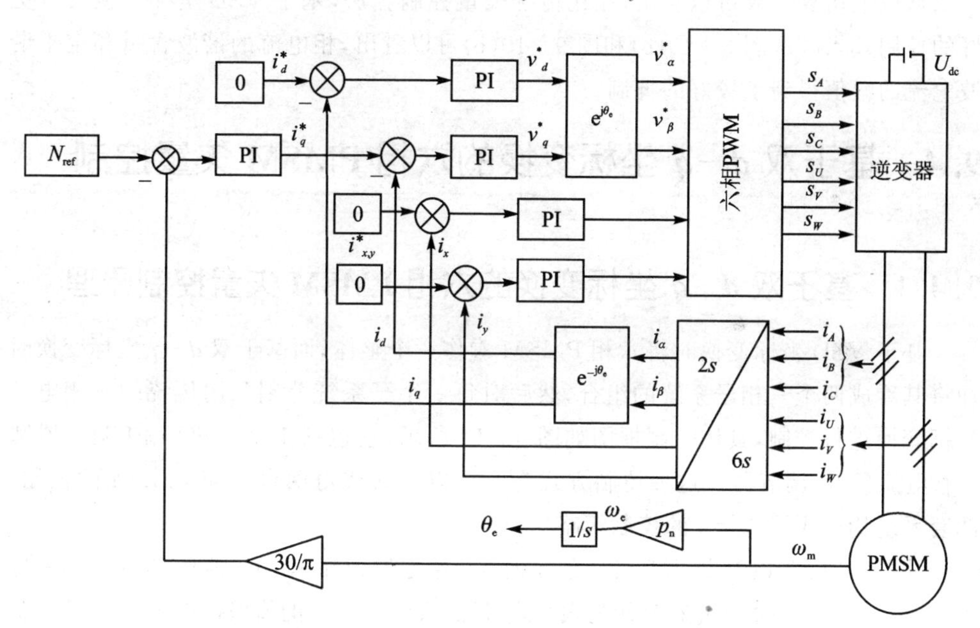

图9-8 基于VSD坐标变换的六相PMSM矢量控制框图

从式(9-1)可以看出，各相的定子铜耗之和等于VSD坐标变换下各轴的定子铜耗之和。由于 $x-y$ 子空间中的电流对于电磁转矩的产生没有任何贡献，只会增加定子铜耗，所以应该将其给定值都设为零，这样可以保证电机在输出相同电磁转矩时具有最小的定子铜耗。

9.3.2　仿真建模与结果分析

根据图9-8所示的六相PMSM矢量控制框图，搭建六相PMSM矢量控制系统的仿真模型，如图9-9所示。为了验证仿真模型的正确性，仿真中采用9.2.2节相同的电机参数和仿真条件设置，并且转速环PI调节器和电流环PI调节器的参数整定参考三相PMSM控制系统的设计。其中：转速环PI调节器的参数为$K_{p\omega}=1$，$K_{i\omega}=80$；d轴电流环PI调节器参数为$K_{pd}=L_d\times 1\ 200$，$K_{id}=R\times 1\ 200$；q轴电流环PI调节器参数为$K_{pq}=L_q\times 1\ 200$，$K_{iq}=R\times 1\ 200$。x轴和y轴电流环PI调节器参数为$K_{px,y}=L_z\times 1\ 200$，$K_{ix,y}=R\times 1\ 200$；输出相电流的低通滤波器截止频率设置为160 Hz。采用上述仿真参数所得仿真结果如图9-10所示。

从以上仿真结果可以看出，相比传统矢量控制算法，基于VSD坐标变换具有更好的控制效果。从图9-10(c)和图9-10(e)可以看出，相电流的谐波含量和定子谐波电流的幅值得到了较好的抑制。

9.4　基于双$d-q$坐标变换的六相PMSM矢量控制

9.4.1　基于双$d-q$坐标变换的六相PMSM矢量控制原理

基于VSD坐标变换时将六相PMSM看作一个整体，而基于双$d-q$坐标变换时却将其看成两个三相子系统的组合，然后对每一个子系统分别采用传统的三相电机坐标变换进行控制，具体控制框图如图9-11所示，它包括1个转速环PI调节器和4个电流环PI调节器。这种控制方式完全可以等效成对两台三相PMSM的控制，两套系统均采用了$i_d=0$的控制策略。

从图9-11可以看出，两套绕组的q轴电流给定值相等，均为转速环PI调节器的输出。当$i_{d1}=i_{d2}=0$时，由电磁转矩的表达式可知，只要$i_{q1}+i_{q2}$的值保持不变，电机输出的电磁转矩就不会发生变化。由于$i_{q1}=i_{q2}$可以保证两套绕组的输出电流为正弦且幅值相等，进而可以保证两套绕组的输出功率也一致，因而这是一种最优的电流分配方案。

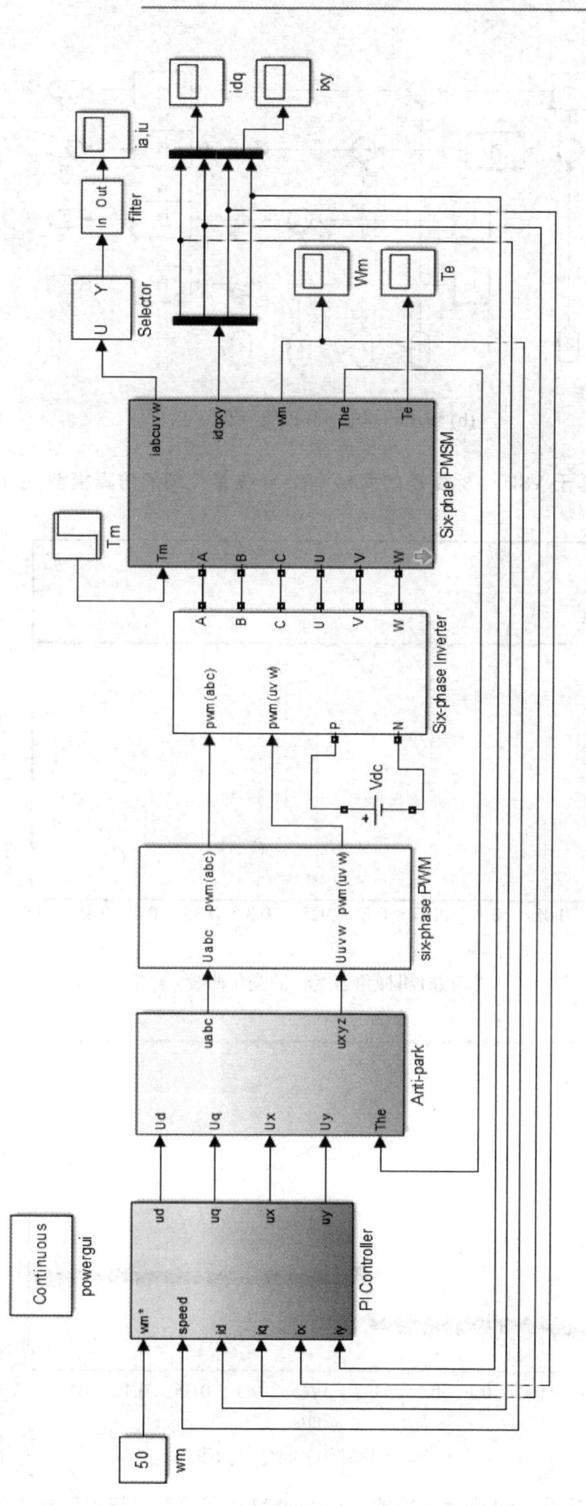

(a) 六相PMSM矢量控制的仿真模型

图9-9　基于VSD坐标变换的六相PMSM矢量控制的仿真模型

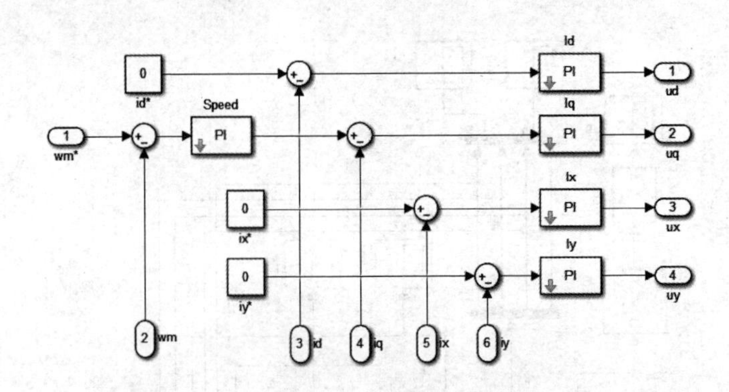

(b) 转速环和电流环PI调节器

图 9－9　基于 VSD 坐标变换的六相 PMSM 矢量控制的仿真模型(续)

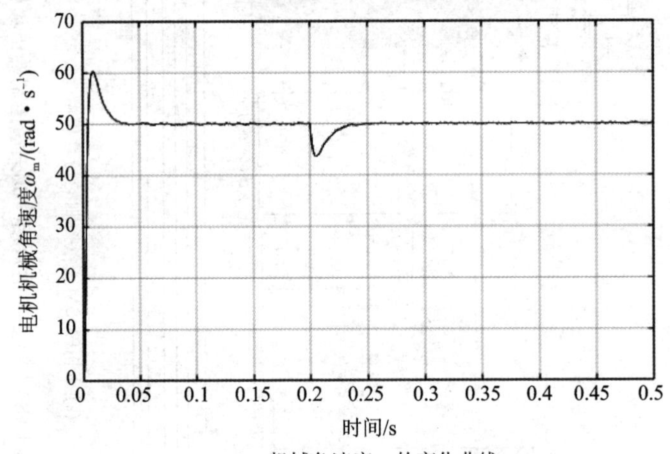

(a) 机械角速度ω_m的变化曲线

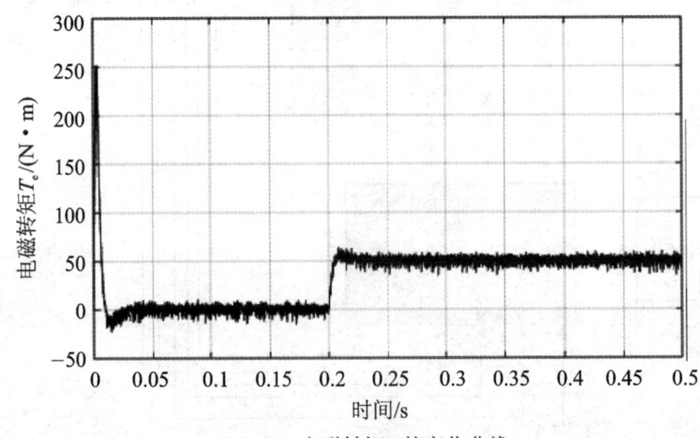

(b) 电磁转矩T_e的变化曲线

图 9－10　基于 VSD 坐标变换的六相 PMSM 矢量控制系统的仿真结果

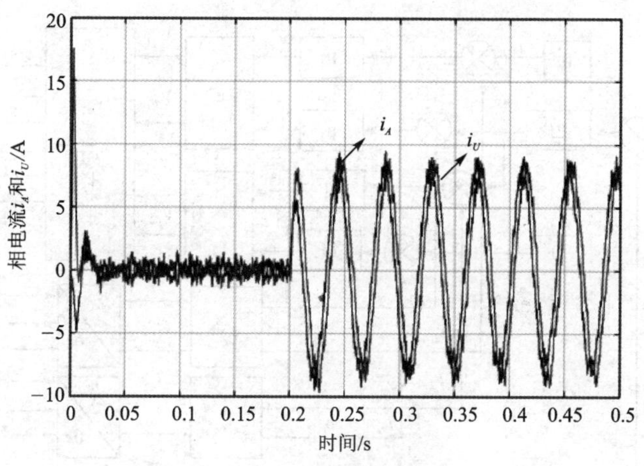

(c) 相电流i_A和i_U的变化曲线

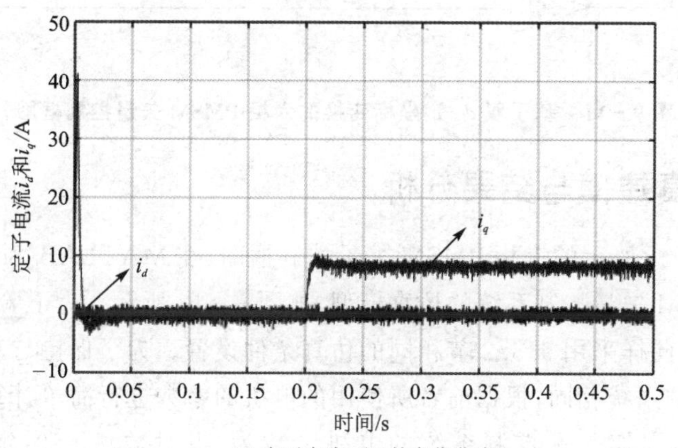

(d) 定子电流i_d和i_q的变化曲线

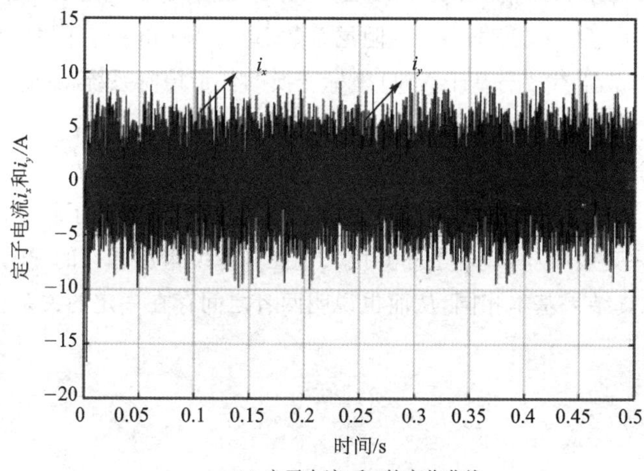

(e) 定子电流i_x和i_y的变化曲线

图9－10　基于VSD坐标变换的六相PMSM矢量控制系统的仿真结果(续)

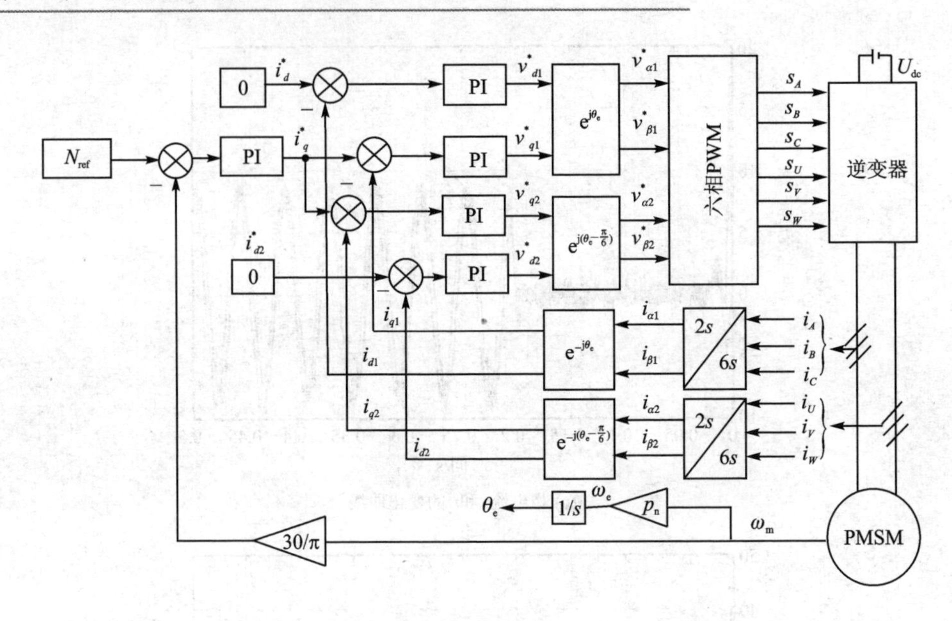

图 9-11 基于双 $d-q$ 坐标变换的六相 PMSM 矢量控制框图

9.4.2 仿真建模与结果分析

根据图 9-11 所示的六相 PMSM 矢量控制框图，在 MATLAB/Simulink 环境下搭建六相 PMSM 矢量控制系统的仿真模型，如图 9-12 所示。为了验证仿真模型的正确性，仿真中同样采用 9.3.2 节相同的仿真条件设置。为了保持与基于 VSD 坐标变换的矢量控制系统相同，根据前者所使用的电机的参数进行简单计算，可以得到基于双 $d-q$ 坐标变换矢量控制系统的电机参数为：极对数 $p_n=3$；定子电感 $L_d=4.85$ mH，$L_q=4.85$ mH，$L_{dd}=4.15$ mH，$L_{qq}=4.15$ mH；定子电阻 $R=1.4$ Ω；磁链 $\psi_f=0.68$ Wb；转动惯量 $J=0.015$ kg·m^2；阻尼系数 $B=0$ N·m·s。同时，转速环 PI 调节器和电流环 PI 调节器参数与基于 VSD 坐标变换的矢量控制系统相同。采用上述仿真参数所得仿真结果如图 9-13 所示。

从以上仿真结果可以看出，相比传统矢量控制算法，基于双 $d-q$ 坐标变换具有更好的控制效果。从图 9-13(c)可以看出，相电流的谐波含量得到了较好的抑制。另外，当基于 VSD 坐标变换和双 $d-q$ 坐标变换矢量控制系统采用相同的 PI 调节器参数时，两者所得到的仿真结果基本相同，从而也说明两者之间存在一定的关系。

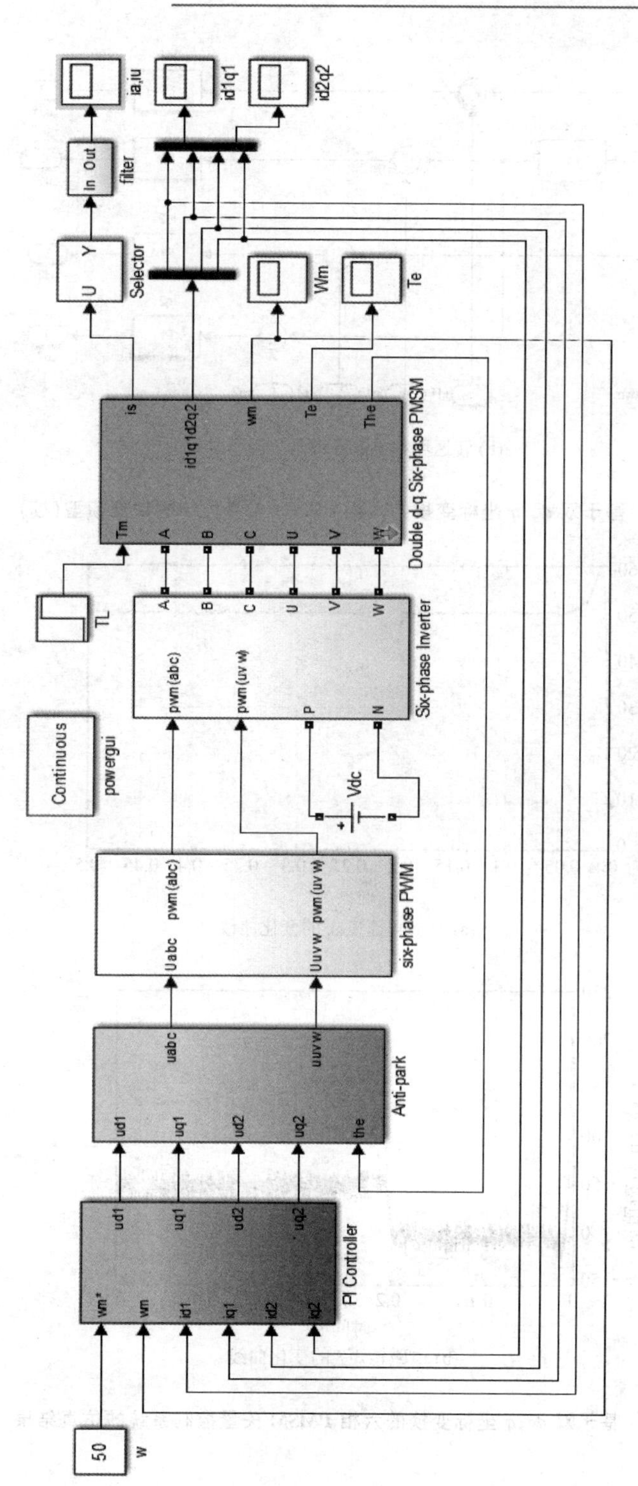

(a) 六相PMSM矢量控制的仿真模型

图9-12 基于双$d-q$坐标变换的六相PMSM矢量控制的仿真模型

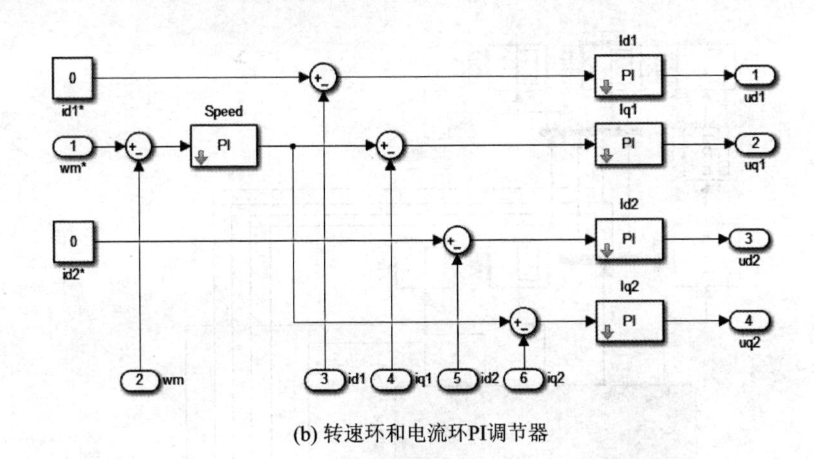

(b) 转速环和电流环PI调节器

图 9－12　基于双 $d-q$ 坐标变换的六相 PMSM 矢量控制的仿真模型(续)

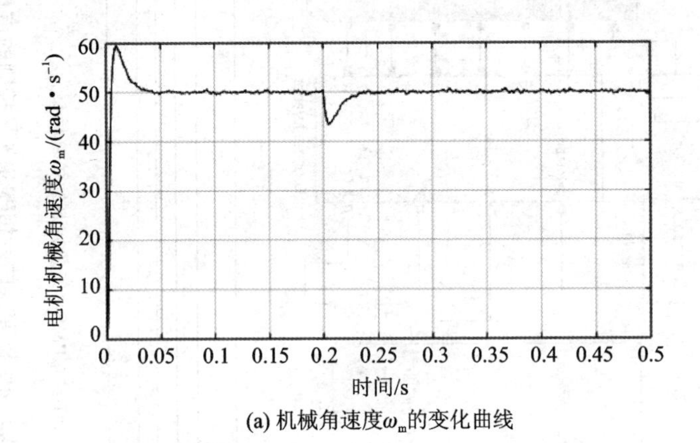

(a) 机械角速度ω_m的变化曲线

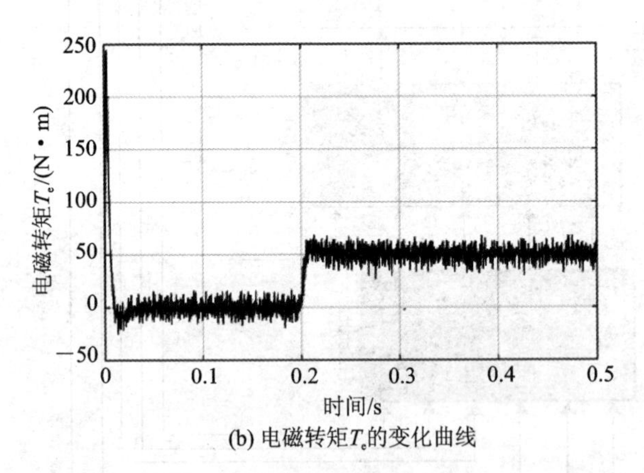

(b) 电磁转矩T_e的变化曲线

图 9－13　基于双 $d-q$ 坐标变换的六相 PMSM 矢量控制系统的仿真结果

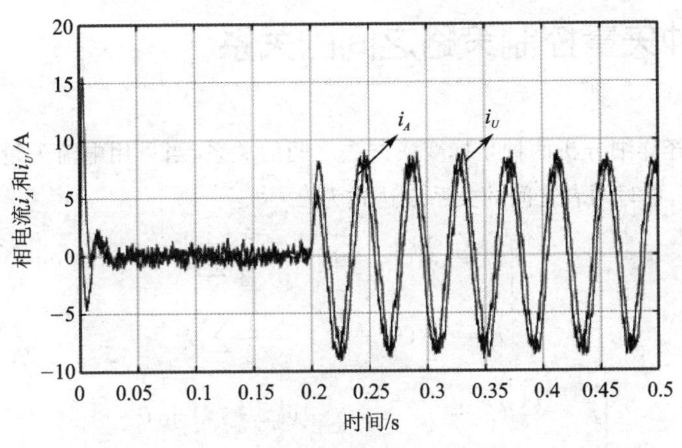

(c) 相电流i_A和i_U的变化曲线

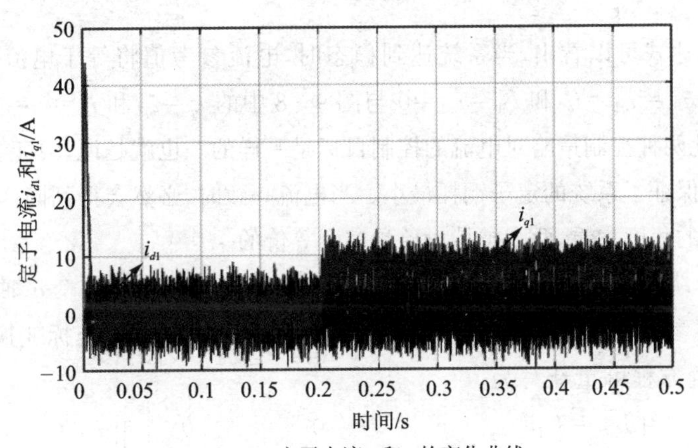

(d) 定子电流i_{d1}和i_{q1}的变化曲线

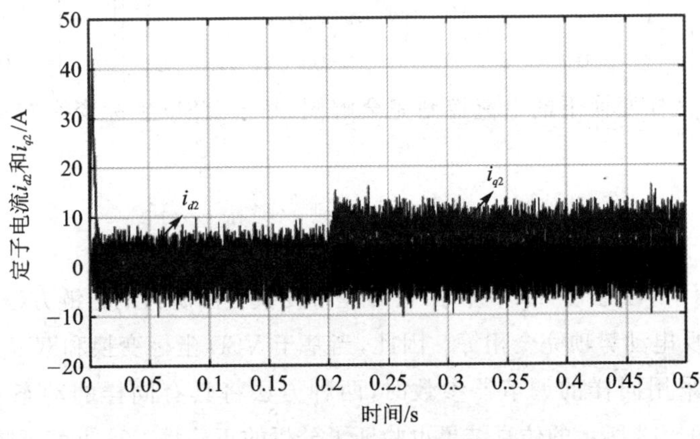

(e) 定子电流i_{d2}和i_{q2}的变化曲线

图 9－13　基于双 $d-q$ 坐标变换的六相 PMSM 矢量控制系统的仿真结果(续)

9.5　两种矢量控制策略之间的关系

7.3 节已经详细分析两种坐标变换方法之间的关系，当采用电流矢量控制策略时，为了便于分析，重写两者之间的关系表达式为[11]

$$\begin{cases} i_d = \dfrac{1}{2}(i_{d1} + i_{d2}) = \dfrac{1}{2}\sum i_d \\ i_q = \dfrac{1}{2}(i_{q1} + i_{q2}) = \dfrac{1}{2}\sum i_q \end{cases} \tag{9-2}$$

$$\begin{cases} i_x = \dfrac{1}{2}(i_{d1} - i_{d2})\cos\theta_e - (i_{q1} - i_{q2})\sin\theta_e \\ i_y = \dfrac{1}{2}(-i_{d1} + i_{d2})\sin\theta_e + (-i_{q1} + i_{q2})\cos\theta_e \end{cases} \tag{9-3}$$

从上述表达式可以看出，当系统达到稳态时，电流参考值将等于电流反馈值，此时图 9-11 中的 $i_{q1} = i_{q2} = i_q^*$ 和 $i_{d1} = i_{d2} = 0$ 与图 9-8 中的 $i_q = i_q^*$ 和 $i_x = i_y = 0$ 具有完全对等的关系，因此两种控制策略对电流的控制目标是一样的。也就是说，两套绕组的 d、q 轴电流分别相等保证了系统的定子铜耗最小。当电流一致时，必然会得到同样的电磁转矩。所以从速度环的角度来看，两个被控对象是完全等价的。

由于两套绕组完全对称，所以当图 9-11 中的两个 d 轴和两个 q 轴电流环采用相同的控制器参数时，可以认为 $i_{q1} = i_{q2}$ 和 $i_{d1} = i_{d2}$，基于双 $d-q$ 坐标变换方法的六相 PMSM 的磁链方程可重新写为

$$\begin{bmatrix} \psi_{d1} \\ \psi_{q1} \\ \psi_{d2} \\ \psi_{q2} \end{bmatrix} = \begin{bmatrix} L_d + L_{dd} & 0 & 0 & 0 \\ 0 & L_q + L_{qq} & 0 & 0 \\ 0 & 0 & L_d + L_{dd} & 0 \\ 0 & 0 & 0 & L_q + L_{qq} \end{bmatrix} \begin{bmatrix} i_{d1} \\ i_{q1} \\ i_{d2} \\ i_{q2} \end{bmatrix} + \begin{bmatrix} 1 \\ 0 \\ 1 \\ 0 \end{bmatrix} \psi_f \tag{9-4}$$

因此，双 $d-q$ 坐标变换下的电流控制完全解耦，基于 VSD 坐标变换方法的电感值可以表示为

$$\begin{cases} L_D = L_d + L_{dd} \\ L_Q = L_q + L_{qq} \end{cases} \tag{9-5}$$

通过将式(9-4)与 7.4 节中基于 VSD 坐标变换方法所得的磁链方程对比，可以发现电感系数和反电动势项完全相等。因此，当基于 VSD 坐标变换和双 $d-q$ 坐标变换矢量控制策略采用同样的调节器参数时，两种方法将具有同样的动态和稳态性能，图 9-10和图 9-13 所示的仿真结果也验证了分析的正确性。这也就意味着两种控制策略在 $d-q$ 子空间对电流的控制是等效的，可以得到一样的转矩和转速控制性能。

另外，从式(9-3)可以看出，当采用传统的 VSD 坐标变换方法时，$x-y$ 子空间

得到的变量是交流量，由于常规PI调节器的增益及带宽限制，无法实现交流量的无静差调节，因此得到的控制结果并不是最佳的。为了解决上述问题，读者可以从设计改进的传统VSD坐标变换矩阵和六相PWM算法的方法出发，进而获得更好的控制性能。由于多相电机控制的多自由度和容错特性，读者同样也可以研究多相电机的容错控制策略，这也是目前多相电机控制中的一个研究热点。

9.6　静止坐标系下六相PMSM矢量控制

9.6.1　静止坐标系下六相PMSM矢量控制的基本原理

3.5节已经详细介绍静止坐标系下PMSM矢量控制的优点，该方法对于六相PMSM同样适用。对于表贴式PMSM，重写静止坐标系下$\alpha-\beta$子空间的定子电压方程：

$$\boldsymbol{u}_s = L_s \frac{d}{dt}\boldsymbol{i}_s + R\boldsymbol{i}_s + \boldsymbol{E}_s \tag{9-6}$$

其中：$\boldsymbol{i}_s = [i_\alpha \quad i_\beta]^T$，为定子电流；$\boldsymbol{u}_s = [u_\alpha \quad u_\beta]^T$，为定子电压；$\boldsymbol{E}_s = [E_\alpha \quad E_\beta]^T$，为反电动势。

根据式(9-6)，静止坐标系下$\alpha-\beta$子空间的控制器可表示为[9]

$$\begin{cases} \dfrac{d}{dt}\boldsymbol{x} = \boldsymbol{A}\boldsymbol{x} + \boldsymbol{B}\boldsymbol{u} \\ \boldsymbol{y} = \boldsymbol{C}\boldsymbol{x} + \boldsymbol{D}\boldsymbol{u} \end{cases} \tag{9-7}$$

其中：$\boldsymbol{x} = [x_\alpha \quad x_\beta]^T$，为状态矢量；$\boldsymbol{u} = [i_\alpha^* - i_\alpha \quad i_\beta^* - i_\beta]^T$，为输入误差矢量；$\boldsymbol{y} = [u_\alpha^* \quad u_\beta^*]^T$，为输出矢量；$\boldsymbol{A} = \begin{bmatrix} 0 & -\omega_e \\ \omega_e & 0 \end{bmatrix}$；$\boldsymbol{B} = \begin{bmatrix} K_i & 0 \\ 0 & K_i \end{bmatrix}$；$\boldsymbol{C} = \begin{bmatrix} 1 & 0 \\ 0 & 1 \end{bmatrix}$，$\boldsymbol{D} = \begin{bmatrix} K_p & 0 \\ 0 & K_p \end{bmatrix}$。另外，$K_p$、$K_i$为控制器的比例和积分增益。

通过对式(9-7)求微分可以获得$\alpha-\beta$子空间控制器的表达式，即

$$\begin{cases} \dfrac{d^2 x_\alpha}{dt^2} = -\omega_e \dfrac{dx_\beta}{dt} + K_i \dfrac{du_\alpha}{dt} \\ \dfrac{d^2 x_\beta}{dt^2} = \omega_e \dfrac{dx_\alpha}{dt} + K_i \dfrac{du_\beta}{dt} \end{cases} \tag{9-8}$$

将式(9-7)代入式(9-8)可得

$$\begin{cases} \dfrac{d^2 x_\alpha}{dt^2} = -\omega_e^2 x_\alpha + K_i \dfrac{du_\alpha}{dt} - \omega_e K_i u_\beta \\ \dfrac{d^2 x_\beta}{dt^2} = -\omega_e^2 x_\beta + K_i \dfrac{du_\beta}{dt} + \omega_e K_i u_\alpha \end{cases} \tag{9-9}$$

为了获得较好的控制效果，增加比例控制器后$\alpha-\beta$子空间控制器的传递函数为[9]

$$\boldsymbol{G}_{\alpha\beta}(s)=\begin{bmatrix} K_{\mathrm{p}}+\dfrac{K_{\mathrm{i}}s}{s^2+\omega_{\mathrm{e}}^2} & -\dfrac{K_{\mathrm{i}}\omega_{\mathrm{e}}}{s^2+\omega_{\mathrm{e}}^2} \\ \dfrac{K_{\mathrm{i}}\omega_{\mathrm{e}}}{s^2+\omega_{\mathrm{e}}^2} & K_{\mathrm{p}}+\dfrac{K_{\mathrm{i}}s}{s^2+\omega_{\mathrm{e}}^2} \end{bmatrix} \tag{9-10}$$

对 $x-y$ 子空间，重写静止坐标系下的 $x-y$ 子空间的定子电压方程：

$$\boldsymbol{u}_{xy}=L_z\frac{\mathrm{d}}{\mathrm{d}t}\boldsymbol{i}_{xy}+R\boldsymbol{i}_{xy} \tag{9-11}$$

其中：L_z 为漏感；$i_{xy}=[i_x \quad i_y]^{\mathrm{T}}$，为定子电流；$\boldsymbol{u}_{xy}=[u_x \quad u_y]^{\mathrm{T}}$，为定子电压。

同样，构造 $x-y$ 子空间的状态方程，即

$$\begin{cases} \dfrac{\mathrm{d}}{\mathrm{d}t}\boldsymbol{x}_j=\boldsymbol{A}\boldsymbol{x}_j+\boldsymbol{B}\boldsymbol{\xi}_j \\ \boldsymbol{y}_j=\boldsymbol{C}'\boldsymbol{x}_j+\boldsymbol{D}'\boldsymbol{\xi}_j \end{cases},j=x,y \tag{9-12}$$

其中：$\boldsymbol{x}_j=[x_{1j} \quad x_{2j}]^{\mathrm{T}}$，为状态矢量；$\boldsymbol{\xi}_j=[i_j^*-i_j \quad 0]^{\mathrm{T}}$，为输入误差矢量；$\boldsymbol{y}_j=[u_j^* \quad 0]^{\mathrm{T}}$，为输出矢量；$\boldsymbol{A}=\begin{bmatrix}0 & -\omega_{\mathrm{e}}\\ \omega_{\mathrm{e}} & 0\end{bmatrix}$；$\boldsymbol{B}=\begin{bmatrix}K_{\mathrm{i}} & 0\\ 0 & K_{\mathrm{i}}\end{bmatrix}$；$\boldsymbol{C}'=\begin{bmatrix}1 & 0\\ 0 & 0\end{bmatrix}$；$\boldsymbol{D}'=\begin{bmatrix}K'_{\mathrm{p}} & 0\\ 0 & 0\end{bmatrix}$。另外，$K'_{\mathrm{p}}$、$K_{\mathrm{i}}$ 为控制器的比例和积分增益。

类似 $\alpha-\beta$ 子空间控制器的传递函数的求解过程，$x-y$ 子空间控制器的传递函数为[9]

$$\boldsymbol{G}_{\alpha\beta}(s)=\begin{bmatrix} K'_{\mathrm{p}}+\dfrac{K_{\mathrm{i}}s}{s^2+\omega_{\mathrm{e}}^2} & 0 \\ 0 & K'_{\mathrm{p}}+\dfrac{K_{\mathrm{i}}s}{s^2+\omega_{\mathrm{e}}^2} \end{bmatrix} \tag{9-13}$$

从式(9-13)可以看出，实际上 $x-y$ 子空间采用的控制器就是 3.5 节介绍的 PR 控制器，由于理想的 PR 控制器存在一些缺点，所以本小节将采用准 PR 控制器，它的基本原理和实现方法在 3.5 节已经详细分析，本小节就不再赘述。

综上所述，静止坐标系下六相 PMSM 矢量控制的控制框图如图 9-14 所示。

9.6.2　仿真建模与结果分析

根据图 9-14 所示的静止坐标系下六相 PMSM 矢量控制的控制框图，在 MATLAB/Simulink 环境下搭建仿真模型，如图 9-15 所示，各个模块的仿真模型如图 9-16 所示。为了便于与同步旋转坐标系下的矢量控制进行比较，仿真中采用 9.3 节相同的电机参数和仿真条件设置，并且转速环 PI 调节器和电流环 PI 调节器的参数整定参考三相 PMSM 控制系统的设计。其中：转速环 PI 调节器的参数为 $K_{\mathrm{p}\omega}=1$，$K_{\mathrm{i}\omega}=80$；$\alpha-\beta$ 子空间控制器的参数设置为 $K_{\mathrm{p}}=L_d\times 1\,200$，$K_{\mathrm{i}}=R\times 1\,200$；$x-y$ 子空间控制器的参数设置为 $K'_{\mathrm{p}}=L_z\times 1\,200$，$K_{\mathrm{i}}=100$，$\omega_{\mathrm{c}}=20$。输出相电流的低通滤波器截止频率设置为160 Hz。采用上述仿真参数所得的仿真结果如图 9-17 所示。

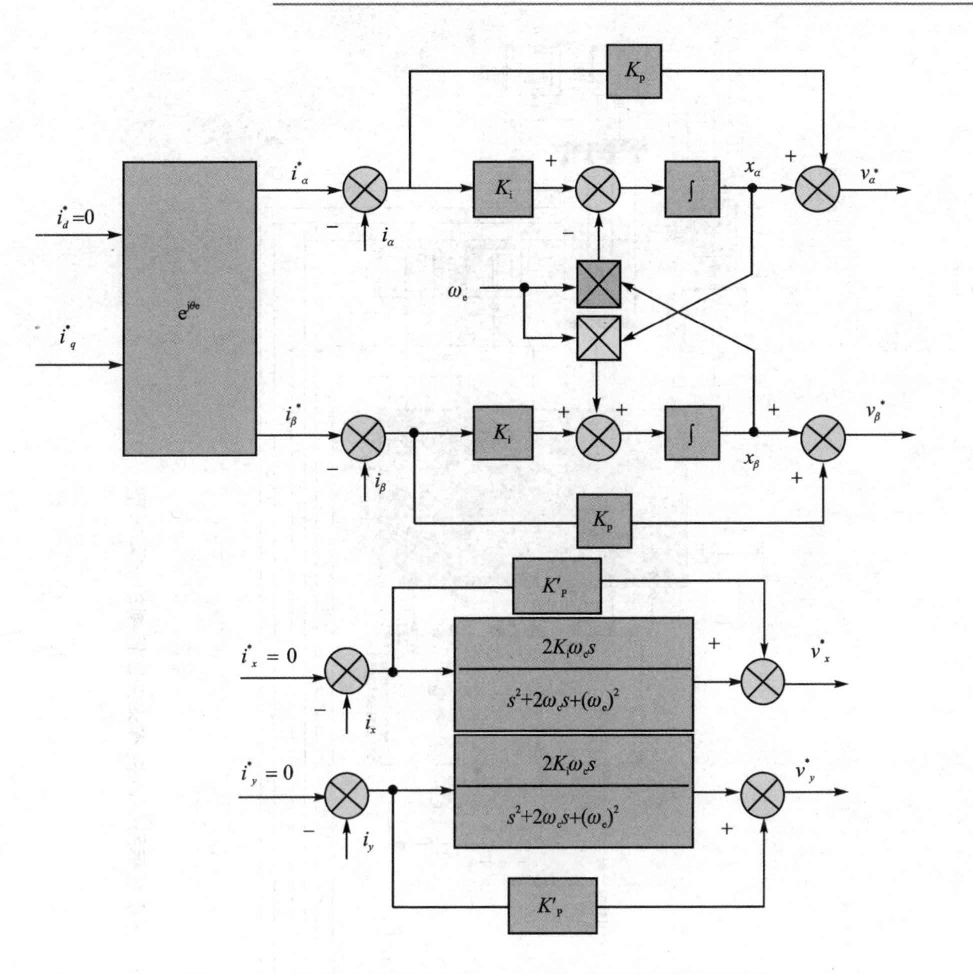

图 9-14　静止坐标系下六相 PMSM 矢量控制的控制框图

从以上仿真结果可以看出，相比基于 VSD 坐标变换的同步旋转坐标系下的矢量控制算法，两者得出的仿真结果完全相同，只是静止坐标系下的矢量控制策略避免了复杂的坐标变换计算，在一定程度上减少了计算量。

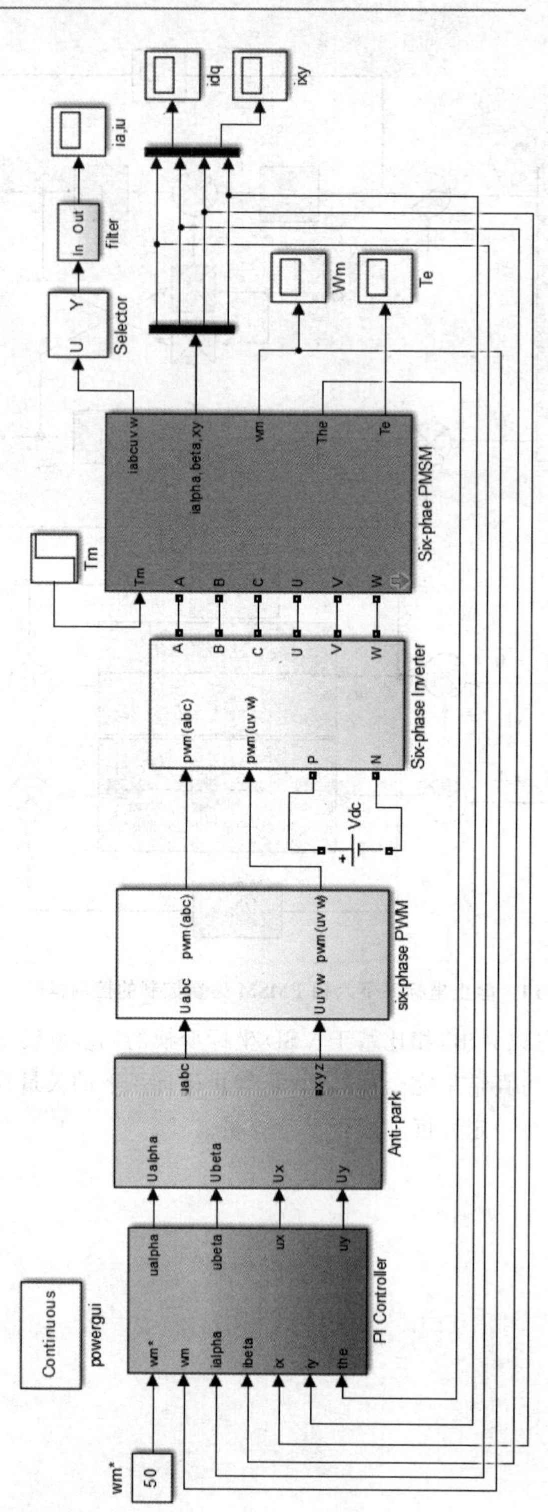

图9-15　静止坐标系下六相PMSM矢量控制的仿真模型

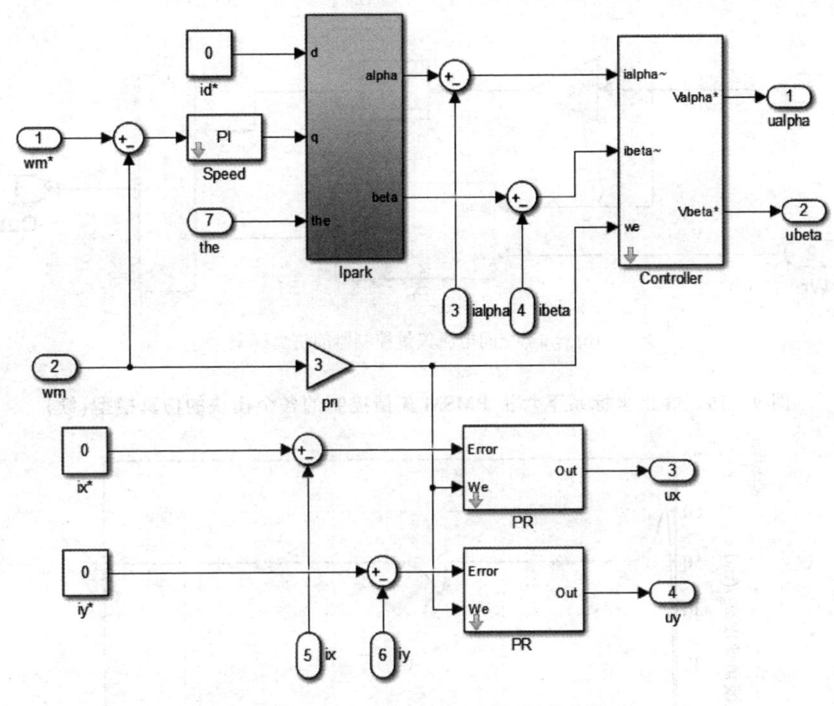

(a) 静止坐标系下电流矢量控制器的仿真模型

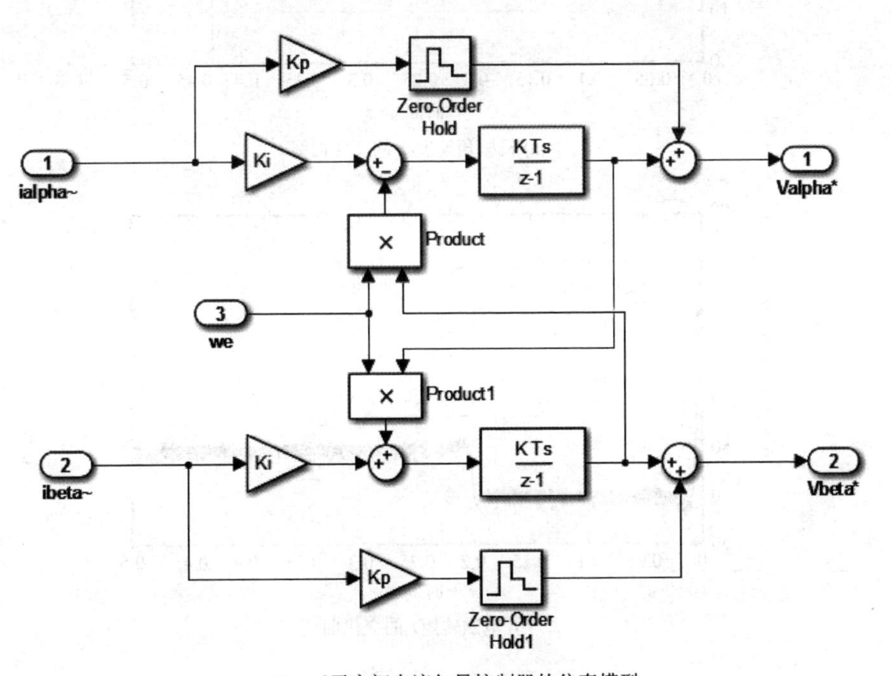

(b) $\alpha-\beta$子空间电流矢量控制器的仿真模型

图 9－16　静止坐标系下六相 PMSM 矢量控制的各个模块的仿真模型

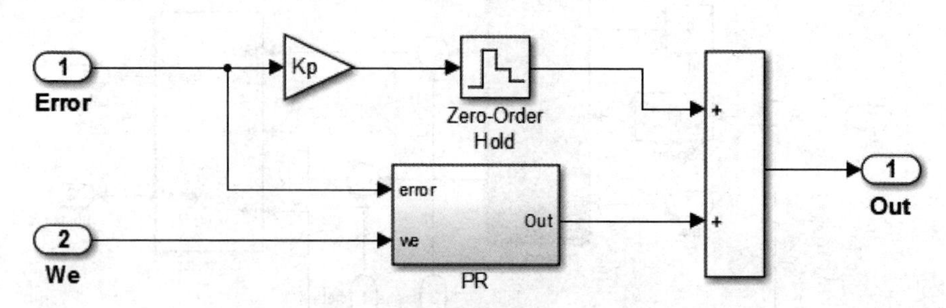

(c) x–y子空间电流矢量控制器的仿真模型

图 9-16 静止坐标系下六相 PMSM 矢量控制的各个模块的仿真模型(续)

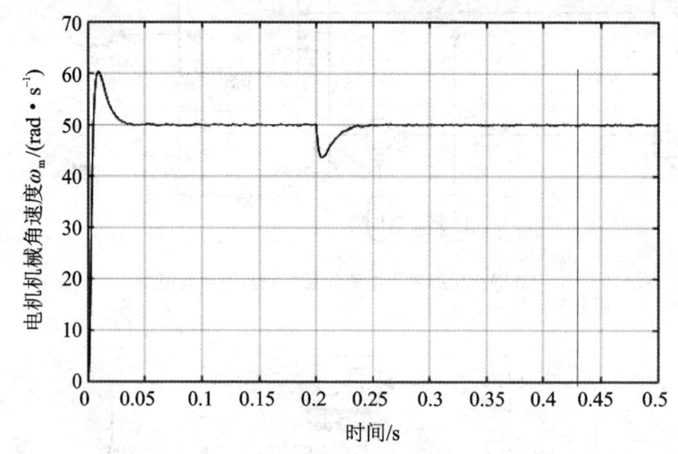

(a) 机械角速度ω_m的变化曲线

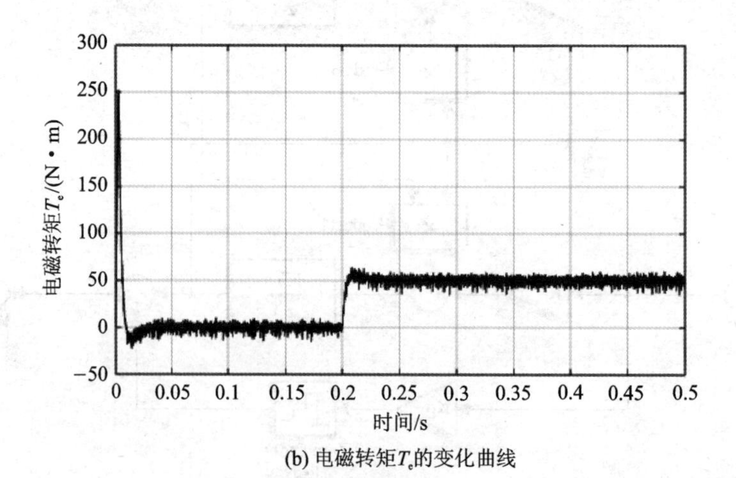

(b) 电磁转矩T_e的变化曲线

图 9-17 静止坐标系下六相 PMSM 矢量控制的仿真结果

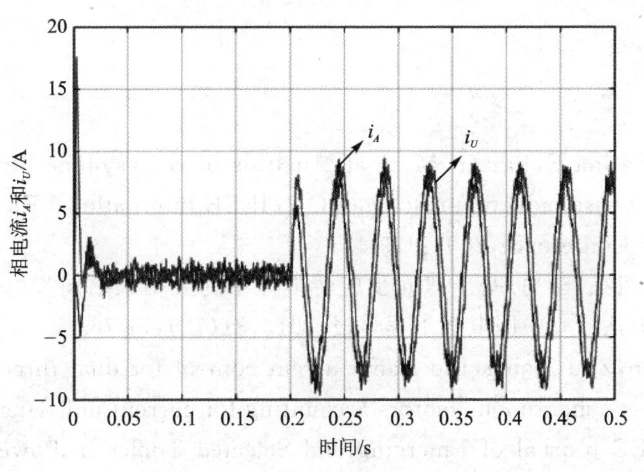

(c) 相电流i_A和i_U的变化曲线

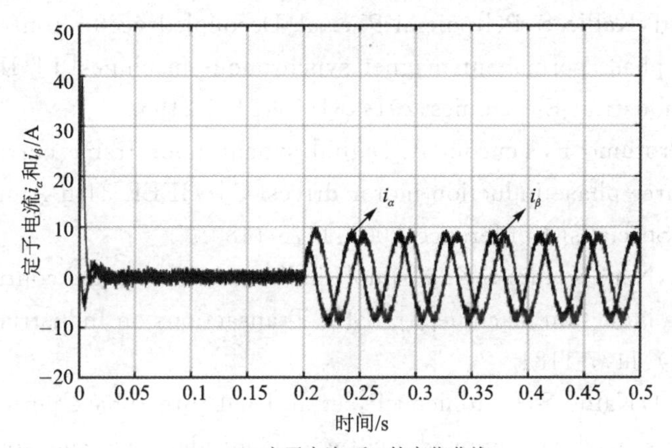

(d) 定子电流i_α和i_β的变化曲线

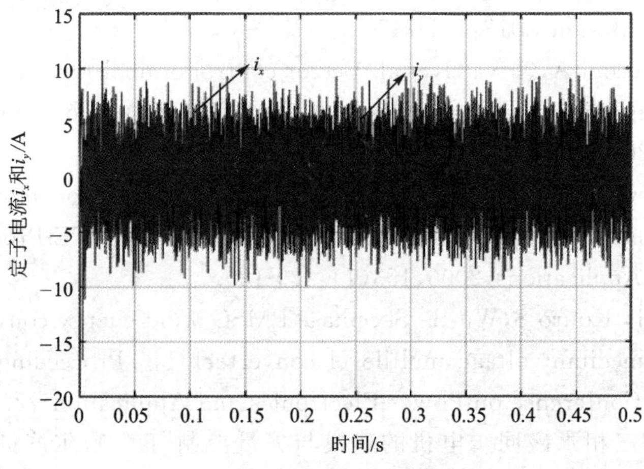

(e) 定子电流i_x和i_y的变化曲线

图 9-17　静止坐标系下六相 PMSM 矢量控制的仿真结果(续)

参考文献

[1] Bojoi R, Farina F, Lazzari M, et al. Analysis of the asymmetrical operation of dual three-phase induction machines[C]//IEEE International Electric Machines and Drives Conference, 2003: 429-435.

[2] 赵品志,杨贵杰,李勇.基于双同步旋转坐标系的五相永磁同步电动机三次谐波电流抑制方法[J].中国电机工程学报,2013,31(12):71-76.

[3] Hu Yashan, Zhu Ziqing, Liu Kan. Current control for dual three-phase permanent magnet synchronous motors accounting for current unbalance and harmonics[J]. IEEE Journal of Emerging and Selected Topics in Power Electronics, 2014, 2(2): 272-284.

[4] Karttunen J, Kallio S, Peltoniemi P, et al. Decoupled vector control scheme for dual three-phase permanent magnet synchronous machines[J]. IEEE Transactions on Industrial Electronics, 2014, 61(5): 2185-2196.

[5] Bojoi R, Profumo F, Tenconi A. Digital synchronous frame current regulation for dual three-phase induction motor drives[C]//IEEE 34th Annual Power Electronics Specialist Conference, 2003: 1475-1480.

[6] Singh G K, Nam K, Lim S K. A simple indirect field-oriented control scheme for multiphase induction machine[J]. IEEE Transactions on Industrial Electronics, 2005, 52(4): 1177-1184.

[7] Karttunen J, Kallio S, Peltoniemi P, et al. Dual three-phase permanent magnet synchronous machine supplied by two independent voltage source inverters [C]//International Symposium on Power Electronics, Electrical Drives, Automation and Motion, 2012: 741-747.

[8] Bojoi R, Tenconi A, Griva G, et al. Vector control of dual-three phase induction-motor drives using two current sensors[J]. EEE Transactions on Industry Applications, 2006, 42(5): 1284-1292.

[9] Bojoi R, Levi E, Farian A, et al. Dual three-phase induction motor drive with digital current control in stationary reference frame [J]. IEE-Proceedings Electric Power Applications, 2006, 153(1): 129-139.

[10] Duran M J, Kouro S, Wu B. Six-phase PMSG wind energy conversion system based on medium-voltage multilevel converter[C]//Proceedings of the 14th European Conference on Power Electronics and Applications, 2011: 1-10.

[11] 杨金波.双三相永磁同步电机的建模与矢量控制[D].哈尔滨:哈尔滨工业大学,2011.

第10章

五相永磁同步电机的数学建模与矢量控制

本章主要介绍五相 PMSM 的数学建模和矢量控制仿真建模方法。首先,介绍五相 PMSM 的基本数学模型和常用的坐标变换方法并搭建仿真模型;其次,介绍同步旋转坐标系下的数学模型并搭建仿真模型;最后,介绍基于滞环电流控制的五相 PMSM 矢量控制算法的仿真模型并分析结果。

10.1 五相 PMSM 的基本数学模型

由五相电压源逆变器供电的五相 PMSM 驱动系统的主电路结构如图 10-1 所示,五相 PMSM 定子绕组为星形连接。

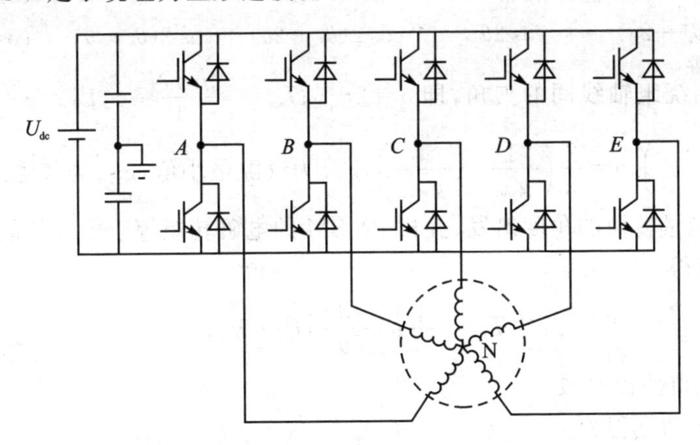

图 10-1 五相 PMSM 驱动系统的主电路结构

自然坐标系下的五相 PMSM 电压和磁链基本方程分别为[1]

$$\boldsymbol{u}_{5s}=\boldsymbol{R}_{5s}\boldsymbol{i}_{5s}+\frac{\mathrm{d}\boldsymbol{\psi}_{5s}}{\mathrm{d}t} \tag{10-1}$$

$$\boldsymbol{\psi}_{5s}=\boldsymbol{L}_{5s}\boldsymbol{i}_{5s}+\boldsymbol{\lambda}_{5s}\psi_{f} \tag{10-2}$$

其中:$\boldsymbol{u}_{5s}=[u_A\quad u_B\quad u_C\quad u_D\quad u_E]^{\mathrm{T}}$,$\boldsymbol{i}_{5s}=[i_A\quad i_B\quad i_C\quad i_D\quad i_E]^{\mathrm{T}}$,$\boldsymbol{\psi}_{5s}=[\psi_A\quad \psi_B\quad \psi_C\quad \psi_D\quad \psi_E]^{\mathrm{T}}$,$\boldsymbol{R}_{5s}=\mathrm{diag}[R\quad R\quad R\quad R\quad R]$,$\boldsymbol{\lambda}_{5s}=[\sin\theta_e\quad \sin(\theta_e-\alpha)\quad \sin(\theta_e-2\alpha)\quad \sin(\theta_e-3\alpha)\quad \sin(\theta_e-4\alpha)]^{\mathrm{T}}$,

$$\boldsymbol{L}_{5s}=\begin{bmatrix} L_{AA} & M_{AB} & M_{AC} & M_{AD} & M_{AE} \\ M_{AB} & L_{BB} & M_{BC} & M_{BD} & M_{BE} \\ M_{AC} & M_{BC} & L_{CC} & M_{CD} & M_{CE} \\ M_{AD} & M_{BD} & L_{CD} & M_{DD} & M_{DE} \\ M_{AE} & M_{BE} & L_{CE} & M_{DE} & M_{EE} \end{bmatrix}=\boldsymbol{L}_{ls}I_{5\times5}+\boldsymbol{L}(\theta_e)$$

。$\boldsymbol{u}_{5s}$、$\boldsymbol{i}_{5s}$、$\boldsymbol{\psi}_{5s}$分别为定子相电压、相电流和定子每相磁链；$\boldsymbol{R}_{5s}$、$\boldsymbol{L}_{5s}$分别为电阻、电感系数矩阵；$\boldsymbol{\lambda}_{5s}$为磁链系数矩阵；$\psi_f$为永磁体在每一相绕组中产生的磁链幅值；$\theta_e$为转子纵轴与$A$相轴线的电角度夹角。

$$\boldsymbol{L}(\theta_e)=\boldsymbol{L}_m\begin{bmatrix} 1 & \cos\alpha & \cos 2\alpha & \cos 3\alpha & \cos 4\alpha \\ \cos\alpha & 1 & \cos\alpha & \cos 2\alpha & \cos 3\alpha \\ \cos 2\alpha & \cos\alpha & 1 & \cos\alpha & \cos 2\alpha \\ \cos 3\alpha & \cos 2\alpha & \cos\alpha & 1 & \cos\alpha \\ \cos 4\alpha & \cos 3\alpha & \cos 2\alpha & \cos\alpha & 1 \end{bmatrix}-L_{\theta_e}\boldsymbol{L}_m \tag{10-3}$$

其中：

$$\boldsymbol{L}_m=\begin{bmatrix} \cos 2\theta_e & \cos 2(\theta_e+2\alpha) & \cos 2(\theta_e-\alpha) & \cos 2(\theta_e+\alpha) & \cos 2(\theta_e-2\alpha) \\ \cos 2(\theta_e+2\alpha) & \cos 2(\theta_e-\alpha) & \cos 2(\theta_e+\alpha) & \cos 2(\theta_e-2\alpha) & \cos 2\theta_e \\ \cos 2(\theta_e-\alpha) & \cos 2(\theta_e+\alpha) & \cos 2(\theta_e-2\alpha) & \cos 2\theta_e & \cos 2(\theta_e+2\alpha) \\ \cos 2(\theta_e+\alpha) & \cos 2(\theta_e-2\alpha) & \cos 2\theta_e & \cos 2(\theta_e+2\alpha) & \cos 2(\theta_e-\alpha) \\ \cos 2(\theta_e-2\alpha) & \cos 2\theta_e & \cos 2(\theta_e+2\alpha) & \cos 2(\theta_e-\alpha) & \cos 2(\theta_e+\alpha) \end{bmatrix};$$

α是相邻两相绕组轴线间的夹角，即$\alpha=2\pi/5$；$L_m=\dfrac{\pi\mu_0 rN^2}{4}a$，$L_{\theta_e}=\dfrac{\pi\mu_0 rN^2}{8}b$，$a=\dfrac{1}{2}\left(\dfrac{1}{g_{\min}}-\dfrac{1}{g_{\max}}\right)$，$b=\dfrac{2}{\pi}\left(\dfrac{1}{g_{\min}}-\dfrac{1}{g_{\max}}\right)$，$g_{\min}$为气隙最小值，$g_{\max}$为气隙最大值。

从机电能量转换的角度出发，五相 PMSM 的电磁转矩等于磁场储能对机械角度θ_m求偏导，可得

$$T_e=\frac{1}{2}p_n\frac{\partial}{\partial\theta_m}(\boldsymbol{i}_{5s}^{T}\cdot\boldsymbol{\lambda}_{5s}) \tag{10-4}$$

其中：p_n为电机的极对数。

电机的运动方程为

$$J\frac{d\omega_m}{dt}=T_e-T_L-B\omega_m \tag{10-5}$$

其中：ω_m为电机的机械角速度；J为转动惯量；B为阻尼系数；T_L为负载转矩。

从上面的推导可以看出，式(10-1)～式(10-5)构成了五相 PMSM 在自然坐标系下的基本数学模型。根据磁链方程可知，定子磁链是转子位置角θ_e的函数；另外，电磁转矩的表达式也过于复杂，既与五相电流的瞬时值大小有关，也与转子位置角θ_e有关。因此，五相 PMSM 的数学模型是一个比较复杂且强耦合的多变量系统。为了便于后期控制器的设计，就必须选择合适的坐标系对数学模型进行降阶和解耦变换。

10.2　五相 PMSM 的坐标变换

10.2.1　坐标变换

为了简化五相 PMSM 的数学模型，通常采用的坐标变换包括静止坐标变换和旋转坐标变换。它们之间的坐标关系如图 10-2 所示，其中 $ABCDE$ 为自然坐标系，$\alpha-\beta$ 为静止坐标系，$d-q$ 为同步旋转坐标系[2]。下文将详细介绍各个坐标变换之间的关系。值得说明的是，本文所有的建模方法都是使用图 10-2所示的坐标系。

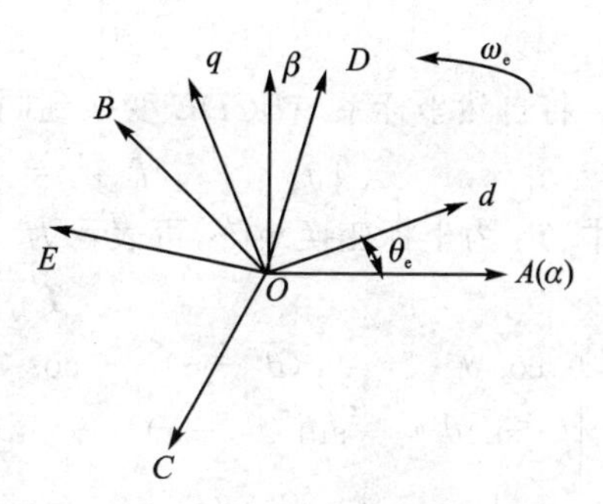

图 10-2　各坐标系之间的关系

将自然坐标系 $ABCDE$ 变换到静止坐标系 $\alpha-\beta$，两者之间的关系如下式所示：

$$[f_\alpha \quad f_\beta \quad f_x \quad f_y \quad f_0]^{\mathrm{T}} = \boldsymbol{T}_{\alpha\beta}[f_A \quad f_B \quad f_C \quad f_D \quad f_E]^{\mathrm{T}} \tag{10-6}$$

其中：f 代表电机的电压、电流或磁链等变量。$\boldsymbol{T}_{\alpha\beta}$ 为坐标变换矩阵，可表示为[3]

$$\boldsymbol{T}_{\alpha\beta} = \frac{2}{5}\begin{bmatrix} 1 & \cos\alpha & \cos 2\alpha & \cos 3\alpha & \cos 4\alpha \\ 0 & \sin\alpha & \sin 2\alpha & \sin 3\alpha & \sin 4\alpha \\ 1 & \cos 3\alpha & \cos 6\alpha & \cos 9\alpha & \cos 12\alpha \\ 0 & \sin 3\alpha & \sin 6\alpha & \sin 9\alpha & \sin 12\alpha \\ \sqrt{1/2} & \sqrt{1/2} & \sqrt{1/2} & \sqrt{1/2} & \sqrt{1/2} \end{bmatrix} \tag{10-7}$$

变换矩阵前的系数 2/5 是以幅值不变作为约束条件得到的，当以功率不变为约束条件时，该系数变为 $\sqrt{2/5}$。值得说明的是，若如无特殊说明，本书均以幅值不变作为约束条件进行调节。该正交矩阵具有如下重要特性[3]：

① 前两行对应 $\alpha-\beta$ 子空间。电机变量中的基波分量和 $\pm(10k\pm1)$（$k=1,2,3,\cdots$）次谐波分量都被映射到该子空间上，且参与电机的机电能量转换。

② 第三、第四两行对应 $x-y$ 子空间。$5k\pm2$（$k=1,3,5,\cdots$）次谐波分量都被映射到该子空间上，且不参与电机的机电能量转换。

③ 最后一行对应零序子空间。$5k$（$k=1,3,5,\cdots$）次谐波都被映射到该子空间上，与三相系统中的零序分量相同。

当选择参考坐标为同步旋转坐标系时，只须对与机电能量转换相关的 $\alpha-\beta$ 子空间中的变量做旋转变换，具有如下关系式：

$$[f_d \quad f_q]^{\mathrm{T}} = \boldsymbol{T}_{dq}[f_\alpha \quad f_\beta \quad f_x \quad f_y \quad f_0]^{\mathrm{T}} \tag{10-8}$$

其中：$\boldsymbol{T}_{dq}$ 为坐标变换矩阵，可表示为

$$\boldsymbol{T}_{dq}=\begin{bmatrix}\cos\theta_e & \sin\theta_e & 0 & 0 & 0\\ -\sin\theta_e & \sin\theta_e & 0 & 0 & 0\\ 0 & 0 & 1 & 0 & 0\\ 0 & 0 & 0 & 1 & 0\\ 0 & 0 & 0 & 0 & 1\end{bmatrix}\tag{10-9}$$

将自然坐标系 $ABCDE$ 变换到同步旋转坐标系 $d-q$,各变量具有如下关系[3]:

$$[f_d \quad f_q \quad f_0]^{\mathrm{T}}=\boldsymbol{T}'_{dq}[f_A \quad f_B \quad f_C \quad f_D \quad f_E]^{\mathrm{T}}\tag{10-10}$$

其中:$\boldsymbol{T}'_{dq}$ 为坐标变换矩阵,可表示为

$$\boldsymbol{T}'_{dq}=\boldsymbol{T}_{\alpha\beta}\cdot\boldsymbol{T}_{dq}=$$

$$\frac{2}{5}\begin{bmatrix}\cos\theta_e & \cos(\theta_e-\alpha) & \cos(\theta_e-2\alpha) & \cos(\theta_e-3\alpha) & \cos(\theta_e-4\alpha)\\ -\sin\theta_e & -\sin(\theta_e-\alpha) & -\sin(\theta_e-2\alpha) & -\sin(\theta_e-3\alpha) & -\sin(\theta_e-4\alpha)\\ 1 & \cos 3\alpha & \cos 6\alpha & \cos 9\alpha & \cos 12\alpha\\ 0 & \sin 3\alpha & \sin 6\alpha & \sin 9\alpha & \sin 12\alpha\\ \sqrt{1/2} & \sqrt{1/2} & \sqrt{1/2} & \sqrt{1/2} & \sqrt{1/2}\end{bmatrix}\tag{10-11}$$

10.2.2　仿真建模

根据式(10-6)、式(10-8)和式(10-10),使用 MATLAB/Simulink 中的 Fcn 模块分别搭建静止坐标系与同步旋转坐标系之间的关系,以及自然坐标系与同步旋转坐标系之间的关系的仿真模型,如图 10-3 所示,公式中的变量 α、β 和 θ_e 分别采用图中的 Alpha、Beta 和 The 表示。

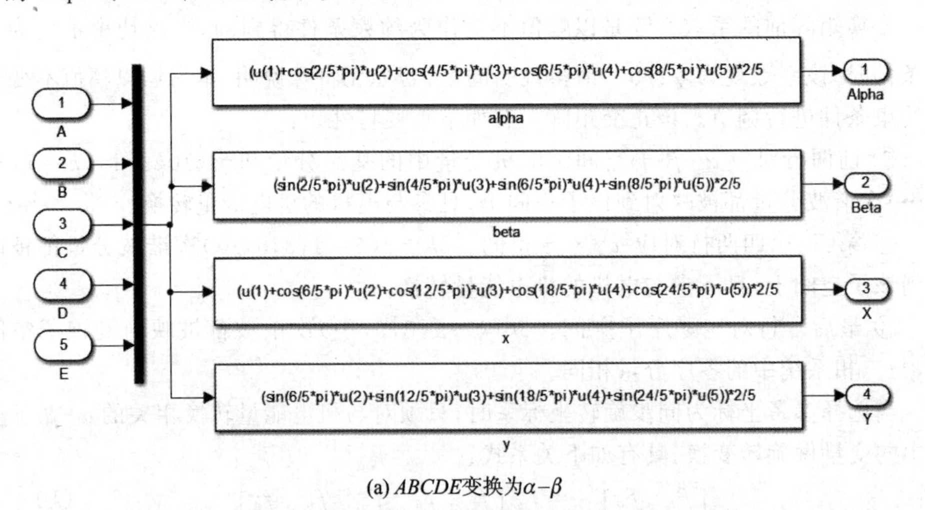

(a) $ABCDE$变换为$\alpha-\beta$

图 10-3　五相 PMSM 变量的坐标变换

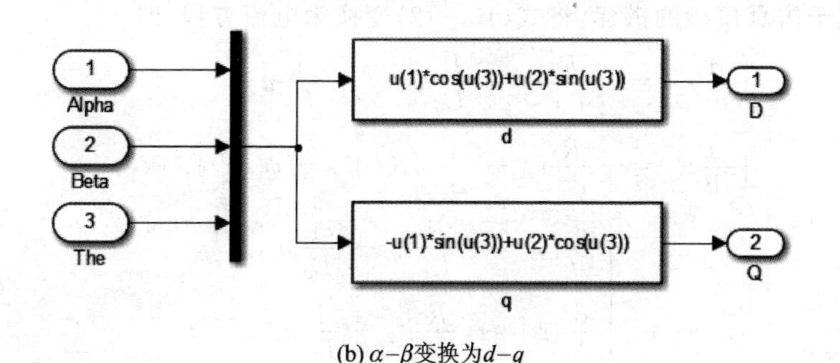

(b) $\alpha-\beta$变换为$d-q$

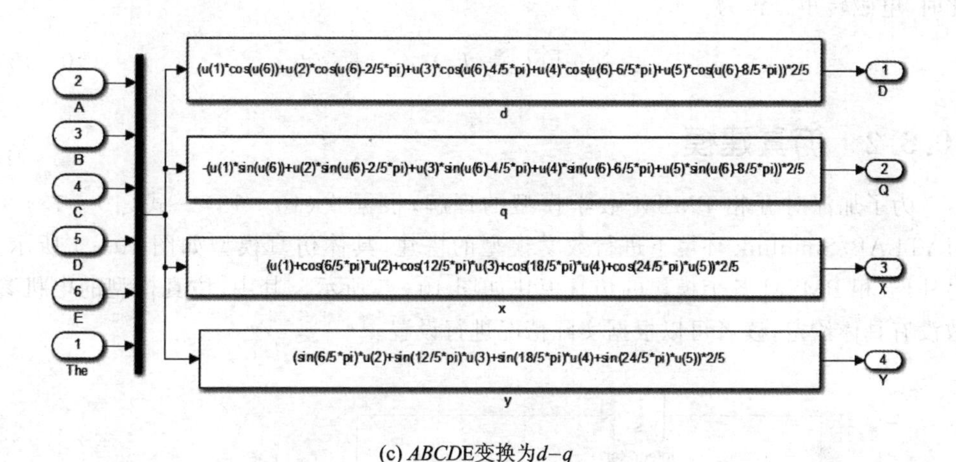

(c) $ABCD$E变换为$d-q$

图 10-3 五相 PMSM 变量的坐标变换(续)

10.3 同步旋转坐标系下的数学模型

10.3.1 数学模型

根据式(10-1)和式(10-2),通过变换矩阵 $\boldsymbol{T}'_{dq}$,可以得五相 PMSM 的电压方程[1,4]:

$$\begin{bmatrix} u_{d1} \\ u_{q1} \\ u_{d2} \\ u_{q2} \end{bmatrix} = R\begin{bmatrix} i_{d1} \\ i_{q1} \\ i_{d2} \\ i_{q2} \end{bmatrix} + \begin{bmatrix} L_d & 0 & 0 & 0 \\ 0 & L_q & 0 & 0 \\ 0 & 0 & L_1 & 0 \\ 0 & 0 & 0 & L_1 \end{bmatrix}\frac{\mathrm{d}}{\mathrm{d}t}\begin{bmatrix} i_{d1} \\ i_{q1} \\ i_{d2} \\ i_{q2} \end{bmatrix} + \omega_e\begin{bmatrix} -L_q i_{q1} \\ L_d i_{d1} + \psi_f \\ 0 \\ 0 \end{bmatrix} \tag{10-12}$$

其中:u_{d1}、u_{q1},以及 u_{d2}、u_{q2} 分别为 $d-q$ 和 $x-y$ 坐标系下的定子电压;i_{d1}、i_{q1},以及 i_{d2}、i_{q2} 分别为 $d-q$ 和 $x-y$ 坐标系下的定子电流;L_d、L_q 为 $d-q$ 坐标系下的电感,L_1 为漏感;R 为定子绕组相电阻;ψ_f 为转子永磁体的磁链。

为了便于仿真模型的搭建，将式(10-12)变换为电流方程，即

$$\begin{cases}\dfrac{\mathrm{d}}{\mathrm{d}t}i_{d1}=-\dfrac{R}{L_d}i_{d1}+\dfrac{L_q}{L_d}\omega_e i_{q1}+\dfrac{1}{L_d}u_{d1}\\ \dfrac{\mathrm{d}}{\mathrm{d}t}i_{q1}=-\dfrac{R}{L_q}i_{q1}-\dfrac{1}{L_q}\omega_e(L_d i_{d1}+\psi_f)+\dfrac{1}{L_q}u_{q1}\end{cases}\tag{10-13}$$

$$\begin{cases}\dfrac{\mathrm{d}}{\mathrm{d}t}i_{d2}=-\dfrac{R}{L_l}i_{d2}+\dfrac{1}{L_d}u_{d2}\\ \dfrac{\mathrm{d}}{\mathrm{d}t}i_{q2}=-\dfrac{R}{L_l}i_{q2}+\dfrac{1}{L_q}u_{q2}\end{cases}\tag{10-14}$$

此时，电磁转矩方程为

$$T_e=\frac{5}{2}p_n[(L_d-L_q)i_{d1}i_{q1}+i_{q1}\psi_f]\tag{10-15}$$

10.3.2　仿真建模

为了加深对五相 PMSM 数学模型的理解，根据式(10-13)～式(10-15)在 MATLAB/Simulink 环境下进行数学模型的搭建，具体仿真模型如图 10-4 所示。另外，五相 PMSM 各个模块的仿真模块如图 10-5 所示。其中，仿真模型的电机参数没有具体给定，读者可以根据实际情况进行设置。

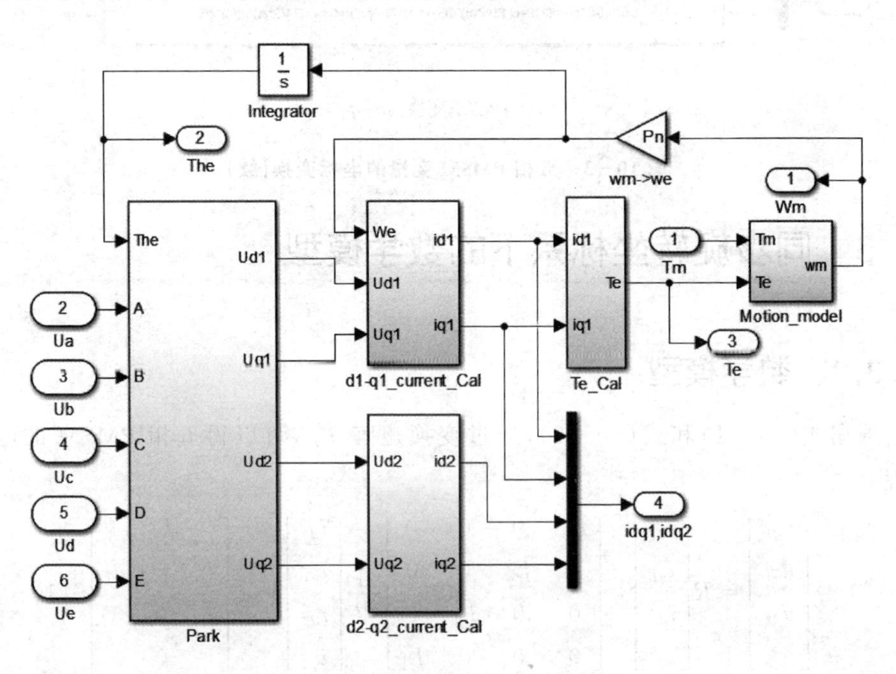

图 10-4　五相 PMSM 的仿真模型

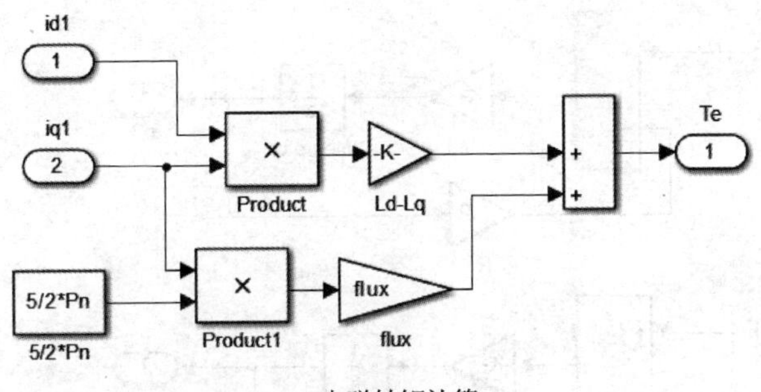

(a) 电磁转矩计算

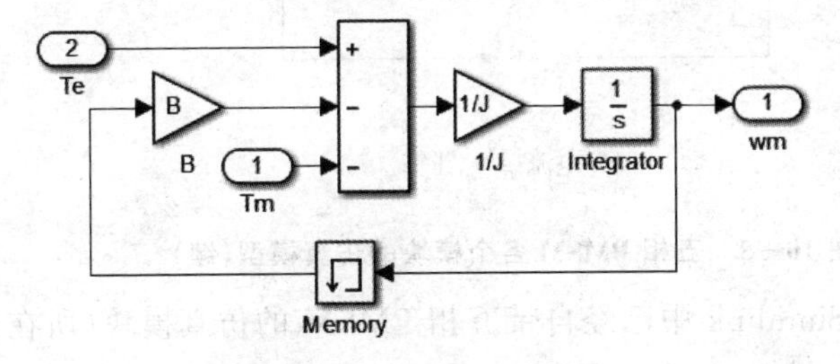

(b) 机械角速度计算

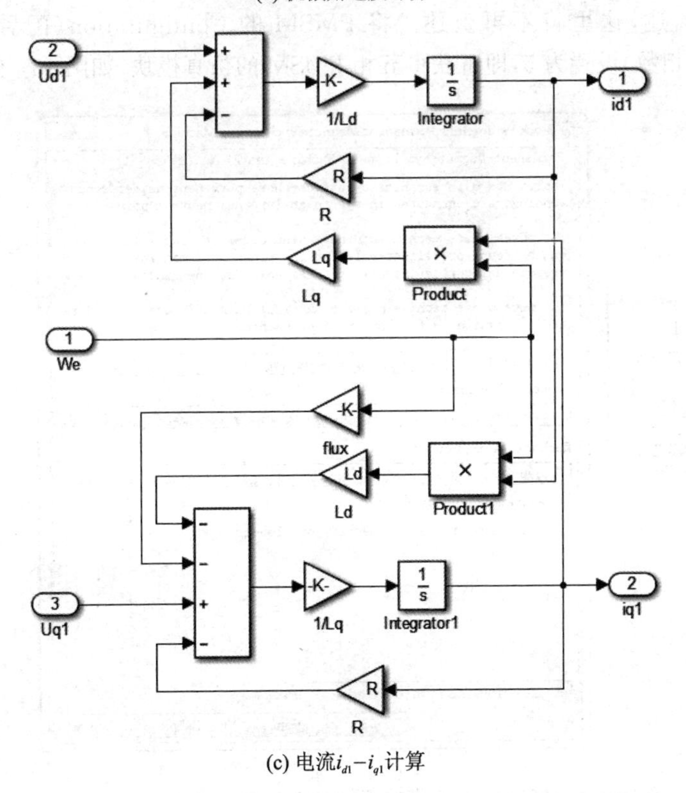

(c) 电流$i_{d1}-i_{q1}$计算

图 10-5 五相 PMSM 各个模块的仿真模型

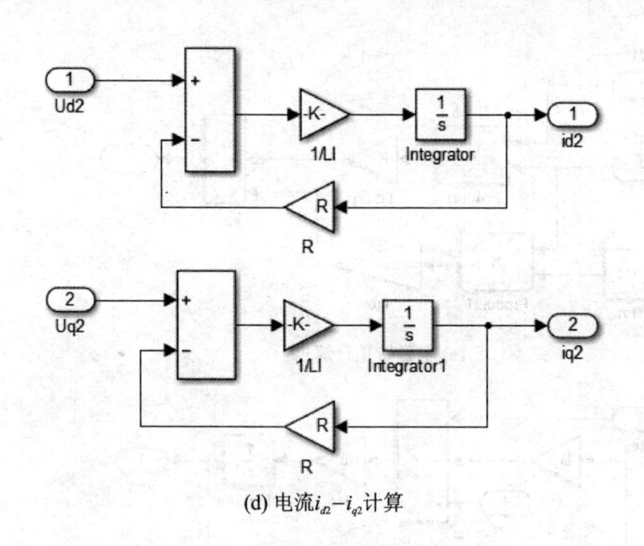

(d) 电流$i_{d2}-i_{q2}$计算

图 10－5　五相 PMSM 各个模块的仿真模型(续)

由于 MATLAB/Simulink 中已经自带五相 PMSM 的仿真模块(所在位置:Simscape\SimPowerSystems\Specialized Technology\Machines),1.3 节已经对 PMSM 的设置进行详细描述,这里将不再赘述。将 PMSM 的 Configuration(配置)中的 Number of phases(相数)设置为 5,即可获得五相 PMSM 的仿真模块,如图 10－6 所示。

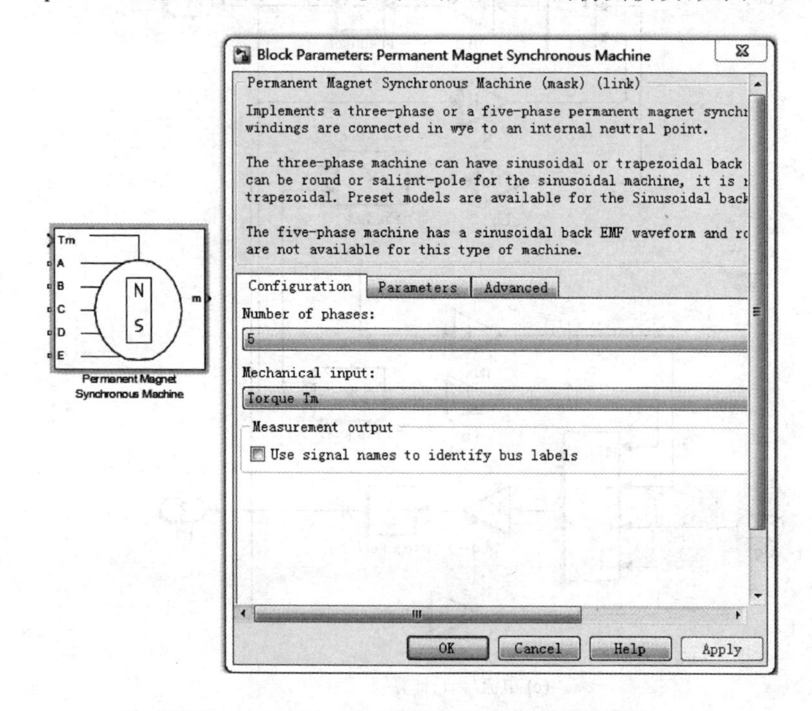

图 10－6　MATLAB 自带的五相 PMSM 仿真模型

10.4　五相 PMSM 矢量控制仿真

第 3 章已经详细介绍 PMSM 矢量控制的基本工作原理和建模方法。当矢量控制中的电流环控制器采用滞环电流控制策略时，相比其他控制方法，此时的控制系统相对比较简单，此方法可用来验证电机仿真模型的正确性。该方法同样可以用于五相 PMSM 矢量控制，其控制框图如图 10－7 所示。

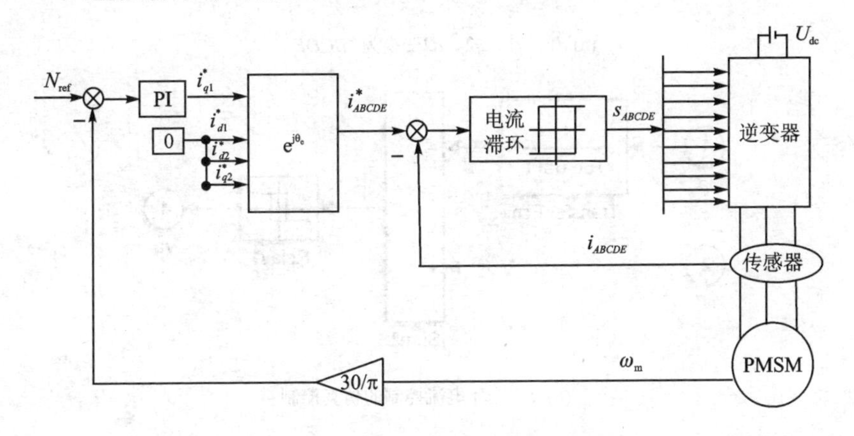

图 10－7　五相 PMSM 的滞环电流控制框图

本节以表贴式五相 PMSM 为例，根据图 10－7 所示的控制框图搭建五相 PMSM 矢量控制的仿真模型，如图 10－8 所示。仿真中电机参数设置为：极对数 $p_n=4$，定子电感 $L_d=L_q=1.35$ mH，定子电阻 $R=2.875\ \Omega$，磁链 $\psi_f=0.05$ Wb，转动惯量 $J=0.002\ \text{kg}\cdot\text{m}^2$，阻尼系数 $B=0.02\ \text{N}\cdot\text{m}\cdot\text{s}$。仿真条件设置为：采用变步长 ode23tb 算法，相对误差(Relative Tolerance)0.000 1，仿真时间 0.1 s。另外，滞环电流控制器(Relay)的开关切换点为[0.1　－0.1]，输出为[155　－155]。转速环 PI 调节器的参数设置为 $K_p=1$，$K_i=3$。

为了验证所搭建仿真模型的正确性，仿真条件设置为：参考转速 $N_{ref}=1\ 000$ r/min，初始时刻负载转矩 $T_L=7\ \text{N}\cdot\text{m}$。仿真结果如图 10－9 所示。另外，读者可以根据自己的实际需要观察其他变量的变化情况，本节仅列出电机转速 N_r、电磁转矩 T_e 和五相电流 i_{ABCDE} 的变化情况。

从以上仿真结果可以看出，当电机带载 $T_L=7\ \text{N}\cdot\text{m}$ 启动，转速从零速上升到参考转速 1 000 r/min 时，虽然开始时电机转速有一些超调量，但仍然具有较快的动态响应速度。另外，从图 10－9(b)可以看出，刚开始启动时电机的电磁转矩波动比较大，这在实际运行中是不允许的，因此采用基于滞环电流控制的矢量控制策略并不是最优的控制算法。

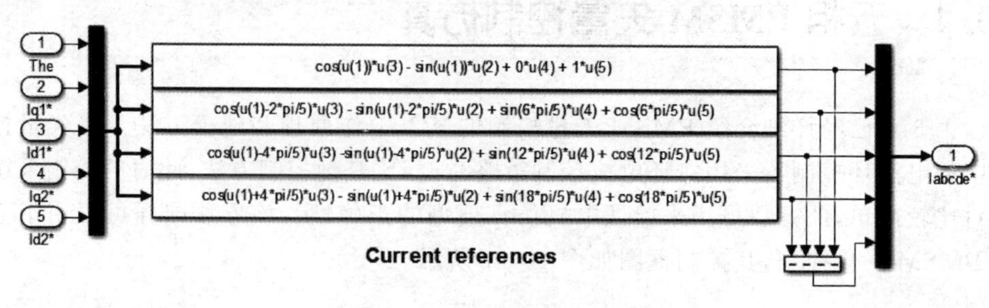

(a) $d1$、$q1$、$q2$、$d2$变换为$ABCDE$

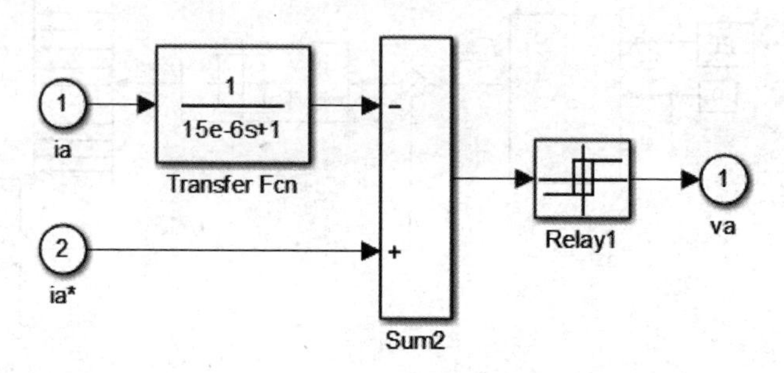

(b) A相滞环电流控制的仿真控制

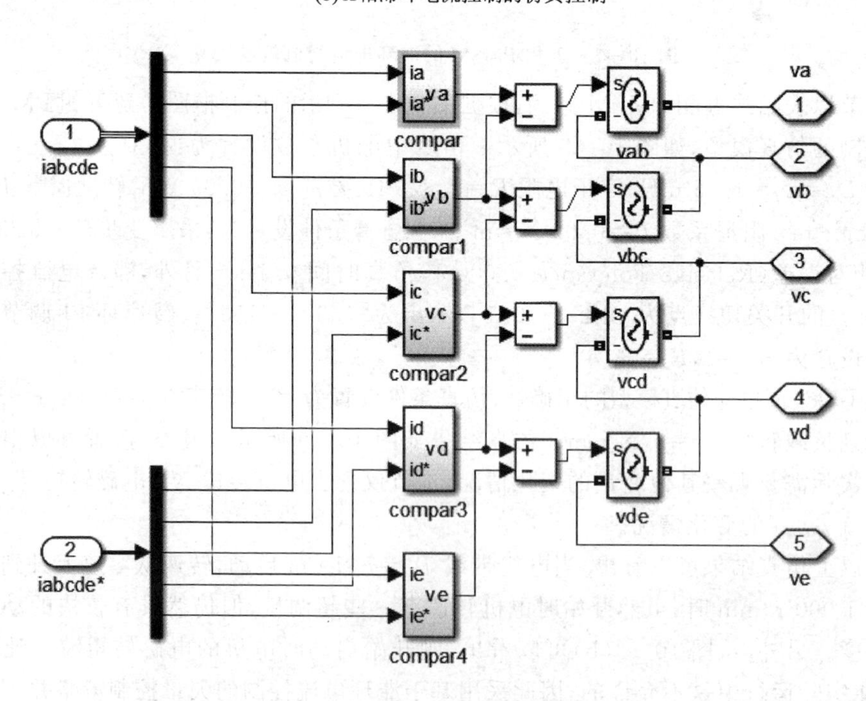

(c) 五相滞环电流控制的仿真模型

图 10－8　五相 PMSM 矢量控制的仿真模型

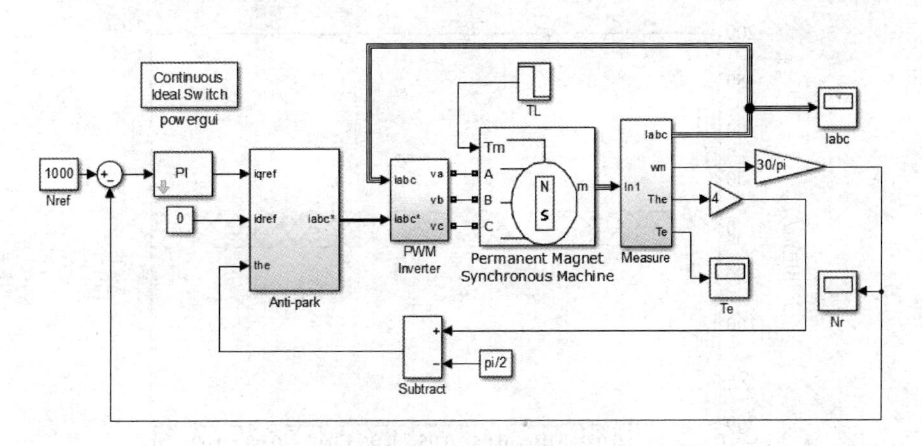

(d) 五相PMSM滞环电流控制的仿真模型

图 10－8　五相 PMSM 矢量控制的仿真模型(续)

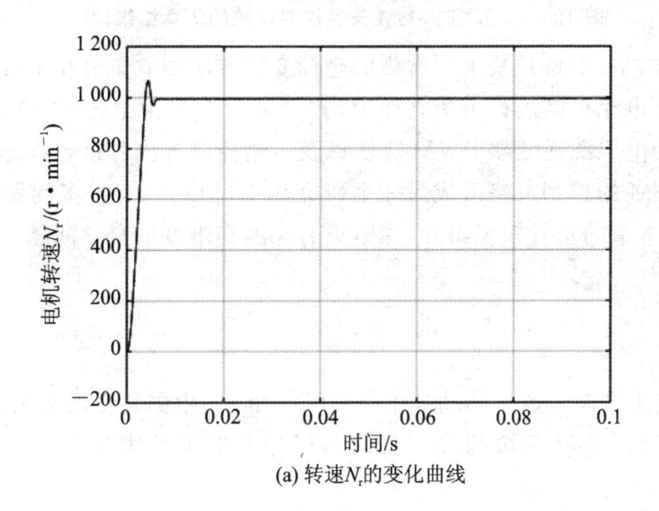

(a) 转速N_r的变化曲线

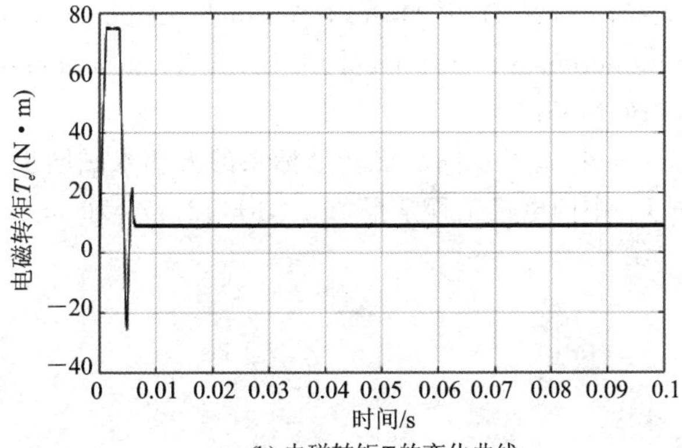

(b) 电磁转矩T_e的变化曲线

图 10－9　五相 PMSM 矢量控制系统的仿真结果

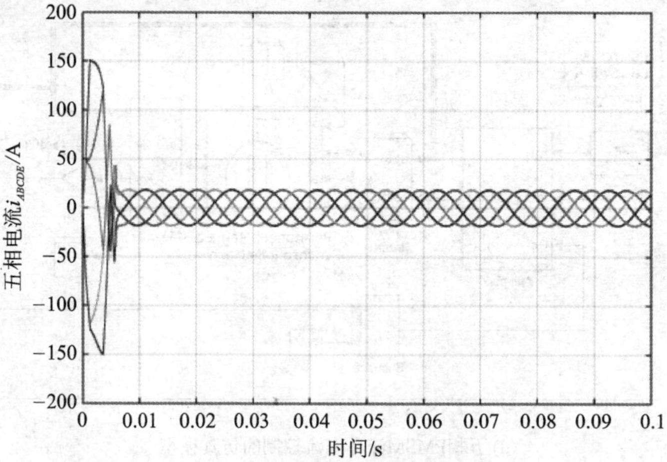

(c) 五相电流i_{ABCDE}的变化曲线

图 10－9　五相 PMSM 矢量控制系统的仿真结果(续)

值得说明的是,本章只是采用常规的坐标变换方法建立了五相 PMSM 的数学模型,并采用滞环电流控制进行了仿真建模,并没有针对五相 PMSM 矢量控制策略的设计方法、五相电压源逆变器 PWM 算法以及容错控制等内容进行详细分析。目前,针对多相 PMSM 的控制策略已成为一个研究热点,但仍然有很多问题亟待解决,希望读者能够从本章的基础知识出发,探索更有深度和难度的科学问题。

参考文献

[1] 薛山. 多相永磁同步电机驱动技术研究[D]. 北京:中国科学院电工研究所,2005.

[2] 薛山,温旭辉. 一种新颖的多相 SVPWM[J]. 电工技术学报,2006,21(2):68-72,107.

[3] Jones M, Vukosavic S N,Dujic D,et al. A synchronous current control scheme formultiphase induction motor drives[J]. IEEE Transactions on Energy Conversion,2009,24(4):860-868.

[4] 赵品志,杨贵杰,李勇. 基于双同步旋转坐标系的五相永磁同步电动机三次谐波电流抑制方法[J]. 中国电机工程学报,2013,31(12):71-76.